全国中医药行业高等职业教育"十二五"规划教材

药用植物学

（供中药、药学等专业用）

主　编　王兴顺（山东中医药高等专科学校）

副 主 编　王克荣（北京卫生职业学院）

秦胜红（四川食品药品学校）

范世明（福建中医药大学）

张建海（重庆三峡医药高等专科学校）

利顺欣（河南南阳医学高等专科学校）

编　委　（以姓氏笔画为序）

丁　平（江苏省连云港中医药高等职业技术学校）

王辉明（青岛大学医学院附院药学部）

刘　慧（山东中医药高等专科学校）

刘桓宇（辽宁卫生职业技术学院）

刘湘丹（湖南中医药大学）

杨东方（山西药科职业学院）

陈红波（云南保山中医药高等专科学校）

陈效忠（黑龙江中医药大学佳木斯学院）

中国中医药出版社

·北　京·

图书在版编目（CIP）数据

药用植物学/王兴顺主编 . —北京：中国中医药出版社，2015.8（2018.1重印）
全国中医药行业高等职业教育"十二五"规划教材
ISBN 978 - 7 - 5132 - 2572 - 4

Ⅰ. ①药…　Ⅱ. ①王…　Ⅲ. ①药用植物学 – 高等职业教育 – 教材
Ⅳ. ①Q949. 95

中国版本图书馆 CIP 数据核字（2015）第 121716 号

中 国 中 医 药 出 版 社 出 版
北京市朝阳区北三环东路 28 号易亨大厦 16 层
邮政编码　100013
传真　010 64405750
廊坊市晶艺印务有限公司印刷
各地新华书店经销

＊

开本 787 × 1092　1/16　印张 22　字数 491 千字
2015 年 8 月第 1 版　2018 年 1 月第 3 次印刷
书　号　ISBN 978 - 7 - 5132 - 2572 - 4

＊

定价　66. 00 元
网址　www. cptcm. com

全国中医药职业教育教学指导委员会

张美林（成都中医药大学附属医院针灸学校党委书记、副校长）

张登山（邢台医学高等专科学校教授）

张震云（山西药科职业学院副院长）

陈　燕（湖南中医药大学护理学院院长）

陈玉奇（沈阳市中医药学校校长）

陈令轩（国家中医药管理局人事教育司综合协调处副主任科员）

周忠民（渭南职业技术学院党委副书记）

胡志方（江西中医药高等专科学校校长）

徐家正（海口市中医药学校校长）

凌　娅（江苏康缘药业股份有限公司副董事长）

郭争鸣（湖南中医药高等专科学校校长）

郭桂明（北京中医医院药学部主任）

唐家奇（湛江中医学校校长、党委书记）

曹世奎（长春中医药大学职业技术学院院长）

龚晋文（山西职工医学院/山西省中医学校党委副书记）

董维春（北京卫生职业学院党委书记、副院长）

谭　工（重庆三峡医药高等专科学校副校长）

潘年松（遵义医药高等专科学校副校长）

秘 书 长　周景玉（国家中医药管理局人事教育司综合协调处副处长）

前　言

中医药职业教育是我国现代职业教育体系的重要组成部分，肩负着培养中医药多样化人才、传承中医药技术技能、促进中医药就业创业的重要职责。教育要发展，教材是根本，在人才培养上具有举足轻重的作用。为贯彻落实习近平总书记关于加快发展现代职业教育的重要指示精神和《国家中长期教育改革和发展规划纲要（2010—2020年）》，国家中医药管理局教材办公室、全国中医药职业教育教学指导委员会紧密结合中医药职业教育特点，充分发挥中医药高等职业教育的引领作用，满足中医药事业发展对于高素质技术技能中医药人才的需求，突出中医药高等职业教育的特色，组织完成了"全国中医药行业高等职业教育'十二五'规划教材"建设工作。

作为全国唯一的中医药行业高等职业教育规划教材，本版教材按照"政府指导、学会主办、院校联办、出版社协办"的运作机制，于2013年启动了教材建设工作。通过广泛调研、全国范围遴选主编，又先后经过主编会议、编委会议、定稿会议等研究论证，在千余位编者的共同努力下，历时一年半时间，完成了84种规划教材的编写工作。

"全国中医药行业高等职业教育'十二五'规划教材"，由70余所开展中医药高等职业教育的院校及相关医院、医药企业等单位联合编写，中国中医药出版社出版，供高等职业教育院校中医学、针灸推拿、中医骨伤、临床医学、护理、药学、中药学、药品质量与安全、药品生产技术、中草药栽培与加工、中药生产与加工、药品经营与管理、药品服务与管理、中医康复技术、中医养生保健、康复治疗技术、医学美容技术等17个专业使用。

本套教材具有以下特点：

1. 坚持以学生为中心，强调以就业为导向、以能力为本位、以岗位需求为标准的原则，按照高素质技术技能人才的培养目标进行编写，体现"工学结合""知行合一"的人才培养模式。

2. 注重体现中医药高等职业教育的特点，以教育部新的教学指导意见为纲领，注重针对性、适用性及实用性，贴近学生、贴近岗位、贴近社会，符合中医药高等职业教育教学实际。

3. 注重强化质量意识、精品意识，从教材内容结构、知识点、规范化、标准化、编写技巧、语言文字等方面加以改革，具备"精品教材"特质。

4. 注重教材内容与教学大纲的统一，教材内容涵盖资格考试全部内容及所有考试要求的知识点，满足学生获得"双证书"及相关工作岗位需求，有利于促进学生就业。

5. 注重创新教材呈现形式，版式设计新颖、活泼，图文并茂，配有网络教学大纲指导教与学（相关内容可在中国中医药出版社网站 www.cptcm.com 下载），符合职业院校学生认知规律及特点，以利于增强学生的学习兴趣。

在"全国中医药行业高等职业教育'十二五'规划教材"的组织编写过程中，得到了国家中医药管理局的精心指导，全国高等中医药职业教育院校的大力支持，相关专家和各门教材主编、副主编及参编人员的辛勤努力，保证了教材质量，在此表示诚挚的谢意！

我们衷心希望本套规划教材能在相关课程的教学中发挥积极的作用，通过教学实践的检验不断改进和完善。敬请各教学单位、教学人员及广大学生多提宝贵意见，以便再版时予以修正，提升教材质量。

国家中医药管理局教材办公室
全国中医药职业教育教学指导委员会
中国中医药出版社
2015 年 5 月

编写说明

　　《药用植物学》是中药、药学相关专业的一门实践技能性较强专业基础课。本教材的编写主要为中药学相关专业学生学习《中药鉴定技术》《生药学》《天然药物化学》等专业课程奠定基础。理论知识在编写中以"必需、够用"为原则，避免文字冗长，与以往教材相比，本书增加了大量的药用植物彩色图片数量；实验部分力求与专业课程紧密结合；野外实习指导部分的编写字数适当增加；教材后附被子植物门分科检索表。克服满堂灌、满山灌现象，通过理论与实践知识的教学，培养学生掌握药用植物形态学常用术语、熟悉药用植物内部结构特点、识别常见药用植物的能力。

　　本教材的特色是：文字简明扼要，重点突出，图文并茂，彩图若干幅，直观性强，以增强药用植物形态的直观性。本教材突出了科学性、先进性、适用性、启发性，力争满足当前国内中医药高职高专教育的需求。突出实践能力培养，与专业课程结合紧密，体现高职高专的教学特色，可作为中药等相关领域研究的教材和工具书。

　　本教材编写具体分工：王兴顺、刘慧编写绪论；丁平编写第一章和第二章；刘湘丹编写第三章和第四章；范世明编写第五章和第十六章；杨东方编写第六章和第七章；利顺欣第八章和第十五章的单子叶植物纲以及实训指导（十七、十八章）；刘桓宇编写第九章、第十章、第十一章、第十二章、第十四章；张建海编写第十五章中离瓣花亚纲中三白草科至十字花科；王克荣编写杜仲科至伞形科；秦胜红编写第十三章和第十五章中合瓣花亚纲；陈红波、陈效忠、王辉明编写附录部分。全书由王兴顺、刘慧统一审定。

　　编写过程中，参阅了许多专家、学者的研究成果和论著，并得到了各编者单位领导的大力支持与鼓励，在此一并致谢！

　　由于编者水平有限，虽经反复审阅和校正，但疏漏、不妥之处在所难免，恳请读者和各院校师生在使用过程中提出宝贵意见，以便再版时修订提高。

《药用植物学》编委会
2015 年 1 月

目 录

第十六章 药用植物资源调查

实训指导

第十七章 显微镜的使用与实训技术

第十八章 实训内容

绪　论

一、药用植物学性质、地位和任务

自然界中大约有 50 万种植物，植物的多样性构成了绚丽多彩的大千世界，我们日常生活和医疗保健等各方面与植物密切相连。凡具有预防、治疗疾病和对人体有保健功能的植物统称为药用植物。药用植物学是利用植物学知识和方法来研究药用植物的形态、构造、分类以及生长发育规律的一门学科。中药的来源主要是植物，所以药用植物学和中药品种、药材的品质评价、临床效用以及新药开发研究密切相关。其主要任务是：

（一）鉴定中药的原植物种类，确保临床用药安全有效

新中国成立后，全国进行了三次大规模的中药资源普查，从 2012 年开始进行的全国第四次中药资源普查正在有序进行中。第三次普查记载的药用植物、动物、矿物合计 12807 种，其中植物为 11020 种，为总数的 87%。中药来源十分复杂，加上历史沿革等原因，导致各地用药习惯差异以及药材名称不尽相同。因此，在临床用药过程中，多品种、多来源、同物异名、异物同名的现象比较普遍。如川木通来源于毛茛科植物小木通 *Clematis armandii* Franch 或绣球藤 *C. montana* Buch. – Ham 藤茎，关木通来源于马兜铃科植物东北马兜铃 *Aristolochia manshuriensis* Kom 的藤茎，它们功效类同，但在临床上，关木通禁止长期或大量服用，肾功能不全者禁止使用。中药贯众，在全国同名为"贯众"的植物有 9 科 17 属 50 种及变种，均为蕨类植物，当作中药贯众使用的有 6 科 26 种。大黄属中的掌叶大黄 *Rheum palrna – tum* L.、唐古特大黄 *R. tanguticum* Maxim et Balf. 和药用大黄 *R. officinale* Baill. 均具有泻热通便功效，而河套大黄 *R. hotaoense* C. Y. Cheng et C. T. kao 则几乎无泻热作用，不能作大黄药用。中药细辛，来源于马兜铃科的细辛属，而该属绝大多数的种类在不同地区均有使用，但其中深绿细辛 *Asarum porphyronotum* C. Y. Cheng. et. C. S. Yang var. *atrovirent* C. Y. cheng et C. S Yang 和紫背细辛 *A. porphyronotum* C. Y. Cheng. et. C. S Yang 均含有致癌成分黄樟醚（Safrole），不能用于临床。柴胡属多种植物，可做中药柴胡用，但大叶柴胡 *Bupleurum longiradiatum* T Turcz. 含有毒成分，不可代替柴胡药用。在鉴定中药品种时，应结合运用植物分类学知识和先进的科技手段确定中药原植物的种类，同时研究其外部形态、内部构造和地理分布，从而解决中药材存在的名实混淆问题，对保证中药材生产、科研和临床用药的安全，以及资源开发均具重

要意义。

（二）调查研究药用植物资源，合理利用及开发药物

在当今社会经济飞速发展时期，世界各地都在利用植物资源开发研制新药、保健品和食品。自然界现有 50 余万种的植物资源，许多没有得到开发利用。以我国中药主产区云南省为例，有中草药 6700 种以上，而实际使用的不超过 1000 种。如何运用现代科学技术，发挥中医药优势，更好地合理利用我国特有植物资源，发现新的药源、新的活性成分，进而研制出高效新药，满足人民医疗保健需要，促进经济发展已成为中医药工作者的突出任务。

中医药是我国宝贵的遗产，中医药工作者几十年来，从本草记载的多品种来源中药，如川贝母、黄芩、细辛、柴胡等中发现同属多种，具有相同疗效的药用植物。从本草记载治疗疟疾的黄花蒿 *Artemisia annua* L. 中分离到高效抗疟成分青蒿素。运用系统学方法通过资源普查，20 世纪 50 年代找到了降压药萝芙木 *Rauvol fia verticillata*（Lour.）Baill. 取代了进口蛇根木 *R. serpentina* Benth. 生产降压灵。近年来，在云南、广西找到了可供生产血竭的剑叶龙血树 *Dracaena cochinchinensis*（Lour.）S. C. Chen，解决了国内生产血竭的资源空白问题。从红豆杉科红豆杉属多种植物的茎皮、根皮及枝叶中得到紫杉醇，发现具有很好的抗肿瘤作用等。几十年的研究成果表明，药用植物学对开发利用和保护药用植物资源具有重要意义。

二、药用植物学发展简史和发展趋势

我国药用植物学的发展有着悠久的历史，早在 3000 多年前的《诗经》和《尔雅》中就分别记载了 200 种和 300 种植物，其中约 1/3 为药用植物。我国历代本草类著作有 400 多部，记载了大量药用植物和药物知识，可以说药用植物学的发展与本草学的发展紧密相连。我国现存的第一部记载药物的专著《神农本草经》，收载药物 365 种，其中植物药 237 种。南北朝·陶弘景的《本草经集注》载药 730 种，多数为植物药。唐代苏敬等编写的《新修本草》（又称《唐本草》），是以政府名义编修并颁布的，被认为是我国第一部国家药典，该书载药 844 种，并附有药物图谱，是第一本具有图文对照的本草著作，其中不少是外来药用植物，如郁金、诃子、胡椒等。宋代唐慎微编著的《经史证类备急本草》收载的药物 1746 种，为我国现存最早的一部完整本草。明代李时珍经过 30 多年努力于 1578 年完成了《本草纲目》的编写，全书载药 1892 种，其中植物药 1100 多种。《本草纲目》有严密的系统性、科学性，首先试用生态学分类，它是本草史上的一部巨著，被翻译成多种文字，曾被外国人称为中国植物志。清代吴其濬著《植物名实图考》及《植物名实图考长编》，共记载植物 2552 种，是一部论述植物的专著。该书记述翔实，插图精美，是研究和鉴定药用植物的重要文献。

新中国成立以后，十分重视中医药的发展，在各地陆续成立了多所中医药大学、中药和药用植物研究机构，培养了大量药用植物研究人才。几十年来，在药用植物工作者与相关科学技术人才共同努力下，做了大量卓有成效的工作，开发了许多新药，出版了

一大批重要著作。如《中国药用植物志》（1953—1965）共 9 册，收载药用植物 450 种，并附有插图；《全国中草药汇编》收载植物药 2074 种；《中药大辞典》收载药物 5767 种，其中植物药 4773 种；《中国中药资源志要》；《新华本草纲要》；《中华本草》；《中国植物志》；《中华人民共和国药典》（1953、1963、1977、1985、1990、1995、2000、2005、2010、2015 共 10 版）等，这些专著是我国中药和药用植物研究成果的代表。除以上著作外，还创办了大量学术期刊，如《中国中药杂志》《中草药》《中药材》《中国天然药物》等。药用植物学与其他学科如医学、药学、化学、生物学等学科密切联系、相互渗透，又分化出中药鉴定学、中药化学、药用植物栽培学、植物化学分类学、中药资源学、植物超微结构分类学等学科，使药用植物学增加了新的内容，从而不仅在学科上，而且在结合医药实际方面促进了药用植物学的发展。

　　1987 年 10 月 30 日，国务院发布了《野生药材资源保护管理条例》，1997 年 1 月 1 日，国务院发布了《中华人民共和国野生植物保护条例》，目前，全国已建立了 14 个野生动植物救护繁殖中心和 400 多处珍稀植物种质、种源基地，2002 年 4 月 17 日，国家食品药品监督管理局发布了《中药材生产质量管理规范》。

知识链接

全国中草药资源普查

	时间	代表作
第一次	1960—1962	《中药志》四卷本，常用中药 500 多种
第二次	1969—1973	《全国中草药汇编》（上、下册），常用中药 2074 种
第三次	1983—1987	《中国中药资源》等 6 部专著，常用中药 12807 种
第四次	2012—至今	

三、药用植物学主要相关学科和学习方法

　　药用植物学是中药、药学及相关学科的专业基础课，由于中药来源主要为植物，药用植物的种类是决定中药质量的重要因素之一，因此，涉及中药植物种类来源及品质的学科，如中药鉴定学、中药化学、中药学、生药学、药用植物栽培学等与药用植物有密切关系，所以必须学好这门功课。药用植物学是一门实践性很强的学科，学习时必须理论联系实际，走进大自然，花草树木、农作物等许多植物都是药用植物，通过系统地观察，增强对药用植物形态结构和生活习性的全面认识，结合理论知识，能加深对药用植物的理解。药用植物学的专业术语比较多，只有正确理解和熟练运用这些专业术语，才能有效掌握药用植物的特征，切勿死记硬背。学习过程要抓住重点、难点，带动一般，如科的主要特征，可以通过观察代表植物来掌握；野外采集标本是学习的重要过程，野外观察必须注意保护资源和保护环境。

系统比较、纵横联系是学习药用植物学行之有效的方法，"有比较才有鉴别"，对相似植物、植物类群、显微结构等比较其相同点，找出其不同点。学习中既要把植物的外部形态和内部构造、生态环境、特征性化学成分等纵向联系起来，同时又要注意某些内容的横向联系，如茎的类型、叶序、花的构造等，经过不同角度的联系和比较，就能理解深刻，学好本学科。

最后，要综合运用所学的知识，结合实际，培养训练解决实际问题的能力，学好药用植物学，为今后相关专业课程的学习和工作奠定坚实的基础。

第一章　植物的细胞

任何植物体都是由细胞构成的。每个细胞都相对独立，既有自己的生命活动，又与其他细胞协同作用，共同来完成整个植物体的生命过程。细胞是植物体结构和功能的基本单位。

植物细胞有多种形态，一般随细胞存在的部位、排列状况和具有的功能不同而不同。存在于植物体表，排列紧密有保护作用的细胞一般多呈扁平长方形、方形、多角形或不规则状；存在于植物体内，排列疏松有贮藏作用的细胞多呈球形和椭圆形，排列紧密有支持作用的细胞多呈长纺锤形，有输导功能的细胞多呈长管状。

植物细胞多数较小，一般在显微镜下才能看见，直径多在 $10\sim100\mu m$。极少数细胞特别大，肉眼可见，如番茄果肉细胞和西瓜瓤细胞，直径可达 1mm；棉花种子的表皮毛，长可达 75mm；苎麻茎的纤维细胞，最长达到 550mm。人们把在光学显微镜下可以观察到的内部构造称为显微结构。把在电子显微镜下所观察到的更细微结构称为亚显微结构或超微结构。本书主要学习植物细胞的显微结构。

第一节　植物细胞的基本构造

各种植物细胞的形状和构造不同，就是同一个细胞在不同的发育阶段，其构造也有变化，所以不可能在一个细胞里看到细胞的全部构造。为了便于学习和掌握细胞的构造，将各种植物细胞的主要构造集中在一个细胞里加以说明，这个细胞称为典型的植物细胞或模式植物细胞。

一个模式植物细胞的基本构造主要分为三个部分：①细胞壁；②原生质体；③细胞后含物及生理活性物质。见图1-1。

一、细胞壁

细胞壁是由原生质体分泌的非生命物质包裹在原生质体外的一层较坚韧的壳，主要起保护作用。细胞壁是植物细胞特有的结构，是植物细胞与动物细胞相区别的显著特征之一。

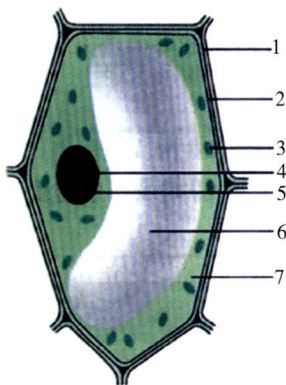

图1-1　植物细胞模式图
1. 细胞壁　2. 细胞质膜　3. 叶绿体
4. 细胞核　5. 核仁　6. 液泡
7. 细胞质

（一）细胞壁的结构

细胞壁分为胞间层、初生壁和次生壁等三层。见图 1-2。

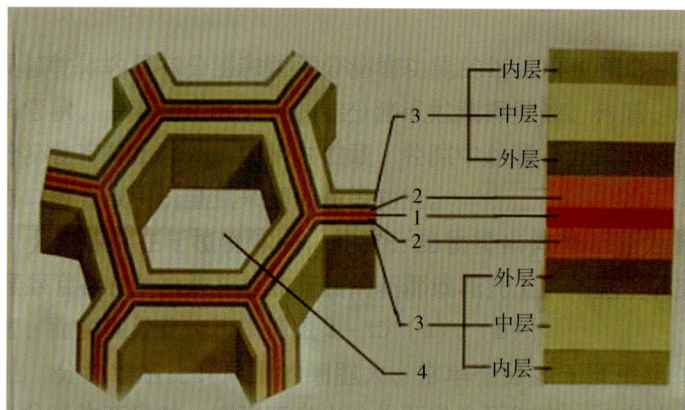

图 1-2　细胞壁的结构

1. 胞间层　2. 初生壁　3. 次生壁（示外、中、内三层）　4. 细胞腔

1. 胞间层　是细胞分裂结束时原生质体分泌形成的细胞壁层，主要成分为果胶质。果胶质能使相邻细胞彼此紧密地粘连在一起，果胶质既能被果胶酶分解，又溶于酸和碱。

2. 初生壁　是细胞生长时原生质体分泌形成的细胞壁层，主要成分为纤维素、半纤维素和果胶质。初生壁存在于胞间层内侧，质地柔软，可塑性强，能随细胞的生长而延伸。见图 1-2。纤维素细胞壁加氯化锌碘试液显蓝色或紫色。

3. 次生壁　是细胞停止生长后原生质体分泌形成的细胞壁层，主要成分是纤维素，还有少量半纤维素。次生壁存在于初生壁内侧，质地较硬，一般无可塑性。有的细胞次生壁较厚，质地坚硬，在光学显微镜下可显出不同的外、中、内三层。当次生壁增得很厚时，原生质体一般死亡，留下细胞壁围成的空腔，称为细胞腔。见图 1-2。

（二）纹孔和胞间连丝

1. 纹孔　细胞壁次生生长时并不完全覆盖初生壁，而在未增厚区域形成一些凹陷或中断部分，这些凹陷或中断部分称为纹孔。相邻两细胞间的纹孔成对存在，称为纹孔对。纹孔对中间隔着胞间层和初生壁，合称纹孔膜。纹孔膜两侧无次生壁的部分称为纹孔腔，纹孔腔通往细胞腔的开口称为纹孔口。

纹孔对有单纹孔、具缘纹孔和半缘纹孔三种。见图 1-3。

（1）**单纹孔**：纹孔腔呈圆形或扁圆形孔道，在光学显微镜下正面观察，纹孔口呈一个圆，见图 1-3（a）。常见于韧皮纤维、石细胞和部分薄壁细胞的细胞壁上。

（2）**具缘纹孔**：纹孔腔周围的次生壁向细胞腔内呈拱架状隆起，形成纹孔的缘部，纹孔口的直径明显较小。在光学显微镜下正面观察，纹孔口和纹孔腔两者构成两个同心圆。松科、柏科等裸子植物的管胞，纹孔膜中央极度增厚形成纹孔塞，在光学显微镜下正面观察，纹孔口、纹孔塞和纹孔腔三者构成三个同心圆。图 1 - 3 （b）就是松、柏科植物的具缘纹孔。

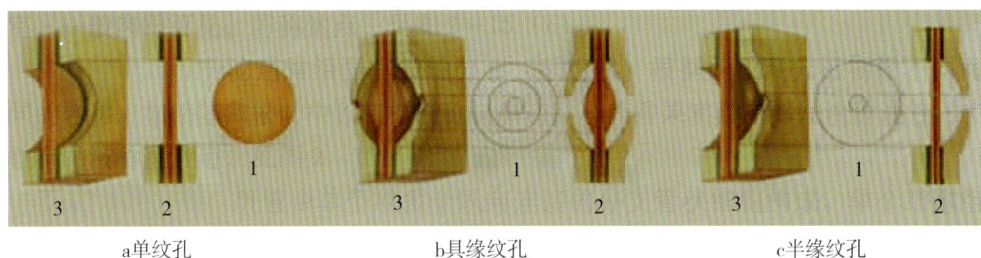

a单纹孔　　　　　b具缘纹孔　　　　　c半缘纹孔

图 1 - 3　纹孔的类型
1. 正面图　2. 切面图　3. 立体图

（3）半缘纹孔：由具缘纹孔和单纹孔组成的纹孔对，是导管或管胞与薄壁细胞相邻而形成的。在光学显微镜下正面观察，纹孔口和纹孔腔两者构成两个同心圆。见图 1 - 3（c）。半缘纹孔从正面观察与不具纹孔塞的具缘纹孔相同。

2. 胞间连丝　许多原生质细丝从纹孔处穿过纹孔膜，使相邻细胞彼此联系在一起，这种原生质细丝称为胞间连丝。胞间连丝通

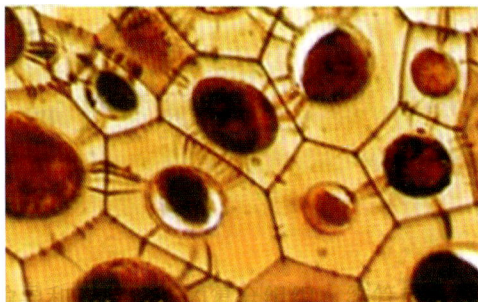

图 1 - 4　胞间连丝

常不明显，但柿和马钱子种子的胚乳细胞，由于细胞壁厚，经染色处理后，用光学显微镜可清楚地观察到胞间连丝。见图 1 - 4。

（三）细胞壁的特化

细胞壁主要由纤维素构成，纤维素既亲水又有韧性。由于受环境的影响和生理功能的不同，细胞壁中可渗入其他物质而发生特化现象。常见的有：

1. 木质化　细胞壁内渗入了木质素。木质素既亲水又坚硬，因而增强了细胞壁的硬度。当细胞壁增得很厚时，细胞一般都死亡。如导管、管胞、木纤维和石细胞等。木质化细胞壁加间苯三酚溶液和浓盐酸显樱红色或红紫色。

2. 木栓化　细胞壁内渗入了木栓质。木栓质亲脂，因而细胞壁不透水和气，使原生质体与外界隔绝而细胞死亡。木栓化细胞壁加苏丹Ⅲ溶液显红色。

3. 角质化　表皮细胞与外界接触的细胞壁外覆盖了一层角质，形成无色透明的角质膜（角质层）。角质亲脂，既能减少水分蒸腾，又能防止雨水的浸渍和微生物的侵袭。角质化细胞壁加苏丹Ⅲ溶液显红色。

4. 黏液化　细胞壁中的部分果胶质和纤维素发生了黏液性变化，如车前子和亚麻子等。黏液化细胞壁加钌红试液显红色。

5. 矿质化　细胞壁内渗入了硅质和钙质，使植物茎和叶变硬，增强了机械支持力。

如禾本科植物的茎和叶及木贼的茎，细胞壁中含有大量的硅酸盐。矿质化细胞壁加硫酸或醋酸不发生变化。

二、原生质体

原生质体是细胞内有生命物质（原生质）的总称，分为细胞质和细胞核，是细胞的主要部分，细胞的一切代谢活动都在这里进行。细胞质和细胞核在光学显微镜下能明显区别。

（一）细胞质

细胞质是原生质体除掉细胞核所余下的部分。细胞质由细胞质膜（简称质膜）、细胞器和细胞质基质（简称胞基质）三部分组成。

1. 质膜 质膜是细胞质表面的一层紧贴细胞壁的薄膜。质膜在光学显微镜下不易识别，如果用高渗溶液处理，原生质体失水收缩与细胞壁发生质壁分离现象时，用探针可感觉到细胞质表面有一层光滑的薄膜。

质膜有选择性通透某些物质的特性。质膜的选择透性能使细胞不断地从周围环境取得水分和营养物质，而又把细胞代谢废物排泄出去。细胞一旦死亡，质膜的选择透性就会消失。

2. 细胞器 细胞器是悬浮于细胞质内有特定功能的更微小结构。在光学显微镜下观察植物细胞的细胞器一般可看见质体、线粒体和液泡三种。

（1）质体：是绿色植物细胞与动物细胞相区别的显著特征之一，是一类与碳水化合物合成与贮藏有密切关系的细胞器。质体根据色素有无或不同，分为叶绿体、有色体和白色体。见图1-5。

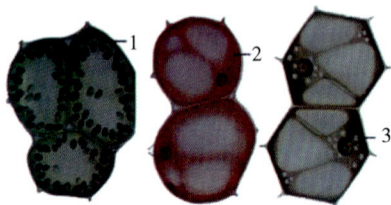

图 1-5 质体的类型
1. 叶绿体 2. 有色体 3. 白色体

①叶绿体：多为球形、卵圆形或扁圆形，一般呈颗粒状分布于绿色植物的叶、幼嫩茎、未成熟果实和花萼等的薄壁细胞中。叶绿体是最重要的质体。叶绿体中含叶绿素、叶黄素和胡萝卜素，其中叶绿素含量最多，是最重要的光合色素。叶绿体是绿色植物进行光合作用的场所。

②有色体：常呈杆状、颗粒状或不规则形，一般存在于花瓣、成熟果实以及某些植物根的薄壁细胞中。有色体主要含胡萝卜素和叶黄素，由于两者的比例不同，因而使不同植物的花、果实呈现黄色、橙色或橙红色等。

③白色体：常呈圆形或纺锤形，不含色素，普遍存在于植物各部的贮藏细胞中，有合成和贮藏淀粉、脂肪和蛋白质的功能。白色体合成和贮藏淀粉时，称造粉体；合成和贮藏脂肪时，称造油体；合成和贮藏蛋白质时，称造蛋白体。

叶绿体、有色体和白色体均由幼小细胞中的前质体发育或转化而来。在光照下，前质体合成色素发育成叶绿体；在暗处，前质体发育成白色体；而有色体则是叶绿体或白色体转化形成的。

（2）**线粒体**：多呈球状、杆状或细丝状，比质体小，在光学显微镜下需用特殊的染色方法才能识别。线粒体是细胞进行呼吸作用的场所，专门氧化分解糖、脂肪和蛋白质，氧化分解释放出来的能量可源源不断地满足细胞生命活动的需要。

（3）**液泡**：具有一个中央大液泡或几个较大液泡是植物细胞区别于动物细胞的显著特征之一，也是植物细胞发育成熟的显著标志。幼小的植物细胞有许多小液泡，在发育过程中，这些小液泡相互融合并逐渐长大，最后形成一个在光学显微镜下能看见的中央大液泡，中央大液泡一般可占整个细胞体积的 90% 以上。有些细胞在发育过程中，小液泡融合成几个较大液泡，细胞核被这些较大液泡分割成的细胞质索悬挂于细胞的中央。

液泡由一层液泡膜包围着，液泡膜与质膜一样具有选择透性。液泡内的液体称为细胞液，细胞液是多种物质的混合液。

3. 胞基质　是细胞质中除掉质膜和细胞器而无特殊形态的液胶体。胞基质成分十分复杂，有水、无机盐、氨基酸、核苷酸、蛋白质等。胞基质具有一定的弹性和黏滞性。胞基质流动会带动细胞器（除液泡外）在细胞内不断运动，流动快提示细胞生命活动旺盛，流动慢提示细胞生命活动微弱，流动停止提示细胞或处于休眠状态或死亡。

由于电子显微镜的使用，人们对细胞的亚显微结构有了更深入的了解。不但发现了细胞核、质膜、叶绿体、线粒体和液泡的超微结构，而且在细胞质中还发现了核糖核蛋白体、高尔基复合体、内质网、溶酶体、圆球体、微粒体、微管和微丝等更微小的细胞器。

（二）细胞核

细胞核是一个折光性较强、黏滞性较大的扁球体。一个细胞一般只有一个细胞核，但也有两个或多个的。细胞核的形状、大小和位置随细胞生长发育而变化。幼小细胞的细胞核呈球形，近于细胞中央，成熟细胞的细胞核多呈扁圆形，偏于细胞一侧。细胞核在未发育成熟的细胞中所占比例较大，在成熟细胞中所占比例较小。见图 1-1 所示。

细胞核由核膜、核仁、染色质（染色体）和核液组成。核膜是包裹细胞核的薄膜，膜上有小孔称为核孔，核孔是细胞核物质进出的通道。核仁是细胞核中一个或数个折光性更强的小体，是核内合成核糖核酸和蛋白质的场所。染色质（由脱氧核糖核酸和蛋白质组成）是易被碱性染料着色的遗传物质；在细胞分裂时，染色质螺旋、折叠、缩短、增粗，成为在光学显微镜下清晰可见的染色体；染色质和染色体是同一物质在细胞不同时期的表现形式。核液是细胞核内无明显结构的液胶体，核仁和染色质就分散在核液内。

三、细胞后含物及生理活性物质

（一）细胞后含物

原生质体在新陈代谢过程中产生的非生命物质，统称为细胞后含物。细胞后含物的种类很多，有的是营养物质，有的是非营养物质。细胞后含物的形态和性质是鉴定植物类药材的依据之一。

1. 淀粉　淀粉多贮藏于植物的根、地下茎和种子的薄壁细胞中。一般以淀粉粒形式存在，呈圆球形、卵圆形和多面体形。淀粉粒在白色体内聚积时，先形成脐点（核心），然后再围绕脐点一层一层地聚积淀粉，而最终形成淀粉粒。脐点位于淀粉粒的中间或偏于一侧，有颗粒状、分叉状、裂隙状、星状等。在光学显微镜下，有的植物淀粉粒可见明暗相间的层纹，这是因为淀粉粒分为直链淀粉和支链淀粉。在围绕脐点聚积淀粉粒时，一般直链淀粉和支链淀粉相互交替分层积聚，而直链淀粉比支链淀粉有更强的亲水性，二者遇水膨胀不一，从而在折光上显示明暗差异。淀粉粒有单粒淀粉、复粒淀粉和半复粒淀粉三种。见图1-6。

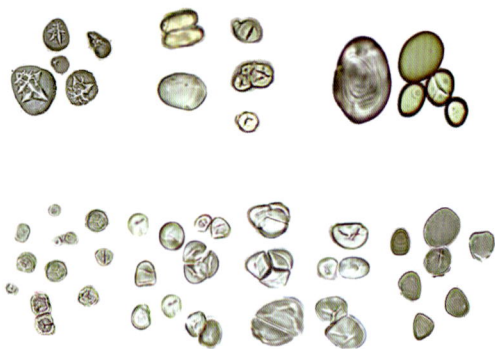

图1-6　各种淀粉粒

（1）**单粒淀粉**：每个淀粉粒有一个脐点，围绕脐点有层纹。如浙贝母、山药、马铃薯、肉桂等。

（2）**复粒淀粉**：每个淀粉粒有两个或多个脐点，围绕每个脐点有自己的层纹。如天花粉、半夏、马铃薯、肉桂、玉米等。

（3）**半复粒淀粉**：每个淀粉粒有两个或几个脐点，每个脐点除有围绕自己的层纹外，还有共同的层纹。如马铃薯。

在含有淀粉粒的植物细胞中，一般单粒淀粉和复粒淀粉比较常见，半复粒淀粉相对较少。淀粉粒加稀碘溶液显蓝紫色。

2. 菊糖　菊糖多存在于桔梗科和菊科植物根的细胞中，易溶于水，不溶于乙醇。把含有菊糖的材料浸入乙醇中一周后做成切片，置光学显微镜下观察，在细胞内可见呈球形、半球形的菊糖结晶。见图1-7（a）。菊糖加10% α-萘酚乙醇溶液再加硫酸，显紫红色并溶解。

3. 蛋白质　贮藏蛋白质无生命活性，与组成原生质体的蛋白质不同，有结晶和无定形颗粒两种。结晶蛋白质常呈方形，有晶体和胶体的二重性，称为拟晶体。无定形蛋白质常有一层膜包裹，呈圆球形，特称糊粉粒。糊粉粒较多地分布于植物种子的胚乳或子叶细胞中。谷类种子的糊粉粒集中分布在胚乳最外面的一层或几层细胞中，特称为糊粉层。豆类种子的糊粉粒存在于子叶细胞中，以无定形颗粒为主，还含有一至几个拟晶体。蓖麻种子胚乳细胞的糊粉粒，除拟晶体外还含有磷酸盐球形体。见图1-7（b）。蛋白质加碘溶液显暗黄色；加硫酸铜和苛性碱水溶液显紫红色。

4. 油脂　油脂是油和脂的总称，在常温下呈液态的称为油，如菜籽油、芝麻油、花生油等；呈固态或半固态的称为脂，如可可豆脂、乌桕脂等。油脂常存在于植物种子的细胞内，并分散于细胞质中。见图1-7（c）。

油脂加苏丹Ⅲ溶液显橙红色；加紫草试液显紫红色。

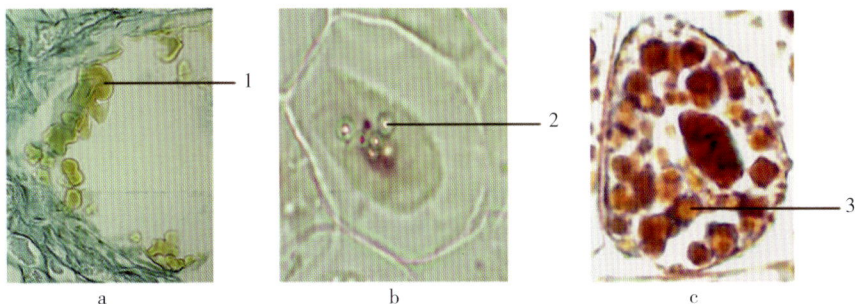

图1-7　贮藏的营养物质
1. 菊糖　2. 糊粉粒　3. 油脂

5. 晶体　晶体是植物细胞新陈代谢形成的物质，主要存在于液泡内，有的呈溶解状，有的呈结晶状。如无机盐、有机酸、挥发油、苷、生物碱、单宁（鞣质）、色素、树脂和晶体等。在细胞中形成晶体，可避免代谢产生的废物对细胞的危害。植物细胞是否存在晶体，以及晶体的种类、形态和大小等是鉴别植物类药材的依据之一。晶体主要为草酸钙晶体，还有碳酸钙晶体。

（1）**草酸钙晶体**：草酸钙晶体是植物体在代谢过程中产生的草酸与钙结合而成的晶体。草酸钙晶体无色透明或暗灰色，常见有以下几种。

①簇晶：晶体呈多角星状，是由许多菱形、八面体形的单晶聚集而成，如大黄、人参、曼陀罗叶等。见图1-8（a）。

②针晶：晶体呈针状，但一般是由许多单个针晶聚集成针晶束，存在于黏液细胞中，如半夏、黄精等。见图1-8（b）。

③方晶：晶体呈方形、斜方形、长方形或菱形，如甘草、黄柏等。见图1-8（c）。

④砂晶：晶体呈细小三角形、箭头形或不规则形，大量散布于细胞内，如地骨皮、颠茄、牛膝等。见图1-8（d）。

⑤柱晶：晶体呈长柱形，长为直径的4倍以上，如射干等鸢尾科植物。见图1-8（e）。

（2）**碳酸钙晶体**：多存在于桑科、荨麻科等植物中，晶体一端与细胞壁相连，另一端悬于细胞腔内，状如一串悬垂的葡萄，称为钟乳体。见图1-9。碳酸钙晶体遇醋酸溶解，并放出二氧化碳，而草酸钙晶体则不溶，由此可鉴别。

此外，除草酸钙结晶和碳酸钙结晶以外，还有石膏结晶，如柽柳叶；靛蓝结晶，如菘蓝叶；橙皮苷结晶，如吴茱萸和薄荷叶；芸香苷结晶，如槐花等。

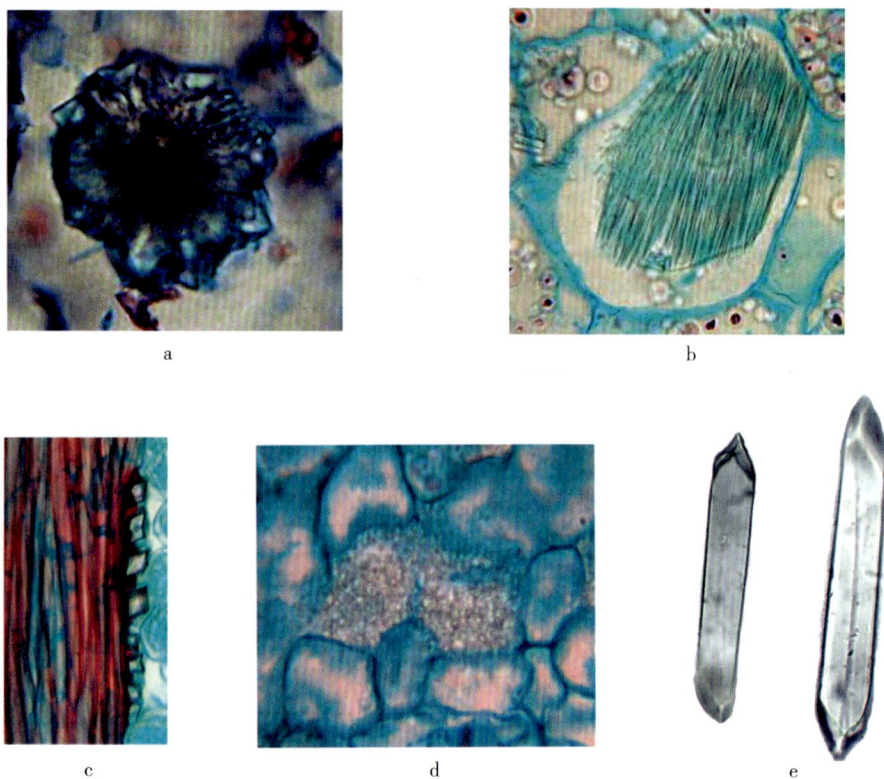

图 1 - 8　草酸钙晶体

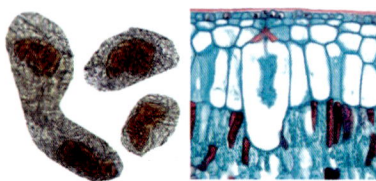

图 1 - 9　碳酸钙晶体

（二）生理活性物质

生理活性物质是对细胞内的生化反应和生理活动起调节作用的物质的总称。包括酶、维生素、植物激素、抗生素等，这些物质统称为生理活性物质。虽然它们含量甚微，但对植物体的生长、发育、代谢等都具有非常重要的作用。

第二章 植物组织

植物组织是由许多来源和生理功能相同，形态和结构相似，而又紧密联系的植物细胞组成的细胞群。

第一节 植物组织的类型

植物组织分为分生组织、保护组织、薄壁组织、机械组织、输导组织、分泌组织六类。后五类组织是由分生组织的细胞分裂、分化、生长发育成熟的组织，因此称为成熟组织。

一、分生组织

分生组织是具有分裂能力的细胞组成的细胞群。位于植物体的生长部位，主要存在于茎尖和根尖。分生组织的细胞小、略呈等边形、排列紧密、无细胞间隙，细胞核大、细胞壁薄、细胞质浓、液泡不明显。

（一）按来源性质分

按来源性质分为下列三种。

1. 原分生组织 直接由种子的胚保留下来的分生组织，一般具有持续而强烈的分裂能力，位于根、茎的顶端。

2. 初生分生组织 由原分生组织刚分裂衍生的细胞所形成的分生组织，细胞在形态上出现初步分化，但仍具有较强的分裂能力，是一边分裂，一边分化的分生组织。

3. 次生分生组织 由成熟组织的某些薄壁细胞重新恢复分裂能力而形成的分生组织，包括形成层和木栓形成层。

（二）按存在部位分

按存在部位分为下列三种。见图 2 - 1。

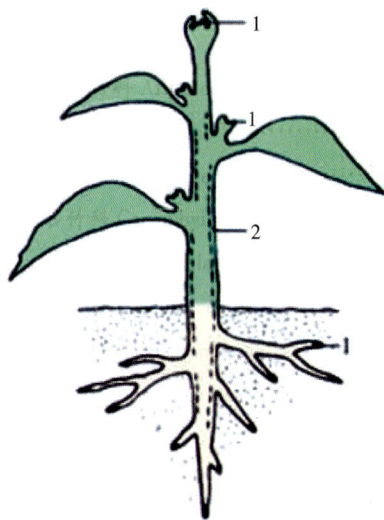

图 2 - 1　分生组织示意图
1. 顶端分生组织　2. 侧生分生组织

1. 顶端分生组织　存在于根、茎的顶端，包括原分生组织和初生分生组织。由于顶端分生组织细胞的分裂和生长，使根、茎不断地伸长、长高。

2. 侧生分生组织　存在于根、茎的四周，包括形成层和木栓形成层。侧生分生组织的活动，使根、茎不断地长粗。

3. 居间分生组织　存在于某些植物叶基部、茎节间基部或子房柄等处，是由初生分生组织保留下来形成的。

二、薄壁组织（基本组织）

薄壁组织在植物体内分布较广又占有最大的比例。薄壁组织的细胞多数类圆形并还有各种形状，细胞排列疏松，细胞壁薄，细胞质稀，液泡大，是生活细胞。按生理功能和所处的位置不同，主要分为下列几种类型。

1. 基本薄壁组织　普遍存在于植物体各个部位，主要起填充和联系其他组织的作用。在一定条件下基本薄壁组织可转化为次生分生组织，并在切枝、嫁接和愈伤组织的形成中发挥重要作用。

2. 同化薄壁组织　多存在于植物叶的叶肉和幼嫩茎的皮层中，细胞内含大量叶绿体，主要进行光合作用，在合成有机物的同时可释放出大量氧气。

3. 贮藏薄壁组织　多存在于植物种子、果实、根和地下茎中，细胞内贮藏有大量的营养物质，主要为糖、淀粉、蛋白质和油脂等。

4. 吸收薄壁组织　主要指植物根尖有根毛的区域，能从土壤中吸收水分和无机盐，满足植物的生长发育需要。

5. 通气薄壁组织　多存在于水生和沼泽植物中，细胞间隙相互连接成四通八达的管道系统，使植物埋藏于沼泽和水中的部分也能正常通气。

三、保护组织

保护组织是覆盖植物体表起保护作用的细胞群。保护组织可防止病虫害对植物体的侵袭，减轻外界对植物体的各种损伤，减少植物体的水分蒸腾。保护组织分为表皮和周皮。

（一）表皮

表皮是初生分生组织分裂分化发育而成，又称为初生保护组织。表皮存在于植物体幼嫩器官的表面，通常由一层生活细胞组成。表皮细胞多为扁平长方形、方形、多角形或不规则形等，排列紧密，细胞质较稀薄，液泡大，一般不含叶绿体，细胞壁与外界接触的一面稍厚并覆盖有角质膜（层），有的在角质膜外还有蜡被。见图2-2。角质膜和蜡被均能增强细胞壁的保护作用。

表皮的有些细胞还分化形成毛茸或气孔。毛茸和气孔常作为叶类药材和全草类药材鉴别的依据之一。

1. 毛茸　是表皮细胞特化向外形成的突出物。毛茸具有降低植物体温，减少水分

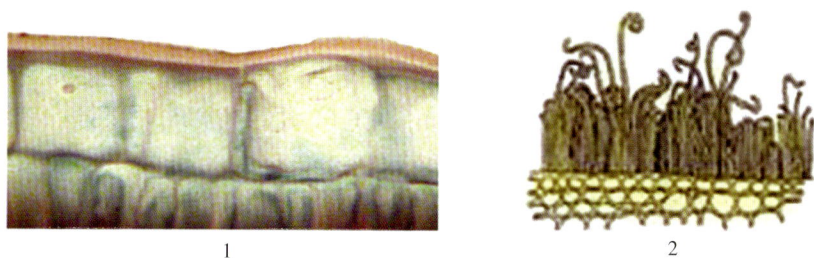

图 2 – 2 角质膜和蜡被
1. 表皮及角质膜 2. 表皮上的杆状蜡被（甘蔗茎）

蒸腾和抵御昆虫侵袭的作用。可分为腺毛和非腺毛两类。

（1）**腺毛**：具分泌作用的毛茸，分为腺头和腺柄。腺头膨大，位于顶端，有分泌作用；腺柄连接腺头与表皮。腺毛由于组成头、柄部细胞的多少不同而呈各种形状。在唇形科植物叶的表皮上有一种腺毛，具极短的单细胞柄，腺头由 4~8 个细胞组成，特称为腺鳞。见图 2 – 3。有时两种以上不同类型的腺毛分布在同一植株上，如茄科和唇形科部分属等。被子植物中有 93 个科植物体上有腺毛，以唇形科、茄科、菊科、豆科的蝶形花亚科、牻牛儿苗科植物体上分布较多。

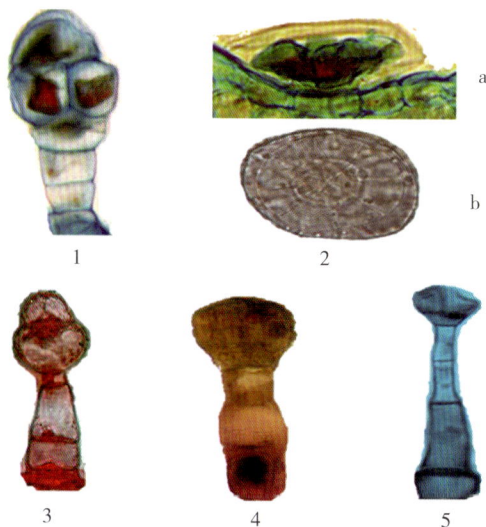

图 2 – 3 腺毛及腺鳞
1. 南瓜 2. 薄荷叶（a. 侧面观 b. 顶面观） 3. 向日葵 4. 忍冬叶 5. 天竺葵叶

（2）**非腺毛**：不具分泌作用的毛茸，由单细胞或多细胞组成，无头、柄之分，顶端狭尖，种类较多。见图 2 – 4。

2. 气孔 在植物叶片的表皮上（特别是下表皮）和幼嫩茎的表面有许多小孔，称之为气孔。气孔由两个保卫细胞对合而成。保卫细胞的细胞质丰富、细胞核明显、有叶绿体，一般双子叶植物呈肾形，单子叶植物呈哑铃形。紧邻保卫细胞的表皮细胞称为副

图 2-4 各种非腺毛

a 线状毛（1. 杜鹃叶 2. 大青叶 3. 荔枝草叶 4. 枇杷叶 5. 蒲公英叶） b 星状毛（1. 石韦叶 2. 红花檵木叶） c 丁字毛（杭白菊叶） d 分枝毛（薰衣草叶） e 鳞毛（油橄榄叶）

卫细胞，保卫细胞与副卫细胞相连的壁较薄，其他地方的壁较厚。当保卫细胞充水膨胀时，较薄的细胞壁被拉长向副卫细胞弯曲呈弓形，气孔口被拉大（张开）。当保卫细胞失水细胞壁恢复原状时，气孔口闭合。因此，气孔是调节植物气体进出和水分蒸腾的通道。见图 2-5。

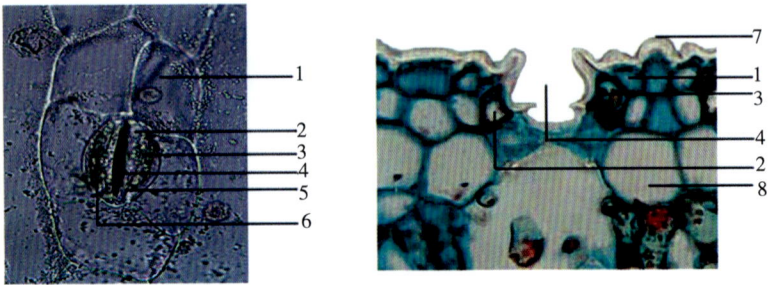

图 2-5 叶的表皮与气孔

1. 副卫细胞 2. 保卫细胞 3. 叶绿体 4. 气孔 5. 细胞质 6. 细胞核 7. 角质膜 8. 栅栏组织细胞

保卫细胞与其周围副卫细胞的排列方式，称为气孔轴式。见图 2-6 所示。

（1）直轴式：保卫细胞周围有 2 个副卫细胞，保卫细胞与副卫细胞的长轴互相垂直。如薄荷叶、紫苏叶、穿心莲叶等。

（2）平轴式：保卫细胞周围有 2 个副卫细胞，保卫细胞与副卫细胞的长轴互相平行。如常山叶、茜草叶、番泻叶等。

（3）不等式：保卫细胞周围有 3~4 个副卫细胞，其中一个副卫细胞显著较小。如忍冬叶、颠茄叶、白曼陀罗叶等。

（4）不定式：保卫细胞周围的副卫细胞数目不定，且形状与表皮细胞无明显区别。

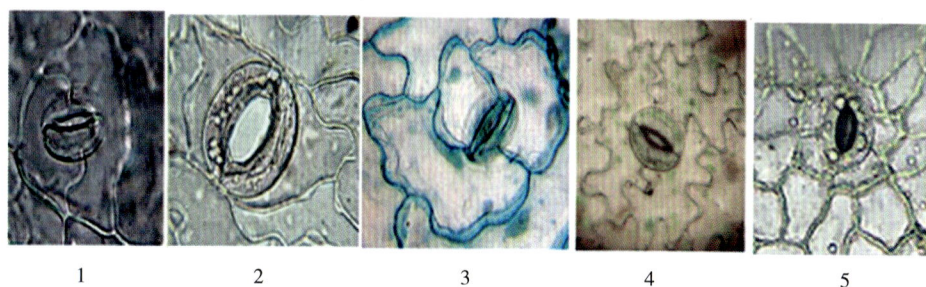

图 2 – 6 气孔的类型
1. 直轴式 2. 平轴式 3. 不等式 4. 不定式 5. 环式

如杭白菊、洋地黄叶、桑叶等。

（5）环式：保卫细胞周围的副卫细胞数目不定，其形状比其他表皮细胞狭窄，并围绕保卫细胞呈环状排列。如八角金盘、茶叶、桉叶等。

（二）周皮

周皮存在于有加粗生长的根、茎的表面，由表皮下的某些薄壁细胞恢复分裂能力后形成的。周皮是次生保护组织。首先，恢复分裂能力的细胞形成木栓形成层，木栓形成层向外分生出木栓化的扁平细胞形成木栓层，向内分生出薄壁细胞形成栓内层，木栓层、木栓形成层、栓内层三者合称周皮。见图 2 – 7。周皮是一种复合组织。随着植物根、茎的增粗，表皮受到破坏，周皮代替表皮行使保护作用。

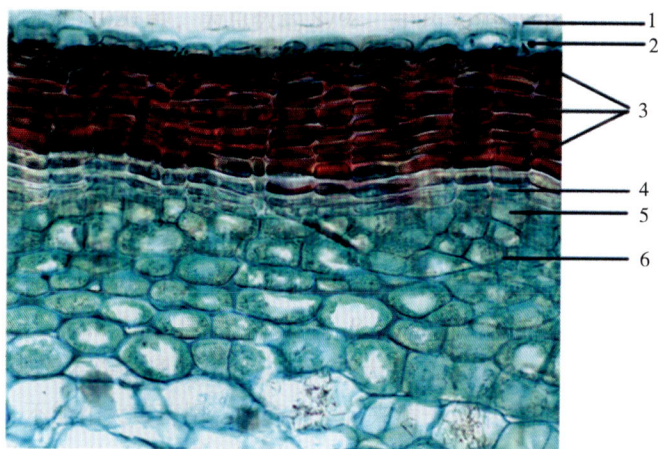

图 2 – 7 周皮
1. 角质膜 2. 表皮 3. 木栓层 4. 木栓形成层 5. 栓内层 6. 皮层

周皮形成时，位于气孔下面的木栓形成层向外分生排列疏松的许多类圆形薄壁细胞，称为填充细胞。由于填充细胞的增多和长大，将表皮突破形成皮孔。在木本植物的茎枝上，皮孔多呈直条状、横条状或点状突起。植物不同皮孔的形状不同，皮孔是植物进行气体交换和水分蒸腾的通道。见图 2 - 8 所示。

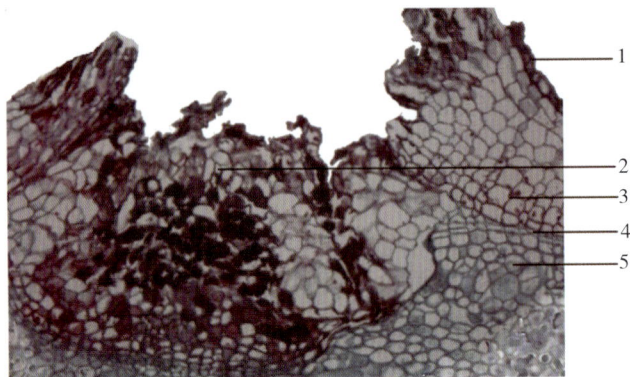

图 2 - 8　皮孔横切面（接骨木）

1. 表皮　2. 填充细胞　3. 木栓层　4. 木栓形成层　5. 栓内层

四、机械组织

机械组织是细胞壁明显增厚并对植物体起支持作用的细胞群。根据细胞壁增厚的部位和程度不同，可分为厚角组织和厚壁组织。

（一）厚角组织

常存在于根、茎、叶的叶柄和叶脉、花梗等处，在表皮下成环状或束状分布，在有棱脊的茎中棱脊处特别发达。厚角组织能增强茎的支持力。

在横切面上，厚角组织的细胞呈多角形，最明显的特点是相邻细胞的角隅处发生初生壁性质的增厚，细胞壁不木质化，有原生质体，是活细胞，见图 2 - 9。

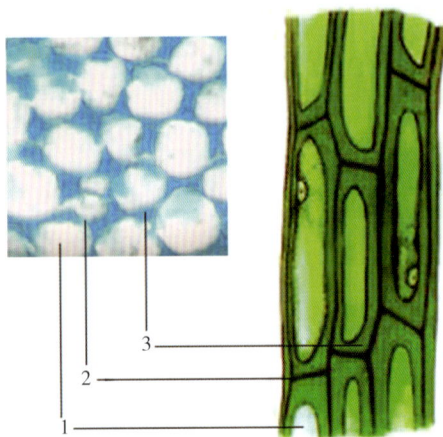

图 2 - 9　厚角组织

1. 细胞质　2. 胞间层　3. 增厚的壁

（二）厚壁组织

细胞壁全面增厚，细胞腔小，有纹孔和一定的纹理，成熟时细胞死亡。由于细胞形态不同，可分为纤维和石细胞。

1. 纤维　细长梭形，细胞壁厚，细胞腔狭窄，纹孔常呈缝隙状。纤维末端彼此嵌插，一般成束沿器官长轴分布，增强了细胞壁的支持功能。纤维为植物体主要的机械组织，见图 2 - 10。纤维又可分为两种：

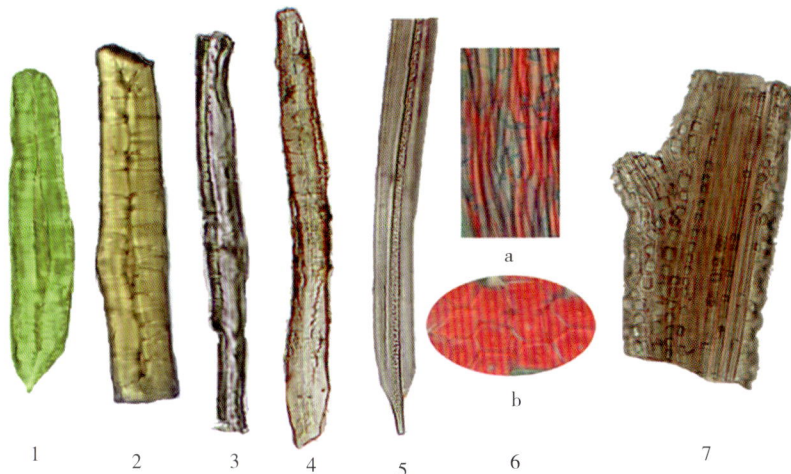

图 2 - 10　纤维

1. 丁香　2. 黄连　3. 丹参　4. 肉桂　5. 山药　6. 纤维束（a. 侧面 b. 横切面）　7. 番泻叶（晶纤维）

（1）**韧皮纤维**：分布于韧皮部，一般较长，细胞壁增厚，一般不木质化，常成束存在。韧皮纤维韧性好，拉力强，如苎麻、大麻和亚麻韧皮部的纤维。

（2）**木纤维**：分布于木质部，一般较短，细胞壁明显增厚且木质化。木纤维比较坚硬，支持力强。如一般树木的木质部纤维。

有些植物纤维束周围的薄壁细胞含有草酸钙方晶，称为晶纤维或晶鞘纤维，如甘草、番泻叶、黄柏等。见图 2 - 10 - 7 所示。

2. 石细胞　石细胞常成群或单个分布于植物的根、茎、叶、果实和种子中，一般等径，如圆形、椭圆形等；还有其他形状，如星状、分支状、柱状、骨状等。细胞壁一般极度增厚且木质化，细胞腔小，纹孔长呈管道状或分支状，特称纹孔道。如黄连、肉桂、黄柏等的石细胞，见图 2 - 11。

另外，在睡莲、茶树、木犀等植物的叶片中有单个存在的大型分支状石细胞，起支撑作用，称为支柱细胞，也叫异型石细胞。

图2-11 石细胞

1. 丹参　2. 黄连　3. 肉桂　4. 天花粉　5. 木瓜　6. 睡莲　7. 厚朴　8. 黄柏

五、输导组织

输导组织是植物体内输送物质的细胞群。可分为两类：一类是管胞和导管，另一类是筛管、伴胞和筛胞。

（一）导管和管胞

导管和管胞是存在于植物木质部的死细胞，能自下而上地输送水分和无机盐。

1. 管胞　管胞是蕨类植物和绝大多数裸子植物的输水组织，被子植物的原始类型中也有管胞。管胞为长梭形，次生壁木质化增厚，常见的有梯纹和孔纹管胞。管胞口径小，其连接横壁不形成穿孔，靠纹孔沟通，输导能力弱。所以管胞是较原始的输导组织。管胞在蕨类植物和裸子植物中还具有支持作用，见图2-12。

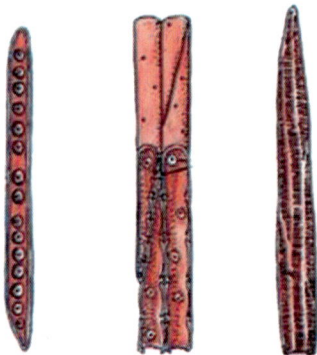

图2-12 管胞

2. 导管　是被子植物最主要的输水组织，由许多导管分子（管状细胞）纵向连接而成。由于相邻导管分子上下相连的横壁溶解消失，使导管形成上下贯通具有很强输水能力的管道。导管分子次生壁不均匀的木质化增厚，成熟时原生质体死亡。导管分子也可通过侧壁未增厚的部分与相邻细胞进行横向输送水分和无机盐。根据发育顺序和次生壁增厚的纹理不同，导管可分为5种类型，见图2-13。

（1）**环纹导管**：次生壁呈一环一环的增厚。

（2）**螺纹导管**：次生壁呈一条（稀）或数条（密）螺旋带状增厚。

（3）**梯纹导管**：次生壁增厚部分与未增厚部分相间呈梯状。

（4）**孔纹导管**：次生壁全面增厚，只留下未增厚的纹孔，主要为具缘纹孔导管。

（5）**网纹导管**：次生壁增厚呈网状，网眼是未增厚部分。

环纹和螺纹导管常存在于植物器官的幼嫩部分，能随器官生长而伸长，管壁薄，管径小，输导能力相对较弱；网纹和孔纹导管多存在于植物器官的成熟部分，管壁厚，管径大，输导能力相对较强；梯纹导管居于两者之间，多存在于停止生长的器官中。在实际观察中，还可见一些混合型导管，如环 – 螺纹导管和梯 – 网纹导管等。

图 2 – 13　导管的类型

导管和管胞衰老时常受四周组织的挤压，使相邻的薄壁细胞从未增厚部位或纹孔处挤入管腔内形成侵填体而造成管腔堵塞，失去输导能力。

（二）筛管、伴胞和筛胞

筛管、伴胞和筛胞存在于植物的韧皮部，能自上而下地输送有机物质。

1. 筛胞　筛胞是裸子植物输送有机物的组织。筛胞为细长梭形生活细胞，上下相邻细胞的横壁不特化为筛板，但仍有筛域。原生质细丝穿过的孔较小，输导能力较弱。筛胞没有伴胞。

2. 筛管和伴胞　筛管是被子植物主要输送有机物的组织。它由许多筛管分子（管状无核的生活细胞）纵向连接而成。上下相邻的筛管分子的横壁特化为筛板，筛板上有许多比纹孔大的小孔，称为筛孔。筛管分子间的原生质细丝通过筛孔连接，形成输送有机物的通道，见图 2 – 14。

筛管分子一般只活 1 ~ 2 年，在树木的增粗生长中，老的筛管被挤压成颓废组织，失去输导能力后被新筛管所代替。但在多年生单子叶植物中，由于无次生生长，筛管可长期保持输导能力。

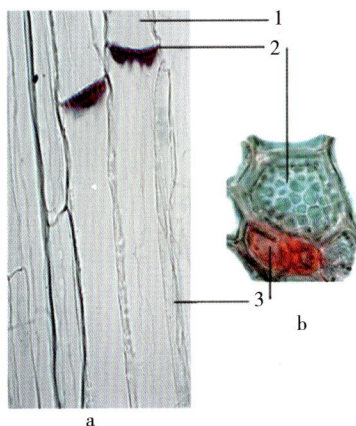

图 2 – 14　筛管与伴胞

a. 纵切面　　b. 横切面

1. 筛管　2. 筛板　3. 伴胞

伴胞是被子植物中一至数个与筛管分子近等长，并紧贴筛管分子生长的梭形薄壁细胞。伴胞有细胞核，常与筛板一起成为识别筛管分子的特征。

六、分泌组织

分泌组织是植物体内具有分泌和贮藏分泌物功能的细胞群见图 2 - 15。细胞多呈圆形、椭圆形或长管状，一般为生活细胞，能分泌或贮藏挥发油、树脂、油类、乳汁、黏液或蜜汁等。分泌物有排出体外、细胞内贮藏、腔隙中贮藏等方式。分泌物有防止动物的侵害、促进伤口愈合或引诱昆虫采蜜传粉等功能。

1. 分泌腺　分泌腺存在于植物体表，能将分泌物排出体外，分为腺毛（见保护组织）和蜜腺。蜜腺常存在于虫媒花植物花瓣的基部或花托上，细胞呈乳突状，能分泌蜜汁引诱昆虫采蜜，而实现异花传粉。见图 2 - 15（a）、（b）。

2. 分泌细胞　分泌细胞比其周围的细胞大，常单个分散于薄壁组织中，分泌物贮藏于细胞内，当分泌物充满时，细胞壁多木栓化而成为死细胞。如肉桂、姜的分泌细胞贮有挥发油，称油细胞，见图 2 - 15（e）；半夏、玉竹的分泌细胞贮有黏液，称黏液细胞。

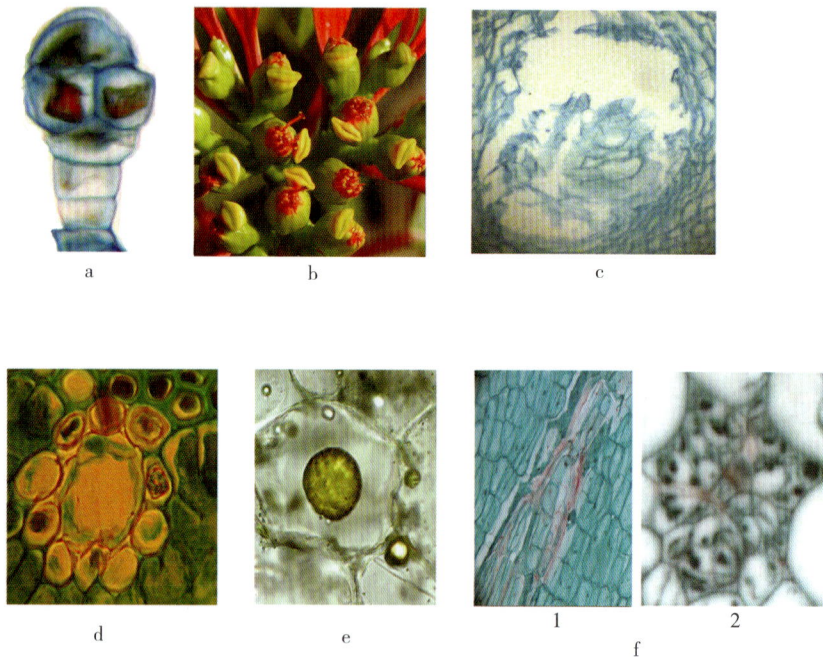

图 2 - 15　各种分泌组织

a. 腺毛南瓜．　b. 蜜腺大戟属植物．　c. 分泌腔橘皮．　d. 树脂道松针横切　e. 油细胞姜根茎
f. 乳汁管（1. 大蒜纵切　2. 无花果横切）

3. 分泌隙　分泌隙是分泌组织的细胞在植物体内形成的腔隙。分泌隙的形成方式有溶生式和裂生式两种。溶生式是分泌组织细胞破碎溶解而形成的，如橘皮、桉叶等；裂生式是分泌组织细胞沿胞间层裂开形成的，如松茎、小茴香果实等。根据分泌隙的形

状可分为分泌腔（囊）和分泌道。

（1）分泌腔（囊）：分泌腔呈球形或卵形。如橘皮、桉叶的分泌腔贮有挥发油，称油室，一般肉眼可见，习称油点，见图2-15（c）。

（2）分泌道：分泌道常沿器官长轴分布，呈管状，根据所贮藏分泌物的不同而有不同的名称。如松茎和松叶中贮有树脂称树脂道；小茴香果实贮有挥发油称油管；美人蕉贮有黏液称黏液道，见图2-15（d）。

4. 乳（汁）管 乳管由单个或多个纵向连接的分支管状细胞构成。单个细胞组成的乳管称无节乳管，如无花果、大戟、夹竹桃等；多个细胞组成的乳管称有节乳管，有节乳管其细胞连接处的横壁消失，成为多核的管道系统，如桔梗、蒲公英、大蒜、罂粟、三叶橡胶树等，见图2-15（f）。

乳管是生活细胞，具有强烈的分泌作用，其分泌的乳汁贮于液泡内或整个细胞质中，多呈白色或黄色，成分极为复杂，有的可药用。

第二节 维管束及其类型

一、维管束的组成

除苔藓植物外，维管束是高等植物具有的输导和支持功能的复合组织。维管束是由韧皮部和木质部组成的束状结构，贯穿在植物体各种器官内，彼此相连形成一个完整的输导系统。同时对植物器官起着支持作用。韧皮部质地柔韧，主要由筛管、伴胞、韧皮纤维和韧皮薄壁细胞组成；木质部质地坚硬，主要由导管、管胞、木纤维和木薄壁细胞组成。

二、维管束的类型

根据有无形成层，维管束分为无限维管束和有限维管束。无限维管束在韧皮部和木质部之间有形成层，维管束能不断增大，如双子叶植物和裸子植物根、茎的维管束，见图2-16（a）。有限维管束在韧皮部和木质部之间无形成层，维管束不能增大，如单子叶植物和蕨类植物根、茎的维管束，见图2-16（b）。

根据韧皮部和木质部的排列位置，维管束又可分为下列五种。见图2-16。

1. 外韧维管束 维管束中韧皮部位于外侧，木质部位于内侧，中间有形成层的为无限外韧型维管束，如双子叶植物和裸子植物茎的维管束。中间无形成层的为有限外韧型维管束，如单子叶植物茎玉米、石斛等的维管束。

2. 双韧维管束 维管束中木质部内外两侧均为韧皮部，常见于茄科、葫芦科植物，如南瓜和颠茄茎的维管束。

3. 周韧维管束 维管束中木质部居中，韧皮部包围在木质部四周，常见于蕨类的某些植物，如芒萁、绵马贯众的根状茎及叶的维管束。

4. 周木维管束 维管束中韧皮部居中，木质部包围在韧皮部的四周，存在于少数单子叶植物，如菖蒲根状茎的维管束。

5. 辐射维管束　韧皮部和木质部相间排列呈辐射状，仅存在于被子植物根的初生结构中，如毛茛幼根的维管束。

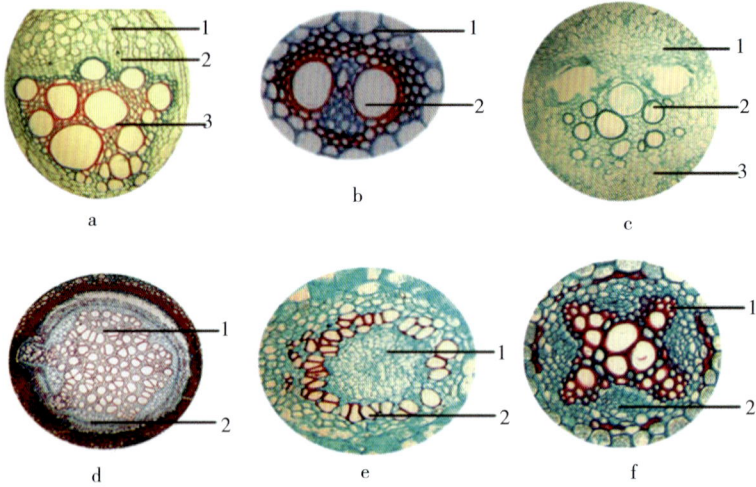

图 2 - 16　维管束的类型

a. 无限外韧维管束（马兜铃　1. 韧皮部　2. 形成层　3. 木质部）　b. 有限外韧维管束（玉米　1. 韧皮部　2. 木质部）　c. 双韧维管束（南瓜茎　1、3. 韧皮部　2. 木质部）　d. 周韧维管束（芒萁的根茎　1. 木质部　2. 韧皮部）　e. 周木维管束（菖蒲根茎　1. 韧皮部　2. 木质部）　f. 辐射维管束（毛茛幼根　1. 木质部　2. 韧皮部）

第三章　根

根是植物的营养器官，通常是植物体向土壤中伸长的部分，具有向地性、向湿性、背光性等生长特点，有吸收、固着、支持、贮藏等功能。根从土壤中吸收水分、无机盐等，输送到植物体其他部分满足其生长需要。根能合成植物氨基酸用来构成蛋白质，还能合成生长激素、植物碱等，对植物生长、发育有重要作用。根中贮藏有丰富的营养物质和次生代谢产物，许多植物的根可供药用，如人参、黄芪、白芷、地骨皮、牡丹皮等以根或根皮入药。

第一节　根的形态和类型

根多呈圆柱形，向下逐渐变细，多级分枝，形成根系。根无节与节间，通常不生芽、叶和花，细胞内不含叶绿体。

一、根的类型

植物种子的胚根直接发育形成的根，称主根。当主根生长到一定长度时，侧向生出许多支根，称为侧根。侧根与主根往往形成一定角度，并可逐级发生。在主根和侧根上均可形成小分枝称纤维根。

由胚根直接或间接发育而来的主根、侧根、纤维根，有着固定的生长部位，称为定根。有些植物受环境影响或主根生长受损，由胚轴、茎、叶或其他部位发生的根，没有固定的生长部位，成为不定根。

二、根系的类型

一株植物地下部分的根的总和称为根系。由于根的发生和形态不同，根系可分为直根系和须根系两类。

（一）直根系

主根发达，主根与侧根界限明显的根系称为直根系。其外形上可见粗壮的主根和逐渐变细的各级侧根。直根系是裸子植物和大多数双子叶植物的主要根系类型，如甘草、丹参等的根。见图 3-1。

（二）须根系

主根不发达，或早期死亡，在茎的基部生出许多粗细长短相仿、似胡须样的不定根，形成没有主次之分的根系，称为须根系。须根系是单子叶植物的主要根系类型，如百合、稻等的根系。见图3－2。

图 3 - 1　直根系　　　　　　　　　　图 3 - 2　须根系

第二节　根的变态

有些植物的根，由于长期适应生长环境的变化，其形态结构和生理功能发生了特化，其过程被称作根的变态。常见根的变态类型有以下几种。

一、贮藏根

贮藏根可为植物的生长或开花结果提供足够的能量。根的一部分或全部因贮藏营养物质而呈肉质肥大状，称为贮藏根。依据其形态又可分为圆锥根、圆柱根、圆球根和块根。主根肥大呈圆锥状，如白芷、桔梗等；主根肥大呈圆柱状，如丹参、菘蓝；主根肥大呈圆球状，如芜菁的根。块根主要是由侧根或不定根膨大发育而成，形状不一，如何首乌、天门冬、百部、麦冬等。见图3－3。

二、支持根

有些植物常自茎节上产生一些不定根，深入土中，能从土壤中吸收水分和无机盐，并显著增强对植物体的支持作用，使植物体直立于地面，这样的根称支持根。如薏苡、玉米、甘蔗、玉蜀黍等在接近地面茎节上所生出的并扎入地下的不定根。见图3－4－1。

图 3 – 3　根的变态类型
1. 圆锥根　2. 圆柱根　3. 圆球根　4. 块根

三、攀援根

攀援植物在其地上茎干上生出不定根，能攀附于树干、石壁、墙垣或它物，使植物体向上生长，称攀援根。如常春藤、络石、薜荔等植物的攀援根。见图 3 – 4 – 2。

四、气生根

由茎上产生并暴露在空气中的不定根，称气生根，具有在潮湿空气中吸收和贮藏水分的能力。气生根多见于热带植物，如石斛、榕树、吊兰等植物的气生根。见图 3 – 4 – 3。

五、寄生根

一些寄生植物产生的不定根伸入寄主植物体内吸取水分和营养物质，以维持自身的生活，称为寄生根。如菟丝子、列当、桑寄生、槲寄生等。寄生植物有两种类型，一种植物体内不含叶绿体，不能自制养料而完全依靠吸收寄主体内的养分维持生活的，称全寄生植物或非绿色寄生植物，如菟丝子、无根藤、列当等；另一种植物，因含叶绿体既能自制部分养料又依靠寄生根吸收寄主体内的养分的，称为半寄生植物或绿色寄生植物，如桑寄生、槲寄生等。见图3-4-4。

图 3-4 根的变态类型

1. 支持根（薏苡） 2. 攀援根（常春藤） 3. 气生根（吊兰） 4. 寄生根（无根藤）

六、水生根

水生植物的根一般呈须状，垂直漂浮在水中，纤细柔软并常带绿色，称水生根。如浮萍、睡莲、菱等的根。

第三节 根的内部构造

一、根尖及其发展

根尖是指根的最先端到有根毛的区域，是根中分裂能力最旺盛、最重要的部分。根的伸长、对水分与养分的吸收以及根内组织的形成均主要在此进行，因此根尖的损伤会直接影响根的继续生长和吸收作用的进行。根据根尖细胞生长和分化的程度不同，可将根尖划分为四个部分：根冠、分生区、伸长区、成熟区。见图3-5。

（一）根冠

根冠位于根的最顶端，由多层不规则排列的薄壁细胞组成，像帽子一样包被在生长锥的外围，起保护根尖的作用。当根不断向下延伸生长时，根冠与土壤发生摩擦，引起外围细胞破碎、死亡和脱落，但由于分生区的细胞不断分裂，使根冠可以陆续得到补充，始终保持一定的形状和厚度。根冠的外层细胞在受损后能产生黏液，有助于减少根尖与土壤的摩擦。绝大多数植物的根尖都有根冠，但寄生根和菌根无根冠存在。根冠细胞内常含淀粉粒。

（二）分生区（生长锥）

分生区，是位于根冠的上方或内方的顶端分生组织，长 1～2mm，呈圆锥状，又称生长锥或生长点。其最先端的一群细胞属于原分生组织。分生区的细胞体积小，排列紧密，细胞核大，原生质浓稠，细胞具有强烈的分生能力，不断地进行细胞分裂而增生细胞，一部分向先端发展，形成根冠细胞；一部分向

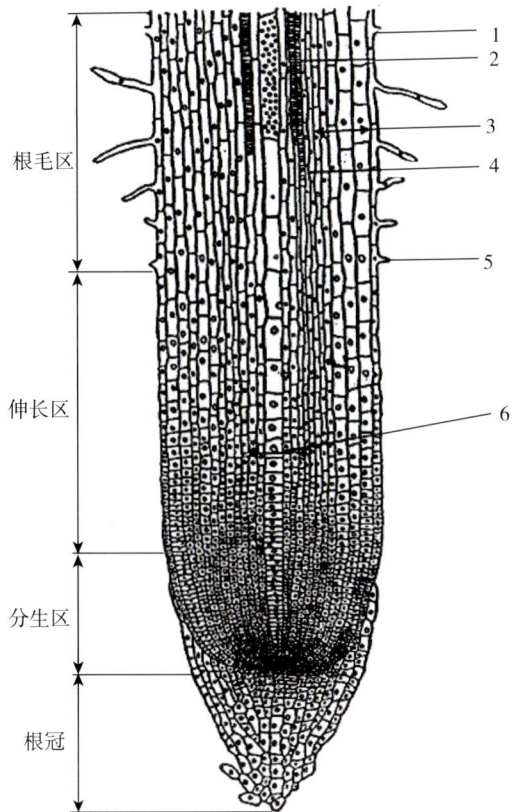

图 3-5　大麦根尖纵切面，示各分区的细胞结构
1. 表皮　2. 导管　3. 皮层　4. 维管束鞘　5. 根毛　6. 原形成层

根后方的伸长区发展，经过细胞的生长、分化，逐渐形成根成熟区的各种结构。分生区在分裂过程中始终保持它原有的体积。

（三）伸长区

伸长区位于分生区上方到出现根毛的地方，长 2～5mm，此处细胞分裂已逐渐停止，细胞沿根的长轴方向显著延伸，体积扩大，因此称为伸长区。伸长区的细胞开始出现了分化，细胞的形状已有差异，相继出现了导管和筛管。根的长度生长是由于分生区细胞的分裂和伸长区细胞的延伸共同活动的结果，特别是伸长区细胞的延伸，使根不断地向土壤深处推进，有利于根不断地转移到新的环境，以吸取更多的矿质营养。

（四）成熟区（根毛区）

成熟区紧接伸长区，其各种细胞已停止伸长，并且已分化成熟，形成了各种初生组织，故称为成熟区。成熟区的主要特征是部分表皮细胞的外壁向外突出形成根毛，所以成熟区又叫根毛区。根毛的生活期较短，但生长速度较快，老的根毛不断死亡，新的根毛不断产生。根毛虽细小，但数量极多，大大增加了根的吸收面积。水生植物一般无

根毛。

二、根的初生构造

根的初生生长是指由根尖的顶端分生组织，经过分裂、生长、分化而形成成熟区的整个生长过程。初生生长过程中所产生的各种成熟组织，称初生组织，由初生组织所组成的结构称初生构造。通过根尖的成熟区做横切片，可观察到根的初生构造，由外至内依次为表皮、皮层和维管柱3个部分。见图3-6和图3-7。

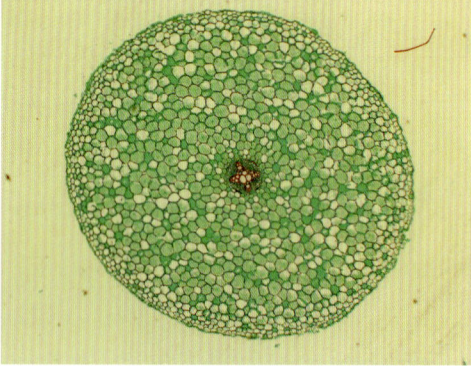

图3-6　双子叶植物毛茛幼根的初生构造　　图3-7　鸢尾幼根横切面

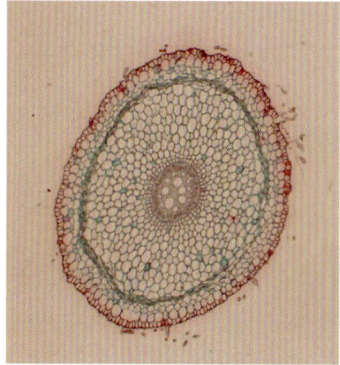

（一）表皮

位于成熟区最外方，由一列扁平的薄壁细胞组成，是由原表皮发育而成。表皮细胞近似长柱形，排列整齐紧密，无细胞间隙，细胞壁薄，非角质化，富有通透性，不具气孔。一部分表皮细胞的外壁向外突出，延伸成根毛。这些特征与根吸收功能密切相关，所以有吸收表皮之称。

石斛、麦冬、百部等植物的根，在表皮形成时，常进行切向分裂形成多列细胞，其细胞壁木栓化，成为一种无生命的死组织，这种组织称为根被。

（二）皮层

皮层位于表皮以内维管束以外，由多层薄壁细胞组成，由基本分生组织发育而成。皮层细胞排列疏松，常有明显的细胞间隙。通常可分为外皮层、皮层薄壁组织和内皮层。

1. 外皮层　外皮层是多数植物根的皮层最外层紧邻表皮的一层细胞，细胞排列整齐、紧密。当表皮被破坏后，此层细胞的细胞壁常增厚并木栓化，代替表皮起保护作用。

2. 皮层薄壁组织　皮层薄壁组织（中皮层）位于外皮层和内皮层之间。其细胞层数多，细胞壁薄，排列疏松，有细胞间隙，具有将根毛吸收的溶液送到根的维管柱中，又可将维管柱内的有机养料转送出来的作用，有的还有贮藏作用。所以皮层为兼有吸收、运输和贮藏作用的基本组织。

3. 内皮层　内皮层为皮层最内的一层细胞，细胞排列整齐、紧密，无细胞间隙。内皮层细胞壁常增厚，有的是内皮层细胞的径向壁（侧壁）和上下壁（横壁）局部增厚（木质化或木栓化），增厚部分呈带状，环绕径向壁和上下壁而成一整圈，成为凯氏带。凯氏带的宽度不一，但常远比所在细胞的细胞壁狭窄，故从横切面观，径向壁增厚的部分呈点状，故又叫凯氏点。另一种多数单子叶植物内皮层细胞进一步发育，其径向壁、上下壁以及内切向壁（内壁）显著增厚，只有外切向壁（外壁）比较薄，因此横切面观时，内皮层细胞壁增厚部分呈马蹄形（"U"字形）。也有的内皮层细胞壁全部木栓化加厚。在内皮层细胞壁增厚过程中，有少数正对初生木质部角的内皮层细胞的细胞壁不增厚，仍保持出生发育阶段的结构，这些细胞称为通道细胞，有利于皮层细胞与维管束间水分和养料内外流通。

（三）维管柱

根的内皮层以内的所有组织构造统称为维管柱，在横切面上占有较小的面积。维管柱结构比较复杂，通常包括中柱鞘、初生木质部和初生韧皮部3部分，单子叶植物和少数双子叶植物还具有髓部。

1. 中柱鞘　紧贴着内皮层，为维管柱最外方的组织，由原形成层的细胞发育而成，也称维管柱鞘。中柱鞘通常由1层薄壁细胞构成，如一般双子叶植物；少数由两层至多层细胞构成，如柳、桃、桑以及裸子植物等；有的中柱鞘由厚壁细胞组成，如竹类、菝葜、黏鱼须等。根的中柱鞘细胞个体较大，排列整齐，其分化程度较低，具有潜在的分生能力，在一定时期可以产生侧根、不定根、不定芽以及木栓形成层和一部分形成层等。

2. 初生木质部和初生韧皮部　根的初生构造中木质部和韧皮部为根的输导系统，在根的最内方，由原形成层直接分化而成。一般初生木质部分为数束，呈星角状，与初生韧皮部相间排列，是根的初生构造特点。根的初生木质部分化成熟的顺序是自外向内，称外始式。初生木质部的外方，即最先分化成熟的木质部，称原生木质部，其导管直径较小，多呈环纹或螺纹；后分化成熟的木质部，称后生木质部，其导管直径较大，多呈梯纹、网纹或孔纹。这种分化成熟的顺序，表现了形态构造和生理功能的统一性，因为最初形成的导管出现在木质部的外方，由根毛吸收的水分和无机盐类等物质，通过皮层传到导管中的距离就短些，有利于水分等物质的迅速运输。

根的初生木质部束在横切面上呈星角状，其束（星角）的数目随植物种类而异，如十字花科、伞形科的一些植物和多数裸子植物的根中，只有两束初生木质部，称二原型；毛茛科的唐松草属有三束，叫三原型；葫芦科、杨柳科及毛茛科的毛茛属的一些植物有四束，叫四原型；棉花和向日葵有四束至五束，蚕豆有四束至六束。如果束数多，则称为多原型。双子叶植物初生木质部的束数较少，多为二原型至六原型；单子叶植物的束数较多，有的棕榈科植物其束数可达数百束之多。每种植物的根中，其初生木质部的数目是相对稳定的，但也常发生变化，同种植物的不同品种或同株植物的不同根，也可能出现不同的束数，近年的试验表明，在离体培养根中，培养基中吲哚乙酸的含量可以影响初生木质部的数目。初生木质部的结构比较简单，被子植物的初生木质部由导管、管胞、木纤维和木薄壁细胞组成；裸子植物的初生木质部主要有管胞。

初生韧皮部发育成熟的方式也是外始式，即原生韧皮部在外方，后生韧皮部在内方。在同一根内，初生韧皮部的数目和初生木质部束的数目相同；被子植物的初生韧皮部一般有筛管和伴胞、韧皮薄壁细胞组成，偶有韧皮纤维；裸子植物的初生韧皮部主要有筛胞。

初生木质部和初生韧皮部之间有1层至多层薄壁细胞，在双子叶植物中，这些细胞以后可以重新恢复分裂能力而进一步转化为形成层的一部分，由此产生根的次生构造。多数双子叶植物根的中央部分往往由初生木质部中的后生木质部占据，因此不具有髓部。单叶子和部分双叶植物根的中央部分未分化形成木质部，由薄壁细胞（如乌头、龙胆、桑等）或厚壁细胞（如鸢尾等）形成髓部。

三、根的次生构造

双子叶植物和裸子植物的根，由于形成层和木栓形成层细胞的分裂、分化而产生新的组织，根逐渐加粗，这种生长叫次生生长。因此，由形成层及木栓形成层所产生的组织叫次生组织；由次生组织所形成的构造，叫次生构造。见图3－8。

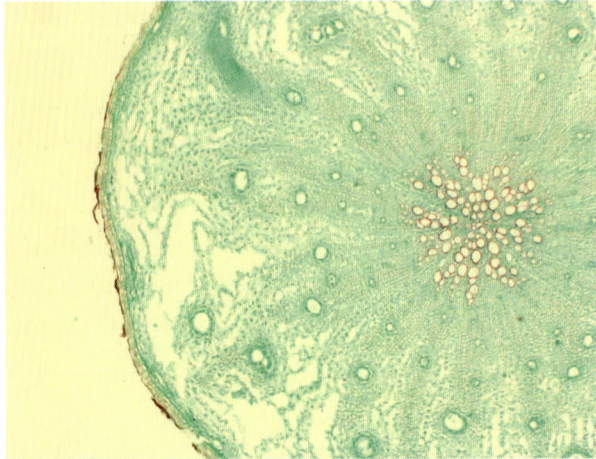

图3－8　当归根次生构造横切面

（一）维管形成层的产生及其活动

当根进行次生生长时，位于初生木质部和初生韧皮部之间的一些薄壁细胞恢复分裂能力，转变成为形成层，并逐渐向初生木质部外方的中柱鞘部位发展，使相连接的中柱鞘细胞也开始分化成为形成层的一部分，这样形成层就由片断连成一个凹凸相间的形成层环。

形成层细胞不断进行平周分裂，向内产生新的木质部，加于初生木质部的外方，称为次生木质部，包括导管、管胞、木薄壁细胞和木纤维；向外产生新的韧皮部，加于初生韧皮部的内方，称为次生韧皮部，包括筛管、伴胞、韧皮薄壁细胞和韧皮纤维。由于位于韧皮部内方的形成层产生较早，其分裂活动也较早开始，同时分生的木质部细胞多，分裂的速度快，因此，形成层凹入的部分大量向外推移，致使凹凸相间的形成层环逐渐成为圆环状。此时，木质部和韧皮部已由初生构造的间隔排列转变为内外排列。次生木质部和次生韧皮部合称为次生维管组织，是次生构造的主要部分。

在次生生长的同时，初生构造也起了一些变化，因新生的次生维管组织总是添加在初生韧皮部的内方，初生韧皮部遭受挤压而被破坏，成为没有细胞形态的颓废组织。由于形成层产生的次生木质部的数量较多，并添加在初生木质部之外，因此，粗大的树根主要是木质部，非常坚固。

形成层细胞活动时，在一定部位也分生一些薄壁细胞，这些薄壁细胞径向延长，呈辐射状排列，贯穿在次生维管组织中，称次生射线，位于木质部的称木射线，位于韧皮部的称韧皮射线，两者合称维管射线。在有些植物的根中，由中柱鞘部分细胞转化的形成层所产生的维管射线较宽，故在横切面上，可见数条较宽的维管射线，将次生维管组织分割成若干束。射线都具有横向运输水分和养料的机能。维管射线组成根维管组织内的径向系统，而导管、管胞、筛管、伴胞、纤维等组成维管组织的轴向系统。

在根的次生韧皮部中，常有各种分泌组织分布，如马兜铃根（青木香）有油细胞，人参有树脂道，当归有油室，蒲公英根有乳汁管。有的薄壁细胞（包括射线薄壁细胞）中常含有结晶体及贮藏多种营养物质，如糖类、生物碱等，多与药用有关。

（二）木栓形成层的产生及其活动

由于形成层的活动，根不断加粗，外方的表皮及部分皮层因不能相应加粗而遭到破坏。这时中柱鞘细胞恢复分裂机能形成木栓形成层（也可以由表皮分化而成，也可以由初生皮层中的一部分薄壁细胞分化而成），它向外分生木栓层；向内分生栓内层，栓内层为数层薄壁细胞，排列较疏松。有的栓内层比较发达，成为"次生皮层"。但是通常仍然称为皮层。木栓层细胞在横切面上，多呈扁平状，排列整齐，往往多层相迭，细胞壁木栓化，呈褐色，因此，根在外形上由白色逐渐转变为褐色，由较柔软、较细小而逐渐转变为较粗硬，这就是次生生长的体现。栓内层、木栓形成层和木栓层三者合称周皮。在周皮外方的各种组织（表皮和皮层）由于和内部失去水分和营养的联系而全部枯死。所以一般根的次生构造中没有表皮和皮层，而为周皮所代替。

通常最初的木栓形成层，是由中柱鞘产生的，随着根的增粗，位于次生韧皮部内的薄壁细胞，又能恢复分生能力产生新的木栓形成层，而形成新的周皮。

植物学上的根皮是指周皮这部分，而药材中的根皮类药材，如香加皮、地骨皮、牡丹皮等，却是指形成层以外的部分，主要包括韧皮部和周皮。

单子叶植物的根没有次生分生组织，不能进行加粗生长，因此只具有初生构造。但有一些单子叶植物，如百部、麦冬等，表皮分裂成多层细胞，细胞壁木栓化，起保护作用，称根被。

（三）根的次生结构

根的形成层与木栓形成层的活动形成了根的次生结构，主要包括周皮、次生韧皮部、次生木质部、形成层和维管射线。在根的次生结构中，最外侧是起保护作用的周皮。周皮的木栓层细胞径向排列十分整齐，木栓形成层之内是栓内层。次生韧皮部呈间断连续的筒状，其中含有筛管、伴胞、韧皮纤维和韧皮薄壁细胞。次生木质部具有导管、纤维和薄壁细胞。维管射线径向排列，横贯次生韧皮部和次生木质部。

四、根的异常构造

某些双子叶植物的根，除了正常的次生构造外，在皮层或中柱鞘甚至次生韧皮部等处，有的部分薄壁细胞恢复分裂能力，不断转变为新的形成层，产生一些次生维管束，称为异常维管束，形成根的异常构造，也称三生构造。常见的有以下几种类型。

（一）同心环状异常维管束

有些双子叶植物的根当正常的次生生长不是很发达，当正常次生生长发育到一定阶段，在正常维管束的外方，相当于中柱鞘部位的薄壁细胞转化成新的形成层（副形成层），由于副形成层的活动，产生许多小型的异常维管束，成环状排列。在其外方，还可以继续产生新的副形成层，再分化成新的异常维管束。如此反复多次，构成同心性的多环维管束。如商陆、牛膝和川牛膝的根。

此类异常维管束的轮数因植物种而异。在牛膝根中，异常维管束仅排成 2～4 轮，川牛膝的异常维管束排成 3～8 轮。美洲商陆根中可形成 6 轮。每轮异常维管束的数目与根的粗细和该轮异常维管束所在的位置有关。在同一植物中，根的直径越粗，每轮异常维管束的数目越多。见图 3－9。

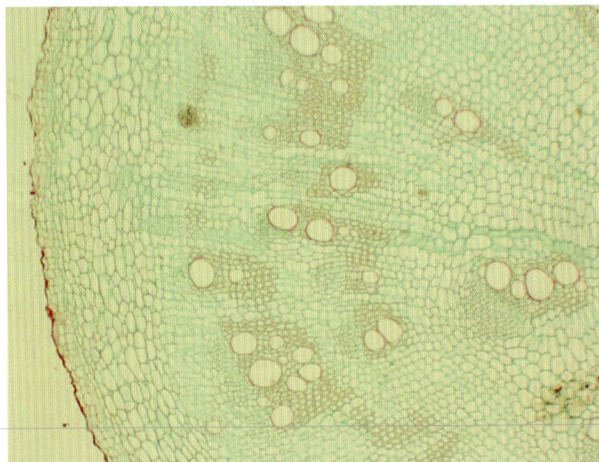

图 3－9　怀牛膝根的异常构造

（二）非同心环状异常维管束

有些双子叶植物在正常维管束周围的皮层部位，部分细胞重新恢复分裂能力，产生多个新的形成层环（副形成层环），由于副形成层的活动，而产生多个大小不等的单独和复合的异常维管束。

如何首乌的根在维管柱的外围的薄壁组织中能产生新的附加维管柱，形成异常构造。在正常次生结构的发育过程中，次生韧皮部外缘保留着初生韧皮纤维束。他们的外方为数层由中柱鞘衍生的薄壁组织细胞。在异常次生生长开始时，一些初生韧皮纤维束周围的薄壁组织细胞脱分化，细胞内贮藏的淀粉粒逐渐减少以至消失，其中细胞发生以纤维束为中心的切向分裂，异型维管束有单独的和复合的，其构造与中央维管柱很相似。所以在何首乌块根的横切面上可以看到一些大小不等的圆圈状花纹，药材鉴别上称为"云锦花纹"。见图 3 – 10。

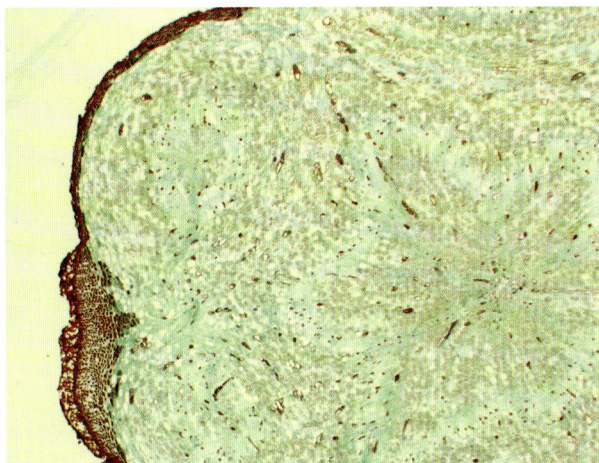

图 3 – 10　何首乌根的异常构造

（三）木间木栓

有些双子叶植物的根，在次生木质部内形成木栓带，称木间木栓或内涵周皮。木间木栓通常由次生木质部薄壁组织细胞分化形成。如黄芩的老根中央可见木栓环。新疆紫草根中央也有木栓环带。甘松根中的木间木栓环包围一部分韧皮部和木质部而把维管柱分隔成 2 ~ 5 个束。在根的较老部分，这些束往往由于束间组织死亡裂开而互相脱离，成为单独的束，使根形成数个分支。

第四章　茎

　　茎是种子植物重要的营养器官，由种子中的胚芽发育而成，通常生长在地面以上，但有些植物的茎或部分茎生长在地下，如姜、黄精、藕等。有些植物的茎极短，叶由茎生出呈莲座状，如蒲公英、车前。当种子萌发成幼苗时，其主茎是由胚芽连同胚轴开始发育，经过顶芽和腋芽的背地生长，重复产生分枝，如此发展下去就形成了植物体整个地上部分的茎。

　　茎有输导、支持、贮藏和繁殖的功能。根部吸收来的水分和无机盐以及叶制成的有机物质，通过茎输送到植物体各部分以供给各部器官生活的需要。植物的叶、花、果实都是依靠茎给以支持。有些植物的茎有贮藏水分和营养物质的作用，如仙人掌的肉质茎贮存大量的水分，甘蔗的茎贮存蔗糖，半夏的块茎贮存淀粉。此外，有些植物的茎能产生不定根和不定芽，如柳、桑、马铃薯等，所以常用茎来进行繁殖。

　　许多植物的茎（或茎皮）可作药材，如麻黄、桂枝、天仙藤、首乌藤、忍冬藤、杜仲、合欢、半夏等。

第一节　茎的形态和类型

一、芽

　　芽是尚未发育的枝条、花或花序。根据芽的生长位置、发育性质、有无鳞片包被及活动能力等可分为以下几种类型：

（一）依芽的生长位置分

1. 定芽　芽在茎枝上有固定的生长位置。定芽又分为顶芽、腋芽和副芽。

（1）顶芽：生于茎枝顶端的芽称顶芽。

（2）腋芽：生于叶腋的芽呈腋芽或侧芽。有的植物腋芽生长位置较低，被覆盖在叶柄的基部内，直到叶脱落后才显露出来，称柄下芽，如刺槐、悬铃木（法国梧桐）、黄檗。

（3）副芽：一些植物顶芽或腋芽旁边又生出一至二个较小的芽称副芽，如桃、葡萄等。在顶芽或腋芽受伤后可代替它们而发育。

2. 不定芽　芽的生长无一定位置，不是从叶腋或枝顶发出，而是发在茎的节间、根、叶及其他部分上的芽，称不定芽。

（二）依芽的发育性质分

1. 叶芽　发育成枝与叶的芽，又称枝芽。
2. 花芽　发育成花和花序的芽。
3. 混合芽　能同时发育成枝叶和花或花序的芽。

（三）依芽鳞的有无分

1. 鳞芽　芽的外面有鳞片包被，如杨、柳、樟等。
2. 裸芽　芽的外面无鳞片包被，多见于草本植物，如茄、薄荷；木本植物的枫杨、吴茱萸。

（四）依芽的活动能力分

1. 活动芽　正常发育的芽，即当年形成，当年或第二年春天萌发的芽。
2. 休眠芽（潜伏芽）　长期保持休眠状态而不萌发的芽。但休眠期是相对的，在一定的条件下可以萌发，如树木砍伐后，树桩上往往由休眠芽萌发出许多新枝条。

二、茎的外部形态

茎一般呈圆柱形；有的茎呈方形，如唇形科植物薄荷、紫苏、益母草的茎；有的呈三角形，如莎草科植物荆三棱、香附的茎；有的呈扁平形，如仙人掌的茎，茎常为实心；但也有些植物的茎是空心的，如芹菜、胡萝卜、南瓜的茎等；而稻、麦、竹等禾本科植物的茎的节间中空，节是实心的，且具有明显的节与节间，特称它为杆。茎具有节、节间、叶痕、托叶痕、芽鳞痕和皮孔等特征。

（一）节和节间

茎的顶端有顶芽，叶腋有腋芽，茎上着生叶和腋芽的部位称节，节与节之间称节间，木本植物的茎枝上还分布有叶痕、托叶痕、芽鳞痕和皮孔等。节与节间是茎的形态的主要特征，而根无节和节间之分，且根上不生叶，这是根和茎在外形上的主要区别。

一般植物的茎节仅在叶着生的部位稍膨大，而有些植物茎节特别明显，成膨大的环，如牛膝、石竹、玉蜀黍；也有些植物茎节处特别细缩，如藕。各种植物节间的长短也很不一致，长的可达十几厘米，如竹、南瓜；短的还不到一毫米，如蒲公英。着生有叶和芽的茎称为枝条，有些植物具有两种枝条，一种节间较长，称长枝，另一种节间很短，称短枝。一般短枝着生在长枝上，能够生花结果，所以又称果枝，如苹果、梨和银杏等。

（二）叶痕、托叶痕、芽鳞痕

在叶的着生处，叶柄和茎之间的夹角处称叶腋。叶痕是叶从茎上脱落后留下的痕迹；托叶痕是托叶脱落后留下的痕迹；芽鳞痕是包被芽的鳞片脱落后留下的疤痕。

（三）皮孔

茎枝表面隆起呈裂隙状的小孔常呈浅褐色，这些痕迹每种植物都有一定特征，常可作为鉴别植物的依据。

三、茎的类型

根据茎的质地或生长习性的不同，可以分为不同类型。见图 4-1。

（一）按茎的质地分

1. 木质茎 茎显著木质化，质地坚硬，木质部发达称木质茎。具木质茎的植物称木本植物。一般有 3 种类型，若植株高大，具明显主干，下部少分枝，高度多在 5m 以上，称乔木，如厚朴、杜仲。若主干不明显，植株矮小，在近基部处发生出数个丛生的植株称灌木，如夹竹桃、木芙蓉。若介于木本和草本之间，仅在基部木质化的称亚灌木或半灌木，如草麻黄、牡丹、草珊瑚。

2. 草质茎 茎质地柔软，木质部不发达称草质茎。具有草质茎的植物称草本植物。常分为 3 种类型。若植物在一年之内完成其生长发育过程的称一年生草本，如红花、马齿苋；若在第二年完成其生长发育过程的称二年生草本，如白菜、萝卜；若生长发育过程超过二年的称多年生草本，其中地上部分每年枯萎死亡，而地下部分仍保持活力的，当年或者第二年又可抽出新苗，称宿根草本，如人参、黄连、白及、黄精；若植物体保持常绿若干年不凋的称常绿草本，如麦冬、万年青、吉祥草。

3. 肉质茎 茎的质地柔软多汁，肉质肥厚的称肉质茎，如芦荟、仙人掌、垂盆草、景天。

（二）按茎的生长习性分

1. 直立茎 直立生长于地面，不依附它物的茎，如紫苏、杜仲、松、杉。

2. 缠绕茎 细长，自身不能直立，而依靠茎自身缠绕它物作螺旋状上升的茎，如五味子、葎草呈顺时针方向缠绕；牵牛、马兜铃呈逆时针方向缠绕；何首乌、猕猴桃则无一定规律。

3. 攀援茎 细长，自身不能直立，而依靠攀援结构依附它物上升的茎，如栝楼、葡萄攀援结构是茎卷须；豌豆的攀援结构是叶卷须；爬山虎的攀援结构是吸盘；钩藤、葎草的攀援结构是钩、刺；络石、薜荔的攀援结构是不定根。

4. 匍匐茎 茎细长平卧地面，沿地表面蔓延生长，节上生有不定根，如连钱草、积雪草、红薯。

5. 平卧茎 与匍匐茎相似，茎细长平卧于地面，节上无不定根，如蒺藜、地锦、马齿苋。

另外，缠绕茎、攀援茎和匍匐茎根据其质地又可称为草质藤本或木质藤本。

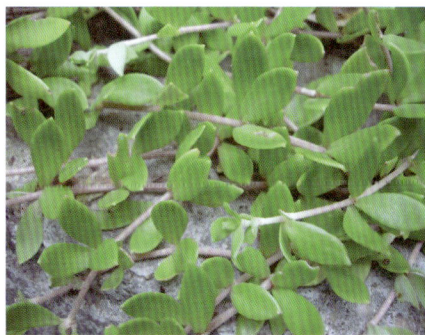

图 4-1　茎的类型

1. 乔木　2. 攀援藤本　3. 草本　4. 缠绕藤本　5. 灌木　6. 平卧茎

第二节 茎的变态

茎和根一样，由于植物长期适应不同的生活环境，产生了变态，可分为地上茎的变态（见图4-2）和地下茎的变态（见图4-3）两大类。

图4-2 地上茎的变态

1. 叶状枝（天门冬）　2. 叶状茎（仙人掌）　3. 钩状茎（钩藤）　4. 刺状茎（皂荚）　5. 茎卷须（爬山虎）　6. 小块茎（卷丹的珠芽）

1

2

3

4

5

6

7

图 4 - 3　地下茎的变态

1. 根茎（玉竹）　2. 根茎（姜）　3. 根茎（黄精）　4. 块茎（土豆）　5. 球茎（荸荠）　6. 鳞茎（百合）　7. 鳞茎（洋葱）

一、地上茎的变态

1. 叶状茎或叶状枝　茎变为绿色的扁平状或针叶状，易被误认为叶，如仙人掌、竹节蓼、天门冬等。

2. 刺状茎（枝刺或棘刺）　茎变为刺状，常粗短坚硬不分枝，如山楂、酸橙等。皂荚、枸橘的刺常分枝。刺状茎生于叶腋，可与叶刺相区别。月季、花椒茎上的刺是由表皮细胞突起形成，无固定的生长位置，易脱落，称皮刺，与刺状茎不同。

3. 钩状茎　通常钩状，粗短，坚硬，无分枝，位于叶腋，由茎的侧轴变态而成，如钩藤。

4. 茎卷须　常见于具攀援茎植物，茎变为茎卷须状，柔软卷曲，多生于叶腋，如栝楼，但葡萄的茎卷须由顶芽变成，而后腋芽代替顶芽继续发育，使茎成为合轴式生长，而茎卷须被挤到叶柄对侧。

5. 小块茎和小鳞茎　有些植物的腋芽常形成小块茎，形态与块茎相似，如山药的零余子（珠芽）。也有的植物叶柄上的不定芽也形成小块茎，如半夏。有些植物在叶腋或花序处由腋芽或花芽形成小鳞茎，如卷丹腋芽形成小鳞茎，洋葱、大蒜花序中花芽形成小鳞茎。小块茎和小鳞茎均有繁殖作用。

6. 假鳞茎　附生的兰科植物茎的基部肉质膨大呈块状或球状部分，此种茎称假鳞茎。如石仙桃、石豆兰、羊耳蒜等。

二、地下茎的变态

生长在地面以下的茎，称为地下茎。地下茎也具有节和节间，鳞叶及顶芽、侧芽等茎的一般特征，可和根区分。地下茎多贮藏各种营养物质而发生变态，常见的有下列四种类型：

1. 根状茎（根茎）　常横卧地下，节和节间明显，节上有退化的鳞片叶，具顶芽和腋芽。有的植物根状茎短而直立，如人参、三七的根状茎；有的植物根状茎呈团块状，如姜、苍术、川芎的根状茎。根状茎的形态及节间的长短随植物而异，如白茅、芦苇的根状茎细长，黄精的根状茎具明显的茎痕。

2. 块茎　肉质肥大呈不规则块状，与块根相似，但有较短的节间，节上具芽及鳞片状退化叶或早期枯萎脱落。如天麻、半夏、马铃薯等。

3. 球茎　肉质肥大呈球形或扁球形，具明显的节和缩短的节间；节上有较大的膜质鳞片；顶芽发达；腋芽常生于其上半部，基部具不定根。如慈菇、荸荠等。

4. 鳞茎　球形或扁球形，茎极度缩短称鳞茎盘，被肉质肥厚的鳞叶包围；顶端有顶芽，叶腋有腋芽，基部生不定根。百合、贝母鳞叶狭，呈覆瓦状排列，外面无被覆盖的称无被鳞茎；洋葱鳞叶阔，内层被外层完全覆盖，称有被鳞茎。

第三节　茎的内部构造

种子植物的主茎是由胚芽发育而来，主茎上侧枝是由腋芽发育而来。主茎或侧枝顶端均具顶芽，保持顶端生长能力，使植物体不断长高。

一、茎尖的构造

茎尖是指茎或者枝的顶端，为顶端分生组织所在的部位。它的结构与根尖基本相似，从上到下分为分生区（生长锥）、伸长区和成熟区三部分。但茎尖顶端没有类似根冠构造，而是由幼小的叶片包围着。在生长锥的四周能形成叶原基或腋芽原基的小突起，后发育成叶或腋芽，腋芽则发育成枝。成熟区的表皮不形成根毛，但常有气孔和毛茸。

二、双子叶植物茎的初生结构

通过茎的成熟区作一横切面，可观察到茎的初生构造。从外到内分为表皮、皮层和维管柱三部分，见图4－4。

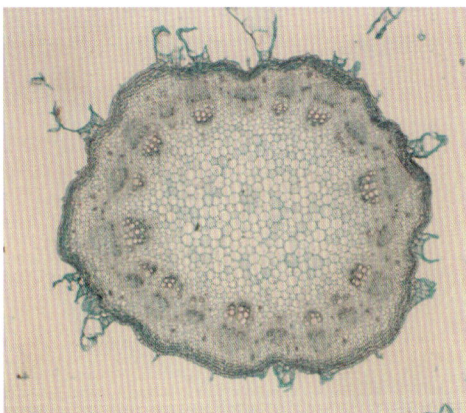

图4－4　向日葵嫩茎横切面

（一）表皮

位于茎的最外侧，由原表皮层发育而来，是由一层长方形、扁平、排列整齐无细胞间隙的细胞组成。一般不具叶绿体，少数植物茎的表皮细胞含有花青素，使茎呈紫红色，如甘蔗、荨麻。表皮还有各式气孔存在。也有的表皮有各式毛茸。表皮细胞的外壁稍厚，通常角质化形成角质层。少数植物还具蜡被。

（二）皮层

皮层是由基本分生组织发育而来，位于表皮内方，是表皮和维管柱之间的部分，占幼茎的较小部分。由多层生活细胞构成，其细胞大、壁薄，常为多面体、球形或椭圆形，排列疏松，具细胞间隙。靠近表皮的细胞常具叶绿体，故嫩茎呈绿色；有些在近表皮部分常有厚角组织，以加强茎的韧性，有的厚角组织排成环形，如葫芦科和菊科某些植物，有的分布在茎的棱角处，如芹菜、薄荷；有的皮层中还可有纤维、石细胞，如黄柏、桑；有的还有分泌组织，如向日葵。

茎的皮层最内一层细胞大多仍为一般的薄壁细胞，无内皮层，故皮层与维管区域之间无明显分界。少数植物茎皮最内一层细胞含有大量淀粉粒，称淀粉鞘，如蚕豆、蓖麻等。

（三）维管柱

过去常称为中柱，位于皮层内侧，包括呈环状排列的维管束、髓部和髓射线等，所占的比例较大。

按照中柱的定义，将种子植物根、茎等轴状器官的初生构造中皮层以内的部分称中柱，中柱最外部分具特有的组织区域称中柱鞘。在根的初生构造中，具典型的内皮层和中柱鞘，皮层和中柱有明显分界。但大多数植物的茎与根的构造不同，无明显的内皮层和中柱鞘，因此皮层和中柱无明显界线。为避免中柱定义的模糊和混乱，改用维管柱代替中柱。但有些植物的初生维管束之外有环状和帽状的纤维束存在，过去称为中柱鞘纤维，为避免混乱，将起源于韧皮部，位于初生韧皮部外侧的纤维束称初生韧皮纤维，如向日葵、麻类；而起源于韧皮部之外，位于皮层内侧成环包围初生维管束的称周维纤维或环管纤维，如马兜铃、南瓜等。

1. 初生维管束　双子叶植物的初生维管束包括初生韧皮部、初生木质部和束中形成层。藤本植物和大多数草本植物，维管束之间距离较大，即束间区域较宽；而木本植物维管束排列紧密，束间区域较窄，维管束似乎连成一圆环状。

（1）*初生韧皮部*：位于维管束外方，由筛管、伴胞、韧皮薄壁细胞和韧皮纤维组成，分化成熟方向和根相同，是外始式。原生韧皮部薄壁细胞发育成的纤维常成群地位于韧皮部外侧，称初生韧皮纤维束，可加强茎的韧性，如向日葵帽状初生韧皮纤维束。

（2）*初生木质部*：位于维管束内侧，由导管、管胞、木薄壁细胞和木纤维组成，其分化成熟的方向和根相反，由内而外，为内始式。

（3）*束中形成层*：位于初生韧皮部和初生木质部之间，为原形成层遗留下来，有1～2层具有分生能力的细胞组成，可使茎不断加粗。

2. 髓　位于茎的中心部位，由基本分生组织产生的薄壁细胞组成，草本植物茎的髓部较大，木本植物茎的髓部一般较小，但通脱木、旌节花、接骨木、泡桐等木质茎有较大的髓部。有些植物髓局部破坏，形成一系列的横髓隔，如猕猴桃、胡桃。有些植物茎的髓部在发育过程中消失形成中空的茎，如连翘、芹菜、南瓜。有些植物茎的髓部最外层有一层紧密的、小型的壁较厚的细胞围绕着大型的薄壁细胞，这层细胞称环髓区或髓鞘，如椴树。

3. 髓射线　也称初生射线，位于初生维管束之间的薄壁组织，内通髓部，外达皮层。在横切面上呈放射状，是植物体中横向运输的通道，并具贮藏作用。双子叶草本植物髓射线较宽，木本植物的髓射线很窄。髓射线细胞分化程度较浅，具潜在分生能力，在次生生长开始时，与束中形成层相邻的髓射线细胞能转化成形成层的一部分，即束间形成层。此外，在一定条件下，髓射线细胞会分裂产生不定芽、不定根。

三、双子叶植物茎的次生构造

双子叶植物茎在初生构造形成后，接着进行次生生长，即维管形成层和木栓形成层进行分裂活动，形成次生构造，使茎不断加粗。

（一）双子叶植物木质茎的次生构造

木本植物的次生生长可持续多年，故次生构造特别发达，见图4-5。

图4-5 双子叶植物木质茎（椴）四年生构造

1. 形成层及其活动 当茎进行次生生长时，邻接束中形成层的髓射线细胞恢复分生能力，转变为束间形成层，并和束中形成层连接，此时形成层成为一个圆筒，横切面上看，形成一个完整的形成层环。

形成层细胞多呈纺锤形，液泡明显，称纺锤原始细胞。少数细胞近等径，称射线原始细胞。形成层成为一完整环后，纺锤原始细胞开始进行切向分裂，向内产生次生木质部，增添于初生木质部外方；向外产生次生韧皮部，增添于初生韧皮部内侧并将初生韧皮部挤向外侧。通常次生木质部数量比次生韧皮部大得多。同时，射线原始细胞也分裂产生次生射线细胞，存在于次生木质部和次生韧皮部，形成横向的联系组织，称维管射线。初生构造中位于髓射线部分的形成层部分分裂分化形成维管组织，部分则形成维管射线，所以木本植物维管束之间距离变窄。藤本植物次生生长时，束间形成层不分化为维管组织只分化成薄壁细胞，所以藤本植物的次生构造中维管组织仍呈分离状态，束间距离较宽，如木通（关木通）、马兜铃。

在茎加粗生长的同时，形成层细胞也进行径向或横向分裂，增加细胞，扩大本身的圆周，以适应内方木质部的增大，同时形成层的位置也逐渐向外推移。

（1）次生木质部：是木本茎次生构造的主要部分，是木材的主要来源。次生木质部是由导管、管胞、木薄壁细胞、木纤维和木射线组成。导管主要是梯纹、网纹及孔纹导管，其中孔纹导管最普遍。导管、管胞、木薄壁细胞和木纤维等，是次生木质部中的纵向系统，是由形成层的纺锤状原始细胞所产生的细胞发展而成的。此外，由形成层的射线原始细胞衍生的细胞，径向延长，形成维管射线，位于次生木质部内的，称木射线。常由多列细胞组成，也有一列细胞的，细胞壁木质化。

形成层的活动受季节影响很大，温带和亚热带的春季或热带的雨季，由于气候温和，雨量充足，形成层活动旺盛，所形成的次生木质部中的细胞径大壁薄，质地较疏松，色泽较淡，称早材或春材。温带的夏末秋初或热带的旱季，形成层活动逐渐减弱，所形成的细胞径小壁厚，质地紧密、色泽较深，称晚材或秋材。在一年中早材和晚材是逐渐转变的，没有明显的界限，但当年的秋材与第二年的春材界限分明，形成一同心环层，称年轮或生长轮。但有的植物（如柑橘）一年可以形成3轮，这些年轮称假年轮。这是由于形成层有节奏地活动，每年有几个循环的结果。假年轮的形成也有是由于一年中气候变化特殊，或被害虫吃掉了树叶，生长受影响而引起。

在木质茎（木材）横切面上，可见到靠近形成层的部分颜色较浅，质地较松软，称边材。边材具输导作用。而中心部分，颜色较深，质地较坚固，称心材，心材中一些细胞常积累代谢产物，如挥发油、单宁、树胶、色素等，有些射线细胞或轴向薄壁细胞通过导管上的纹孔侵入导管内，形成浸填体，使导管或管胞堵塞，失去运输能力。心材比较坚硬，不易腐烂，且常含有某些化学成分。茎木类药材如沉香、苏木、檀香、降香等均为心材入药。

木材三切面：茎内部各种组织，纵横交错，十分复杂。通常鉴定木类药材时，采用三种切面即横切面、径向切面、切向切面进行比较观察。

①横切面：是与纵轴垂直所作的切面。可见年轮为同心环状，所见到的射线为纵切面，呈辐射状排列，可见射线的长度和宽度。两射线间的导管、管胞木纤维和木薄壁细胞等都呈大小不一、细胞壁厚薄不同的类圆形或多角形。

②径向切面：是通过茎的直径作的纵切面。可见年轮呈垂直平行的带状，射线则横向分布，与年轮呈直角，并可见到射线的高度和长度，一切纵长细胞如导管、管胞、木纤维等均为纵切面，成纵长筒状或棱状，其次生壁的增厚纹理也很清楚。

③切向切面：是不通过茎的中心而垂直于茎的半径所作的纵切面。可明显看到年轮呈U形的波纹；射线为横切面，细胞群呈纺锤状，作不连续的纵行排列。可分辨射线的宽度和高度及细胞列数和两端细胞的形状。所见到的导管、管胞、木纤维等的形态与径向切面相似。

在木材的三个切面中，射线的形状最为突出，可作为判断切面类型的重要依据。

（2）次生韧皮部：形成层向外分裂形成次生韧皮部，由于向外分裂的次数远不如向内分裂的次数多，因此次生韧皮部细胞数量要比次生木质部少，次生韧皮部形成时，初生韧皮部被挤压到外方，形成颓废组织（即管胞、伴胞及其他薄壁细胞被挤压破坏，细胞界限不清）。次生韧皮部常由筛管、伴胞、韧皮纤维和韧皮薄壁细胞组成。有的种类还有石细胞，如肉桂、厚朴、杜仲；有的具乳汁管，如夹竹桃。

次生韧皮部中的薄壁细胞中含有多种营养物质和生理活性物质。韧皮射线是次生韧皮部内的薄壁细胞，是维管射线位于次生韧皮部的部分，细胞壁不木质化，形状也不及木射线那样规则。韧皮射线和木射线相连，为维管射线。其长短宽窄亦因植物种类而异。

2. 木栓形成层及周皮　茎的次生生长使茎不断增粗，但表皮一般不能相应增大而死亡。此时，多数植物茎由表皮内侧皮层薄壁组织细胞恢复分裂机能而产生周皮，代替表皮行使保护作用。一般木栓形成层的活动不过数月，大部分树木又可依次在其方内产生新的木栓形成层，这样，发生的位置就会向内移，可深达次生韧皮部，形成新的周皮。老周皮内方的组织被新周皮隔离后逐渐枯死，这些周皮以及被它隔离的死亡组织的综合体，因常剥落，故称落皮层。有的落皮层呈鳞片状脱落，如白皮松；有的呈环状脱落，如白桦；有的裂成纵沟，如柳、榆；有的呈大片脱落，如悬铃木。但也有的周皮不脱落，如黄柏、杜仲。落皮层也称外树皮。"树皮"有两种概念，狭义的树皮即落皮层，广义的树皮指形成层以外的所有组织，包括落皮层和木栓形成层以内的次生韧皮部（内树皮）。如皮类药材厚朴、杜仲、肉桂、黄柏、合欢皮的药用部分均指广义树皮。

（二）双子叶植物草质茎的次生构造

因草质茎生长期短，形成层活动时间短，活动能力也弱，次生生长有限，次生构造不发达，木质部的量较少，质地较柔软，见图4-6。其结构特征为：

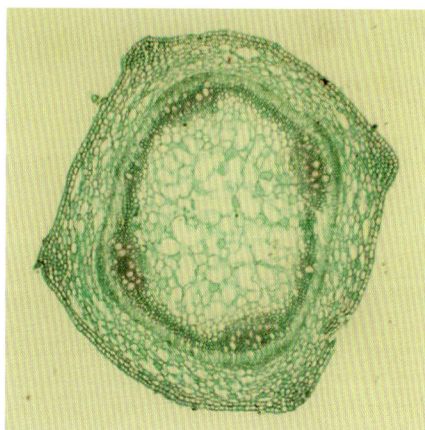

图4-6　薄荷茎横切面

1. 最外层为表皮。常有各式毛茸、气孔、角质层、蜡被等附属物。少数植物表皮下方有木栓形成层分化，向外产生1~2层木栓形细胞，向内产生少量栓内层，但表皮未被破坏仍存在。

2. 有些种类仅具束中形成层，没有束间形成层。还有些种类不仅没有束间形成层，束中形成层也不明显。

3. 髓部发达，有的种类的髓部中央破裂成空洞状，髓射线一般较宽。

（三）双子叶植物根状茎的构造

一般系指草本双子叶根状茎，其构造与地上茎类似，见图4-7，它的构造特征：
1. 表面通常具木栓组织，少数具表皮或鳞片。
2. 皮层中常有根迹维管束（即茎中维管束与不定根中维管束相连的维管束）和叶

迹维管束（茎中维管束与叶柄维管束相连的维管束）斜向通过。

3. 皮层内侧有时具纤维或石细胞。维管束为外韧型，成环状排列。

4. 贮藏薄壁细胞发达，机械组织多不发达。

5. 中央有明显的髓部。

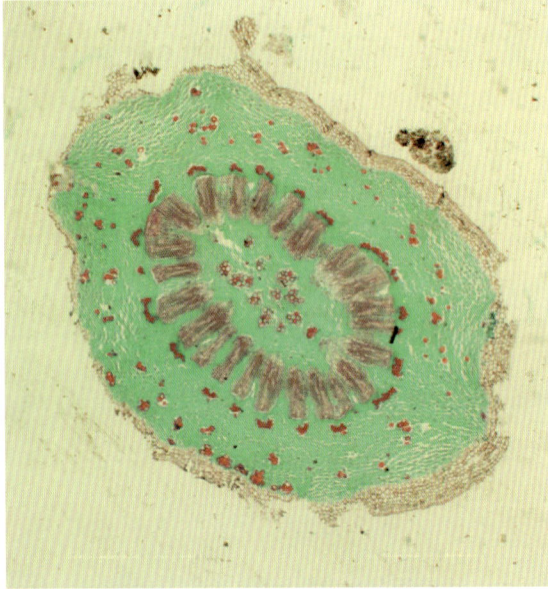

图 4 – 7　黄连根状茎横切面

（三）双子叶植物茎和根状茎的异常构造

某些双子叶植物的茎和根状茎除了形成一般的正常构造外，通常有部分薄壁细胞能恢复分生能力，转化成副形成层，通过这些副形成层活动产生多数异型维管束，形成异常构造。

1. 髓维管束　是指位于双子叶植物茎或根状茎的髓中的维管束。如在胡椒科风藤茎（海风藤）的横切面上可见除正常排列成环状的维管束外，髓中还有异型维管束 6 ～ 13 个。大黄根状茎的横切面上可见除正常的维管束外，髓部有许多星点状的异型维管束，其形成层呈环状，外侧为由几个导管组成的木质部，内侧为韧皮部，射线呈星芒状排列，见图 4 –8。此外在大花红景天根状茎的髓中，苋科倒扣草的髓部也有异型维管束的存在。

2. 同心环状排列的异常维管组织　在某些双子叶植物茎内，初生生长和早期次生生长都是正常的。当正常的次生生长发育到一定阶段，次生维管柱的外围又形成多轮呈同心环状排列的异常维管组织。如密花豆的老茎（鸡血藤）的横切面上，可见韧皮部呈 2 ~ 8 个红棕色至暗棕色环带，与木质部相间排列。其最内一圈为圆环，其余为同心半圆环。常春油麻藤茎的横切面亦可见上述异型构造。

3. 木间木栓　在甘松根状茎的横切面上，可见木间木栓成环状，包围一部分韧皮部和木质部把维管柱分隔为数束。

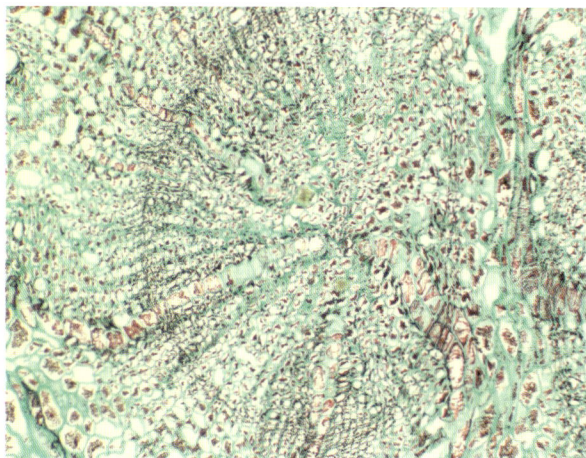

图4-8 大黄根状茎横切面星点

四、单子叶植物茎和根状茎的构造特点

（一）单子叶植物茎的构造特征

1. 单子叶植物茎一般没有形成层和木栓形成层，终身只具初生构造，不能无限增粗。

2. 单子叶植物茎的最外层是由一列细胞所构成的表皮，通常不产生周皮。禾本科植物茎秆的表皮下方，往往有数层厚壁细胞分布，以增强支持作用。

3. 表皮以内为基本薄壁组织和散布在其中的多数维管束，因此无皮层和髓及髓射线之分，维管束为有限外韧型，如石斛茎，见图4-9。多数禾本科植物茎的中央部位（相当于髓部）萎缩破坏，形成中空的茎秆。

此外，也有少数单子叶植物茎具形成层，而有次生生长，如龙血树、丝兰和朱蕉等。但这种形成层的起源和活动情况与双子叶植物不同。如龙血树的形成层起源于维管束外的薄壁组织，向内产生维管束和薄壁组织，向外产生少量薄壁组织。

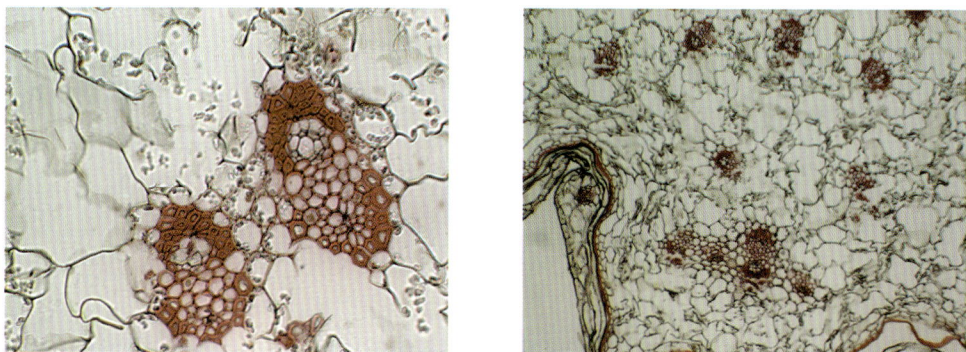

图4-9 石斛茎横切面

（二）单子叶植物根状茎的构造特征

1. 通常不形成周皮，表面仍为表皮或木栓化的皮层细胞，少有周皮，如射干、仙茅。禾本科植物根状茎表皮较特殊，表皮细胞平行排列，每纵行多为 1 个长形的细胞和 2 个短细胞纵向相间排列，长形细胞为角质化的表皮细胞，短细胞中，一个是栓化细胞，一个是硅质细胞，如白茅、芦苇。

2. 皮层常占较大体积，常分布有叶迹维管束，维管束多为有限外韧部，但有周木型的，如香附；有兼有有限外韧型和周木型两种的，如石菖蒲。

3. 内皮层大多明显，具凯氏带，如姜、石菖蒲；也有的内皮层不明显，如知母、射干。

4. 有些植物根状茎在皮层靠近皮层的部位的细胞形成木栓组织，如生姜；有的皮层细胞转变为木栓细胞，而形成所谓"后生皮层"，以代替表皮有保护功能。

第五章　叶

叶是植物重要的营养器官，着生于植物的茎节上。叶一般呈绿色扁平状，含有大量叶绿体，具有向光性。叶是植物进行光合作用、制造有机养料的重要器官，叶还具有气体交换和蒸腾作用。

植物的叶除上述三种基本生理功能外，有的植物叶具有贮藏作用，如百合、贝母的肉质鳞片叶等。少数植物的叶具有繁殖作用，如秋海棠、落地生根等。

许多植物的叶可供药用，如大青叶、桑叶、紫苏叶、枇杷叶、荷叶等。

第一节　叶的组成和形态

一、叶的组成

叶起源于茎尖周围的叶原基。发育成熟的叶子一般由叶片、叶柄、托叶三部分组成。见图 5 – 1。

图 5 – 1　叶的组成部分

具有叶片、叶柄、托叶三部分的叶，称完全叶，如桑、桃、梨的叶。见图 5 – 2。

缺少其中任何部分的叶，称不完全叶。缺少叶柄和托叶的，如龙胆、莴苣；缺少托叶的，如女贞、连翘的叶。有些植物的叶具托叶，但早脱落，称托叶早落。见图 5 – 3。

a

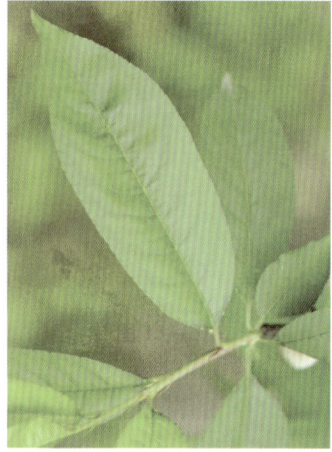

b

图 5 - 2　完全叶

a. 梨　b. 桃

a

b

c

d

图 5 - 3　不完全叶

（一）叶片

叶片是叶的主要部分，常为绿色扁平体。叶片的全形称叶形，有上表面和下表面之分，顶端称叶端或叶尖，基部称叶基，边缘称叶缘。叶片内分布许多叶脉。叶脉是叶片中的维管束，起着输导和支持作用。

（二）叶柄

叶柄是连接叶片和茎枝的部分，具有支持叶片的作用。常呈圆柱形，半圆柱形或稍扁平，上表面（腹面）多有沟槽。其形状随植物种类的不同有较大的差异。如水浮莲、菱等水生植物的叶柄上具膨胀的气囊，其结构以利于浮水。有的植物叶柄具膨大的关节，称叶枕，能调节叶片的位置和休眠运动，如含羞草。有的叶柄能围绕各种物体螺旋状地扭曲，起着攀援作用，如旱金莲。亦有的植物叶片退化，叶柄变成叶片状，以代替叶片的功能，成为叶状柄，如台湾相思树。见图 5 – 4。

图 5 – 4 特殊形态的叶柄
a. 菱　b. 凤眼莲　c. 旱金莲

有些植物的叶柄基部或叶柄全部扩大形成叶状，成为叶鞘。叶鞘部分或全部包围着茎秆，加强了茎的支持作用，并保护了茎的居间生长和叶腋内的幼芽，如前胡、当归、白芷等伞形科植物的叶鞘，是由叶柄基部扩大形成。淡竹叶、芦苇、小麦等禾本科及姜、益智、砂仁等姜科植物叶的叶鞘，是由相当于叶柄的部位扩大形成的。见图5-5。

图5-5 各种形态的叶鞘

禾本科植物叶的特点，除叶鞘外，于叶鞘与叶片相接触的腹面还有膜状的突起物，称为叶舌。叶舌能使叶片向外弯曲，使叶片可更多地接受阳光，同时可以防止水分和真菌、昆虫等进入叶鞘内。在叶舌的两旁，另有一对从叶片基部边缘延伸出来的突出物，称为叶耳。叶耳、叶舌的有无、大小及形状，常作为识别禾本科植物种的依据之一。见图5-6。

有些植物的叶不具有叶柄，叶片基部包围在茎上，称抱茎叶，如苦荬菜等多种菊科植物（图5-7）。若无叶柄的基部或对生无柄叶的基部彼此愈合，被茎所贯穿，称贯穿叶（图5-8）或穿茎叶，如元宝草。

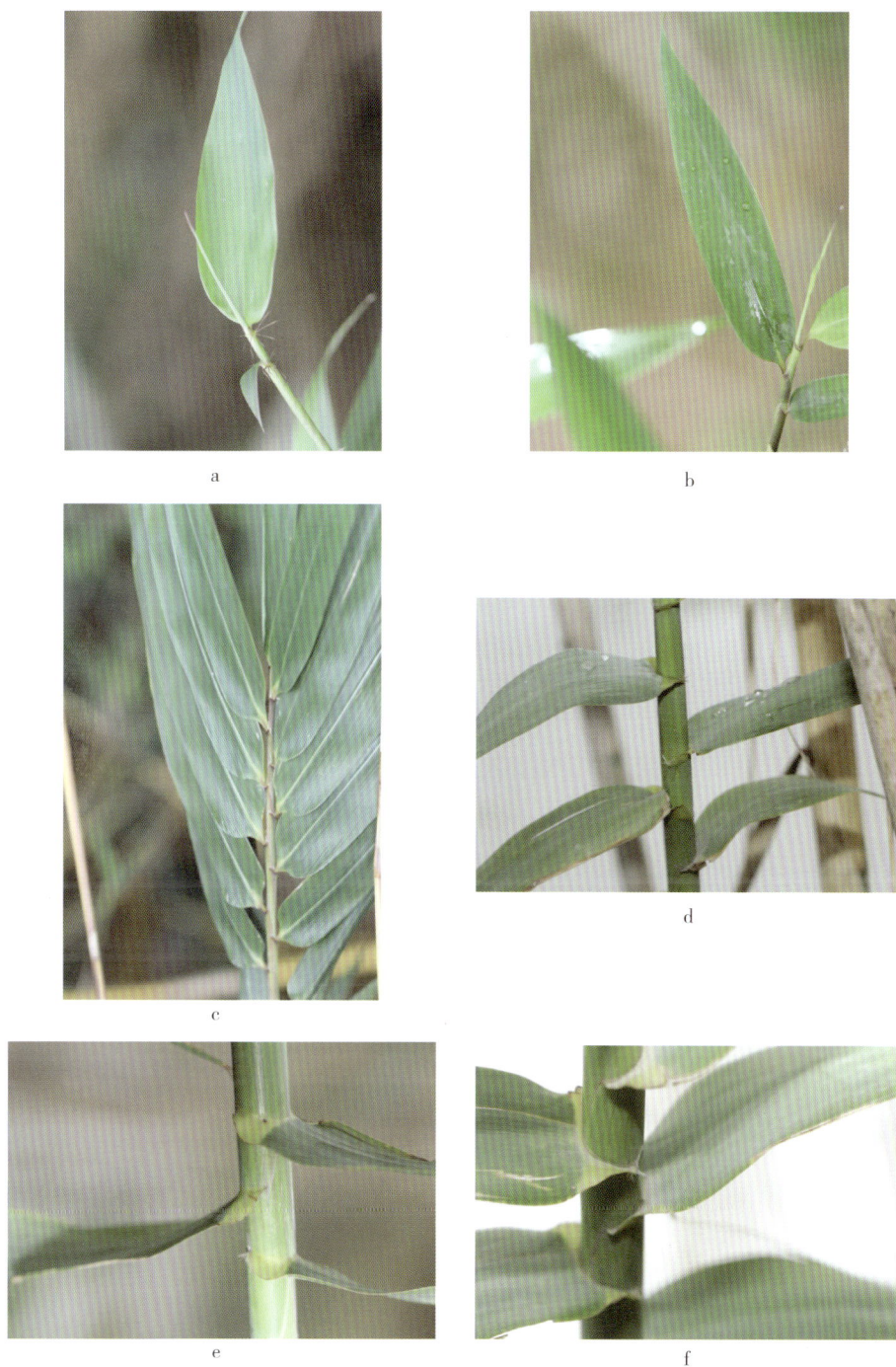

图 5 - 6　禾本科植物叶片与叶鞘交界处的形态

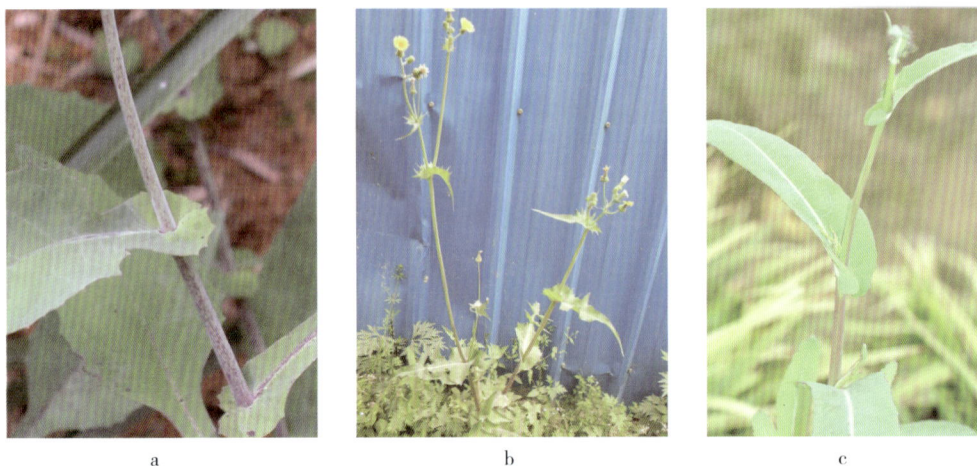

图 5 - 7　抱茎叶

a. 苦荬菜　b. 苣荬菜　c. 山莴苣

图 5 - 8　贯穿叶（穿耳枰）

（三）托叶

　　托叶是叶柄基部的附属物，常成对着生于叶柄基部的两侧，托叶的形状多种多样，有的托叶很大，呈叶片状，如豌豆、贴梗海棠（图 5 - 9）等；有的托叶与叶柄愈合成翅状，如金樱子、月季（图 5 - 10）；有的托叶细小呈线状；如桑、梨（图 5 - 11）；有的托叶变成卷须，如菝葜（图 5 - 12）；有的托叶呈刺状，如玫瑰（图 5 - 13）；有的托叶联合成鞘状，并包围于茎节的基部，称托叶鞘（图 5 - 14），为何首乌、虎杖等蓼科植物的主要特征。托叶的变态类型（图 5 - 15）。

图 5 – 9　叶片状托叶（豌豆）

图 5 – 10　翅状托叶（月季）

图 5 – 11　线状托叶（桑叶）

a

b

图 5 – 12　卷须状托叶

a. 土茯苓　b. 菝葜

a

b

图 5 – 13　刺状托叶

a. 锦鸡儿　b. 伏牛刺

图 5 - 14　托叶鞘状托叶（虎杖）

图 5 - 15　托叶的变态类型（茜草）

二、叶片的形态

叶片的形态通常是指叶片的形状。若要比较准确地描述叶的形状应该首先描述叶片的全形，然后分别描述叶的尖端、叶的基部、叶缘的形状和叶脉的分布等各部分的形态特征。

（一）叶片的全形

叶片的大小和形状变化很大，随植物种类而异，甚至在同一植株上，其形状也有不一样的，但一般同一种植物叶的形状是比较稳定的，在分类学上常作为鉴别植物的依据。叶片的形状主要是根据叶片的长度和宽度的比例，以及最宽部位的位置来确定（图5 - 16）。

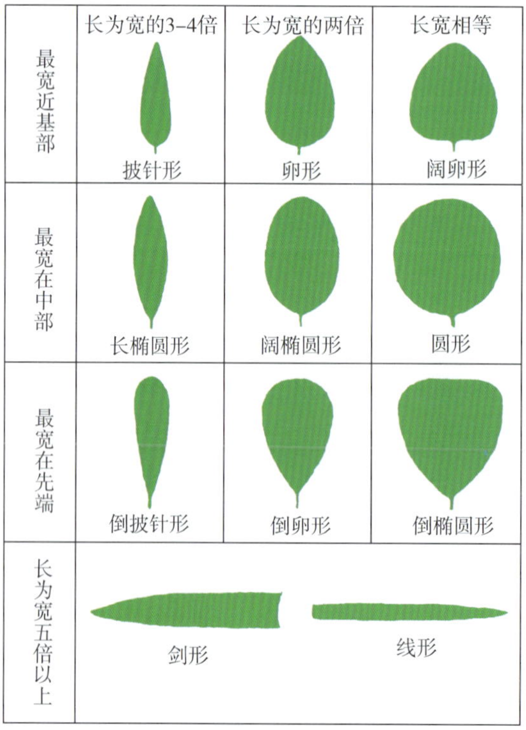

	长为宽的3~4倍	长为宽的两倍	长宽相等
最宽近基部	披针形	卵形	阔卵形
最宽在中部	长椭圆形	阔椭圆形	圆形
最宽在先端	倒披针形	倒卵形	倒椭圆形
长为宽五倍以上	剑形	线形	

图 5 - 16　叶片形状示意图

常见的叶形有二十多种，如针形、披针形（图5－17）、卵形（图5－18）、椭圆形（图5－19）等。但植物的叶片千差万别，故在描述时也常使用"广""长""倒"等字样放在前面，如广卵形（宽卵形）、长椭圆形、倒披针形等。有许多植物的叶并不属于上述的其中一种类型，而是两种形状综合，这样就必须用不同的术语予以描述（图5－20～5－37）。如卵状椭圆形、椭圆状披针形等。

a   b

图5－17 披针形

a. 披针形   b. 倒披针形

a   b

图5－18 卵形

a. 卵形   b. 倒卵形

a   b

图 5 - 19 椭圆形

a. 椭圆形　b. 长椭圆形

图 5 - 20 针状

图 5 - 21 匙形

图 5 - 22 剑形

图 5-23　扇形

图 5-24　矩圆形

图 5-25　镰形

图 5-26　心形

图 5-27　提琴形

图 5-28　菱形

图 5-29　肾形

图 5-30　圆形

图 5-31　三角形

图 5-32　鳞状

图 5-33　盾形

图 5-34　箭形

图 5 - 35　戟形

图 5 - 36　管状

图 5 - 37　条状

图 5 - 38　掌状

（二）叶端

叶片的尖端，简称叶端或叶尖，常见的有尾状、渐尖、钝形、微凹、微缺、倒心形、截形、芒尖等。见图 5 - 39。

渐尖

急尖

尾尖

芒尖 骤尖 凸尖

倒心形 微凸 盾形

微凹 微缺 截形

图 5 - 39 叶端的形状

（三）叶基

叶片的基部，简称叶基。常见的形状有楔形、耳形、心形、钝形、渐狭、偏斜、抱茎、穿茎等。见图5-40。

圆形

心形

箭形

平截

楔形

盾形

耳形

穿茎

抱茎

合生穿茎　　　　　　　　　　歪斜　　　　　　　　　　渐狭

图 5 - 40　叶基的形状

（四）叶缘

叶片的边缘称叶缘。当叶片生长时，叶的边缘生长若以均一的速度进行，结果叶缘平整，出现全缘叶。如果边缘生长速度不均，有的部位生长较快，而有的部位生长较缓慢或很早停止生长，因而使叶缘不平整，出现各种不同的状态。常见的有全缘（图 5 - 41）、波状（图 5 - 42）、牙齿状（图 5 - 43）、锯齿状（图 5 - 44）、圆齿状（图 5 - 45）、钝齿状（图 5 - 46）等。

图 5 - 41　全缘

浅波状　　　　　　　　　　深波状　　　　　　　　　　图 5 - 43 牙齿状

图 5 - 42　波状

| 锯齿状 | 细锯齿状 | 重锯齿状 |

图 5 - 44　锯齿状

图 5 - 45　圆齿状

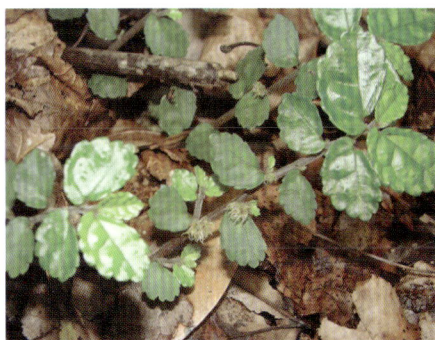

图 5 - 46　钝齿状

（五）叶脉和脉序

叶片上分布有许多粗细不等的脉纹，即是叶脉。叶脉是叶片中的维管束，有输导和支持作用。其中最大的叶脉称中脉或主脉。主脉的分枝称侧脉，侧脉的分枝称细脉。叶脉在叶片中的分布及排列形式称脉序，可分为网状脉序、平行脉序和分叉脉序三种主要类型。

1. 网状脉序　具有明显的主脉，经多级分枝后，最小细脉互相连接形成网状，是双子叶植物的脉序类型。其中有一条明显的主脉，两侧分出许多侧脉，侧脉间又多次分出细脉交织成网状，称羽状网脉（图 5 - 47），如桂花、梅等。有的由叶基分出多条较粗大的叶脉，呈辐射状伸向叶缘，在多级分枝形成网状，称掌状网脉（图 5 - 48），如南瓜、蓖麻等。少数单子叶植物也具有网状脉序，如薯蓣、天南星，但其叶脉末梢大多数是连接的，没有游离的脉梢。此点有别于双子叶植物的网状脉序。

2. 平行脉序 各条叶脉近似于平行分布，是单子叶植物的脉序类型。其中主脉和侧脉叶片基部平行伸出直到尖端者，称直出平行脉序，如芦苇叶。有的主脉明显，其两侧有许多平行排列的侧脉与主脉垂直，称横出平行脉序，如芭蕉。有的各条叶脉均自基部以辐射状态伸出，称射出平行脉，如棕榈（图5-49）。有些植物的叶脉从叶片基部直达叶尖，中部弯曲形成弧形，称弧形脉序，如车前、百合（图5-50）。

3. 分叉脉序 每条叶脉均呈多级二叉状分枝，是比较原始的一种脉序，在蕨类植物中普遍存在，而在种子植物中少见，如银杏（图5-51）。

图5-47　羽状网脉

a

b

c

图5-48　掌状网脉

a. 直出平行脉

b. 射出平行脉

c. 横出平行脉

图5-49　平行脉序

图 5 – 50　弧形脉

图 5 – 51　分叉状脉

（六）叶片的质地

常见的有膜质，叶片薄而半透明，如半夏；有的膜质叶干薄而脆，不呈绿色称干膜质，如麻黄的鳞片叶；草质，叶片薄而柔软，如薄荷、商陆、扶桑等；革质，叶片厚而交强韧，略似皮革，如枇杷、山茶、夹竹桃叶等（图 5 – 52）；肉质，叶片肥厚多汁，如芦荟、马齿苋、景天叶等（图 5 – 53）。

图 5 – 52　革质

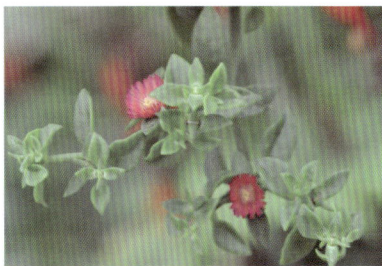

图 5 – 53　肉质

（七）叶的表面附属物

叶和其他器官一样，表面常有附属物而呈各种表面形态特征。光滑的，如冬青、构骨；被粉的，如芸香；粗糙的，如紫草、腊梅；被毛的，如蜀葵、毛地黄（图 5 – 54）。

图 5 – 54　叶片表面附属物
（宽叶鼠曲草叶面毛绒）

三、叶片的分裂

植物的叶片常是全缘或仅叶缘具齿或细小缺刻，但有些植物的叶片叶缘缺刻深而大，形成分裂状态，常见的叶片分裂有三出分裂（图 5 - 55）、掌状分裂（图 5 - 56）和羽状分裂（图 5 - 57）三种。依据叶片裂隙的深浅不同，又可分浅裂、深裂和全裂三种。

1. 浅裂　叶裂深度不超过或接近叶片宽度的四分之一，如药用大黄、南瓜。

2. 深裂　叶裂的深度一般超过叶片宽度的四分之一，但不超过叶片宽度的二分之一，如唐古特大黄、荆芥。

3. 全裂　叶裂几乎达到叶的主脉基部或两侧，形成数个全裂片，如大麻、白头翁。见图。

a. 三出浅裂　　　　　　　　　　　b. 三出深裂

图 5 - 55　三出分裂

a. 掌状浅裂　　　　　　　　b. 掌状深裂　　　　　　　　c. 掌状全裂

图 5 - 56　掌状分裂

a. 羽状浅裂

b. 羽状深裂

c. 羽状全裂

图 5 – 57　羽状分裂

四、异性叶性

一般情况下，每种植物的叶具有一定形状。但有的植物，在同一植物上却有不同形状的叶，这种现象称为异形叶性。异形叶性的发生有两种情况，一种是由于植物发育年龄的不同，所形成的叶形各异，如人参，一年生的只有一枚由三片小叶组成的复叶，二年生的为一枚掌状复叶（五小叶），三年生的有二枚掌状复叶，四年生的有三枚掌状复叶，以后每年递增一叶，最多可达六枚复叶；半夏幼苗期的叶为单叶，而以后生长的叶为三全裂；重楼幼苗期的叶为单叶，而以后生长的叶是由 3 ~ 9 片小叶组成的轮状复叶；蓝桉幼枝上的叶是对生、无柄的椭圆形叶，而老枝上的叶则是互生、有柄的镰形叶；异叶翅子木、半枫荷、树参、常春藤等同一棵植物也常有不同的叶形存在；益母草基生叶略呈圆形，中部叶椭圆形、掌状分裂，顶生叶不分裂而呈线形近无柄；另一种是由于外界环境的影响，引起叶的形态变化，如慈姑的沉水叶是线形，漂浮的叶呈椭圆形，气生叶则呈箭形。见图 5 – 58、图 5 – 59、图 5 – 60、图 5 – 61、图 5 – 62。

苗期叶片

同一株上的不同叶片

5 片叶片轮生

图 5 – 58　不同时期的七叶一枝花的形态

图5-59　异叶翅子木的异形叶

图5-60　半枫荷的异形叶

图5-61　半夏的异形叶

图5-62　三颗针的异形叶

第二节　单叶与复叶

植物的叶分为单叶和复叶两大类。

一、单叶

一个叶柄上只着生一个叶片或单独一叶片直接着生于茎上，叶腋处有芽，称单叶，如桑、女贞、枇杷等。见图5-63。

图5-63　单叶

二、复叶

一个叶柄上着生有两个或两个以上叶片的，称复叶，如五加、葛等。复叶的叶柄称总叶柄，总叶柄以上着生小叶的部分称叶轴，复叶上的每片叶片称小叶，其叶柄称小叶柄。从来源来看，复叶是由单叶的叶片分裂成多个独立的小叶而成的。因此，复叶的总叶柄相当于单叶的叶柄，叶腋有腋芽，但小叶腋内无芽。复叶的小叶排列在同一个平面上，落叶时小叶先脱落，然后总叶柄脱落，或者二者同时脱落。这些特征常用于判别单叶与复叶。见图5-64。

根据小叶的数目和在叶轴上排列的方式不同，复叶又可分为以下几种：

（一）三出复叶

叶轴上着生有三片小叶的复叶。若顶生小叶具有柄的，称羽状三出复叶，如大豆、胡枝子叶等。若顶生小叶无柄的，称掌状三出复叶，如酢浆草、半夏等（图5-65）。

图5-64　复叶

图 5 – 65 三出复叶

（二）掌状复叶

叶轴缩短，在其顶端集生三片以上小叶，呈掌状展开，如五加、白簕、鹅掌柴等（图 5 – 66）。

图 5 – 66 掌状复叶

（三）羽状复叶

叶轴长，小叶 3 片以上，在叶轴两侧排成羽毛状。若羽状复叶的叶轴顶端生有一片小叶，则称单（奇）数羽状复叶，如苦参、甘草、盐肤木等。若羽状复叶的叶轴顶端具 2 片小叶，则称双（偶）数羽状复叶，如决明、皂荚、落花生等。若羽状复叶的叶轴作一次羽状分枝，形成许多侧生小叶轴，在小叶轴上又形成羽状复叶，称二回羽状复叶，如含羞草、合欢、云实等。若叶轴再作二次羽状分枝，第二级分枝上又形成羽状复叶的，称三回羽状复叶，如南天竹、苦楝等（图5-67）。

a. 单数羽状复叶　　　　　　b. 双数羽状复叶　　　　　　c. 二回羽状复叶

图5-67　羽状复叶

（四）单身复叶

叶轴上只具有一个叶片，是一种特殊形态的复叶，可能是由三出复叶两侧的小叶退化成翼状形成，其顶生小叶与叶轴接连处，具一明显的关节，如柑橘、柠檬、柚等芸香科柑橘属植物的叶（图5-68）。

复叶和生有单叶的小枝易相混淆。在识别时首先应弄清叶轴和小枝的区别，叶轴与小枝是绝对不同的。第一，叶轴的顶端无顶芽，而小枝的顶端具有顶芽；第二，小叶的腋内无侧芽，总叶柄的基部才有芽，而小枝的每一单叶叶腋内均有芽；第三，通常复叶上的小叶在叶轴上排列在同一平面上，而小枝上的单叶与小枝常成一定的角度；第四，复叶脱落时，整个复叶由总叶柄处脱落，或小叶先脱落，然后，叶轴连同总叶柄一起脱落，而小枝不脱落，只有叶脱落。具全裂叶片的单叶，其裂口虽可达叶柄，但不形成小叶柄，故易与单叶区分。见图5-69。

图5-68　单身复叶

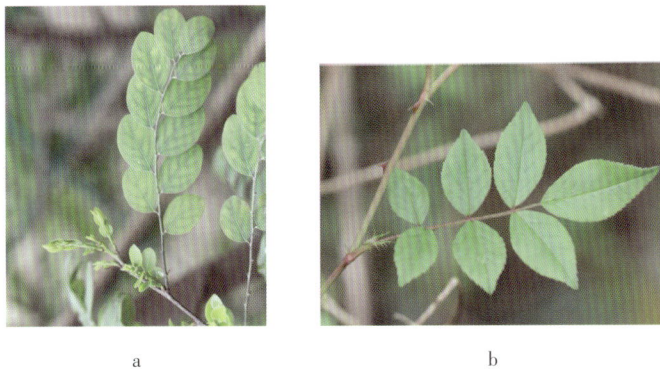

a　　　　　　　　　　　　　b

图5-69　生有单叶的小枝与复叶的区别

a. 生有单叶的小枝　　b. 复叶

第三节　叶　序

一、叶序

叶在茎枝上排列的次序或方式称叶序。常见叶序有下列几种：

（一）互生

互生指在茎枝的每个节上只生一片叶子，各叶交互而生，它们常沿茎枝作螺旋状排列，如桑、桃、梅等的叶序（图5-70）。

图5-70　互生叶序

（二）对生

对生是指在茎枝的每一节上相对着生二片叶子，如栀子、番石榴、女贞、巴戟天等的叶序，有的与上下相邻的两叶成十字排列交互对生，如薄荷、忍冬、龙胆等的叶序；有的对生叶排列于茎的两侧成二列状对生。如小叶女贞、水杉等的叶序（图5-71）。

图5-71　对生叶序

（三）轮生

轮生指每个节上轮生三或三片以上的叶，如轮叶沙参、夹竹桃、直立百部等的叶序（图5-72）。

图 5 – 72　轮生叶序

（四）簇生

簇生指两片或两片以上的叶子着生于节间极度缩短的短枝上，形成簇状，如银杏、金钱松、枸杞等的叶序（图 5 – 73）。

图 5 – 73　簇生叶序

此外，有些植物的茎极为短缩，节间不明显，其叶恰如根上生出，称基生叶，基生叶常集生而成莲座状称莲座状叶丛，如车前草、蒲公英等（图 5 – 74）。

图 5 – 74　基生叶序

有些植物同时存在两种或两种以上的叶序，如栀子的叶序有对生和三叶轮生，桔梗的叶序有互生、对生及三叶轮生的。

二、叶镶嵌

叶在茎枝上排列无论是哪一种方式，相邻两节的叶子都不重叠，总是从相当的角度而彼此镶嵌着生，称也镶嵌。叶镶嵌使叶片不致相互遮盖，有利于进行光合作用。

第四节　叶的变态

叶容易受环境条件的影响和生理功能的改变而发生变异，形成叶的变态。叶的变态种类很多，常见的如下列几种：

一、苞片

生于花梗或花序轴上的无柄小叶，称苞片或苞叶（图 5 - 75）；位于花序基部一至多层的苞片合称为总苞。总苞中的各个苞片，称总苞片（图 5 - 76）；花序中每朵小花的花柄上或花的花萼下较小的苞片称小苞片。苞片的形状多与普通叶不同，常较小，绿色，也有形大而呈各种颜色的。总苞的形状和轮数的多少，常为种属鉴别的特征，如壳斗科植物的总苞常在果期硬化成壳斗状，成为该科植物的主要特征之一；菊科植物的头状花序基部则由多数绿色总苞片组成总苞；鱼腥草花序下的总苞是由四片白色的花瓣状苞片组成；天南星科植物的花序外面，常围有一片大型的总苞片，称佛焰苞，如天南星、半夏等（图 5 - 77）。

| a. 白及 |  b. 三角梅 |  c. 小茄 |

图 5 - 75　苞片

| a. 白术 |  b. 鱼腥草 |

图 5 - 76　总苞片

图5－77　佛焰苞（东亚魔芋）

二、刺状叶（叶刺）

刺状叶是由叶片或托叶变态成坚硬的刺状，有保护和减少蒸腾面积的作用。如仙人掌的叶亦退化成针刺状；小檗的叶变成三刺，通称"三棵针"；红花、构骨上的刺是由叶尖、叶缘变成的；刺槐、酸枣的刺是由托叶变成的。见图5－78。根据刺的来源及生长的位置不同，可与刺状茎或皮刺相区别。

图5－78　刺状叶

三、鳞叶（鳞片）

叶特化或退化成鳞片状，称鳞片或鳞叶。可分为肉质和膜质两种，一种肉质鳞叶肥厚，能贮藏营养物质，如百合、洋葱等鳞茎上的肥厚鳞叶。另一种是膜质鳞叶很薄，一般不呈绿色，如麻黄的叶、姜的根状茎和荸荠球茎上的鳞叶，以及木本植物的冬芽（鳞芽）外的褐色鳞片叶，具有保护作用。

四、叶卷须

叶的全部或一部分变为卷须，借以攀援它物，如豌豆、小巢菜的卷须是由羽状复叶上的小叶变成的，菝葜和土茯苓的卷须是由托叶变成的。根据卷须的来源和生长部位也可与茎卷须区别。见图 5 – 79。

图 5 – 79　卷须叶

五、捕虫叶

捕虫草的叶,叶片形成囊状、盘状或瓶状等捕虫结构,当昆虫触及时,立即能自动闭合,将昆虫捕获,后被腺毛或腺体的消化液所消化。如捕蝇草、猪笼草等的叶。见图 5 – 80。

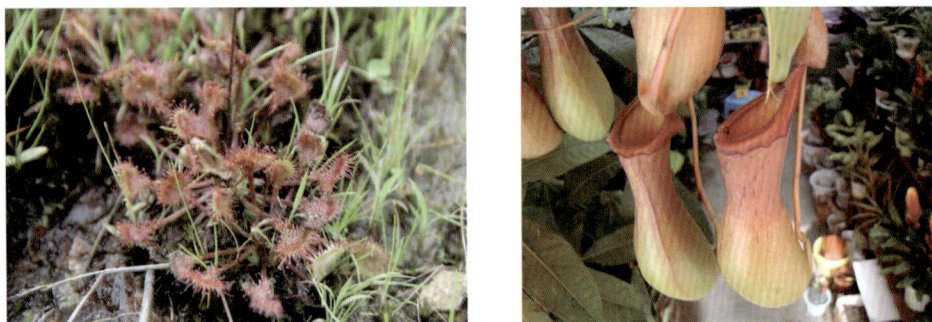

图 5 – 80　捕虫叶

第五节　叶的内部构造

叶是由茎尖生长锥后方的叶原基发育而来的。叶的各部分在芽开放以前早已形成。叶通过叶柄与茎相连,叶柄的构造和茎的构造很相似,但叶片是一个较薄的扁平体,在构造上与茎有显著不同之处。

一、双子叶植物叶的一般构造

(一) 叶片的构造

一般双子叶植物叶片的构造可分为表皮、叶肉和叶脉三部分。

1. 表皮 包被着整个叶片的表面，在叶片上面（腹面）的表皮称上表皮，在叶片下面（背面）的表皮称下表皮，表皮通常由一层排列紧密的生活细胞组成，也有由多层细胞构成的，称复表皮。叶片的表皮细胞中一般不含叶绿体。顶面观表皮细胞一般呈不规则形，侧壁（垂周壁）多呈波浪状，彼此相互嵌合，紧密相连，无间隙；横切面观表皮细胞近方形，外壁常较厚，常具角质层，有的还具蜡被、毛茸等附属物。大多数种类上、下表皮都有气孔分布，但一般下表皮的气孔较上表皮为多，气孔的数目、形状因植物种类不同而异。

2. 叶肉 在上、下表皮之间，由含有叶绿体的薄壁细胞组成，是绿色植物进行光合作用的主要部位。叶肉通常分为栅栏组织和海绵组织两部分。

（1）栅栏组织：位于上表皮之下，细胞呈圆柱形，排列整齐紧密，其细胞的长轴与上表皮垂直，形如栅栏。细胞内含有大量叶绿体，叶的腹面呈现深绿色，所以光合作用效能较强。栅栏组织在叶片内通常排成一层，也有排列成2层或2层以上的，如薄荷叶、枇杷叶。各种植物叶肉的栅栏组织排列的层数不一样，可作为叶类药材鉴别的特征。

（2）海绵组织：位于栅栏组织下方，与下表皮相接，由一些近圆形或不规则形状的薄壁细胞构成，细胞间隙大，排列疏松如海绵状，细胞中所含的叶绿体一般较少，叶的背面呈现浅绿色，光合作用的效能较弱。

多数植物叶片的内部构造中，栅栏组织与海绵组织分化明显。栅栏组织紧接上表皮下方，而海绵组织位于栅栏组织与下表皮之间，这种叶称两面叶或异面叶。有些植物的叶在上下表皮内侧均有栅栏组织，称等面叶，如番泻叶、桉叶等；有的植物没有栅栏组织和海绵组织的分化，亦为等面叶，如禾本科植物的叶。在叶肉组织中，有的植物含有油室，如桉叶、橘叶等；有的植物含有草酸钙簇晶、方晶、砂晶等，如桑叶、枇杷叶等；有的还含有石细胞，如茶叶。

叶肉组织在上下表皮的气孔内侧形成一较大的腔隙，称孔下室（气室）。这些腔隙与栅栏组织和海绵组织的胞间隙相通，有利于内外气体的交换。

3. 叶脉 是叶片中的维管束，分布于叶肉组织之间。主脉和各级侧脉的构造不完全相同。主脉和较大侧脉是有维管束和机械组织组成。维管束的构造和茎大致相同，维管束多为无限外韧型，由木质部和韧皮部组成，木质部位于向茎面，韧皮部于背茎面。在木质部和韧皮部之间常具形成层，但分生能力很弱，活动时间很短，只产生少量的次生组织。在维管束的上下方常有厚壁或厚角组织包围，这些机械组织在叶的背面最为发达，因此主脉和大的侧脉在叶片背面常呈显著的突起。侧脉越分越细，构造也越趋简化，最初消失的是形成层和机械组织，其次是韧皮部组成分子，木质部的构造也逐渐简单，组成它们的分子数目也减少。叶脉末端木质部中仅有1~2个短的螺纹管胞，韧皮部中则只有短而狭小的筛管分子和增大的伴胞。

近年来研究发现，在许多植物的小叶脉末端的韧皮部内常有特化的细胞——具有内突生长的细胞壁，由于壁的向内生长形成许多不规则的指状突起，因而大大增加了壁的内表面与质膜表面积，使质膜与原生质体的接触更为密切，此种细胞称为传递细胞。传递细胞能够更有效地从叶肉组织输送光合作用产物到达筛管分子。

叶片主叶脉部位的上下表皮内方一般为厚角组织和薄壁组织，无叶肉组织。但有些植物在主脉的上方有一层或几层栅栏组织，与叶肉中的栅栏组织相连接，如番泻叶、薄荷叶是叶类药材的鉴别特征。见图 5 – 81、5 – 82。

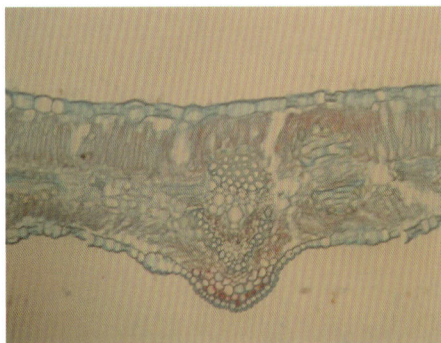

图 5 – 81　番泻叶横切面简图

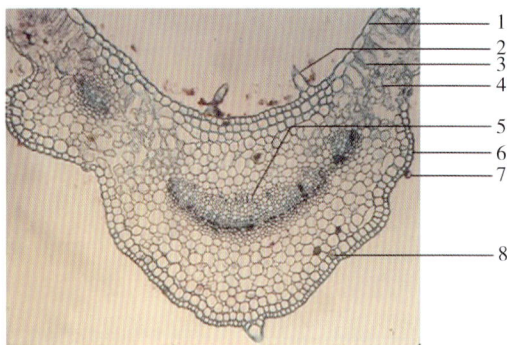

图 5 – 82　薄荷叶横切面简图及详图

1. 腺毛　2. 上表皮　3. 橙皮苷结晶　4. 栅栏组织
5. 海绵组织　6. 下表皮　7. 气孔　8. 木质部　9. 韧皮部　10. 厚角组织

（二）叶柄的构造

叶柄的横切面一般呈半圆形、圆形、三角形等，向茎的一面平坦或凹下，背茎的一面凸出。叶柄与茎相似，最外面为表皮，表皮内方为皮层，皮层中具厚角组织，有时也具厚壁组织。在皮层中有若干个大小不同的维管束，每个维管束的结构和幼茎中的维管束相似，木质部位于上方（腹面），韧皮部位于下方（背面），木质部与韧皮部间常具短暂活动的形成层。在叶柄中进入的维管束数目可原数不变一直延伸至叶片内，但也能分裂成更多的束，或合成为一束，故叶柄中的维管束变化极大，从不同水平的横切面上观察常不一致。

二、单子叶植物叶的构造

单子叶植物的叶变异较大，外形多种多样，有条形（稻、麦）、管形（葱）、剑形（鸢尾）、卵形（玉簪）、披针形（鸭跖草）等。叶可以有叶柄和叶片，内部结构常不相同，但仍和一般双子叶植物一样具有表皮、叶肉和叶脉三种基本结构。现在以禾本科植物加以说明。见图 5 – 83。

（一）表皮

表皮细胞的排列比双子叶植物规则，排列成行，有长细胞和短细胞两种类型，长细胞为长方柱形，长径与叶的纵轴平行，外壁角质化，并含有硅质。短细胞又分为硅质细胞和栓质细胞两种类型，硅质细胞的胞腔内充满硅质体，故禾本科植物叶坚硬而表面粗糙；栓质细胞则胞壁木栓化。此外，在上表皮中有一些特殊大型的薄壁细胞，称泡状细

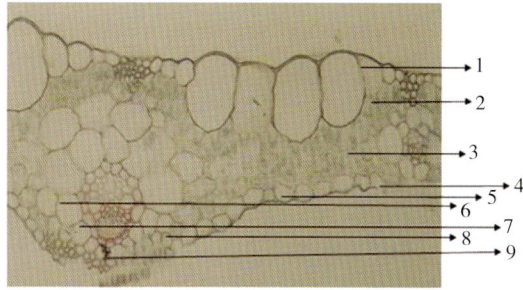

图 5 - 83 淡竹叶（叶）横切面详图

1. 上表皮（运动细胞） 2. 栅栏组织 3. 海绵组织 4. 非腺毛 5. 气孔 6. 木质部 7. 韧皮部
8. 下表皮 9. 厚角组织

胞，细胞具有大型液泡，在横切面上排列略呈扇形，干旱时由于这些细胞失水收缩，使叶片卷曲成筒，可减少水分蒸发，故又称运动细胞。表皮上下两面都分布有气孔，气孔是由 2 个狭长或哑铃状的保卫细胞构成，两端头状部分的细胞壁较薄，中部柄状部分细胞壁较厚，每个保卫细胞外侧各有 1 个略呈三角形的副保卫细胞。

（二）叶肉

禾本科植物的叶片多呈直立状态，叶片两面受光近似，因此一般叶肉没有栅栏组织和海绵组织的明显分化，属于等面叶类型，但也有个别植物叶的叶肉组织分化成栅栏组织和海绵组织，属于两面叶类型。如淡竹叶的叶肉组织中栅栏组织由一列圆柱形薄壁细胞组成，海绵组织由一至三列（多两列）排成较疏松的不规则圆形细胞组成。

（三）叶脉

叶脉内的维管束近平行排列，主脉粗大，维管束为有限外韧型。主脉维管束的上下两方常有厚壁组织分布，并与表皮层相连，增强了机械支持作用。在维管束外围常有 1~2 列或多列纤维包围，构成维管束鞘。如玉米、甘蔗由一层较大的薄壁细胞组成，水稻、小麦则由一层薄壁细胞和一层厚壁细胞组成。

第六章　花

花是种子植物所特有的繁殖器官，种子植物通过开花、传粉、受精过程，产生果实和种子，执行生殖功能，繁衍后代。在自然界中，唯有种子植物有花，所以种子植物又叫显花植物或有花植物。种子植物包括裸子植物和被子植物。由于裸子植物的花较原始和简单，无花被、单性、成雄球花和雌球花；而被子植物的花高度进化，构造也较复杂，常有美丽的形态、鲜艳的颜色和芳香的气味。一般有花植物是指被子植物，通常所述的花即是被子植物的花。

花由花芽发育而成，是节间极度缩短，适应生殖的一种变态枝。在花的组成构造中，有相当于茎的部分，如花柄、花托；有相当于叶的部分，如花萼、花冠、雄蕊、雌蕊。

花的形态和构造随植物种类而异，但它的形态和构造较其他器官稳定，变异较小。植物在长期进化过程中所发生的变化，也往往可以从花的构造方面得到反映。因此，掌握花的有关知识，对研究植物分类、药材的原植物鉴定及花类药材的鉴别等均具有重要意义。

许多植物的花可供药用，有的是花序入药，如菊花、旋覆花、款冬花等；有的是开放的花朵入药，如洋金花、闹洋花等；有的是花蕾入药，如丁香、金银花、槐米等；有的是花的某一部入药，如西红花是柱头、莲须是雄蕊、玉米须是花柱、蒲黄和松花粉是花粉粒等。

第一节　花的组成及形态

典型被子植物的花是由花梗、花托、花萼、花冠、雄蕊群、雌蕊群六部分组成，其中雄蕊群和雌蕊群是花中最重要的部分，具生殖功能；花萼和花冠合称花被，具保护和引诱昆虫传粉作用；花梗和花托起支持作用。见图 6-1。

一、花梗

花梗又叫花柄，是花和茎相连接的部分，具有与茎大致相同的构造。花梗通常呈绿色、圆柱形，其粗细长短随植物种类的不同而不同，有的很长，如莲、垂丝海棠等；有的很短，如贴梗海棠；有的则无花梗，如地肤、车前等。

二、花托

花托是花梗顶端稍膨大的部分，花萼、花冠、雄蕊群和雌蕊群均着生其上。花托一般呈平顶形或稍凸的圆顶形，但因植物种类不同也有其他形状的，如厚朴、木兰的花托呈圆柱状；草莓的花托膨大成圆锥状；金樱子、玫瑰的花托凹陷呈瓶状或杯状；莲的花托膨大呈倒圆锥状；落花生的花托在雌蕊受精后延伸成为连接雌蕊的柱状体，称雌蕊柄。有的植物的花托顶部则形成扁平状或垫状的盘状体，能分泌蜜汁，称花盘，如枣、柑橘、卫矛等。

三、花被

花被是花萼和花冠的总称，特别是在花萼和花冠形态相似不易区分时，称为花被，如百合、麦冬、黄精等。

图 6 - 1　花的组成

（一）花萼

花萼是一朵花中所有萼片的总称。位于花的最外层，常呈绿色，叶片状。一朵花中萼片的数目随植物科属的不同而有不同，但以 3～5 片者多见。一朵花的萼片彼此分离的称离生萼，如毛茛、油菜等；萼片相互连合的称合生萼，如曼陀罗、地黄等，其下部连合部分称萼筒或萼管，上部分离部分称萼齿或萼裂片。有的萼筒一侧向外延长成一个管状或囊状的突起称为距，如凤仙花、旱金莲等。花萼通常在花开放后脱落，称落萼，如虞美人、油菜等；但有些植物果期花萼仍存在并随果实一起发育，称宿存萼，如柿、茄等；另有些植物在花开放前花萼即掉落，称早落萼，如白屈菜、虞美人等。若花萼有两轮，则外轮叫副萼（亦叫苞片），内轮称萼片，如棉花、草莓等。若花萼大而鲜艳呈花冠状，称瓣状萼，如乌头、铁线莲等。菊科植物的花萼细裂成毛状，称冠毛，如蒲公英、飞蓬等。此外，还有的花萼变成膜质半透明，如牛膝、青葙等。

（二）花冠

花冠是一朵花中所有花瓣的总称。花冠位于花萼内侧，常具各种鲜艳的颜色。花瓣常呈一轮排列，其数目一般与同一朵花的萼片数相等，称单瓣花；若花瓣呈二至数轮排列称重瓣花。花瓣彼此分离的称离瓣花，如桃、萝卜等；花瓣全部或部分连合的叫合瓣花，如牵牛、桔梗等。合瓣花的连合部分称花冠筒或花冠管，分离部分称花冠裂片。有的花瓣在其基部延长成囊状或管状也称距，如紫花地丁、延胡索等。

由于花冠的离合、花冠筒的长短、花冠裂片的深浅和形状等的不同，形成各种类型的花冠，常见的有如下列几种。

1. 十字形花冠　离瓣花冠，花瓣 4 枚，上部外展成十字形。如荠菜、萝卜、菘蓝等十

字花科植物。见图6-2。

2. 蝶形花冠 离瓣花冠，花瓣5枚，排列成蝴蝶形，上面一枚位于花的最外方且最大，称旗瓣；侧面二枚位于花的两翼且较小，称翼瓣；最下面的两枚最小且顶部常靠合，并向上弯曲成龙骨状，称龙骨瓣。如甘草、黄芪、大豆等豆科植物。见图6-3

3. 管状花冠 合瓣花冠，花瓣大部分合生成管状（筒状），花冠裂片沿花冠管方向伸出。如红花、白术、小蓟等菊科植物。见图6-4

图6-2 十字形花冠

图6-3 蝶形花冠

图6-4 管状花冠

4. 舌状花冠 合瓣花冠，花冠基部连合成一短筒，上部向一侧延伸成扁平舌状。如向日葵、菊花、蒲公英等菊科植物。见图6-5

5. 高脚碟状花冠 合瓣花冠，花冠下部合生成长管状，上部裂片呈水平状扩展，形如高脚碟子。如迎春花、水仙花、常春花等。见图6-6

图6-5 舌状花冠

图6-6 高脚碟状花冠

6. 漏斗状花冠 合瓣花冠，花冠筒较长，自基部向上逐渐扩大，形似漏斗。如牵牛、旋花等旋花科植物和曼陀罗等部分茄科植物。见图6-7

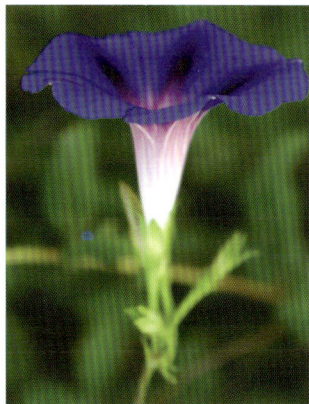

7. 钟状花冠 合瓣花冠，花冠筒稍短而宽，上部扩大成钟状。如桔梗、党参等桔梗科植物。见图6-8。

图6-7 漏斗花冠　　　　图6-8 钟状花冠

8. 辐（轮）状花冠 合瓣花冠，花冠筒甚短，花冠裂片向四周辐射状广展，状如车轮。如枸杞、茄、龙葵等茄科植物。见图6-9。

9. 唇形花冠 合瓣花冠，下部合生成筒状，上部呈二唇形，通常上唇两裂，下唇三裂。如益母草、紫苏等唇形科植物。见图6-10。

图6-9 辐（轮）状花冠　　　　图6-10 唇形花冠

（三）花被卷叠式

花被卷叠式是指花被各片之间的排列方式及关系，其在花蕾即将绽放时尤为明显，由于植物种类不同，其花被卷叠式也不一样，常见的有下列几种类型：

1. 镊合状 花被各片的边缘彼此接触而不覆盖排成一圈，如葡萄、桔梗的花冠。若各片的边缘微向内弯称内向镊合，如沙参的花冠；若各片的边缘微向外弯称外向镊合，如蜀葵的花萼。见图6-11、6-12。

图 6 – 11　向内镊合状

图 6 – 12　向外镊合状

2. 旋转状　花被各片彼此以一边重叠成回旋状，如夹竹桃、黄栀子的花冠。见图 6 – 13。

图 6 – 13　旋转状

3. 覆瓦状　花被片边缘彼此覆盖，但其中有一片两边完全在外面，一片两边完全在内面，如山茶的花萼、紫草的花冠。若在覆瓦状排列的花被片中，有两片全在内，两片完全在外，称重覆瓦状，如野蔷薇、桃、杏等的花冠。见图 6 – 14、6 – 15。

图 6 – 14　覆瓦状

图 6 – 15　重覆瓦状

四、雄蕊群

雄蕊群是一朵花中所有雄蕊的总称。位于花被内侧，常着生于花托上，也有基部着生于花冠或花被上的，生于花冠上的称贴生。各类植物的雄蕊数目不同，一般与花瓣或花冠裂片同数或为其倍数，其数目超过 10 枚的称为雄蕊多数。也有的 1 朵花仅有 1 枚雄蕊，如京大戟、姜花等。雄蕊的数目及类型是鉴定植物的重要标志之一。

（一）雄蕊的组成

典型的雄蕊由花丝和花药两部分组成。

1. 花丝　雄蕊下部细长呈柄状的部分，着生于花托或花被基部，支持花药。花丝长短、粗细随植物种类不同而不同。如细辛的花丝特别短小，合欢的花丝特别长。

2. 花药　花丝顶端膨大呈囊状的部分，是雄蕊的主要组成部分。通常由 4 个或 2 个花粉囊组成，分为两半，中间由药隔相连。花粉囊内可产生许多花粉，当花粉成熟时，花粉囊以各种方式自行裂开，散出花粉。花粉囊裂开的方式各不相同，常见的有下列几种类型：

（1）**纵裂**：花粉囊沿纵轴裂 1 缝，花粉粒从缝中散出，如水稻、百合等。

（2）**横裂**：花粉囊沿中部横裂 1 缝，花粉粒从缝中散出，如蜀葵、木槿等。

（3）**孔裂**：花粉囊顶部开一小孔，花粉由小孔散出，如茄、杜鹃等。

（4）**瓣裂**：花粉囊上形成 1～4 个向外展开的小瓣，成熟时，小瓣盖向上掀起，花粉粒散出，如香樟、淫羊藿等。

此外，花药在花丝上的着生方式也不一致，常见的有下列几种类型：

（1）**全着药**：花药全部附着在花丝上，如紫玉兰。

（2）**基着药**：花药基部着生于花丝的顶端，如樟、茄等。

（3）**背着药**：花药背部着生于花丝上，如杜鹃、马鞭草等。

（4）**丁字着药**：花药横向着生于花丝顶端，与花丝成丁字状，如百合、卷丹等。

（5）**个字着药**：花药上部联合，着生在花丝上，下部分离，略成个字状，如泡桐、地黄等。

（6）**广歧药**：花药左右两半完全分离平展，与花丝成垂直状着生，如益母草、薄荷等。

（二）雄蕊的类型

雄蕊在花中呈螺旋状或轮状排列，花中的各个雄蕊一般是分离的，有些雄蕊的花丝或花药部分或全部连合。根据雄蕊的分离与连合情况，可将雄蕊分为以下几种类型：

1. 离生雄蕊　花中雄蕊彼此分离的称离生雄蕊。离生雄蕊中，花丝大多是等长的，但有些植物花中雄蕊的花丝长短不同，据此又可分出两种类型：

（1）**二强雄蕊**：共 4 枚雄蕊，2 枚长、2 枚短。如紫苏、益母草等唇形植物或泡桐等玄参科植物。见图 6 - 16。

（2）**四强雄蕊**：共 6 枚雄蕊，外轮 2 枚较短、内轮 4 枚较长。如油菜、萝卜等十字花科植物。见图 6 - 17。

图 6 - 16　二强雄蕊

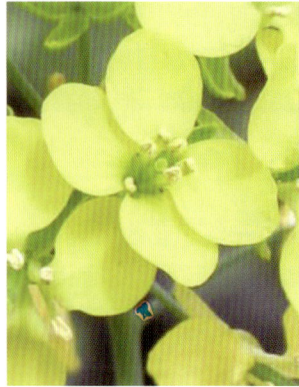

图 6 - 17　四强雄蕊

2. 合生雄蕊　花中雄蕊的花丝连合，花药分离。据花丝连合的束数又分为单体雄蕊、二体雄蕊和多体雄蕊。

（1）**单体雄蕊**：雄蕊的花丝连合成一束，呈圆筒状、花药分离。如木槿、棉花等锦葵科植物和苦楝等楝科植物。见图 6 - 18

（2）**二体雄蕊**：雄蕊的花丝连合成二束，花药分离。如甘草、蚕豆等豆科植物（雄蕊 10 枚，9 枚花丝连合成 1 束，1 枚分离）。也有的植物为 6 枚雄蕊（每 3 枚花丝连合，成 2 束），如延胡索、紫堇等。见图 6 - 19

图 6 - 18　单体雄蕊

图 6 - 19　二体雄蕊

（3）**多体雄蕊**：雄蕊的花丝连合成 3 束或 3 束以上，花药分离。如酸橙、蓖麻等。见图 6 - 20。

3. 聚药雄蕊　雄蕊的花药连合成筒状，花丝彼此分离。如红花、蒲公英等菊科植物。见图 6 - 21。

图 6-20　多体雄蕊

图 6-21　聚药雄蕊

还有少数植物花中，一部分雄蕊不具花药，或花药发育不全，或虽有花药形状但不含花粉粒，称不育雄蕊或退化雄蕊，如鸭趾草；还有少数植物的雄蕊发生变态，无花丝与花药的区别，成花瓣状，如美人蕉和姜科的一些植物。

五、雌蕊群

雌蕊群是 1 朵花中所有雌蕊的总称。位于花的中央，与花托相连，是花的重要生殖部分。

（一）雌蕊的形成

雌蕊是由心皮形构成的。心皮是具有生殖作用的变态叶。裸子植物的 1 个雌蕊就是 1 个敞开的心皮，所以胚珠裸露于心皮上。被子植物的雌蕊则由 1 个至多个心皮构成。被子植物在心皮形成雌蕊时，心皮边缘向内卷，相邻两个边缘结合在一起，心皮边缘结合的缝线称腹缝线，心皮背部相当于叶中脉的部分称背缝线，一般胚珠着生在腹缝线上。

（二）雌蕊的组成

典型的雌蕊由柱头、花柱、子房三部分组成。

1. 柱头　位于花柱顶端，有承受花粉的作用。常扩大成盘状、羽毛状、头状、星状等。柱头表面不平滑，有乳头状突起和黏液，有利于花粉固着、萌发。

2. 花柱　位于柱头与子房子间，支持柱头，也是花粉管进入子房的通道。花柱的粗细长短随植物种类不同而有差异，有条形、花瓣状等，如玉米的细长如丝，莲的很短。罂粟则无花柱，柱头直接着生在子房的顶端。花柱一般直接着生于子房顶端，而唇形科植物花柱着生于纵向分裂的子房基部，称花柱基生；也有的植物其雄蕊与花柱合生成一柱状体称合蕊柱，如白及。

3. 子房　雌蕊基部膨大成囊状的部分，通常其底部着生于花托上，呈椭圆形、卵形或其他形状，有时表面有棱沟或被毛，子房外壁为子房壁，子房壁内的腔室为子房室，子房室内着生胚珠。

（三）雌蕊的类型

根据组成雌蕊的心皮数目不同可分为以下几种类型：

1. 单雌蕊 由一个心皮构成的雌蕊，其子房室是一室，胚珠一至多数，如杏、桃等。见图 6-22。

2. 复雌蕊 一朵花的雌蕊是 2 个以上心皮彼此连合构成，又称合生心皮雌蕊，其子房室可以是一室，也可以是多室。如桑、向日葵、油菜等的雌蕊是由 2 枚心皮构成；葫芦科植物，百合、蓖麻等的雌蕊是由 3 枚心皮构成；梨、苹果等的雌蕊是由 5 枚心皮构成；柑橘类的雌蕊是由 10 枚左右心皮构成。根据复雌蕊各部分的连合情况可分为下列几种情形：

图 6-22　单雌蕊

（1）子房合生，其花柱、柱头分离。

（2）子房、花柱合生，柱头分离。

（3）子房、花柱、柱头全部合生，柱头呈斗状。

故组成复雌蕊的心皮数往往可由柱头和花柱分裂数目、子房上背缝线及腹缝线数目、子房室数判断。但构成复雌蕊的心皮数目的主要判断依据是腹缝线或背缝线的条数，因为构成复雌蕊的心皮数与腹缝线或背缝线的条数是相同的，而柱头数、花柱数、子房室数则因心皮在构成雌蕊时愈合程度的不同不能严格反映心皮数。见图 6-23。

3. 离生心皮雌蕊 一朵花中有 2 个以上离生的单雌蕊，如芍药、八角茴香等。见图 6-24。

图 6-23　复雌蕊

图 6-24　离生心皮雌蕊

（四）子房在花托上的位置

子房着生于花托上，根据子房与花托的愈合情况及其与花各部分的关系，可将其位置分为以下几种情况：

1. 子房上位　子房仅在底部与花托相连，花萼、花冠和雄蕊均着生在子房下方，称子房上位，下位花，如油菜、百合等，见图6-25；若花托凹陷，子房位置下陷，但子房侧壁不与花托愈合，花的其他部分着生在花托上端的边缘上，位于子房周围，称子房上位，周位花，如桃、杏等。见图6-26。

图6-25　子房上位（下位花）　　　图6-26　子房上位（周位花）

2. 子房半下位　子房仅下半部与凹陷的花托愈合，上半部外露，花萼、花冠、雄蕊着生在子房四周的花托上，称子房半下位，周位花，如桔梗、党参等。见图6-27。

3. 子房下位　子房全部与凹陷的花托愈合，花的其他部分均着生于子房的上方，称子房下位，上位花，如南瓜、梨等。见图6-28。

图6-27　子房半下位（周位花）　　　图6-28　子房下位（上位花）

子房上位是比较原始的花，子房半下位、下位的花由它发展而来。

（五）子房室数

子房室的数目由心皮数和心皮的结合状态决定。单雌蕊的子房只有一室，称单子房；复雌蕊的子房称复子房，其中有的只是心皮边缘相连，心皮的其余部分都形成子房壁，这种子房虽由多个心皮构成，但子房室只有一个，称单室复子房；如果各心皮向内卷入，在子房中心彼此相互靠合，心皮的一部分形成子房壁，其余部分形成子房内的隔膜，将子房分成与心皮数目相等的子房室，称多室（复室）复子房。有的子房室可能被假隔膜分隔而使得子房室数多于心皮数，因此，复子房子房室数有的与心皮数相等，有的多于心皮数，子房室内着生有胚珠，故子房是雌蕊的重要组成部分。

（六）胎座

胚珠在子房内着生的部位，称胎座。常见的胎座类型有如下几种：

1. 边缘胎座　由1个心皮构成，子房1室，胚珠着生于子房内的腹缝线上。如大豆、豌豆等豆科植物。见图6-29。

2. 侧膜胎座　由2个以上心皮构成，子房1室，胚珠着生于心皮相连的各条腹缝线上。如南瓜、栝楼等葫芦科植物。见图6-30。

图6-29　边缘胎座

图6-30　侧膜胎座

3. 中轴胎座　由2个以上心皮构成，子房2至多室，各心皮边缘向内伸入在子房的中央构成中轴，胚珠着生于中轴上，如柑橘、百合、棉、桔梗等。见图6-31。

4. 特立中央胎座　由2个以上心皮构成，子房1室，各心皮边缘向内伸入到子房的中央构成中轴的上部和假隔膜消失，胚珠着生在残留的中轴周围。如石竹、马齿苋等。见图6-32。

5. 基生胎座　由1个或多个心皮构成，子房1室，胚珠直接着生于子房室底部，又叫底生胎座，如大黄、向日葵等。见图6-33。

6. 顶生胎座　由1个或多个心皮构成，子房1室，胚珠直接着生（悬挂）于子房室顶部，又称悬垂胎座，如桑、樟等。

图6-31 中轴胎座　　　图6-32 特立中央胎座　　　图6-33 基生胎座

（七）胚珠

胚珠着生于子房的胎座上，受精后发育成种子，每个子房内胚珠的数目与植物种类有关。

1. 胚珠的构造　　胚珠由珠柄、珠被、珠孔、珠心组成。常呈椭圆形或近球形，连接胚珠和胎座的短柄，称珠柄，维管束即通过珠柄伸入胚珠。胚珠最外面为珠被，多数被子植物的珠被由外珠被和2层内珠被组成；也有1层珠被或无珠被的植物，如禾本科植物的胚珠。珠被在胚珠的顶端不完全连合而留下的小孔，称珠孔。珠被内方是珠心，由薄壁细胞组成，是胚珠的重要组成部分。珠心中央发育形成胚囊，被子植物的成熟胚囊内一般有8个细胞，近珠孔一端有1个卵细胞和2个助细胞，与珠孔相对的另一端有3个反足细胞，中央有2个极核细胞。卵细胞与从花粉管中释放到胚囊内的1个精细胞结合，发育形成种子的胚，极核细胞与1个精细胞结合形成种子的胚乳，这种现象称为双受精。珠心基部和珠被、珠柄三者的汇合处称合点，是维管束进入胚囊的通道。

2. 胚珠的类型　　由于珠柄、珠被、珠心各部的生长速度不同，常形成以下几种类型：

（1）直生胚珠：胚珠各部生长速度一致，胚珠直立，珠孔在上，珠柄在下，珠柄、合点、珠心和珠孔在一条直线上，如蓼科和胡椒科等的一些植物。

（2）横生胚珠：胚珠因一侧生长较快，另一侧生长较慢，胚珠全部横向弯曲，合点、珠心的中点、珠孔成一直线并与珠柄垂直，如玄参科、茄科、锦葵科等的一些植物。

（3）弯生胚珠：胚珠下半部的生长较一致，但上半部一侧生长较快，另一侧生长较慢，生长快的一侧向慢的一侧弯曲，因此珠孔朝下方靠近珠柄，整个胚珠弯曲似肾形，珠柄、珠心和珠孔不在一条直线上，如十字花科、豆科中的一些植物。

（4）倒生胚珠：胚珠一侧生长较快，另一侧生长较慢，使胚珠向生长慢的一侧弯转180度，胚珠倒置，合点在上，珠孔向下靠近珠柄基部，珠柄与珠被愈合形成一条明显的纵脊称珠脊，如蓖麻、百合等多数被子植物。

第二节 花的类型

被子植物的花在长期演化过程中，其各部发生了不同程度的变化，形成不同的类型，一般可以按以下几个方面来分类。

一、根据花的组成是否完整分

（一）完全花

花萼、花冠、雄蕊群和雌蕊群四大部分同时具有的花称完全花，如桃、桔梗等。

（二）不完全花

花萼、花冠、雄蕊群、雌蕊群四大部分中缺少其中一部分或几部分的花称不完全花，如桑、南瓜等。

二、根据花中有无花萼与花冠分

（一）重被花

一朵花中同时具有花萼、花冠的称重被花或两被花，如栝楼、党参等。在重被花中，根据花瓣排列的轮数又可分为：

1. 单瓣花　花冠只由一轮花瓣排列的花，如桃。见图 6 - 34。

2. 重瓣花　花冠由数轮花瓣形成，如月季等栽培植物，以及前面提到的离瓣花与合瓣花。见图 6 - 35。

图 6 - 34　单瓣花

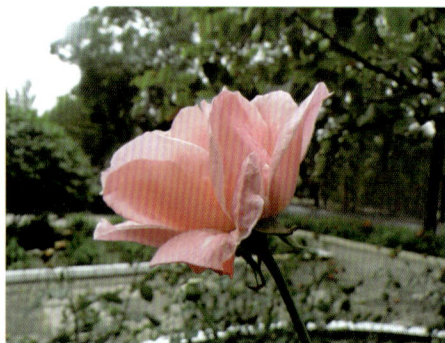

图 6 - 35　重瓣花

（二）单被花

一朵花中只有花萼而无花冠的花，称单被花，此时的花萼应叫花被，每一片称花被片。单被花的花被可为 1 轮也可为多轮，但各轮在颜色和形态上常无区别，一般具有鲜艳的色泽，似花瓣状，也称无瓣花，如贝母、百合等。见图 6－36。

图 6－36　单被花

（三）无被花

无花萼也无花冠称无被花，也叫裸花。无被花常具有苞片，如半夏、杜仲等。见图 6－37。

图 6－37　无被花

三、根据花中有无雄蕊群和雌蕊群分

（一）两性花

一朵花中同时具有雄蕊和雌蕊的花称两性花，如牡丹、桔梗等。见图 6－38。

（二）单性花

一朵花中仅具有雄蕊或仅具有雌蕊的花称单性花。只有雄蕊的称雄花，只有雌蕊的称雌花，如桑、南瓜等。

在具有单性花的植物中，若同一植株上既有雄花又有雌花称雌雄同株，如南瓜、玉米；若雄花和雌花分别生在同种异株上，则称雌雄异株，如桑、栝楼。

有些物种中，有两性花与单性花同时存在的现象，此现象称花杂性。在具有花杂性现象的植物中，若单性花和两性花存在于同株植物上称杂性同株，如朴树；若单性花和两性花存在于同种异株上，则称杂性异株，如臭椿、葡萄。

（三）无性花

雄蕊和雌蕊均退化或发育不全，称无性花，如绣球花序边缘的花。见图6-39。

图6-38 两性花

图6-39 无性花

四、根据花冠的对称方式分

（一）整齐花

若花被（主指花冠）形状一致、大小相似，通过花的中心能做两个及两个以上对称面，花辐射对称（故又叫辐射对称花），如桃、桔梗等。见图6-40。

（二）不整齐花

若花被形状、大小有较大差异，通过花的中心不可能生出两个及两个以上对称面的花，主要有两种。

1. 两侧对称花 通过花的中心只能做一个对称面的称两侧对称花，如益母草等唇形科植物的唇形花、豆科植物的蝶形花等。

2. 不对称花 无对称面的花称不对称花，如美人蕉、缬草。见图6-41。

图 6 - 40 整齐花

图 6 - 41 不对称花

五、根据传播花粉的媒介分

（一）风媒花

借风传粉的花称风媒花。风媒花多为单性、单被或无被花，花粉量大，柱头面大，有黏质。如玉米、杨、柳等。

（二）虫媒花

借昆虫传粉的花称虫媒花。虫媒花多为两性花，花有密腺、香味和鲜艳颜色，花粉量少。如兰科、桃、苹果等。

（三）鸟媒花

借助小鸟传粉的花称鸟媒花。如某些凌霄属植物。

（四）水媒花

借助水流传粉的花称水媒花。如金鱼藻、黑藻等一些水生植物。

其中风媒花和虫媒花是植物长期自然选择的结果，也是自然界最普遍的适应传粉的花的类型。

第三节　花程式

为了简单说明一朵花的结构，可用一个程式把一朵花的各部分表示出来。用字母、数字、符号写成固定的程式来表示花的性别、对称性及花被、雄蕊群和雌蕊群的情况称花程式。

一、花的各组成部分的字母表示法

一般采用花的各组成部分的拉丁名词的第一个字母大写表示，其简写如下：

P——表示花被（perianthium）

K——表示花萼（来源于花萼德文 kelch 一词，因拉丁词中花萼与花冠首字母均为 C）

C——表示花冠（corolla）

A——表示雄蕊群（androecium）

G——表示雌蕊群（gynoecium）

二、用数字表示花各部的数目

以"1，2，3，4…10"数字表示花各组峰部分或每轮的数目；以"∞"表示数目在 10 个以上或数目不定；以"0"表示该组成部分不具备或退化。各个数字均写在字母的右下方。在雌蕊群"G"的右下方由左至右第 1 个数字表示一朵花中雌蕊群所包含的心皮数，第 2 个数字表示雌蕊群中每个雌蕊的子房室数，第 3 个数字表示每个子房室中的胚珠数（通常在花程式中只写前面第 1 个或第 2 个数字），各数字之间以"："隔开。

三、以符号表示花的各部分情况

括弧"（ ）"表示联合。

短横线"—"表示子房的位置。如"$\underline{G}$"表示子房上位，"$\overline{G}$"表示子房下位，"$\overline{\underline{G}}$"表示子房半下位。"↑"表示两侧对称花；"＊"表示辐射对称花。"＋"表示排列轮数的关系。"♂"表示雄花；"♀"表示雌花；"☿"表示两性花（两性花的符号有时省略不写）。

四、书写顺序

花程式的书写顺序是：花的性别（若为两性花，也可以将符号省略不写），对称情况，花各组成部分从外部到内部依次记录 P（K、C）、A、G 等的情况。

五、花程式举例

（一）桃花 ＊ $K_5 C_5 A_\infty \underline{G}_{(1:1:1)}$

表示桃花为两性花；辐射对称；花萼由 5 片离生的萼片组成；花冠由 5 片离生的花瓣组成；雄蕊群由多数离生的雄蕊组成；雌蕊群由 1 个 1 心皮合成的雌蕊组成，子房在上位，有 1 个子房室，1 个胚珠。

（二）桔梗花 ＊ $K_{(5)} C_{(5)} A_5 \overline{\underline{G}}_{(5:5:\infty)}$

表示桔梗花为两性花；辐射对称；花萼由 5 个萼片合生而成；花冠由 5 个花瓣合生而成；雄蕊群由 5 枚离生的雄蕊组成，贴生在花冠上；雌蕊群具有 1 个 5 心皮结合而成的复雌蕊，子房为半下位，有 5 个子房室，每个室有多数胚珠。

（三）百合花 $* P_{3+3} A_{3+3} \underline{G}_{(3:3:\infty)}$

表示百合花为两性花；辐射对称；花被由 6 片离生的花被片组成，成两轮排列，每轮 3 片；雄蕊群由 6 枚离生的雄蕊组成，成两轮排列，每轮 3 枚；雌蕊群由 1 个 3 心皮合生的雌蕊组成，子房上位，有 3 个子房室，每室有多数胚珠。

（四）苹果花 $* K_{(5)} C_5 A_{\infty} \overline{G}_{(5:5:2)}$

表示苹果花为两性花；辐射对称；花萼由 5 片合生的萼片组成；花冠由 5 片离生的花瓣组成；雄蕊群由多数离生的雄蕊组成；雌蕊群具有 1 个 5 心皮结合而成的复雌蕊，子房为下位，有 5 个子房室，每个室有 2 个胚珠。

（五）豌豆花 $\uparrow K_{(5)} C_5 A_{(9)+1} \underline{G}_{(1:1:\infty)}$

表示豌豆花为两性花；两侧对称；花萼由 5 片合生的萼片组成；花冠由 5 片离生的花瓣组成；雄蕊群 10 枚雄蕊组成，其中 9 枚联合，1 枚分离；雌蕊群具有 1 个雌蕊，子房在上位，雌蕊群由 1 个 1 心皮合成的雌蕊组成，有 1 个子房室，每室有多数胚珠。

（六）桑花 $♂ * P_4 A_4$ 　$♀ * P_4 \underline{G}_{(2:1:1)}$

表示桑花为单性花。雄花：辐射对称；花被片由 4 片离生的花被组成；雄蕊群由 4 枚离生的雄蕊组成。雌花：辐射对称；花被片由 4 片离生的花被组成；雌蕊群具有 1 个 2 心皮结合而成的复雌蕊，子房在上位，有 1 个子房室，1 个胚珠。

第四节　花　序

花在花轴上的排列方式和开放次序称花序。有些植物的花单生于茎枝的顶端或叶腋，称单生花。如桃、杏、牡丹等。花序的总花梗或主轴称为花轴（花序轴），花轴可以分枝或不分枝。组成花序的每一朵花叫小花，小花的梗叫小花梗，有的植物花轴缩短膨大，这时支持整个花序的茎轴称为总花梗（柄），无叶的总花梗称花葶。花序轴上无典型的营养叶，只有简单、小型的变态叶称为苞片。有的植物苞片密集成总苞，如菊科植物；壳斗科的总苞变成壳斗；天南星科的总苞成佛焰苞状称佛焰苞。往往一科植物具有特定的花序，如五加科的伞形花序、菊科的头状花序等。

根据花在花轴上排列的方式和开放的先后顺序以及在开花期花轴能否不断生长等，花序可分为无限花序、有限花序和混合花序三大类。

一、无限花序（总状花序类）

在开花期内，花序轴顶端继续向上生长，产生新的花蕾，开放顺序是花序轴基部的花先开，然后向顶端依次开放，或由边缘向中心开放，这种花序称为无限花序。根据花序轴及小花的特点，无限花序又分为两类：

（一）单花序

无限花序中花序轴不分枝的称单花序，单花序根据花序及小花的特点又可分为如下几种：

1. 总状花序 花序轴细长，其上着生许多花柄近等长的小花，如油菜、荠菜等十字花科植物。见图 6-42。

2. 穗状花序 似总状花序，但小花具短柄或无柄。如知母、车前等。见图 6-43。

图 6-42　总状花序

图 6-43　穗状花序

3. 菜荑花序 似穗状花序，但花序轴下垂，其上着生许多无柄的单性小花，花开后整个花序脱落，如杨、柳等。见图 6-44。

4. 肉穗花序 似穗状花序，但花序轴肉质肥大呈棒状，其上密生许多无柄的单性小花，在花序外面常具一大型苞片，称佛焰苞，是半夏、马蹄莲等天南星科植物的主要特征。见图 6-45。

图 6-44　菜荑花序

图 6-45　肉穗花序

5. 伞房花序 似总状花序，花梗长短不等，花轴下部的花柄较长，上部花柄依次渐短，整个花序的花几乎排列在一个平面上，如梨、山楂等。见图6－46。

6. **伞形花序**　花序轴缩短，顶端集生许多花柄近等长的花，并向四周放射排列，整个形状像张开的伞，如五加、人参等五加科植物。见图6－47。

图6－46　伞房花序

图6－47　伞形花序

7. **头状花序**　花序轴极度缩短，呈盘状或头状的花序托（总花托），其上着生许多无柄或近于无柄的小花，下面有由苞片组成的总苞，如红花、菊花等菊科植物。见图6－48。

8. **隐头花序**　花序轴肉质膨大而下凹成束状，束状体的内壁上着生许多无柄的单性小花，仅留一小孔与外方相通。如薜荔、无花果等桑科植物。见图6－49。

图6－48　头状花序

图6－49　隐头花序

（二）复花序

无限花序中花序轴有分枝的称复花序，常见的如下：

1. **复总状花序**　又称圆锥花序，在长的花序轴上分生许多小枝，每小枝各成1总状花序，如女贞、南天竹。见图6－50。

2. **复穗状花序**　花序轴有1、2次分枝，每小枝各成1个穗状花序，如小麦、玉米、香附等。见图6－51。

3. **复伞形花序**　花序轴顶端丛生若干长短相等的分枝，各分枝各成为1个伞形花序，如柴胡、胡萝卜、小茴香等。见图6－52。

4. 复伞房花序　花序轴上的分枝成伞房状排列，每1分枝各成1个伞房花序，如花楸属植物的花序。见图6-53。

图6-50　复总状花序

图6-51　复穗状花序

图6-52　复伞形花序

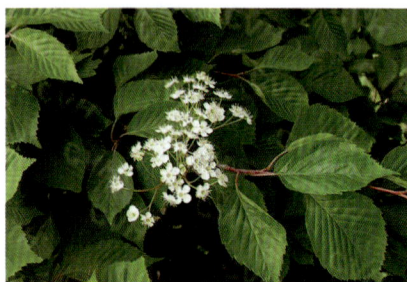

图6-53　复伞房花序

5. 复头状花序　由许多小头状花序组成的头状花序，如蓝刺头。见图6-54。

图6-54　复头状花序

二、有限花序（聚伞花序类）

与无限花序相反，位于花序轴顶端或中心的花先开放，因此花序轴不能继续向上生长，各花由内向外或由上而下陆续开放，这样的花序称有限花序。根据在花序轴上的分枝情况，有限花序可分为如下列四种类型：

（一）单歧聚伞花序

主轴顶端生一花，先开放，而后在其下方产生1侧轴，其长度超过主轴，侧轴同样顶端生一花，下方只有一个侧芽发育，这样连续分枝便形成了单歧聚伞花序。由于侧轴产生的方向不同又分为如下两种类型：

1. 螺旋状聚伞花序　单歧聚伞花序中，若花序轴下分枝均向同一侧生出而呈螺旋状，称螺旋状聚伞花序，如紫草、附地菜。见图6-55。

2. 蝎尾状聚伞花序　单歧聚伞花序中，若分枝成左右交替生出，且分枝与花不在同一平面上，称蝎尾状聚伞花序，如菖蒲、姜。见图6-56。

图6-55　螺旋状聚伞花序

图6-56　蝎尾状聚伞花序

（二）二歧聚伞花序

主轴顶端生一花，在其下两侧各生一等长的侧轴，每一侧轴以同样方式产生侧枝和开花，称二歧聚伞花序，如石竹、王不留行等石竹科植物的花序。见图6-57。

（三）多歧聚伞花序

主轴顶端生一花，顶花下同时产生数个侧轴，侧轴常比主轴长，各侧轴又形成小的聚伞花序，称多歧聚伞花序。如蓖麻。若花轴下生有杯状花苞，则称杯状聚伞花序（大戟花序），是大戟科大戟属特有的花序类型，如泽漆、甘遂等。见图6-58。

图6-57　二歧聚伞花序

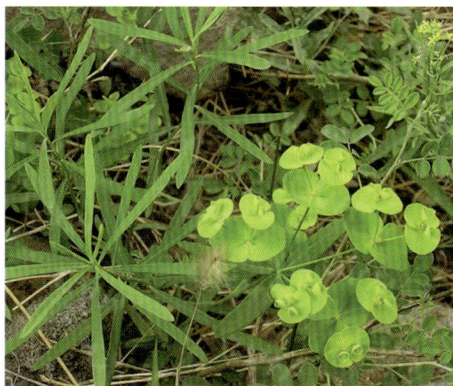

图6-58　多歧聚伞花序

（四）轮伞花序

聚伞花序无梗，生于对生叶的叶腋成轮状排列，称轮伞花序。如薄荷、益母草等唇形科植物。见图 6 – 59。

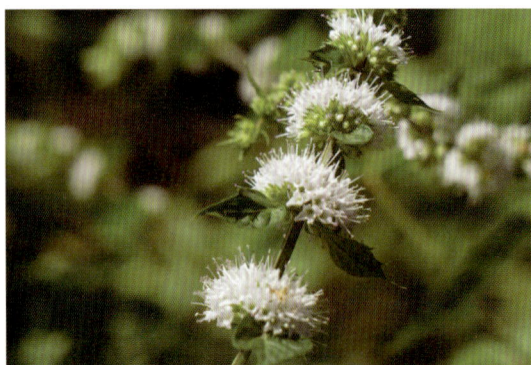

图 6 – 59　轮伞花序

三、混合花序

有些植物在花序轴上生有两种不同类型的花序（有花序限、无限花序）称混合花序，如丁香是聚伞圆锥花序，楤木是伞形花序圆锥状。

第七章　果实和种子

　　果实和种子是种子植物所特有的繁殖器官，果实一般是由受精后的雌蕊的子房发育形成的特殊结构，包括果皮和种子两部分。种子是由胚珠受精后发育而成，包括种皮、胚、胚乳三部分。果实的主要生理功能是保护和传播种子。农业和林业上，常把果实和种子混称为"种子"。

　　许多植物的果实和种子可供药用，大多数是果实和种子一起入药，如五味子、枸杞子、乌梅等；少数药材虽然使用种子入药，但以果实的形式贮存、销售临用时再剥去果皮，如砂仁、巴豆等。果实类中药少数是以幼果或未成熟的果实入药，如青皮、枳实等，多数是以成熟或近成熟的果实入药。有的用整个果实，有的用部分果实，如陈皮、大腹皮用果皮入药，茱萸用果肉入药，橘络用中果皮的维管束入药。也有采用带有部分果皮的果柄入药的，如甜瓜蒂；也有采用果实上的宿萼入药的，如柿蒂。种子类中药大多采用完整的干燥成熟种子，也有一些是用种子的一部分，如肉豆蔻用种仁入药，龙眼肉用假种皮入药，绿豆衣用绿豆的种皮入药，莲子心用莲子的胚入药；也有用发了芽的种子入药的，如麦芽。

第一节　果实的发育和组成

一、果实的发育

　　在果实发育过程中，花的各部分均发生了显著变化，花柄形成果柄；花萼脱落或宿存；花冠一般脱落；雄蕊和雌蕊的花柱、柱头也先后脱落枯萎，这时胚珠发育形成种子，子房逐渐膨大发育形成果实。这种完全由子房发育形成的果实称为真果，如桃、柑橘、杏、柿等。有些植物除子房外，花的其他部分如花被、花托或花序轴等也一起发育形成果实，这种果实称为假果，如草莓的果实膨大部分是由肉质花托发育形成的；苹果、梨的主要食用部分是由花托和花被筒发育形成的，只有果实中心的一小部分是由子房发育形成；南瓜、冬瓜较硬的皮部是由花托和花萼发育形成的；西瓜的食用部分主要由胎座发育形成；无花果的食用部分主要由花序轴发育形成。还有少数植物的雌蕊不经过受精作用形成具有食用价值的无籽果实，这种果实无籽，称单性结实。单性结实有的是自发形成的，称为自发单性结实，如香蕉、无籽葡萄等；有的是人工诱导形成的，称为诱导单性结实，如马铃薯的花粉刺激番茄的柱头，形成无籽番茄。无籽果实不一定都是由单性结实形成的，有些植物在受精后，胚珠发育受阻也会形成无籽果实。还有一些由四倍体和二倍体杂交形成不孕性的三倍体植物，同样会形成无籽果实，如无籽西瓜。

二、果实的组成

果实由果皮和种子两部分组成。果皮由子房壁发育而来，包于种子的外面。果皮由外向内可分为外果皮、中果皮和内果皮三层，因植物种类不同，果皮的构造、色泽以及各层果皮发达程度也不一样。

（一）外果皮

与叶的下表皮相当，是果实的最外层，一般较薄而坚韧，通常由一层表皮细胞构成，有时在表皮细胞层里面还会有一层或几层厚角组织细胞，如桃、杏等。有时还有厚壁组织细胞，如菜豆、大豆等。表皮层上偶有气孔存在，表面常有各种附属物，如桃的毛茸，柿子的蜡被，曼陀罗、鬼针草的刺，荔枝的瘤突，榆的翅等。

（二）中果皮

与叶肉组织相当，是外果皮与内果皮之间的部分，其结构变化较大，在肉质果中中果皮发达，肥厚肉质，为可食用部分，如桃；干果的中果皮多为干燥膜质，如荚果、角果等。有的中果皮维管束贯穿其中，形成复杂的网络，如丝瓜、柑和橘等。有的中果皮中含油细胞、油室及油管等，如荜澄茄的中果皮中含有石细胞和油细胞，茴香的中果皮内有油管分布，橘子的外果皮和中果皮中含有油室；有的中果皮中含有石细胞、纤维，如连翘、马兜铃。

（三）内果皮

内果皮与叶的上表皮相当，为果皮的最内层，多由一层薄壁细胞组成。内果皮在不同的果实中差异较大，一般膜质化，如荚果、角果；有的由多层石细胞组成而成为木质化的硬壳，如桃、李、杏等；有的内有肉质表皮毛囊，形成囊状，如橘子、橙子、柚子等柑橘类果实；有的内果皮细胞全部由石细胞组成，如胡椒；还有的内果皮由 5 ~ 8 个长短不等的扁平细胞镶嵌状排列，这种细胞称"镶嵌细胞"，是小茴香、蛇床子等伞形科植物果实的共同特征。

第二节　果实的类型

果实的类型很多，依据参加果实形成的部分不同可分为真果和假果；根据果实来源、结构和果皮性质的不同，可分为单果、聚合果和聚花果。

一、单果

一朵花中只有一个雌蕊（单雌蕊或复雌蕊）的子房发育而形成的果实，称为单果。

单果根据果皮的质地不同分为干果和肉果两类。

（一）干果

果实成熟时，果皮干燥。依据果皮开裂与否分为裂果和不裂果（闭果）。

1. 裂果类　　果实成熟时，果皮自行开裂，果皮与种子分离。依据果实的组成和开裂方式的不同又可分为4种类型。

（1）蓇葖果：由单雌蕊或离生心皮雌蕊发育形成的果实，成熟时沿腹缝线或背缝线一侧开裂。由1朵花形成单个蓇葖果（如淫羊藿）的比较少见；也有1朵花形成2个蓇葖果的，如杠柳、徐长卿、萝藦等。1朵花中有多个离生心皮雌蕊形成聚合蓇葖果（如八角茴香、芍药、玉兰）的比较多见。见图7-1。

图7-1　蓇葖果　　　　　　　　　图7-2　荚果

（2）荚果：由单雌蕊发育成的果实，成熟时沿腹缝线和背缝线两侧开裂，如赤小豆、绿豆、决明等豆科植物的果实。但有的荚果成熟时不开裂，如皂荚、紫荆、刺槐、落花生；有的荚果呈螺旋状，并具刺毛，如苜蓿；有的荚果成熟时，种子间呈节节断裂，每节含1枚种子，但不开裂，如含羞草、山蚂蟥等；还有的荚果肉质呈念珠状，如槐。见图7-2。

图7-3　短角果　　　　　　　　　图7-4　长角果

（3）角果：二心皮合生成的子房发育而成的果实，子房1室，在果实形成的过程中，由2心皮边缘合生处生出隔膜，将子房隔成2室，这一隔膜称假隔膜。果实成熟后果皮沿两侧腹缝线开裂，成两片脱落，假隔膜仍留在果柄上（种子附于假隔膜上）。角果是十字花科所特有的果实，分短角果和长角果：短角果如菘蓝、荠菜，见图7-3。长角果如萝卜、油菜。见图7-4。

(4) 蒴果：由两个或两个以上合生心皮的复雌蕊发育而成的果实，子房1至多室。每室含多数种子，是裂果中最普遍的一种果实，成熟时有多种开裂方式：①纵裂（瓣裂）：果实成熟时果皮沿长轴方向纵裂成数个果瓣，其中沿背缝线开裂的称室背开裂，如百合、鸢尾等，见图7-5；沿腹缝线开裂的称室间开裂，如蓖麻、马兜铃等，见图7-6；沿腹缝线和背缝线两缝线开裂，但隔膜与中轴仍然相连的称室轴开裂，如牵牛、曼陀罗等，见图7-7。②孔裂：果实顶端或上部呈小孔状开裂，如罂粟、桔梗等，见图7-8。③盖裂：果实中部呈环状开裂，上部果皮呈帽状脱落，如车前、马齿苋等，见图7-9。④齿裂：果实顶端呈齿状开裂，如石竹、王不留行等，见图7-10。

图7-5　蒴果（室背开裂）

图7-6　蒴果（室间开裂）

图7-7　室轴开裂

图7-8　蒴果（孔裂）

图7-9　蒴果（盖裂）

图7-10　蒴果（齿裂）

2. 不裂果（闭果）类 果实成熟后，果皮不开裂或分离成几个部分，但种子仍包被于果实中，常见的有6种。

（1）瘦果：内含1粒种子的果实，成熟时果皮与种子易分离，是最普遍的一种闭果。1个心皮发育形成的瘦果如白头翁；向日葵、菊花等菊科植物的瘦果由2个心皮构成的下位子房与萼筒共同形成，称连萼瘦果；3个心皮发育形成的如何首乌等蓼科植物。见图7-11。

（2）颖果：内含1粒种子的果实，成熟时果皮与种皮愈合，不易分离，农业生产中常把颖果称"种子"，是禾本科植物特有的果实，如薏苡、小麦等。见图7-12。

图7-11 瘦果　　图7-12 颖果　　　　图7-13 坚果　　　图7-14 翅果

（3）坚果：内含1粒种子的果实，成熟时外果皮坚硬，常有由花序的总苞发育的壳斗包围或附着于基部，如板栗、栎等壳斗科植物的果实。有的坚果特别小，无壳斗包围称小坚果，如益母草、薄荷等。见图7-13。

（4）翅果：内含1粒种子的果实，果皮一端或周边向外延伸成翅状，如杜仲、榆等。见图7-14。

（5）胞果：内含1粒种子的果实，由合生心皮上位子房发育形成的果实，果皮薄而膨胀疏松地包围种子，与种子极易分离，如青葙、地肤子等。见图7-15。

图7-15 胞果　　　　　　　图7-16 双悬果

（6）双悬果：由2心皮合生雌蕊发育而成，果实成熟后心皮分离成2个分果（小坚果），双双悬挂在中央果柄上端，每个分果内含有1粒种子，如小茴香、白芷等，是伞形科植物所特有的果实。见图7-16。

(二) 肉质果

果实肉质多浆，成熟时不开裂，又分为下面几种：

1. 浆果　由单心皮或多心皮合生雌蕊，上位或下位子房发育而成的果实。外果皮薄、膜质，中果皮和内果皮肥厚肉质，含丰富的浆汁，内有 1 至多个种子。如葡萄、番茄。见图 7 – 17。

2. 核果　由单心皮雌蕊，上位子房形成的果实，一般含一枚种子。其特征是外果皮薄、中果皮肉质，内果皮木质化成坚硬的果核，内含 1 粒种子。如桃、杏等。见图 7 – 18。

图 7 – 17　浆果　　　　图 7 – 18　核果　　　　图 7 – 19　柑果

3. 柑果　由多心皮合生雌蕊，具中轴胎座的上位子房发育而成的果实。外果皮较厚、革质并具油室；中果皮与外果皮结合，界限不明显，常为白色海绵状，其间有许多分枝的维管束（称柑络）；内果皮膜质，分隔成若干室，内壁生有许多肉质多汁的囊状毛。如酸橙、柚子等柑橘属植物。见图 7 – 19。

4. 瓠果　由三心皮下位子房和花托一起发育而成，其胎座为侧膜胎座，是一种假果。花托与外果皮愈合形成坚韧的果实外层，中果皮、内果皮及胎座肉质，内含多数种子。如西瓜、南瓜等，是葫芦科所特有的果实。西瓜食用的是发达的胎座，南瓜、冬瓜主要食用果皮。见图 7 – 20。

图 7 – 20　瓠果　　　　　图 7 – 21　梨果

5. 梨果　由 5 个心皮下位子房和花筒一起发育形成的果实，是一种假果，食用的肉质部分主要是由花筒发育而成，外果皮与中果皮界线不明显，肉质；内果皮坚韧，常分隔为 5 室，每室有 2 粒种子。如苹果、梨等。见图 7 – 21。

二、聚合果

一朵花中有多数离生心皮单雌蕊，每个雌蕊形成一个单果，许多单果聚生在同一花托上，称聚合果。聚合果的花托常肉质，成为聚合果的一部分。根据组成聚合果的单果类型不同，可分为以下几类：

（一）聚合蓇葖果

单果为蓇葖果，多个蓇葖果聚生在花托上而成的果实。如八角茴香、芍药等。见图7－22。

图 7－22　聚合蓇葖果

（二）聚合瘦果

单果为瘦果，多个瘦果聚生于突起的花托上而成的果实。如毛茛、白头翁等。见图7－23。

（三）聚合坚果

单果为坚果，多个坚果聚生在膨大的海绵状花托上而成的果实。如莲等。见图7－24。

图 7－23　聚合瘦果

图 7－24　聚合坚果

（四）聚合浆果

单果为浆果，由多数浆果聚生在花托上形成的果实。如五味子等。见图 7 – 25。

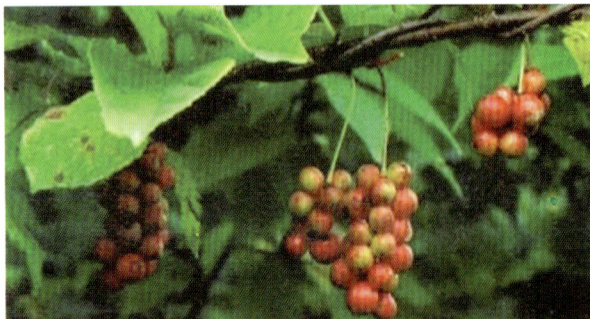

图 7 – 25　聚合浆果

（五）聚合核果

单果为核果，由多数小核果聚生在花托上而形成的果实。如悬钩子等。见图 7 – 26。

图 7 – 26　聚合核果

三、聚花果

聚花果又叫复果，是由整个花序发育而成的果实。

花序上的每一朵小花发育成一个小果，许多小果聚生在花轴上，类似 1 个果实，成熟后往往从花轴基部整体脱落。如菠萝是由很多花与肉质花轴一起发育而成，花不孕，肉质可食部分是花序轴，见图 7 – 27；桑椹是由整个花序发育而成，每朵花的子房各自发育成一个小瘦果，包藏在肥厚多汁的肉质花被中，成熟后从花轴基部整体脱落，可食部分为花被，见图 7 – 28；无花果是多数小瘦果包藏于肉质凹陷的囊状花轴内形成的一种复果，肉质可食部分是花序轴，见图 7 – 29。

图 7 – 27　菠萝

图 7 – 28 桑葚

图 7 – 29 无花果

第三节 种 子

一、种子的形态特征

种子的形特征态主要包括种子的形状、大小、色泽、表面特征等，因植物种类不同，其特征也有差异。种子的形状多种多样，常见的有圆形、椭圆形、肾形、卵形、圆锥形、多角形等。大小差异悬殊，较大种子如椰子、槟榔等；较小的种子如菟丝子、葶苈等；极小的种子如白及、天麻等植物的种子。颜色各种各样，比如龙眼、荔枝为红褐色；绿豆为绿色；扁豆为白色；相思子一端为红色，另一端为黑色。种子的表面特征对于种子类药材的鉴别有一定意义，有的种子表面平滑，具光泽，如红蓼、决明子；有的种子表面粗糙，如长春花、天南星等；有的种子表面不光滑而具皱褶，如车前、乌头等；有的种子表面密生瘤刺状突起，如太子参；有的种子顶端有毛茸（称为种缨），如白前、络石等；有的种子表面长有附属物，如木蝴蝶种子有翅。

二、种子的组成部分

种子是由种皮、胚、胚乳三部分组成的。

（一）种皮

在胚和胚乳发育的过程中，胚珠也长大，珠被形成种皮，包被于胚、胚乳外方，对胚珠起保护作用。种皮常有两层，外种皮由外珠被发育形成，一般较坚韧，内种皮由内珠被发育而成，一般较薄，个别的胚珠只有一层珠被，发育形成的种子只有一层种皮。有的种子在种皮外有假种皮，假种皮由珠柄或胎座部位的组织延伸而成，有的呈肉质，如龙眼、荔枝、苦瓜等，有的呈薄的膜质，如豆蔻、益智、砂仁等。另外在种皮上还可以看到以下一些结构：

1. 种脐 种子成熟后，从种柄或胎座上脱落后在种皮上留下的疤痕，一般为圆形或椭圆形，豆类种子的种脐特别明显。

2. 种孔（发芽孔或萌发孔） 是由胚珠的珠孔发育而成，常极细小，种子萌发多由种孔吸收水分，胚根也常从种孔伸出，故又叫萌发孔。

3. 种脊 由胚珠的珠脊发育而成，为种脐到合点间的隆起线，内含维管束。种脊的长短与明显程度，取决于胚珠在子房内的生长方向。倒生胚珠发育形成的种子，珠柄延长与珠被愈合形成一条较长的珠脊，如蓖麻、杏；弯生胚珠或横生胚珠发育形成的种子，种脊较短，如石竹；直生胚珠发育形成的种子，因种脐和合点位于同一位置，故看不到种脊，如大黄。

4. 合点 由胚珠上的合点发育而成，是种皮上维管束的汇集点。

5. 种阜 有些植物种子的外种皮，在珠孔处由珠被扩展成海绵状突起物，将种孔掩盖，叫种阜，种子萌发有助于吸水，如蓖麻。

（二）胚乳

由极核受精后发育而成，是种子内尚未发育的植物体，通常位于胚的周围，呈白色，细胞中贮藏有丰富的营养物质，如淀粉、蛋白质和脂肪类等。胚乳是种子的营养组织，一般比胚发育早，许多植物种子在胚形成发育时，胚乳被胚全部吸收，并将营养物质贮存在子叶里，种子成熟后无胚乳或仅留一薄层，成为无胚乳种子。如豆类、瓜果种子。有的植物种子成熟时仍有发达的胚乳，而胚占相对小的体积，这类种子称有胚乳种子，如玉米、小麦等。单子叶无胚乳种子，如慈菇、泽泻。一般植物种子在胚和胚乳发育过程中，胚囊外面的珠心细胞完全被胚乳吸收而消失，也有的植物种子，珠心未被完全吸收而形成营养组织包围在胚乳和胚的外部，形成类似胚乳的另一种营养组织，称外胚乳，如石竹、槟榔等。外胚乳具有胚乳的作用，但来源与胚乳不同。也有少数植物种子的外胚乳内层细胞向内伸入与内胚乳交错形成错入组织，如肉豆蔻。

（三）胚

胚的发育过程中，当卵细胞在胚囊内受精后，即产生细胞壁，成为受精卵细胞，也称合子。经过一段长或短的休眠后，便分裂成为成熟的胚，称胚发育。胚是种子中没有发育的幼小植物体，包藏在种皮和胚乳内，是种子最重要的部分。大多数种子成熟时，胚已分化成为胚根、胚轴（茎）、胚芽和子叶四部分。

1. 胚根 为幼小未发育的根，以后发育成植物的主根，其位置总是对着种孔。大多数成熟种子中，胚根是胚中分化较完全的部分，当种子萌发时，胚根最先生长。

2. 胚茎 为连接胚根、子叶和胚芽的部分，向上生长成为根与茎相连接部分。

3. 胚芽 为胚顶端未发育的地上枝，种子萌发后，发育成为植物的主茎。

4. 子叶 是胚吸收养料或贮藏营养物质的器官，占胚的大部分，单子叶植物的子叶常1枚；双子叶植物常有2枚子叶；裸子植物有子叶2至多数，如松属有5~18枚。子叶在无胚乳种子中是贮藏养料的器官，在有胚乳种子中有助于吸收养料。

三、种子的类型

根据种子中胚乳的有无，可以将种子分为以下两种类型。

（一）有胚乳种子

由种皮、胚和胚乳三部分组成。种子内胚乳发达，胚相对较小，子叶薄，据子叶数目的不同，可分为单子叶有胚乳种子，如水稻、玉米；双子叶有胚乳种子，如蓖麻、大黄。见图 7 – 30。

图 7 – 30　有胚乳种子

（二）无胚乳种子

由种皮和胚两部分组成。植物种子在发育过程中，胚乳的营养被吸收并贮藏在子叶中，因此该类种子没有胚乳或仅有残留薄层，而子叶肥厚。据子叶数目的不同，分为单子叶无胚乳种子，如泽泻、慈姑；双子叶植物无胚乳种子，如大豆、杏仁。见图7 – 31。

图 7 – 31　无胚乳种子

第八章 植物分类概述

第一节 植物分类学的目的和任务

植物分类学主要是研究整个植物界不同类群的起源、亲缘关系以及进化发展规律的一门基础学科，它是一门理论性、实用性和直观性均较强的生命学科。掌握了植物分类学，就能对自然界极其繁杂的多种多样的植物进行鉴定、命名和分群归类，并按照亲缘关系的远近系统排列起来，以便于认识、研究和利用。

植物分类学是在人类识别和利用植物的实践中逐步形成并发展完善的。早期的植物分类学只是根据植物的用途、习性、生境等进行分类；中世纪应用了植物的外部形态差异来区分植物的各个分类等级，如种、属、科以及更大的分类群；随着近代科学的发展，逐渐认识了植物种、属、科之间的亲缘关系并将其作为植物分类的依据，大大地促进了植物分类学研究的深入。

植物分类学的目的、任务可归纳为以下四点：

（一）分类群的描述与命名

运用植物形态学、解剖学等学科的知识，对不同植物个体间的异同进行比较研究，将类似的个体归为"种"一级的分类群，对其加以记述，并确定学名。这是植物分类学的最基本的任务。

（二）探索"种"的起源与进化

借助植物生态学、植物地理学、古植物学、生物化学、遗传学、分子生物学以及计算机科学等的研究成果及方法，探索"种"的起源与进化，从而推定属、科、目等大分类群的系统地位。

（三）建立自然分类系统

根据对植物各类群间亲缘关系的研究，确定其系统发生地位，以确立所属的属、科、目、纲及门等大的分类等级，从而建立反映植物系统发生规律的自然分类系统。

（四）编写植物志

运用植物分类学的知识，根据不同的需要对某地区、某类用途或分类群的植物进行采集、鉴定、描述，然后按照分类系统，编写成相应的植物志，为保护、开发植物提供参考。

药用植物分类学是采用植物分类学的原理和方法，对有药用价值的植物进行分类鉴定、研究和合理开发利用的科学。

中药学专业学习植物分类学的主要目的就是利用这门学科的科学知识和方法来识别药用植物，准确地区分近似种类和科学地描述其特征，澄清名实混乱，深入发掘和扩大中药资源，充分利用中草药的价值。掌握植物分类的知识和方法，对于中药原植物的鉴定，中草药研究、生产、资源开发和临床安全有效用药均具重要意义。

第二节 植物分类的单位

植物分类上设立各种单位，每个分类单位就是一个分类等级。分类等级的高低常以植物之间亲缘关系的远近、形态相似性及构造的繁简程度来确定。在将植物分门别类时，按照等级高低和从属关系的顺序，设立界、门、纲、目、科、属、种等分类单位。分类学上将整个植物界的各种类别按其大同之点归为若干门，各门中就其不同点分别设若干纲，在纲下分目、目下分科、科再分属、属下分种。现将常用分类等级列于表8-1。

表8-1 植物界分类单位表

中文	英文	拉丁文
界	Kingdom	Regnum
门	Division	Divisio（Phylum）
纲	Class	Classis
目	Order	Ordo
科	Family	Familia
属	Genus	Genus
种	Species	Species

在各等级单位之间，有时因范围过大包含种类过多，不能准确地描述植物群体特征或亲缘关系，可在各单位下增设亚（Sub）级，如：亚门、亚纲、亚目、亚科、亚属、亚种等，也有的在某等级前或后加一等级，如在科与属间，常增设族（tribus）、亚族（subtribus），在属与种间常增设组（sectio）、系（series）等。

一般植物分类单位用拉丁词来表示，其词尾有规定，如门的拉丁名词尾一般加-phyta；纲的拉丁名词尾加-opsida或-eae，但藻类为-phyceae，菌类为-mycetes；目的拉丁名词通常加-ales；科的拉丁名词尾一般加-aceae，但由于历史上惯用已久，有八个科经国际植物学会决定为保留科名，其拉丁词尾为-ae，这些科是十字花科Cruciferae、豆科Leguminosae、藤黄科Guttiferae、伞形科Umbelliferae、唇形科Labiatae、菊科Compositae、禾本科Gramineae、棕榈科Palmae。

种是分类的基本单位，是具有一定的形态、生理特征和自然分布区，并具有相当稳定性质的一群个体。同种植物的各部分器官的形态结构特征和生理生化特征十分相似，且有一定的自然分布区域。同一种的个体之间可以正常地繁育后代，不同种的个体之间通常难以杂交或杂交不育。种是生物进化和自然选择的产物。

种以下除亚种（Subspecies，缩写为 subsp. 或 ssp.）外，还有变种（Varietas，缩写为 var.）、变型（Forma，缩写为 f.）；栽培植物还有品种（curtivar cu）等等级。

（一）亚种

一般认为是一个种内的类群，在形态上多少有变异，并具有地理分布上、生态上或季节上的隔离，这样的类群即为亚种。属于同种内的两个亚种，不分布在同一地理分布区内。

（二）变种

变种是一个种在形态上多少有变异，而变异比较稳定，它的分布范围（或地区）比亚种小得多，并与种内其他变种有共同的分布区。

（三）变型

变型是一个种内有细小变异，如花冠或果的颜色，毛被情况等，且无一定分布区的个体。

（四）品种

品种是栽培植物的分类单位。只用于栽培植物的分类上，在野生植物中不使用品种这一名词，因为品种是人类在生产劳动中培育创造出来的产物，具有经济意义较大的变异，如色、香、味、形状、大小、植株高矮和产量等的不同，药用植物中如地黄的品种有金状元、新状元、北京1号等。姜的品种有竹根姜和白姜等。但在日常生活中"品种"这一词被广泛应用，如药材中一般称的品种，实际上多指分类学上的"种"，但有时也指栽培的药用植物品种。

现以甘草为例示其分类等级如下：

界　植物界 Regnum vegtabile
门　　被子植物门 Angiospermae
纲　　　双子叶植物纲 Dicotyledoneae
亚纲　　　离瓣花亚纲 Archichl amydeae
目　　　　豆目 Leguminosales
科　　　　　豆科 Leguminosae
亚科　　　　　蝶形花亚科 Papilionoideae
属　　　　　甘草属 Glycyrrhiza
种　　　　　　甘草 *Glycyrrhiza uralensis* Fisch

第三节　植物的命名

世界各国的语言、文字和传统习惯各不相同，众多的植物在不同的国家或地区各有其习用的植物名称，即使在一个国家内，同一植物在不同地区不同时代的名称也不尽相同，因此常常产生同物异名或同名异物等名称上的混乱现象，既给国际国内间的学术交流造成困难，也不利于植物的研究、开发利用和保护。为此，国际上制订了《国际植物命名法规》和《国际栽培植物命名法规》等生物命名法规，给每一个植物分类群制定世界各国可以统一使用的科学名称，即学名，并使植物学名的命名的方法统一、合法有效。

《国际植物命名法规》规定，植物学名必须用拉丁文来书写，如果采用其他文字的语言时也用拉丁字母拼音，使之拉丁化。种的学名命名，采用了瑞典植物学家林奈倡导的"双名法"，即规定每种植物的学名由两个拉丁词组成：第一个词为该种植物所隶属的"属"名；第二个词是"种加词"，起着标志该植物"种"的作用；最后附上命名人的姓名或其缩写。这样，一种植物的完整学名就包括了三个部分：属名＋种加词＋命名人。如：

荔枝	*Litchi*	*chinensis*	Sonn.
	（属名）	（种加词）	（定名人姓名缩写）
掌叶大黄	*Rheum*	*palmatum*	L.
	（属名）	（种加词）	（定名人姓名缩写）
桔梗	*Platycodon*	*grandiflorum*	A. DC.
	（属名）	（种加词）	（定名人姓名缩写）

属名，是学名的主体，必须是名词，用单数第一格，且第一个字母必须大写。如 Morus（桑属），Magnolia（木兰属）。

种加词，是形容词或者是名词的第二格，第一个字母不大写；如形容词作种加词时必须与属名（名词）同性同数同格。种加词有一定的含义，如 alba（白色的），officinalis（药用的）。

命名人的姓氏或姓名通常缩写，第一个字母必须大写。缩写标记加"."，中文人名一律采用汉语拼音。如果一种植物由两人共同命名的，则用 et（和）连接。例如：厚朴 *Magnolia officinalis* Rehd. et Wils.。如命名人用 ex（从、自）连接，如唐古特大黄 *Rheum tanguticum* Maxim. ex Balf.，这表示该种曾由 Maxim. 研究并命名为 *Rheum tanguticum*，但未正式发表，后 Balf 在研究中同意这一命名，并正式发表，就把 Balf. 附在后面，用 ex 加以连接。

有的植物学名可见到有一命名人被置于括号内，这表示该学名经重新组合。重新组合包括属名的更动或由亚种、变种升为种等。重新组合时应保留原来的种加词和命名人，并将原命名人置于括号内。如射干 *Belamcanda chinensis*（L.）DC. 原命名人 Linnaeus 将射干命名为 *Iris chinensis* L.，后经 De Candolle 研究归入射干属 Belamcanda。

种以下各分类单位命名，是在种名之后加上亚种（subsp. 或 ssp.）、变种（var.）

或变型（f.）的缩写，其后再加上亚种、变种或变型加词，最后附以命名人，称作"三名法"。例如：

亚种　鹿蹄草 *Pyrola rotundifolia* L. subsp. *Chinensis* H. Andces. ，是圆叶鹿蹄草 *Pyrola rotundifolia* L. 的亚种。

变种　山里红 *Crataeyus pinnatifida* Bge. var. *major* N. E. Br. ，是山楂 *Crataeyus pinnatifida* Bge. 的变种。

变型　重瓣玫瑰 *Rosa rugosa* Thunb. f. *plena*（Regel）Byhouwer，是玫瑰 *Rosa rugosa* Thunb. 的变型。

品种　是在种加词后加栽培品种加词，首字母大写，外加单引号，后不加定名人。如亳菊 *Dendranthema morifolium* 'Boju'、滁菊 *Dendranthema morifolium* 'Chuju'、贡菊 *Dendranthema morifolium* 'Gongju' 等。

第四节　植物的分类方法及系统

一、植物的分类方法

早期的植物分类方法只是根据植物的用途、习性、生境等进行分类。如我国明代李时珍所著的《本草纲目》，将所收载的药用植物分为草部、木部、谷菽部、果部、蔬菜部 5 个部，在部以下又分为类，如草部分山草、芳草、湿草、毒草、蔓草、水草等类。清代吴其浚所著的《植物名实图考》，将植物分为谷、蔬、山草、湿草、石草、水草、蔓草、芳草、毒草、群芳、果和木十二类。

20 世纪以来，随着科学的进步和学科的互相渗透，植物分类学得到了迅速发展，产生了许多新的分类方法。

（一）形态分类学

形态分类学是以植物的外部形态特征，特别是花和果实的形态为主要分类依据。在此基础上，植物学家建立了许多分类系统，利用已建立的分类系统，确定植物的正确名称。形态分类学在植物研究中具有重要意义。但是，在形态基础上建立的分类系统并不能适用于所有类群，尤其是有争议的疑难类群往往要借助其他方法对其进行修订、重建，以建立更合理的分类系统。

（二）实验分类学

实验分类学是利用异地栽培或观察环境因子和植物形态的关系，解释种的起源、形成和演化的科学。如改变生态条件进行栽培试验，以解决分类中较难划分的种类。如阔叶山麦冬 *Liriope platyphlla* Wang. et Tang. 是以其高出于叶的花葶和宽大的叶而有别于短葶山麦冬 *L. musari*（Decne.）Bailey，但在异地栽培观察中发现上述性状是可塑性的，与不同的生境条件有关，所以应对 *Liriope platyphlla* 归并。

（三）细胞分类学

细胞分类学是利用染色体资料探讨分类学问题的学科。其中包括染色体的数目、染色体的形状和组型。一个种内的各个植株，其染色体的数目通常是稳定的。细胞学的资料结合其他特征已经应用于科、族、属、种的划分上，如芍药属一直放在毛茛科中，但该属的染色体大，基数 x = 5，和毛茛科其他属 x = 6 ~ 9 不同，结合其他特征，现在已有将芍药属从毛茛科中分出，成立芍药科的。

（四）化学分类学

化学分类学是利用植物中所含的化学物质的特征，探索各植物类群间的亲缘关系和演化规律的一门科学。植物化学分类学的主要任务是探索各分类等级所含的化学成分的特征和合成途径，研究各化学成分在植物系统中的分布规律，在经典分类学的基础上，利用植物的化学特征，并结合其他学科的知识，进一步研究植物的系统发育，并对形态分类学起着补充和修订的作用。

（五）数量分类学

数量分类学是将电子计算机用于分类学，用数量的方法来确定有机体类群之间的相似性，并根据相似值把某些类群划分成不同的分类群。它以表型特征为基础，利用大量的性状（包括形态学、细胞学、化学、孢粉学等）和数据，按一定的数学模型，应用电子计算机运算得出结果，从而得出有机体的定量比较。数量分类学由于运用性状多、运算快，因而能较客观地得到有机体类群之间的关系，并且是比较精确的。

（六）分子系统学

分子系统学是利用生物大分子数据，借助统计学方法进行生物间及基因间进化关系的系统研究学科。研究的主要内容包括：系统发育、系统的重建、居群遗传结构分析等方面。主要方法包括同工酶标记和 DNA 分子标记。

除此之外，孢粉学利用电子显微镜和扫描电子显微镜得出更精微的特征，并证明孢粉的特征具有一定的科属鉴定意义，因此也被应用于分类学中。

二、植物分类系统

人们通过观察植物的生活习性、形态和构造对它们进行研究比较，把许多具有共同点的植物种类归并为一个类群，再根据差异分成许多不同的小类，并按照植物结构的复杂程度进行排列，就形成了植物分类系统。

植物的分类系统可以分为人为分类系统、自然分类系统两类。人为分类系统仅就形态、习性、用途上的不同进行分类，往往用一个或少数几个性状作为分类依据，而不考虑亲缘关系和演化关系。如我国明朝的李时珍（1518—1593）在其所著的《本草纲目》中，依据植物的外形及用途分为草部、木部、谷菽部、果部、蔬菜部 5 个部；瑞典的林奈根据雄蕊的有无、数目及着生情况分为 24 纲，其中 1~23 纲为显花植物（如一雄蕊纲、二雄蕊纲等）、第 24 纲为隐花植物，这种分类系统叫作生殖器官分类系统。上述两个系统，都是人为的分类系统。

自然分类系统或称系统发育分类系统，它力求客观地反映出自然界生物的亲缘关系和演化发展。现代被子植物的自然分类系统常用的有两大体系。一个是以德国植物学家恩格勒（A. Engler）和勃兰特（K. Prantl）为代表的系统，另一个是英国植物学家哈钦松（J. Hutchinson）为代表的系统。此外，苏联植物学家塔赫他间和美国植物学家克朗奎斯特各自所提出的分类系统也被人们所接受。

本书根据修订的恩格勒系统对植物界的分门及排列顺序展示，见图 8-1。

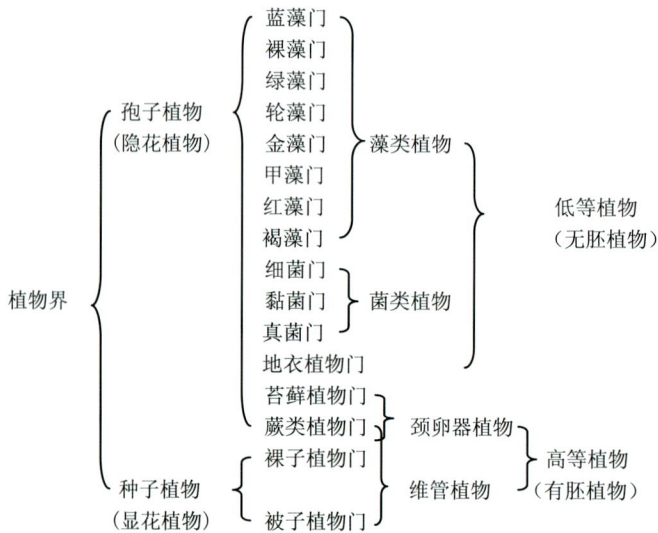

图 8-1 植物界分类图

在植物界各分类群中，最大的分类等级是门。由于不同的植物学家对分门有不同的观点，产生了 16 门、18 门等不同的分法。另外，人们还习惯于将具有某种共同特征的门归成更大的类别，如藻类植物、菌类植物、颈卵器植物、维管植物、孢子植物、种子植物、低等植物、高等植物等。

（一）孢子植物和种子植物

在植物界，藻类、菌类、地衣门、苔藓植物门、蕨类植物门的植物都用孢子进行有性生殖，不开花结果，因而称为孢子植物或隐花植物。裸子植物门和被子植物门的植物有性生殖开花并形成种子，所以叫种子植物或显花植物。

（二）低等植物和高等植物

在植物界，藻类、菌类及地衣门的植物在形态上无根、茎、叶的分化，构造上一般无组织分化，生殖器官是单细胞，合子发育时离开母体，不形成胚，称为低等植物或无胚植物。自苔藓植物门开始，包括蕨类植物门、裸子植物门、被子植物门的植物在形态上有根、茎、叶的分化，构造上有组织的分化，生殖器官是多细胞，合子在母体内发育成胚，称为高等植物或有胚植物。

（三）颈卵器植物和维管植物

在高等植物中，苔藓植物门和蕨类植物门的植物有性生殖过程中，在配子体上产生多细胞构成的精子器和颈卵器，因而将这两类植物称为颈卵器植物。从蕨类植物门开始，包括裸子植物和被子植物门植物，植物体内有维管系统，其他植物则无维管系统，故称具维管系统的植物为维管植物，不具维管系统的植物为非维管植物。

第五节　植物分类检索表的编制和应用

植物分类检索表是鉴定植物类群的重要工具资料。在植物志或植物分类专著中，通过检索表可以迅速查出表中所列科、属、种之间的区别特征，或根据待鉴定植物特征迅速查出所属科、属、种或其他类群。

检索表的编制是根据法国植物学家拉马克（Lamarck）的二歧分类原则（二歧归类法）编制的，即根据植物形态特征进行比较，抓住重要的相同点和不同点对比排列而成。在充分了解植物种及各类群的形态特征的基础上，找出互相对立的主要特征，将其分成相对应的两个分支并编列成相对的项号，再把每个分支中显著互相对立的性状又分成相对应的两个分支并编列成相对的项号，以此类推编项，直到一定的分类等级。

应用检索表鉴定植物时，首先要全面而仔细地观察标本，要清楚地了解待鉴定植物各部分的主要特征，然后用分门、分纲、分目、分科、分属、分种检索表依次顺序进行检索，直到正确鉴定出来为止。

使用检索表鉴定植物的方法，是将要鉴定的植物的特征与检索表上所载的特征进行比较，看是否相符，如相符则查下面的一项；如不相符则应查与该项相对应的一项，如此逐项检索，直到可查出该植物的分类单位。为了验证检索结果是否有误，常将检索出来的结果用《中国植物志》《中国高等植物图鉴》等工具书进一步核对。

植物分类检索表可分为门、纲、目、科、属、种等各等级的分类检索表，某些植物种类较多的科，在科以下还有分亚科和分族检索表，如菊科、兰科等，常用的是分科、分属、分种三种检索表。植物分类检索表根据排列方式的不同，分为定距检索表、平行检索表和连续平行检索表三种式样，常见的多是定距检索表，使用也比较方便。

现以植物界分门的分类为例加以介绍。

一、定距式检索表

将每一对互相区别的特征标以相同的项号，分开间隔放在一定的距离处，依次逐项列出，每低一项号退后一字。例：

1. 植物体无根、茎、叶的分化，无胚……………………………低等植物
　2. 植物体不为藻类和菌类所组成的共生体。

  3. 植物体内有叶绿素或其他光合色素，自养……………藻类植物

  3. 植物体内无叶绿素或其他光合色素，异养……………菌类植物

 2. 植物体为藻类和菌类所组成的共生体………………………地衣植物

1. 植物体有根、茎、叶的分化，有胚……………………………高等植物

  4. 植物体有茎、叶而无真根………………………………苔藓植物

  4. 植物体有茎、叶也有真根。

   5. 不产生种子，用孢子繁殖……………………………蕨类植物

   5. 产生种子，用种子繁殖………………………………种子植物

二、平行式检索表

  将每一对相对立的特征编以相同的项号，并排列在相邻的两行，项号改变时不退格，每一项的后面注明应查阅的下一项号或查到的分类等级。例：

1. 植物体无根、茎、叶的分化，没有胚胎（低等植物）………………2.

1. 植物体有根、茎、叶的分化，有胚胎（高等植物）…………………4.

2. 植物体为藻类和菌类所组成的共生体……………………………地衣植物

2. 植物体不为藻类和菌类所组成的共生体 ……………………………3.

3. 植物体内有叶绿素或其他光合色素，为自养生活方式…………藻类植物

3. 植物体内无叶绿素或其他光合色素，为异养生活方式…………菌类植物

4. 植物体有茎、叶而无真根……………………………………苔藓植物

4. 植物体有茎、叶也有真根……………………………………………5.

5. 不产生种子，用孢子繁殖……………………………………蕨类植物

5. 产生种子，用种子繁殖………………………………………种子植物

三、连续平行式检索表

  将一对相对立的特征编以两个不同的项号，其中后一项号加括号，表示它们是相对比的项目，如下列表中的 1（6）和 6（1）。查对时，若其性状符合 1 时，就向下查 2，若不符合时就查 6，如此类推向下查对直到查到所需要的对象。例：

1.（6）植物体无根、茎、叶的分化，没有胚胎（低等植物）

2.（5）植物体不为藻类和菌类所组成的共生体

3.（4）植物体内有叶绿素或其他光合色素，为自养生活方式……藻类植物

4.（3）植物体内无叶绿素或其他光合色素，为异养生活方式……菌类植物

5.（2）植物体为藻类和菌类所组成的共生体………………………地衣植物

6.（1）植物体有根、茎、叶的分化，有胚胎（高等植物）

7.（8）植物体有茎、叶而无真根……………………………………苔藓植物

8.（7）植物体有茎、叶也有真根

9.（10）不产生种子，用孢子繁殖…………………………………蕨类植物

10.（9）产生种子，用种子繁殖……………………………………种子植物

第九章 藻类植物

第一节 藻类植物概述

藻类是一类生物的统称，藻类是一群具有进行光合作用的色素，自养生活，没有真正的根、茎、叶分化，生殖器官一般为单细胞，用单细胞的孢子或合子进行生殖的一类低等植物。藻类植物也是一群古老的植物，据古生物学考证，35 亿～33 亿年前太古代水体中出现了古球藻、原核蓝藻。大约元古代的中期，距今也有 15 亿年，已经有和现代藻类相似的有机体存在。

藻类植物的形态各异、色彩缤纷，大小、结构千差万别。有的像小圆球，有的像大头针，有的像表带。藻体大小差异大，小的只有几微米，需要借助显微镜观察，大的藻体可长达几十米，结构比较复杂并分化为多种组织。

藻类植物基本没有根、茎、叶分化的原植体植物，也称"叶状体"，整个植物体都有吸收养分、制造营养物质的功能；含光合色素，进行光合自养；藻类植物的生殖也叫增殖，分为营养繁殖、无性生殖、有性生殖。无性生殖细胞是孢子，有性生殖是在配子囊内产生配子，配子必须两两结合成为合子，合子脱离母体后发育成后代，属无胚植物。生殖器官一般为单细胞，虽然有些高等藻类的生殖器官为多细胞，但和高等植物不同，不分化成生殖部分和营养部分，而是全部细胞都直接参加生殖作用。藻类植物也称为藻体，为单细胞、群体和多细胞巨大藻体。

藻类的生活史类型多样，生活史中无有性生殖和无性生殖（如裸藻），仅有营养繁殖；或无有性生殖而有无性生殖和营养繁殖（如蓝藻）；仅有一个单倍体的植物体，行无性、有性生殖；仅有一个双倍体的植物体，只有有性生殖；有世代交替（在植物的生活史中，无性与有性两个世代交替）现象。

藻类植物是地球上最早出现的绿色植物，在自然界分布广泛，生态习性多样。藻类植物约有 3 万种，它们大多生活在水中，淡水或海水，少数生活在阴湿的地面、岩石壁和树干等处。有些藻类能在零下数十度的南、北极或终年积雪的高山上生活，而有些藻类（如蓝藻）能在高达 85℃的温泉中生活，还有的藻类能与真菌共生，形成共生复合体——地衣。

根据藻类植物的形态；鞭毛的有无、数目、着生位置；细胞壁的成分；载色体的结构及光合作用色素种类；贮藏养分的类别；细胞核的构造；繁殖方式；生活史类型。将藻类分为八个门：蓝藻门、裸藻门、绿藻门、轮藻门、金藻门、甲藻门、红藻门、褐藻门。

第二节　常用药用藻类植物

一、蓝藻门 Cyanophyta

蓝藻是地球上最原始最古老的植物，大约在 35 亿～33 亿年前地球上就出现了蓝藻。蓝藻是一门最简单的蓝绿色自养植物，植物体由一个细胞构成或是群体或是丝状体。其细胞构造为原核，原生质体分化为周质和中央质，周质中含有光合色素，中央质含有 DNA。细胞没有载色体等细胞器，光合色素分散在周质中，其色素叶绿素中仅有叶绿素 a，还有 β – 胡萝卜素、蓝藻黄素、藻胆素（藻蓝素和藻红素）。光合产物为蓝藻淀粉等，分散在周质中。蓝藻又叫粘藻，蓝藻细胞壁外层是果胶质组成的胶质鞘，很黏滑。蓝藻不进行有性生殖，主要以细胞直接分裂的方式进行繁殖，有的还可以产生孢子，进行无性生殖。蓝藻适应能力强，分布广。主要生活在淡水中，特别是在营养丰富的水体中，夏季大量繁殖，集聚水面，有的与真菌共生形成地衣。

蓝藻约有 150 属 1500 种，全部包括在蓝藻纲中，一般分为 3 个目：色球藻目、管胞藻目、颤藻目。

【药用植物】

图 9 – 1　葛仙米

葛仙米 *Nostoc commune* Vauch.　念珠藻科植物，藻体黄褐色，块状，由许多圆球形细胞组成不分枝的单列丝状体，形如念珠，见图 9 – 1。在丝状体上相隔一定距离产生一个异形胞，异形胞壁厚，且在两个异形胞之间，由于丝状体中某些细胞的死亡，将丝状体分成许多小段，每小段即形成藻殖段（连锁体）。异形胞和藻殖段的产生，有利于丝状体的断裂和繁殖。葛仙米生于湿地或地下水位较高的草地上。中药葛仙米为其藻体，有清热、收敛、明目之功。

螺旋藻 *Spirulina platensis*（Nordst.）Geitl. 颤藻科植物，多细胞藻体，圆柱形螺旋状的丝状体，单生或集群聚生，藻丝直径 5～10μm，先端钝形，螺旋数 2～7 个。由于体内的藻红素和藻蓝素等的数量不同，而呈现不同体色，如蓝绿色、黄绿色或紫红色等。并有纤弱的横隔壁。属原核生物的简单繁殖方式，可直接分裂。生长于各种淡水和海水中，常浮游生长于中、低潮带海水中或附生于其他藻类和附着物上形成青绿色的被覆物。

蓝藻门中的药用植物还有发菜 *Nostoc flagilliforme* Born. et Flah 等。

知识链接

　　发菜　又称发状念珠藻，是蓝菌门念珠藻目的细菌，广泛被食用。采集发菜破坏环境，采集二两发菜便要翻松相当于 16 个足球场的草场，令草地水分流失，增加荒漠化危机。中国已禁止采集和销售发菜，希望为了自己健康和环保，不要再食用发菜。

二、绿藻门 Chlorophyta

　　绿藻的藻体呈草绿色。绿藻有 5000～8000 种，其中 90% 产于淡水，只有 10% 生活在潮间带或潮下带的岩石上。绿藻有单细胞的，有群体的，有丝状的，还有片状的。最常见的多细胞绿藻有石莼、礁膜（我国沿海渔民称之为海菠菜或海白菜），它们是人们喜爱的海洋经济蔬菜；还有浒苔，它可用来制作浒苔糕，味道十分鲜美。此外，还有羽藻、蕨菜、刺海松、伞藻等。

　　植物体形态多种多样，有单细胞的、群体的、多细胞的（丝状状和叶状体）。有细胞壁，细胞壁两层，外层是果胶质，内层为纤维素。少数单细胞和群体类型具鞭毛；产生具有鞭毛的运动细胞（游动孢子或配子），一般为 2 条或 4 条等长的顶生鞭毛，为尾鞭型鞭毛。有细胞核，有载色体，与高等植物的叶绿体相似，含叶绿素 a 和 b，α-胡萝卜素，β-胡萝卜素，一些叶黄素。光合产物为淀粉，载色体中常有 1 至多个蛋白核（又叫淀粉核，由蛋白质构成的颗粒，为淀粉粒凝集的中心）。繁殖方式有营养繁殖（细胞分裂或丝体断裂）、无性生殖（游动孢子、静孢子）、有性生殖少（为同配和异配、卵配生殖、接合生殖）；不少种类的生活式中有世代交替现象。分布：分布广泛，在淡水（90%），海水（10%）。

　　绿藻门约有 350 个属，是藻类中最大的一个门。包括一个绿藻纲，13 个目常见的代表植物有：衣藻、团藻、小球藻、栅藻、丝藻、石莼、刚毛藻、松藻、水绵、轮藻等。

【药用植物】

　　蛋白核小球藻 *Chlorella pyrenoidosa* Chick. 单细胞，细胞卵圆形或球形，不能自由游泳，只能随水浮沉。细胞很小，细胞壁很薄，细胞质内含有一个近似杯状的色素体（载色体）和一个淀粉核。小球藻只进行无性繁殖，繁殖的过程中原生质体在壁内分裂 1～4 次，产生 2～16 个不能游动的孢子。这些孢子和母细胞一样，只不过小一些，称为似亲孢子。孢子成熟后，母细胞壁破裂散于水中，长成同母细胞同样大小的小球藻，见图 9-2。小球藻分布很广，多生于小河、

图 9-2　蛋白核小球藻

沟渠、池塘中。藻体富含蛋白质，药用可治疗水肿、贫血、肝炎、神经衰弱、肝炎等，也可作营养品。由于它的光合生产率较高，繁殖较快，常作为研究光合作用的材料。

石莼 *Ulva lactuca* L. 藻体是由两层细胞构成的膜状体，黄绿色，边缘波状，基部有多细胞的固着器。无性生殖产生具有 4 条鞭毛的游动孢子，发育成配子体；有性生殖产生具有 2 条鞭毛的配子，配子结合成合子，合子直接萌发成孢子体。由于两种植物体形态构造基本相同，只是体内细胞的染色体数目不同，故石莼的生活史属同型世代交替。石莼主要分布于浙江至海南岛沿海。供食用，被称为"海白菜"。中药石莼为其藻体，能软坚散结、清热祛痰、利水解毒。

绿藻门中可供药用的藻类还有水绵 *Spirogyra nitida* (*Dillw.*) Link.、浒苔 *Enteromorpha prolifera* (Muell) J. Aq 等。

三、红藻门 Rhodophyta

红藻是一门古老的植物，它的化石是在志留纪和泥盆纪的地层中发现的。植物体少数是单细胞，多为多细胞的丝状体和假薄壁组织的叶状体或枝状体。绝大多数海产，生于海底，少数（仅有 50 余种）生长在淡水中。细胞壁两层，外层是果胶质，内层为纤维素；有细胞核，有载色体，含叶绿素 a 和 d，β–胡萝卜素，叶黄素，还有藻红素和藻蓝素，其中藻红素占优势，所以藻体一般呈红色或紫色。生活史中不产生运动细胞即孢子或精子都不具鞭毛。贮藏营养物质为红藻淀粉和红藻糖。繁殖方式为营养繁殖（细胞分裂）、无性生殖（静孢子）、有性生殖（为卵配生殖）。雌性生殖器官叫果胞，果胞上有受精丝。雄性生殖器官叫精子囊，精子囊内产生无鞭毛的不动精子。合子萌发直接或间接产生一种特殊的孢子叫果孢子，由果孢子再萌发成新的植物体。有些种类的生活史中有明显的世代交替。红藻门约有 558 个属，3740 余种。

【药用植物】

石花菜 *Gelidium amansii* Lamouroux. 红藻门石花菜科。藻体紫红色或棕红色，软骨质，丛生，主枝扁圆柱形，羽状分枝 4～5 次，见图 9–3。藻体固着器假根状。分布于我国沿海地区，生于低潮带的石沼中或水深 6～10m 的海底岩石上。石花菜可提取琼脂，用于医药和食品行业，亦可食用。中药石花菜为其藻体，具有清热解毒、化瘀散结、缓下、驱蛔的功效。

图 9–3 石花菜

图 9–4 甘紫菜

甘紫菜 *Porphyra tenera* Kjellm. 红藻门红毛菜科。藻体薄，叶片状，卵形或不规则圆形，通常高 20～30cm，基部楔形、圆形或心形，边缘具褶皱，藻体紫红色或微带蓝色，见图 9-4。分布于辽东半岛至福建沿海，生于中低潮带岩石上或其他附着物上，并有大量栽培。全藻供食用。中药甘紫菜为其藻体，有化痰软坚、利咽止咳、养心除烦、利水除湿的功效。

红藻门中的药用植物还有鹧鸪菜（美舌藻、乌菜）*Caloglossa leprieurii*（Mont.）J. Ag.、海人藻 *Digenea simplex*（Wulf.）C. Ag. 等。

四、褐藻门 Phaeophyta

褐藻门是多细胞植物体，是藻类植物中形态构造分化最高级的一类。植物体为多细胞；有细胞壁，细胞壁两层，外层是藻胶，内层为纤维素，细胞壁内还含有一种碳水化合物叫褐藻糖胶。植物体无鞭毛，游动孢子和精子具侧生不等长双鞭毛；含叶绿素 a 和 c，β-胡萝卜素，6 种叶黄素，叶黄素中有一种叫墨角藻黄素，含量最大，故使藻体呈褐色。贮藏物为褐藻淀粉和甘露醇；褐藻细胞中含有大量碘。繁殖方式为营养繁殖（断裂）、无性生殖（游动孢子和静孢子）、有性生殖（为同配、异配和卵配生殖）。大多数生活史中有世代交替现象。褐藻门植物绝大多数分布于海水中，如苏联、日本、朝鲜和我国北部沿海。仅几个稀见种生在淡水中。褐藻门约有 250 属，1500 种，根据世代交替的有无和类型分为三个纲，即等世代纲（Isogeneratae）、不等世代纲（Heterogeneratae）、无孢子纲（Cyclosporae）。

【药用植物】

海带 *Laminaria japonica* Aresch. 褐藻门海带科。海带为多年生的大型褐藻，藻体褐色，扁平呈带状。最长可达 7 米，整个植物体分为三部分：根状分枝的固着器、基部细长的带柄和叶状带片（图 9-5A）。分布于辽宁、河北、山东沿海。目前海带人工养殖已推广到长江以南的浙江、福建、广东等省沿海。我国产量居世界首位。藻体含有碘、藻胶素、昆布素（多糖类）、脂肪、蛋白质、胡萝卜素、硫胺素，海带除了食用，还作为昆布入药，能软坚散结，消痰利水，降血脂，降血压，还用于治疗缺碘性甲状腺肿大等病。

海带的无性生殖以孢子进行，有性生殖为卵式生殖。海带的生活史有明显的异形世代交替，海带的孢子体即我们吃的海带与雌雄配子体在形态构造上相差较大，孢子体与配子体明显差异的两种植物体，互相交替循环的生活史叫异形世代交替或不等世代交替。

昆布 *Ecklonia Kurome* Okam. 昆布属于翅藻科，藻体橄榄褐色，干后为暗褐色。成熟后革质呈带状，一般长 2～6m，宽 20～50cm，在叶片中央有两条平行纵走的浅沟，叶片基部楔形。植物体明显区分为固着器、柄和带片三部分。带片为单条或羽状，边缘有粗锯齿，见图 9-5。分布于浙江、福建、台湾海域，生于低潮线附近的岩礁上。其功效与海带相同。

褐藻门中的药用植物还有海蒿子 *Sargassum pallidum*（Turn.）C. Ag.、羊栖菜 *S. fusiforme*（Harv.）Setch.、裙带菜 *Undaria pinnatifida*（Harv.）Suringar 等。

图 9 - 5　褐藻植物

a. 海带　b. 昆布

藻类细胞不但由简单向复杂方向发展，而且在形态和生理上由不分化、不分工向分化、分工方向发展。单细胞藻类如色球藻、小球藻，简单群体类型藻类如盘藻、栅藻，它们的细胞形态一样，功能一样，都能进行营养作用和生殖作用，没有分化、分工；多细胞藻类如团藻、轮藻和大多数红藻及全部褐藻等都有营养细胞和生殖细胞的分化，其中有些还分化成各种不同的组织。

藻类植物种类繁多，资源丰富，我国利用藻类供食用、药用，历史悠久。在历代的本草中对藻类的药用功效都有详细的记载。近年来从藻类植物中发现并提取有关抗肿瘤、防治冠心病、驱虫、抗放射性药物等的研究和应用均取得一定进展。同时，藻类植物对生态环境的净化和保护作用也不容忽视。因此，对藻类植物的开发利用将具有广阔的发展空间。

第十章　菌类植物

　　1735年林奈将生物划分为植物界和动物界，称为二界系统，至今还被采用。菌类植物和藻类植物一样，均属于低等植物，没有根、茎、叶的分化。菌类植物不含叶绿素，不能进行光合作用制造养料，属于异养型生物。

　　随着认识的不断深入，越来越倾向于将菌类单独列为与植物界和动物界平行的真菌界。菌类植物在植物学分类上常分为三个门：细菌门、黏菌门和真菌门。其中，药用种类最多的是真菌门，大约有真菌64 200种，我国已知约有真菌8 000种，其中药用真菌300余种，广泛用于增强免疫力，抗肿瘤，抗病毒，抗辐射，抗衰老，防治心血管病，保肝，健胃，减肥等治疗。真菌分布广泛，在水、土壤、空气、甚至动植物体内都能生存，踪迹遍布各个角落。

　　真菌与人类和动植物来讲关系非常密切，真菌既是人们餐桌上不可缺少的食物，有时又能引起人和动植物疾病，有些真菌可用于治疗疾病。我们应当充分认识真菌，科学地开发利用真菌。本章着重介绍真菌门。

第一节　真菌的特征

　　真菌的"拉丁文"Fungus（fungi）原意是蘑菇。全世界已经发现并命名的真菌种类有数万种之多。真菌包括酵母菌、霉菌和蕈菌三类。真菌是一类具有的细胞核和细胞壁，不含叶绿素和质体，不能进行光合作用的异养型生物。真菌的异养方式有寄生和腐生。从活的动植物体吸收养分的称寄生；从动植物尸体或无生命的有机物中吸取养分的称腐生；有的真菌只能寄生，称为专性寄生；有的真菌只能腐生，称为专性腐生；以寄生为主兼腐生的，称为兼性腐生；以腐生为主兼寄生的，称为兼性寄生。

一、真菌的营养体

　　真菌除少数种类是单细胞外，绝大多数是由纤细、管状的菌丝构成的。构成一个菌体的全部菌丝称为菌丝体。菌丝分无隔菌丝和有隔菌丝，大多数菌丝都有横隔，把菌丝分隔成许多细胞，称为有隔菌丝。有的低等真菌的菌丝不具横隔，有分枝或无，形成一个长管形细胞，称为无隔菌丝。真菌的细胞壁由几丁质和纤维素构成。菌丝细胞内贮藏的营养物质是肝糖、油脂和菌蛋白，而不含淀粉。真菌的菌丝在正常生长时一般是很疏松的，但在不良的环境下或繁殖的时候，菌丝相互紧密交织在一起形成各种不同的菌丝组织体。常见的有根状菌索、菌核、和子座。

（一）根状菌索

高等真菌的菌丝体平行组成的长条形绳索状结构，外形似根。菌索可抵抗不良环境，环境恶劣时停止生长。根状菌索较粗，有的可达数米，也有助于菌体在基质上蔓延。引起木材腐烂的担子菌的菌丝体常见根状菌索。

（二）子座

子座是由菌丝在寄主表面或表皮下交织形成的一种垫状结构，是容纳子实体的褥座，是营养阶段到繁殖阶段的过渡形式。

（三）菌核

菌核是由菌丝紧密交织而成的休眠体，内层是疏丝组织，颜色深、质地坚硬。菌核的功能主要是抵抗不良环境，菌核内有丰富的养分，条件适宜时，菌核能萌发产生新的菌丝体和子实体。

二、真菌的繁殖体

真菌的繁殖方式有营养繁殖、无性繁殖和有性繁殖三种。

（一）营养繁殖

少数单细胞的真菌通过细胞分裂产生孢子进行繁殖。孢子类型为芽生孢子、厚壁孢子和节孢子。真菌中以酵母属真菌为代表。

（二）无性繁殖

营养体不经过核配和减数分裂产生后代个体，直接由菌丝分化产生无性孢子。孢子类型有游动孢子、孢囊孢子和分生孢子。

（三）有性繁殖

经过两个性细胞结合后，经减数分裂产生孢子的繁殖方式。孢子类型有卵孢子、接合孢子和子囊孢子。

第二节　常见药用真菌

真菌是生物界较大的一个类群，世界上已经被描述的真菌约有 1 万属 12 万余种。我国约有 4 万种。真菌分为 5 个亚门，即鞭毛菌亚门、接合菌亚门、子囊菌亚门、担子菌亚门和半知菌亚门。与药用关系较密切的是子囊菌亚门和担子菌亚门。

一、子囊菌亚门

子囊菌亚门是真菌门中种类最多的一个亚门，约 2000 属，1 万余种。因结构复杂与担子菌亚门同属于高等真菌。除少数低等子囊菌（如酵母菌）为单细胞外，绝大多数有发达的横隔菌丝并且紧密结合成一定形状的菌丝体。

子囊菌亚门最主要的特征就是有性生殖产生子囊，是两性结合的场所，是子囊菌有性过程中进行核配和减数分裂发生的场所，在子囊中产生具有一定数目（多为 8 个，有的为 4 个、16 个或其他数目）的子囊孢子。内生子囊孢子，可以发育成新个体。子囊多产生于由菌丝形成的包被内，形成具有一定形状的子实体，称作子囊果。子囊果的形态是子囊菌分类的重要依据。常见的子囊果有 3 种类型：子囊果包被完全封闭，没有固定的孔口称作闭囊壳；子囊果的包被有固定的孔口，称作子囊壳；子囊果呈盘状的称作子囊盘。

【药用植物】

冬虫夏草 *Cordyceps sinensis*（Brek.）Sacc. 为麦角菌科真菌冬虫夏草菌寄生于蝙蝠蛾科昆虫幼体上的子座及幼虫尸体的复合体。夏秋季节，冬虫夏草菌的子囊孢子由子囊散发后分裂成小段，侵入寄主幼虫的体内，并发育成菌丝体。被感染幼虫钻入土中越冬，冬虫夏草菌在虫体内继续生长和蔓延，破坏虫体内部的结构，仅残留外壳，把虫体变成充满菌丝的僵虫，虫体内的菌丝变成坚硬的菌核，并以菌核的形式过冬。翌年夏季自幼虫体的头部长出棍棒状的子座，并伸出土层外。子座单个，长 4 ～ 11cm，顶端稍膨大，褐色。冬虫夏草主产于甘肃、青海、四川、云南、西藏，生于海拔 3000m 以上的高山草甸。以子座、幼虫躯壳以及躯壳中的菌核作"冬虫夏草"入药，主要活性成分是虫草素，其有调节免疫系统功能、抗肿瘤、抗疲劳、补肺益肾、止血化痰，秘精益气等多种功效，见图 10 - 1。

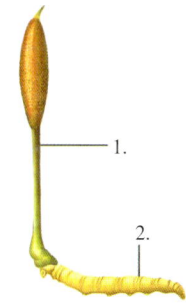

图 10 - 1　冬虫夏草
1. 子座　2. 虫体

子囊菌亚门中主要供药用的菌类还有竹黄 *Shiraia bambusicola* P. Henn. 具有化痰止咳、活血祛风、利湿的功效。

二、担子菌亚门

担子菌亚门是真菌中最高等的亚门，无单细胞种类，均为有隔菌丝形成的发达的菌丝体。全世界有 900 属、22000 余种，包括许多供食用和药用的种类和诱发植物病害的有害种类，以及多种有毒种类。担子菌在整个发育过程中，产生两种形式不同的菌丝：一种是由担孢子萌发形成单核的菌丝，经多次分裂成多核，随后产生横隔，成为单核具隔菌丝称为初生菌丝；另一种是多数担子菌经锁状联合，继续产生双核菌丝称为次生菌丝。部分高等真菌产生三生菌丝。次生菌丝双核时期很长，这是担子菌的特点之一。担子菌亚门腐生或寄生于维管植物，也有的与植物根共生形成菌根。有性生殖产生担子和担孢子是本亚门的主要特征。担子菌的无性生殖是通过菌丝断裂产生粉孢子、分生孢子或孢子芽殖，没有有性器官；有性生殖方式为体配，有性孢子为担孢子。

【药用植物】

茯苓 *Poria cocos*（Fries）Wolf. 属多孔菌科茯苓的干燥菌核。菌核多为不规则的块状、近球形、椭圆形，或不规则块状，大小不一；小者如拳，大者可达数千克；表面粗糙，灰棕色或黑褐色，呈瘤状皱缩；内部白色略带粉红色，由无数菌丝组成。子实体无柄，平伏于菌核表面，伞形，呈蜂窝状，通常附菌核外皮而生，幼时白色，成熟后变为淡棕色。全国大部分地区均有分布，现多栽培。寄生于赤松、马尾松、黄山松等的根上。菌核入药作"茯苓"，味甘、淡、性平，入药具有利水渗湿、益脾和胃、宁心安神之功用。见图 10 - 2。

图 10 - 2　茯苓

图 10 - 3　灵芝
1. 子实体　2. 孢子

灵芝 *Ganoderma lucidum*（Leyss ex Fr.）Karst. 属多孔菌科真菌灵芝的子实体，外形呈伞状，为腐生真菌。子实体有柄，木栓质，由菌盖和菌柄组成。菌盖半圆形或肾形，具环状棱纹和辐射状皱纹。大型个体的菌盖为 20cm × 10cm，厚约 2cm，一般个体为 4cm×3cm，厚 0.5 ~ 1cm，下面有无数小孔，管口呈白色或淡褐色，菌盖初生黄色后渐变成红褐色，外表有漆样光泽。菌柄生于菌盖的侧方。孢子卵形，褐色，内壁有无数小疣。我国许多省区有分布，生于栎树及其他阔叶树的腐木上。商品药材多系人工栽培。子实体作"灵芝"入药，为滋补强壮药，能补气安神、止咳平喘。见图 10 - 3。

担子菌亚门中主要供药用的菌类还有木耳 *Auricularia auricular*（L. ex Hook）Underw. ，具有补气养血、润肺止咳的功效；猴头菌 *Hericium erinaceus*（Bull.）Pers. ，具有健脾养胃、安神的功效。

第十一章　地衣植物门

地衣植物是一种真菌和一种藻类组合的复合有机体，是多年生植物。两种植物长期结合在一起，形态上、构造上、生理上都形成了独立的有机体。地衣是喜光植物，不耐大气污染，大城市及工业区很少有地衣生长。但地衣的耐寒和耐旱性很强，能在岩石、沙漠或树皮上生长，在高山带、冻土带甚至南北极地衣也能生长繁殖，并形成地衣群落。

地衣复合体的大部分由菌丝交织而成，中间疏松，表层紧密。藻类细胞可进行光合作用，为整个植物体制造有机养分，位于复合体的内部；菌类则吸收水分和无机盐，为藻类植物所进行的光合作用提供原料，并使植物体保持一定的湿度。共生菌类主要为子囊菌，少数为担子菌；藻类为单细胞或丝状蓝藻门或绿藻门。

全世界地衣植物约有 500 属，25 000 种。

一、地衣的形态

地衣按生长型分为壳状地衣、叶状地衣和枝状地衣三种类型：

（一）壳状地衣

植物体为多种多样颜色深浅的壳状物，菌丝与树干或石壁等基质紧贴，甚至生有假根嵌入基质中，难以从基物上剥离，占地衣总样量80%，如茶渍衣、文字衣等。

（二）叶状地衣

呈叶片状，有背腹性，四周有瓣状裂片，以假根或脐固着在基质上，易从基质上剥离，如草地上的脐衣属。

（三）枝状地衣

树枝状或丝状，直立或悬垂，仅基部附着在基质上，如直立地上的石蕊属。

二、地衣的繁殖

（一）营养繁殖

营养繁殖是地衣最普通的繁殖方式。由地衣体断裂为数个裂片，每个裂片都可以发育成新个体。或者叶状体上产生粉芽、珊瑚芽等营养繁殖体进行营养繁殖。

（二）有性生殖

有性生殖仅由共生的真菌进行；主要为子囊菌和担子菌。分别产生子囊孢子或担孢子。前者为子囊菌地衣，较为常见，后者为担子菌地衣。

三、地衣的分类

地衣分为子囊衣纲、担子衣纲和半知衣纲。

四、常见的药用地衣

节松萝 *Usnea diffracta* Vain. 属于松萝科。植物体丝状，长 15～30cm，二叉状分枝，基部较粗，分支少，先端分枝较多。表面灰黄绿色，具光泽，有明显的环状裂沟，横断面中央有韧性丝状的中轴，具弹性，由菌丝组成，其外为藻环，常由环状沟纹分离或成短筒状。菌层产生少数子囊果，内生 8 个椭圆形子囊孢子。分布于全国大部分省区，生于深山老林树干上或岩壁上。全草入药，能止咳平喘、活血通络、清热解毒。见图11 - 1 - （a）。

长松萝 *Usnca longissima* Ach. 同属松萝科植物，全株细长不分枝，体长可达 1.2m，两侧密生细而短的侧枝，形似蜈蚣。分布全国大部分地区。功用同节松萝。见图 11 - 1 - （b）。

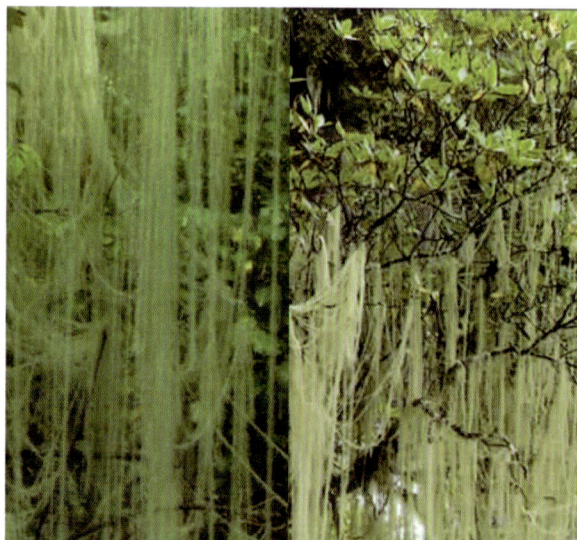

a   b

图 11 -1　松萝

a. 节松萝　b. 长松萝

　　地衣类植物主要的入药种类还有石耳 *Umbilicaria esculenta*（Miyoshi）Minks，全草能清热解毒、止咳祛痰、平喘消炎、利尿、降血压，见图 11 – 2；地茶 *Thamnolia vermicularis*（SW.）Ach，见图 11 – 3，具有清热生津、醒脑安神的功效。

图 11 – 2　石耳

图 11 – 3　地茶

第十二章　苔藓植物门

苔藓植物是绿色自养性植物，也是结构最简单的高等植物。多生于阴湿的环境中，是植物从水生到陆生过渡形式的代表。

本门中的植物形态一般比较矮小，比较高级的种类有茎、叶的分化，没有真正的根，只有单列细胞构成的假根。植物体内部构造简单，组织分化水平不高，仅有皮部和中轴的分化，没有真正的维管束构造。

苔藓植物的有性生殖器官由多细胞组成。雌性生殖器官为颈卵器，外形如瓶状，上部细长，下部膨大；雄性生殖器官为精子器，多为棒状或球状，内有许多精子。苔藓植物的受精需借助于水，精卵结合后形成合子，合子在颈卵器内发育为胚，胚发育为孢子体。

在苔藓植物的生活史中，由孢子萌发成为原丝体，再由原丝体发育成配子体，配子体产生雌雄配子，这一阶段为有性世代；而从受精卵发育成胚，由胚发育成孢子体的阶段称为无性世代。有性世代与无性世代互相交替形成了世代交替。配子体在苔藓植物的生活中占优势，并且能够独立生活。孢子体不能独立生活，需寄生在配子体上，这是与其他高等植物明显不同的特征。

苔藓植物约有4300种，我国约有2000多种。常生长在潮湿和阴暗的环境中。根据营养体的形态构造分为苔纲和藓纲。

一、苔纲

植物体多为扁平的叶状体，有背腹之分。苔纲植物体内无维管组织，有由单细胞组成的假根。孢子体由基足、蒴柄和孢蒴组成。原丝体不发达，不产生芽体，每一个原丝体只发育成一个新植物体（配子体）。多生于阴湿的土地、岩石和潮湿的树干上。

【药用植物】

地钱 *Marchantia Polymorpha* L. 属地钱科，植物体（配子体）绿色叶状，扁平，呈叉状分枝；贴地生长，有背腹之分。在背面（上面）可见表皮上有气孔，腹面（下面）具紫色鳞片和带有花纹的两种假根。地钱有营养繁殖、有性生殖两种繁殖方式。有性生殖时，植株上产生有柄的配子器托。地钱分布于全国各地，生于林内，阴湿的土坡及岩石上，亦常见于井边、墙角等阴湿处。全草入药，能解毒、祛瘀、生肌、消炎。见图12-1。

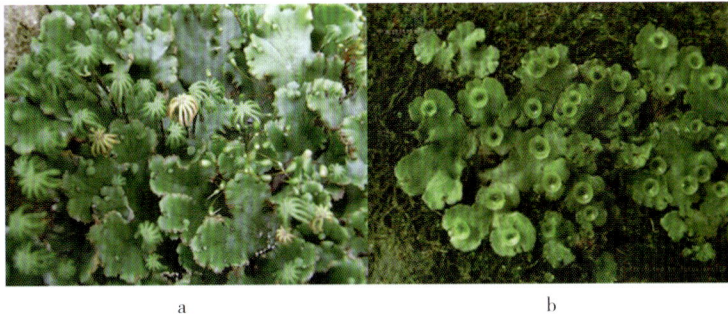

图 12 - 1　地钱

a. 雌株　b. 雄株

苔纲中的药用植物还有蛇地钱（蛇苔）*Conocephalum conicum*（L.）Dumortier，全草能清热、解毒，外用疗疮、蛇伤。

二、藓纲

植物体多直立，有茎、叶的分化，茎内具中轴但无维管组织，有由单列细胞组成的分枝状假根。孢子体由基足、蒴柄和孢蒴组成。原丝体发达，每个原丝体芽体形成多个新的植物体（配子体）。藓纲的植物比苔纲的植物耐低温，常见于温带、寒带和高山冻原。

【药用植物】

大金发藓（土马骔）*Polytrichum Commune* L. ex Hedw. 属大金发藓科。植物体（配子体）深绿色，老时黄褐色，常聚生成大片群落。茎直立，不分枝，高 10~30cm，叶多数密集在茎的中上部，向下逐渐稀疏且变小，基部叶鳞片状。广布全国各地，生于山野阴湿土坡，森林沼泽，酸性土壤上。全草入药，能清热解毒，凉血止血。见图 12-2。

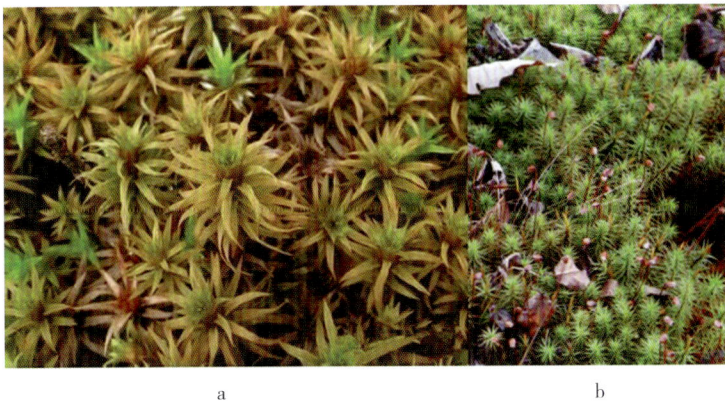

图 12 - 2　大金发藓

a. 带孢子体的雌株　b. 雄株

葫芦藓 *Funnaria hygromentrica* Hedw. 属葫芦藓科，植物体高约 2cm，直立，呈黄绿色，茎短小，植株基部有假根。雌雄同株、异枝。孢子体寄生于配子体上，由基足、蒴柄和孢蒴组成。孢子散发后，在适宜的环境中萌发成为原丝体。每个孢子发生的原丝体可产生几个芽体，每个芽体发育成一个新植物体。全草能除湿，止血。见图 12 - 3。

　　苔藓植物应用于医药的历史较久，我国 11 世纪中期，《嘉祐本草》已记载大金发藓（土马骔）能清热解毒。明代李时珍的《本草纲目》也记载了少数苔藓植物可以供药用。现已知全国约有 9 科，50 多种可供药用。

图 12 - 3 葫芦藓

第十三章　蕨类植物门

第一节　蕨类植物概述

从蕨类植物开始内部已出现了维管束，因而又把蕨类植物和种子植物称为维管植物。

在蕨类植物的生活史中，形成两个独立生活的植物体，即孢子体和配子体，这点和苔藓植物及种子植物均不相同。蕨类植物是介于苔藓与种子植物之间的一类植物，较苔藓植物进化，较种子植物原始，既是较高等的孢子植物，又是较原始的维管植物。

蕨类植物广泛分布于世界各地，以热带、亚热带和温带为多。蕨类植物适于在林下、山野、溪旁、沼泽等较为潮湿的环境下生长。

一、蕨类植物的特征

（一）蕨类植物的孢子体

蕨类植物常见的植物体（孢子体）发达，一般为多年生草本，有根、茎、叶的分化。

1. 根　通常为不定根。

2. 茎　大多为根状茎，少数具地上茎。

3. 叶　多从根状茎上长出，幼时大多数呈拳曲状，叶同型（一型）或异型（二型）。叶异型时，不生孢子囊的叶称营养叶（不育叶），生孢子囊的叶称孢子叶（能育叶）。根据叶的起源及形态特征，又可分为小型叶和大型叶两种。

4. 孢子囊和孢子　孢子囊，在小型叶蕨类中，单生在孢子叶的叶腋或叶基，通常很多孢子叶集生于枝的顶端形成球状或穗状，称孢子叶球或孢子叶穗，如石松；大型叶蕨类的孢子囊聚集成孢子囊群或孢子囊堆，生于孢子叶的背面或边缘。孢子囊群有圆形、长圆形、肾形、线形等形状，孢子囊群上有的有膜质囊群盖，有的没有囊群盖。孢子囊内产生孢子，多数蕨类植物的孢子大小相同，称孢子同型，有少数蕨类的孢子有大小之分，称孢子异型。孢子在形态上分为两类，一类是肾形，单裂缝，两侧对称，称两面型孢子；一类是圆形或钝三角形，三裂缝，辐射对称，称四面型孢子。孢子的壁上常具不同的突起或纹饰，有的具弹丝。

5. 维管组织 蕨类植物的孢子体内部有明显的维管组织的分化，形成各种类型的中柱，主要有原生中柱、管状中柱、网状中柱和散状中柱等。其中原生中柱为原始类型，仅由木质部和韧皮部组成，无髓部，无叶隙。原生中柱包括单中柱、星状中柱、编织中柱。管状中柱包括外韧管状中柱、双韧管状中柱。网状中柱、真中柱和散状中柱是演化至最进化的类型，在种子植物中常见。蕨类植物的各种中柱类型，常是蕨类植物鉴别的依据之一。真蕨类植物很多是根状茎入药，而根状茎上常带有叶柄残基，其叶柄中的维管束的数目、类型及排列方式都有明显的不同。见图13-1。

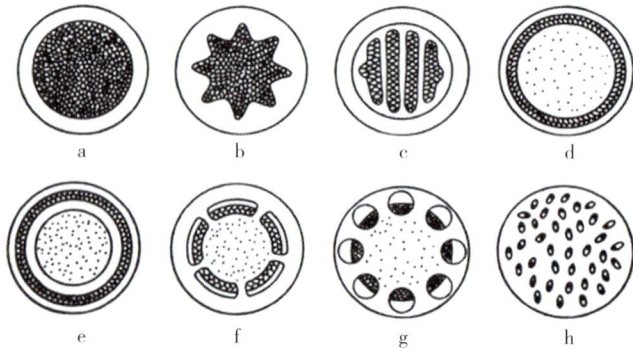

图13-1 中柱类型横剖面图解

a. 单中柱 b. 星状中柱 c. 编织中柱 d. 外韧管状中柱
e. 双韧管状中柱 f. 网状中柱 g. 真中柱 h. 散状中柱

（二）蕨类植物的配子体

孢子成熟后从孢子囊中散落出来，在适宜的环境里萌发成一片细小的呈各种形状的绿色叶状体，称原叶体，这就是蕨类植物的配子体，具背腹性，能独立生活。当配子体成熟时在腹面产生颈卵器和精子器，分别生有卵和精子，精卵成熟后，精子借水为媒介进入颈卵器内与卵结合，受精卵发育成胚，由胚发育成孢子体。

（三）蕨类植物的生活史

蕨类植物具有明显的世代交替。从受精卵萌发开始，到孢子母细胞进行减数分裂前为止，这一阶段称孢子体世代（无性世代），其染色体是二倍的（2n），从孢子萌发到精子和卵结合前的阶段，称配子体世代（有性世代），其染色体是单倍的（n）。这两个世代有规律地交替完成其生活史。蕨类植物的生活史中孢子体和配子体都能独立生活，但孢子体世代占优势。见图13-2。

二、蕨类植物的化学成分

蕨类植物所含的化学成分比较复杂，目前发现的概括起来有以下几类：

（一）生物碱类

广泛地存在于小型叶蕨类植物中，如石松科的石松属中含石松碱、石松毒碱等。卷

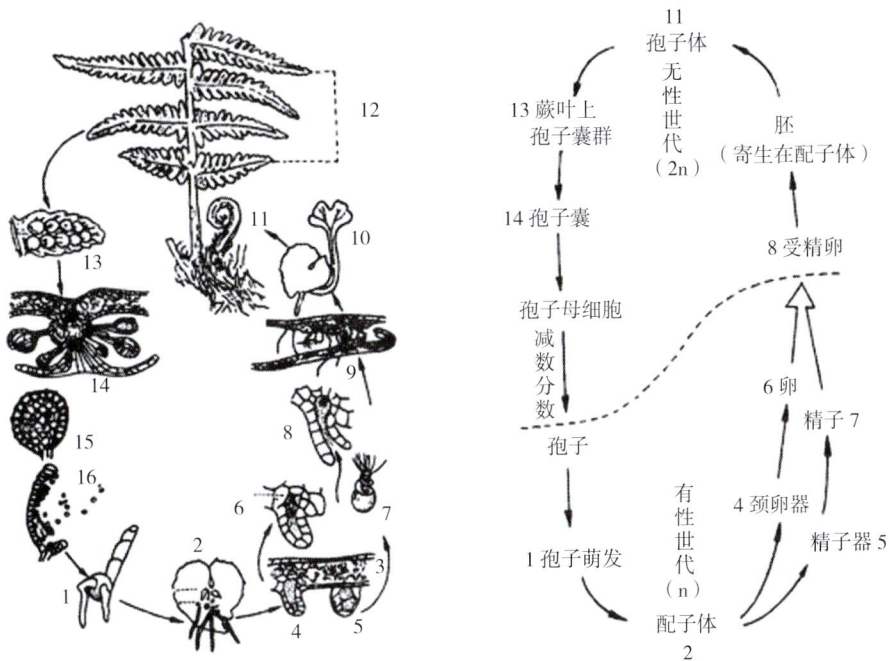

图 13 - 2　蕨类植物的生活史

1. 孢子的萌发　2. 配子体　3. 配子体切面　4. 颈卵器　5. 精子器　6. 雌配子（卵）

7. 雄配子（精子）　8. 受精作用　9. 合子发育成幼孢子体　10. 新孢子体　11. 孢子体

12. 蕨叶一部分　13. 蕨叶上孢子囊群　14. 孢子囊群切面　15. 孢子囊　16. 孢子囊开裂及孢子散出

柏科卷柏属、木贼科木贼属均含有生物碱。

（二）黄酮类

在蕨类植物中广泛存在，多具生理活性。如卷柏、节节草含有芹菜素、木犀草素。槲蕨含橙皮苷等。

（三）酚类化合物

二元酚类及其衍生物在大型叶真蕨中普遍存在，如咖啡酸、阿魏酸及绿原酸等，这些成分具有抗菌、止痢、止血和升高白细胞的作用。咖啡酸还有止咳、祛痰的作用。多元酚类，特别是间苯三酚衍生物常存在于鳞毛蕨属植物中，如绵马酸类、东北贯众素等，此类化合物具有较强的驱虫作用，但毒性较大。

（四）甾体及三萜类化合物

如在石松中含有石松醇等。紫萁、狗脊蕨等植物中发现含有昆虫蜕皮激素，具有促进蛋白质合成、排除体内胆固醇、降血脂及抑制血糖上升等活性。

（五）其他成分

许多蕨类植物含鞣质，孢子中含有大量脂肪，有些植物的叶中含有香豆素等。

第二节 常用药用蕨类植物

现存蕨类植物约有12000种，广泛分布于世界各地，以热带、亚热带和温带为多。我国约2600种，主要分布在华南及西南地区，药用455种。

蕨类植物分为松叶蕨亚门、石松亚门、楔叶亚门、水韭亚门和真蕨亚门5个亚门。5个亚门的检索表如下：

1. 植物体无真根，仅具假根，2~3个孢子囊形成聚囊……………松叶蕨亚门（Psilophytina）

1. 植物体均具真根，不形成聚囊，孢子囊单生，或聚集成孢子囊群。

  2. 植物体具明显的节和节间，叶退化成鳞片状，不能进行光合作用，孢子具弹丝…………………………………………………………楔叶亚门（Sphenophytina）

  2. 植物体非如上状，叶绿色，小型叶或大型叶，可进行光合作用，孢子均不具弹丝。

    3. 小型叶，幼叶无拳曲现象。

      4. 茎多为二叉分枝，叶小形、鳞片状，孢子叶在枝顶端聚集成孢子叶穗，孢子同型或异型，精子具2条鞭毛…………石松亚门（Lycophytina）

      4. 茎粗壮似块茎，叶长条形似韭菜叶，不形成孢子叶穗，孢子异型，精子具多鞭毛…………………………………………水韭亚门（Isoephytina）

    3. 大型叶，幼叶有拳曲现象，孢子囊在孢子叶的背面或边缘聚集成孢子囊群。…………………………………………………真蕨亚门（Filicophytina）

其中药用植物较多的是石松亚门、楔叶亚门和真蕨亚门，现将这三个亚门中的主要科及其重要的药用植物介绍如下：

一、石松科 Lycopodiaceae

属石松亚门。陆生或附生草本。主茎伸长呈匍匐状或攀援状，或短而直立，侧枝二叉分枝或近合轴分枝，极少为单轴分枝状。叶为小型单叶，仅具中脉，一型；螺旋状排列，钻形、线形至披针形。孢子囊穗圆柱形或柔荑花序状，通常生于孢子枝顶端或侧生。孢子叶的形状与大小不同于营养叶，膜质，一型，边缘有锯齿；孢子囊无柄，生在孢子叶叶腋，肾形，二瓣开裂。孢子球状四面形。

7属，约60种，广布于世界各地。我国有5属，14种，已知9种入药。

本科植物常含多种生物碱（如石松碱等）及三萜类化合物。

【药用植物】

石松 *Lycopodium japonicum* Thunb. 别名伸筋草，多年生常绿草本，匍匐茎蔓生，直立茎高15~30cm，二叉分枝。叶小，线状钻形。孢子枝生于直立茎的顶端。孢子囊穗长2.5~5cm，有柄，通常2~6个生于孢子枝的上部。孢子囊肾形，孢子黄色，为三棱状锥形。分布于全国除东北、华北以外的其他各省区。生于林下、灌丛下、草坡、路边或岩石上。干燥全草（伸筋草）能祛风除湿，舒筋活络。孢子可作丸药包衣。见图 13 - 3。

垂穗石松 *L. cernuum* L. 又名铺地蜈蚣，与上种相似，但茎叶较细弱，孢子囊穗长 8～20mm，无柄，下垂，单生于孢子枝顶端。孢子囊圆形。分布于华东、华南、西南等地区。生于山区林缘阴湿处。全草能祛风湿，舒筋活血，镇咳，利尿。

同属植物地刷子石松 *L. complanatum* L.，玉柏 *L. obscurum* L. 全草在一些地区亦作伸筋草用。

图 13 - 3　石松

二、卷柏科 Selaginellaceae

属石松亚门。陆生草本。茎常腹背扁平，匍匐或直立。叶小型，螺旋排列或排成 4 行，单叶，具叶舌，主茎上的叶通常排列稀疏，一型或二型，在分枝上通常成 4 行排列。孢子叶穗生茎或枝的先端，或侧生于小枝上，紧密或疏松，四棱形或压扁，偶呈圆柱形；孢子囊近轴面生于叶腋内叶舌的上方，二型，在孢子叶穗上各式排布；每个大孢子囊内有 4 个大孢子，偶有 1 个或多个；每个小孢子囊内小孢子多数，100 个以上。孢子叶 4 行排列，一型或二型。

仅 1 属，700 余种，分布于全世界。我国有约 50 余种，已知药用的 25 种。植物体内大多含有双黄酮类化合物。

【药用植物】

卷柏 *Selaginella tamariscina*（Beauv.）Spring 又名还魂草，主茎直立，常单一，下生多数须根，上部分枝多而丛生，莲座状，高 5～15cm，干旱时分枝向内卷缩成球状，遇雨复原。叶鳞片状，中叶（腹叶）斜向上，不并行，侧叶（背叶）斜展，长卵圆形。孢子叶穗着生于枝顶，四棱形，孢子囊圆肾形，孢子二型。全国均有分布，生于向阳山坡或岩石上。干燥全草（卷柏）能活血通经。见图 13 - 4。

垫状卷柏 *S. pulvinata*（Hook. et Grev.）Maxim. 形态似卷柏，但腹叶并行，指向上方，肉质，全缘。分布于全国各地。药用部位和功效同卷柏。见图 13 - 5。

图 13 - 4　卷柏

图 13 - 5　垫状卷柏

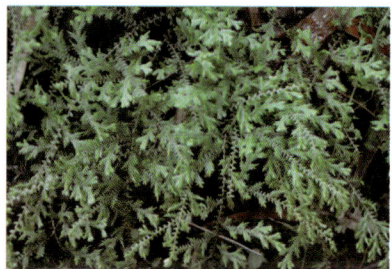
图 13 - 6　翠云草

翠云草 *S. uncinata*（Desv.）Spring 主茎伏地蔓生，分枝疏生。节处有不定根，叶卵形，二列疏生。多回分叉。营养叶二型，背腹各二列，淡绿色，嫩时有翠蓝色荧光。分布华东、华南、西南等地。生于山谷林下潮湿的地方。全草能清热解毒，利湿通络，止血生肌。见图 13 - 6。

三、木贼科 Equisetaceae

属楔叶亚门。多年生草本。根状茎横走，棕色。地上茎细长，直立，节明显，节间多中空，表面粗糙有纵棱。叶细小，鳞片状，轮生，基部连成鞘状，边缘齿状。孢子叶盾形，在小枝顶端集成穗状；孢子圆球形，表面有十字形着生的弹丝 4 条。

2 属，约 25 种，分布于世界各地。我国有 2 属，10 余种，已知 8 种入药。

植物体内含有生物碱、黄酮类、皂苷、酚酸类等化合物。

【药用植物】

木贼 *Hippochaete himaie* L. 多年生草本。地上茎直立，单一不分枝，中空，有棱脊 20～30 条，棱脊上有 2 行疣状突起，极粗糙。叶细小，鳞片状，轮生，基部连成鞘状，包于节间基部。叶鞘基部和鞘齿成黑色两圈。孢子叶穗生于茎顶，长圆形具小尖头。孢子同型。分布于东北、华北、西北、四川等省区。生于山坡湿地或疏林下。干燥地上部分（木贼）能疏散风热，明目退翳。见图 13 - 7。

图 13 - 7　木贼

问荆 *Equisetum arvense* L. 多年生草本。地上茎直立，二型。孢子茎早春先发，常紫褐色，肉质，不分枝。叶膜质，连合成鞘状，具较粗大的鞘齿。孢子叶穗顶生，孢子叶六角形，盾状，下生 6 个长形的孢子囊。孢子茎枯萎后，生出营养茎，表面具棱脊，多分枝，轮生，中实。叶退化，下部联合成鞘，鞘齿披针形，黑色，边缘灰白色，膜质。分布于东北、华北、西北、西南各省区。生田边、沟旁。全草能利尿，止血，清热，止咳。见图 13 - 8（1～2）。

图 13 - 8 - 1　问荆营养枝

图 13 - 8 - 2　问荆孢子枝

同属植物笔管草 *Hippochaete debile*（Roxb.）Ching 地上茎有分枝，仅叶鞘基部有黑色圈，鞘齿非黑色。分布于华南、西南和长江中上游各省区。全草能疏表利湿，退翳。

节节草*H. ramosissimum*（Desf）. Boemer 地上多分枝。叶鞘基部无黑色圈，鞘齿黑色。广泛分布于全国各地。全草能清热利湿，平肝散结，祛痰止咳。

四、紫萁科 Osmundaceae

属真蕨亚门。陆生草本。根状茎粗短直立，无鳞片。叶片幼时被有棕色腺状绒毛，老时脱落，叶柄长而坚实，叶片大，一至二回羽状，叶脉分离，二叉分枝。孢子囊大，圆球形，裸露，生于强度收缩变形的孢子叶羽片边缘，孢子囊顶端有几个增厚的细胞（盾状环带）。孢子为圆球状，四面型。

本科 3 属，22 余种，分布于温、热带。我国产 1 属，8 种，已知 6 种入药。

植物体含多种双黄酮、黄芪苷、蜕皮激素等。

【药用植物】

紫萁 *Osmunda japonica* Thunb. 多年生草本。根状茎短块状，斜生，集有残存叶柄，无鳞片。叶丛生，二型，幼时密被绒毛，营养叶三角状阔卵形，顶部以下二回羽状，小羽片披针形至三角状披针形，叶脉叉状分离；孢子叶小羽片狭窄，卷缩成线形，沿主脉两侧密生孢子囊，成熟后枯死。分布于秦岭以南温带及亚热带地区，生于林下或溪边酸性土上。干燥根茎和叶柄残基（紫萁贯众）能清热解毒，止血，杀虫。有小毒。见图 13-9（1~2）。

图 13-9-1 紫萁营养叶

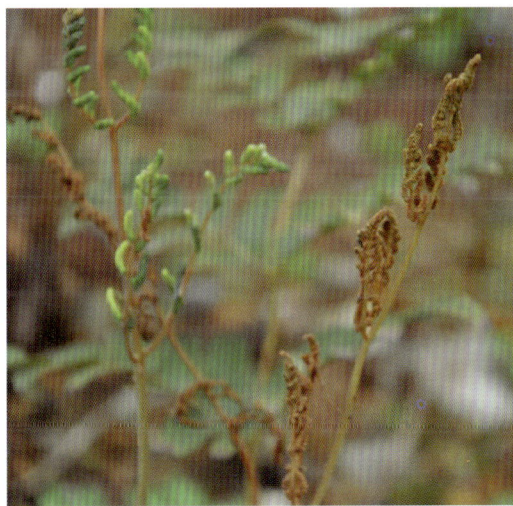

图 13-9-2 紫萁孢子叶

五、海金沙科 Lygodiaceae

属真蕨亚门。陆生缠绕植物。根状茎横走，有毛，无鳞片，具原生中柱。叶轴细长，缠绕着生，羽片一至二回，二叉状或一至二回羽状，近二型，不育羽片生于叶轴下部，能育羽片生于叶轴上部，孢子囊生于能育羽片边缘的小脉顶端，两行并行组成孢子囊穗。孢子囊梨形，环带顶生。孢子四面型。

本科 1 属，约 45 种，分布于热带，亚热带及温带。我国 1 属，10 种，已知 5 种入药。

孢子含海金沙素、棕榈酸、油酸、亚油酸和脂肪油等。

【药用植物】

海金沙 *Lygodium japonicum* (Thunb.) Sw. 缠绕草质藤本。根状茎横走，羽片近二型，能育羽片卵状三角形，不育羽片三角形，二至三回羽状，小羽片 2～3 对。孢子囊穗生于能育羽片边缘的小脉顶端，排成流苏状，暗褐色，孢子表面有瘤状突起。分布于长江流域及南方各省区，多生于山坡林边、灌丛、草地。干燥成熟孢子（海金沙）能清利湿热，通淋止痛。茎藤，能清热解毒，利尿。见图 13－10（1～2）

图 13－10－1 海金沙营养羽片　　　　图 13－10－2 海金沙孢子羽片

六、蚌壳蕨科 Dicksoniaceae

属真蕨亚门。陆生。植物体小树状，主干粗大，直立或平卧，具复杂的网状中柱，密被金黄色长柔毛，无鳞片。叶片粗大，三至四回羽状，革质，叶柄长而粗。孢子囊群生于叶背边缘，囊群盖两瓣形如蚌壳，内凹，革质。孢子囊梨形，环带稍斜生。孢子四面型。

本科 5 属，40 种，分布于热带地区及南半球。我国有 1 属，1 种，已知 1 种入药。

【药用植物】

金毛狗脊 *Cibotium barometz* (L.) J. Sm. 植物树状，高 2～3m，根状茎粗壮，木质，密被金黄色长柔毛，形如金毛狗。叶大，具长柄，叶片三回羽状分裂，末回小羽片狭披针形，革质，孢子囊群生于小脉顶端，每裂片 1～5 对，囊群盖二瓣，形如蚌壳。分布于我国南部及西南部各省区，生于山脚沟边及林下阴处，喜酸性土壤。干燥根茎（狗脊）能祛风湿，补肝肾，强腰膝。见图 13－11（1～2）。

图 13 - 11 - 1　金毛狗脊

图 13 - 11 - 2　金毛狗脊根茎

七、凤尾蕨科 Pteridaceae

属真蕨亚门。陆生草本。根状茎直立或横走，外被有关节毛或鳞片。叶同型或近二型，有柄，与茎之间无关节相连，一至二回羽状分裂，少有掌状分裂。孢子囊群线形，生于叶背边缘或缘内。囊群盖膜质，由变形的叶缘反卷而成，孢子囊有长柄。孢子四面型或两面型。

13 属，300 余种，分布于全世界。我国有 3 属，100 种，已知 21 种入药。

【药用植物】

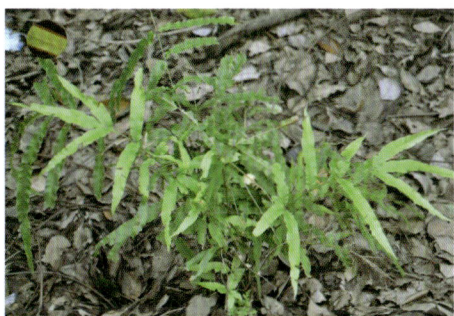

图 13 - 12　井栏边草

井栏边草 *Pteris multifida* Poir. 又名井口边草、凤尾草，多年生常绿草本。根状茎直立，顶端有钻形黑褐色鳞片。叶二型，簇生，草质。能育叶长卵形，一回羽状，下部羽片 2～3 叉，羽片或小羽片条形；不育叶的羽片或小羽片较宽，边缘有不整齐的尖锯齿。孢子囊群线形，沿叶边连续分布。分布于华东、中南、西南等省区。全草能清热利湿，凉血止痢。见图 13 - 12。

八、鳞毛蕨科 Dryopteridaceae

属真蕨亚门。陆生草本。根状茎直立或短而斜生，少长而横走，连同叶柄多被鳞片，具网状中柱。叶柄基部横切有 4～7 个或更多维管束，叶轴上面有纵沟，叶片一至多回羽状或羽裂，孢子囊群圆形，背生或顶生于小脉上，囊群盖盾形或圆形，有时无盖。孢子两面型，表面有疣状突起或有翅。

约 14 属，1200 余种，主要分布于温带、亚热带地区。我国有 13 属，472 余种。分布全国各地。已知 60 种入药。

植物体常含有间苯三酚衍生物，具有驱除肠道寄生虫作用。

【药用植物】

粗茎鳞毛蕨 *Dryopteris crassirhizoma* Nakai 又名东北贯众，绵马鳞毛蕨。多年生草本。根茎直立，粗大，连同叶柄密生棕色大鳞片。叶簇生，二回羽裂，叶轴上被黄褐色鳞片。孢子囊群生于叶中部以上的羽片下面，每裂片 1～4 对；囊群盖肾圆形，棕色。分布于东北、华北，生于山地林下。干燥根茎和叶柄残基（绵马贯众）能清热解毒，止血，杀虫。见图 13 – 13。

贯众 *Cyrtomium fortunei* J. Sm. 多年生草本。根状茎短，斜生或直立。叶柄密被黑褐色大鳞片；叶一回羽状，簇生，羽片镰状披针形，基部上侧稍呈耳状突起；叶脉网状。孢子囊群圆形，在羽片上散生；囊群盖大，圆盾形。分布于华北、西北、长江以南各地。生于山坡林下、溪沟边、石缝中、墙脚边等阴湿处。根状茎及叶柄残基能清热解毒，止血，杀虫。见图 13 – 14。

图 13 – 13　粗茎鳞毛蕨

图 13 – 14　贯众

九、水龙骨科 Polypodiaceae

属真蕨亚门。通常附生，少为土生。陆生或附生。根状茎横走，被阔鳞片，具网状中柱。叶一型或二型，叶柄基部具关节，单叶，全缘或羽状半裂至一回羽状分裂；全缘或多少深裂，或羽状分裂，叶脉网状。孢子囊群圆形或线形，或有时布满叶背，无囊群盖。孢子囊梨形或球状梨形。孢子两面型。

40 余属，600 余种，分布于热带和亚热带。我国有 25 属，270 余种，已知 86 种入药。

【药用植物】

石韦 *Pyrrosia lingua* (Thunb.) Farwell 多年生草本。高 10～30cm。根状茎细长，横走，密生褐色披针形鳞片。叶远生，革质；叶片披针形，背面密被灰棕色星状毛；叶柄基部有关节。孢子囊群无盖，紧密而整齐地排列于侧脉间，初为星状毛包被，成熟时露出。分布于长江以南各省区，附生于岩石或树干上。干燥叶（石韦）能利尿通淋，清肺止咳，凉血止血。见图 13 – 15。

图 13 – 15 石韦

图 13 – 16 庐山石韦

庐山石韦 *P. sheareri*（Bak.）Ching 多年生草本。植株高大，高 30～60cm。根状茎粗短，横走，密被鳞片。叶片阔披针形，长 20～40cm，宽 3～5cm，革质，叶基不对称，背面密生黄色星状毛及孢子囊群。分布于长江以南。药用部位和功效同石韦。见图 13 – 16。

有柄石韦 *P. petiolosa*（Christ.）Ching 多年生草本。根状茎横走，叶二型，不育叶长为能育叶的 2/3 至 1/2，叶脉不明显，孢子囊群成熟时布满叶背。分布于东北、华北、西南、长江中下游地区。药用部位和功效同石韦。见图 13 – 17。

图 13 – 17 有柄石韦

图 13 – 18 水龙骨

水龙骨 *Polypodium nipponicum* Mett. 多年生草本，高 10～40cm。根状茎长而横走，黑褐色，带白粉，顶部具圆卵状披针形鳞片。叶远生，薄纸质，两面密生灰白色短柔毛，叶柄长，叶片长圆状披针形，羽状深裂几达叶轴。孢子囊群生于主脉两侧各排成一行，无囊群盖。分布于长江以南各省区。生于林下阴湿的岩石上。根状茎能清热解毒，平肝明目，祛风利湿。见图 13 – 18。

十、槲蕨科 Drynariaceae

属真蕨亚门。陆生植物。附生草本。根状茎横走，肉质，粗壮，具穿孔的网状中柱，密被鳞片，鳞片通常大而狭长，基部盾状着生，边缘有睫毛状锯齿。叶常二型，叶片深羽裂或羽状，叶脉粗而明显，一至三回形成大小四方形的网眼。孢子囊群圆形，无盖。孢子囊梨形。孢子四面型。

8属，32种，分布于亚热带，马来西亚、菲律宾至澳大利亚。我国有4属，约12种，分布于长江以南，已知7种入药。

【药用植物】

槲蕨 *Drynaria fortune*（Kunze）J. Sm. 多年生常绿附生草本。根状茎肉质，粗壮，长而横走，密被钻状披针形的鳞片。叶二型，营养叶厚，革质，枯黄色，卵圆形，边缘羽状浅裂，无柄，覆瓦状叠生在孢子叶柄的基部；孢子叶绿色，叶柄短，叶片长椭圆形，羽状深裂，基部裂片耳状，裂片7~13对，叶脉明显，细脉连成4~5行长方形网眼。孢子囊群圆形，生于叶背主脉两侧，各2~3行，无盖。分布于长江以南各省区及台湾省。附生于岩石上或树上。干燥根茎（骨碎补）能疗伤止痛，补肾强骨；外用消风祛斑。见图13-19。

图13-19　槲蕨

中华槲蕨 *D. baronii*（Christ）Diels 与上种相似，主要区别：营养叶绿色，羽状深裂，稀少。孢子囊群在主脉两侧各排成1行。根状茎也可供药用。

第十四章　裸子植物门

第一节　裸子植物概述

一、裸子植物的形态特征

裸子植物出现 34500 万年前至 39500 万年之间的古生代泥盆纪，经历石炭纪、二叠纪、中生代至新生代第四纪。气候经过多次重大变化，其类群也随之多次演替，并沿着不同的进化路线发展。

裸子植物是介于蕨类植物和被子植物之间。它是保留着颈卵器、具有维管束、能产生种子的一类高等植物。

（一）植物体（孢子体）发达

裸子植物都是多年生木本植物，乔、灌或亚灌木及藤本，大多数常绿；茎内维管束环状排列，有形成层及次生生长，木质部大多只有管胞，韧皮部有筛胞而无伴胞。叶针型、条形、鳞片形，极少呈扁平的阔叶，根有强大的主根。

（二）胚珠裸露

小孢子叶（雄蕊）聚生成小孢子叶球（雄球花）；大孢子叶（心皮）丛生或聚生成大孢子叶球（雌球花），胚珠裸露，不被大孢子叶形成的心皮包被，能产生种子，而被子植物的胚珠则被心皮包被，这也是裸子植物和被子植物的主要区别。

（三）具有颈卵器的构造

裸子植物大部分具有颈卵器，除百岁兰属和买麻藤属之外。配子体完全寄生于孢子体上，雌配子体的近珠孔端产生颈卵器，埋藏于胚囊中，比起蕨类植物的颈卵器更为退化。

（四）传粉时花粉直达胚珠

裸子植物以风媒花为主，花粉粒依靠风力传播。花粉直接经珠孔进入胚珠，形成花粉管进入胚囊，完成受精作用。而在被子植物中，花粉到达柱头萌发，形成花粉管，然后到达胚珠。

（五）具有多胚现象

裸子植物具有多胚现象，由于一个雌配子体上的几个或多个颈卵器的卵细胞同时受精，形成多胚现象。称为简单多胚。一个受精卵在发育过程中，发育成原胚，再分裂为几个胚，称为裂生多胚。

二、裸子植物的化学成分

裸子植物除少数类群（如买麻藤属及松科的一些属）外，均具有双黄酮类化合物，这也是除了蕨类植物之外很少见的，常见的有穗花杉双黄酮、西阿多黄素、银杏黄素、枯黄素、榧黄素等。黄酮类化合物则普遍存在，常见的有懈皮素、山奈酚和杨梅树皮素等，是裸子植物特征性和活性成分。此外，三尖杉科、麻黄科和买麻藤科中存在生物碱，可供药用。还含有树脂、挥发油、有机酸等，可割制松香和提取松节油。

第二节　常用药用裸子植物

裸子植物在植物分类系统中作为一个类群存在，称为裸子植物门。裸子植物门分为苏铁纲、银杏纲、松柏纲、红豆杉纲和买麻藤纲，共 5 纲，9 目，12 科，71 属，近 800 种。

裸子植物发展的历史悠久，广布世界各地，主产北半球亚热带高山地区及温带至寒带地区，常形成大面积的森林，被称为"原始森林之母"。我国是裸子植物种类最多、资源最丰富的国家，有 11 科、41 属，近 300 种（包括引种栽培种类）。药用的近百种，大多为林业生产上的重要用材树种，或供作纤维、单宁、松脂及药用等，具有很高的经济价值。

一、苏铁科 Cycadaceae

常绿木本植物，树干粗壮，单一不分枝。圆柱形，密被宿存的叶基和叶痕；叶螺旋状排列，有鳞叶及营养叶，二者相互成环着生；鳞叶小，密被褐色毡毛；营养叶大，羽状深裂，稀二回羽状深裂，集生于树干顶或块状茎上；雌雄异株，小孢子叶球顶生，小孢子叶鳞片状或盾状，螺旋排列，腹面生有多数小孢子囊；大孢子叶扁平，上部羽状分裂或几不分裂，生于干顶，羽状叶与鳞状叶之间，胚珠 2～10 枚，生于大孢子叶柄的两侧，不形成球花，或大孢子叶盾状，螺旋排列于中轴上呈球花状，顶生，胚珠 2，生于大孢子叶两侧；种子核果状，卵圆形，微扁，顶凹，长 2～4cm，熟时朱红色。有三层种皮，胚乳丰富。本科共 9 属，约 110 种，分布于热带和亚热带地区，我国仅有苏铁属 1 属，共 8 种，产于东南、华南及西南部。

【药用植物】

苏铁（铁树）*Cycas revoluta* Thunb. 柱状主干，高约 2m，稀更高，常不分枝。树干上有明显螺旋状排列的菱形叶柄残痕，顶端簇生大型一回羽状深裂的叶，下层的向下弯，上层的斜上伸展。羽状裂片达 100 对以上，小叶线形，初生时内卷，后向上斜展，微呈 "V" 字形，边缘向下反卷，厚革质，坚硬，有光泽，先端锐尖，中央微凹，中脉显著隆起，叶背密生锈色绒毛或无毛。雌雄异株，6～8 月开花，雄球花圆柱形，黄色，长 30～70cm，径 8～15cm，有短梗，密被黄褐色绒毛，直立于茎顶；小孢子叶窄楔形，

图 14-1　苏铁
a. 聚生的小孢子囊　b. 大孢子叶及种子

长 3.5～6cm，顶端宽平，其两角近圆形，宽 1.7～2.5cm，有急尖头，直立，下部渐窄，花药通常 3 个聚生；大孢子叶长 14～22cm，密生淡黄色或淡灰黄色绒毛，上部的顶片卵形至长卵形，边缘羽状分裂，裂片 12～18 对，条状钻形，长 2.5～6cm，先端有刺状尖头，胚珠 2～6 枚，生于大孢子叶柄的两侧，有绒毛。种子红褐色或橘红色，倒卵圆形或卵圆形，稍扁，长 2～4cm，径 1.5～3cm，密生灰黄色短绒毛，后渐脱落。花期 6～8 月，种子 10 月成熟。见图 14-1。

苏铁观赏树种，茎髓富含淀粉，可供食用，种子含油和丰富淀粉，供食用和药用。种子（有毒）理气止痛，益肾固精；叶收敛止血、止痢；根祛风活络，补肾。

本科全世界有 17 种，分布于亚洲东部及东南部、大洋洲及马达加斯加等热带、亚热带地区。我国有 8 种，产于台湾、广东、海南、福建、广西、云南、四川等省区。

本科植物还有华南苏铁 *Cycas rumphii* Miq.　湖南、广东、广西各地有栽培，根消肿解毒；云南苏铁 *C. siamensis* Miq. 云南、广东、广西有栽培，根、茎、叶消炎解毒，治疗慢性肝炎、难产；叶可降血压。

二、银杏科 Ginkgoaceae

高大落叶乔木，高达 40m，胸径可达 4m，有长枝与生长缓慢的距状短枝。叶互生，在长枝上辐射状散生，在短枝上 3～5 枚成簇生状，有细长的叶柄，扇形，两面淡绿色，在宽阔的顶缘多少具缺刻或 2 裂，宽 5～8（15）cm，具多数叉状细脉。雌雄异株，稀同株，球花单生于短枝的叶腋；雄球花成葇荑花序状，雄蕊多数，各有 2 花药；雌球花有长梗，梗端常分两叉（稀 3～5 叉），叉端生 1 具有盘状珠托的胚珠，常 1 个胚珠发育成发育种子。种子核果状，具长梗，下垂，椭圆形、长圆状倒卵形、卵圆形或近球形，长 2.5～3.5cm，直径 1.5～2cm；假种皮肉质，被白粉，成熟时淡黄色或橙黄色；种皮骨质，白色，常具 2（稀 3）纵棱；内种皮膜质，淡红褐色，花期 4～5 月，种子 9～10 月成熟。

本科仅 1 属 1 种，为我国特有，分布于我国中部至西部，现国内外已广为栽培。

【药用植物】

银杏 *Ginkgo biloba* L. 又名白果树、公孙树。落叶大乔木，胸径可达 4m，幼树树皮近平滑，浅灰色，大树之皮灰褐色，不规则纵裂，粗糙；有长枝与生长缓慢的距状短枝。枝近轮生，斜上伸展；叶互生，在长枝上辐射状散生，在短枝上 3~5 枚成簇生状，有细长的叶柄，扇形，两面淡绿色，无毛，叶脉为二歧状分叉叶脉。秋季落叶前变为黄色。

球花雌雄异株，单性，呈簇生状。4 月开花，10 月成熟，种子具长梗，下垂，常为椭圆形、长倒卵形、卵圆形或近圆球形，假种皮骨质，白色，常具 2 纵棱。

银杏是孑遗的稀有树种。种子可入药，有润肺止咳的功效；叶具镇咳止喘、清热利湿的功效，见图 14-2。

图 14-2　银杏

三、松科 Pinaceae

常绿或落叶乔木，稀灌木，茎干端直；叶线形或针形，线形叶扁平，稀四棱形，针形叶 2~5 针成一束；花单性，雌雄同株，具多数雄蕊，每雄蕊具 2 花药，药室纵裂、横裂或斜裂，花粉的两侧有显著的气囊或无气囊；雌球花由多数苞鳞和珠鳞组成。球果直立或下垂种子具膜质长翅，稀无翅或近无翅。本科共 10 属，约 230 余种，多产于北半球。我国有 10 属，约 113 种，遍布于全国，绝大多数都是森林树种和用材树种，有些树种可采油脂。本科药用 8 属，共 48 种。

【药用植物】

红松 *Pinus koraiensis* Sieb. et Zucc. 常绿乔木，高可达 30m，胸径 1m；树皮灰褐色或灰色，纵裂成不规则的长方鳞状块片，裂片脱落后露出红褐色的内皮；针叶 5 针一束，长 6~12cm，粗，硬，直，深绿色，边缘具细锯齿，背面通常无气孔线，横切面近三角形。雄球花椭圆状圆柱形，红黄色，多数密集于新枝下部成穗状；雌球花绿褐色，圆柱状卵圆形，直立单生或数个集生于新枝近顶端，具粗长的梗。球果圆锥状卵圆形、圆锥状长卵圆形或卵状矩圆形，长 9~14cm，径 6~8cm，梗长 1~1.5cm，成熟后种鳞不张开，或稍微张开而露出种子，但种子不脱落。种鳞菱形，上部渐窄而开展，先端钝，向外反曲，鳞盾黄褐色或微带灰绿色，三角形或斜方状三角形，下部底边截形或微成宽楔形，表面有皱纹，鳞脐不显著；种子大，着生于种鳞腹面下部的凹槽中，无翅或顶端及上部两侧微具棱脊，暗紫褐色或褐色，倒卵状三角形，花期 6 月，球果第二年 9~10 月成熟。

植株各部分均可入药，花粉即松花粉，祛风益气，收湿，止血。瘤状节或分枝节称油松节，祛风燥湿，活络、止痛；种子称松子仁，润肺，滑肠。用于肺燥咳嗽，慢性便秘。

其他药用植物还有：油松 *P. tabulaeformis* Carr.、云南松 *P. yunnanensis* Faranch.、马尾松 *P. massoniana* Lamb. 等。药用功效与红松相似。

四、柏科 Cupressaceae

常绿乔木或灌木。叶交叉对生或 3～4 片轮生，稀螺旋状着生，鳞形或刺形，或同一树本兼有两型叶。球花单性，雌雄同株或异株，单生枝顶或叶腋；雄球花具 3～8 对交叉对生的雄蕊，每雄蕊有 2～6 花药，花粉无气囊；雌球花有 3～16 枚交叉对生或 3～4 片轮生的珠鳞，全部或部分珠鳞的腹面基部有 1 至多数直立胚珠，苞鳞与珠鳞完全合生。球果圆球形、卵圆形或圆柱形；种鳞薄或厚，扁平或盾形，木质或近革质，熟时张开，或肉质合生呈浆果状，熟时不裂或仅顶端微开裂，发育种鳞有 1 至多粒种子；种子周围具窄翅或无翅，或上端有一长一短之翅。

柏科共 22 属约 150 种，分布于南北两半球。我国产 8 属 29 种 7 变种，分布几遍全国，多为优良的用材树种及园林绿化树种。

【药用植物】

侧柏 *Platycladus orientalis*（L.）Franco. 常绿乔木，高达 20 余米，胸径 1m；树皮薄，浅灰褐色，纵裂成条片；枝条向上伸展或斜展；生鳞叶的小枝细，向上直展或斜展，扁平，排成一平面。叶鳞形，长 1～3mm，先端微钝，背部有钝脊，尖头的下方有腺点。雄球花黄色，卵圆形，长约 2mm；雌球花近球形，径约 2mm，蓝绿色，被白粉。球果近卵圆形，长 1.5～2cm，成熟前近肉质，蓝绿色，被白粉，成熟后木质，开裂，红褐色；中间两对种鳞倒卵形或椭圆形，鳞背顶端的下方有一向外弯曲的尖头，上部 1 对种鳞窄长，近柱状，顶端有向上的尖头，下部 1 对种鳞极小，长达 13mm，稀退化而不显著。种子卵圆形或近椭圆形，顶端微尖，灰褐色或紫褐色，长 6～8mm，稍有棱脊，无翅或有极窄翅。花期 3～4 月，球果 10 月成熟。

侧柏叶和枝入药，收敛止血、利尿健胃、解毒散瘀；种子有安神、滋补强壮之效。

五、红豆杉科 Taxaceae

常绿乔木或灌木。叶条形或披针形，螺旋状排列或交叉对生，上面中脉明显、下面沿中脉两侧各有 1 条气孔带，叶内有树脂道或无。球花单性，雌雄异株，稀同株；雄球花单生叶腋或苞腋，或组成穗状花序集生于枝顶，雄蕊多数，各有 3～9 个辐射排列或向外一边排列有背腹面区别的花药，药室纵裂，花粉无气囊；雌球花单生或成对生于叶腋或苞片腋部，有梗或无梗，基部具多数覆瓦状排列或交叉对生的苞片，胚珠 1 枚，直立，生于花轴顶端或侧生于短轴顶端的苞腋，基部具辐射对称的盘状或漏斗状珠托。种子核果状或坚果状，包于肉质假种皮中；胚乳丰富；子叶 2 枚。

本科有 5 属，20 余种，主要分布于北半球。我国有 4 属，12 种及 1 栽培种。

【药用植物】

红豆杉 *Taxus chinensis* (Pilger) Rehd. 又名紫杉，高大乔木，高可达30m，胸径达1m；树皮灰褐色、红褐色或暗褐色，裂成条片脱落；一年生枝绿色或淡黄绿色，秋季变成绿黄色或淡红褐色，二三年生枝黄褐色、淡红褐色或灰褐色；冬芽黄褐色、淡褐色或红褐色，有光泽；冬芽鳞片背部圆或有钝棱脊；叶条形，雌雄异株，种子扁圆形。叶螺旋状互生，基部扭转为二列，条形略微弯曲，长1~2.5cm，宽2~2.5mm，叶缘微反曲，叶端渐尖，叶背有2条宽黄绿色或灰绿色气孔带，中脉上密生有细小凸点，叶缘绿带极窄，雌雄异株，雄球花单生于叶腋，雌球花的胚珠单生于花轴上部侧生短轴的顶端，基部有圆盘状假种皮。种子扁卵圆形，有2棱，种卵圆形，假种皮杯状，红色。肉质，富浆汁。上一年形成花苞，第二年花期5~6月，种子9~10月成熟，见图14-3。

图14-3 红豆杉

红豆杉为第四纪冰川孑遗植物。红豆杉茎皮中含有紫杉醇等数种抗癌活性成分。由于在自然条件下红豆杉生长速度缓慢，再生能力差，一直以来，世界范围内还没有形成大规模的红豆杉原料林基地。我国已将其列为一级珍稀濒危保护植物，联合国也明令禁止采伐。

本科植物还有香榧 *T. grandis* Fort.，为我国特有树种，产华东、湖南及贵州等地。种子药用，主治虫积腹痛、小儿疳积、肺燥咳嗽、便秘、痔疮、小儿遗尿等病症。

六、三尖杉科 Cephalotaxaceae

常绿乔木或灌木。小枝对生；叶条形或条状披针形，交互对生，在侧枝上基部扭转而排成2列，背面有白粉带2条；树皮灰褐色至红褐色，老时成不规则片状剥落；小枝对生，基部有宿存芽鳞。叶螺旋状排成2列，较疏，常水平展开，线状披针形，基部扭转，排成二列，微弯，条形，通常直，长3.5~13mm，宽3~4.5mm，上部渐狭，先端有渐尖的长尖头，基部渐狭，楔形或宽楔形。花单性异株；雄球花生于枝上端叶腋，球形，具短柄，每个雄球花有6~16雄蕊，基部具1苞片；雌球花具长梗，生于枝下部叶腋，由数对交互对生的苞片组成，每苞有2直立胚珠。种子卵圆形、近圆形或椭圆状卵形，微扁，长1.8~2.5cm，绿色，核果状，外种皮肉质，熟时紫色或紫红色，内种皮坚硬。

本科仅有三尖杉属1属，9种。我国产7种，3变种。主要分布在东亚，尤其是我国的华中、华南和台湾。材质优良，富有弹性，可供制农具、文具、工艺等用；枝、叶、根、种子可提取多种植物碱，供制抗癌药物；种子榨油供工业用；树冠优美，可作庭园树种。

【药用植物】

三尖杉 *Cephalotaxus fortunei* Hook. f. 常绿乔木，高达20m，胸径达40cm；树皮褐色或红褐色，裂成片状脱落；枝条较细长，稍下垂；叶排成两列，披针状条形，常弯曲，长4~13cm，宽3.5~4.5mm，上部渐窄，先端有渐尖的长尖头，基部楔形或宽楔形，上面深绿色，中脉隆起，下面气孔带白色。雄球花8~10聚生成头状，总花梗粗，通常长6~8mm，基部及总花梗上部有18~24枚苞片，每一雄球花有6~16枚雄蕊，花药3，花丝短；种子椭圆状卵形或近圆球形，长约2.5cm，假种皮成熟时紫色或红紫色，顶端有小尖头；花期4月，种子8~10月成熟，见图14-4（1~2）。

三尖杉科三尖杉，是亚热带特有植物，产于浙江、安徽南部、福建、江西、湖南等省区。三尖杉为古老孑遗植物，具有驱虫、消积、抗癌的功能。用于咳嗽，食积，蛔虫、钩虫病。由于其叶、枝、种子及根等可提取多种植物碱，可治疗癌症。

图14-4-1 三尖杉

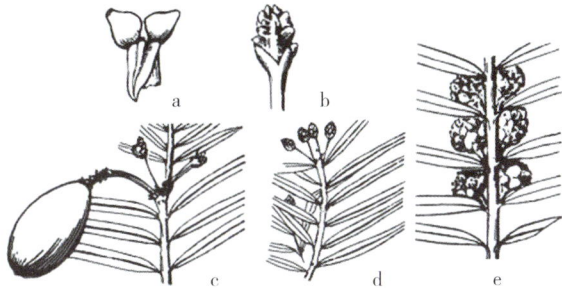

图14-4-2 三尖杉
a. 种子及大孢子叶球枝 b. 大孢子叶球
c. 小孢子叶球 d. 小孢子叶 e. 核果状种子

七、麻黄科 Ephedraceae

多分枝的灌木、亚灌木或呈草本状，植株通常矮小，高5~100cm，稀高达5~8m；或为缠绕灌木，茎直立或匍匐；小枝对生或轮生，绿色，具节，节间有多条细纵槽纹。叶退化成膜质，2~3片在节上对生或轮生，约1/2或2/3合生成鞘，上部呈三角状裂齿，稀成丝状而长达1cm。雌雄异株，稀同株，球花卵圆形或椭圆形，生枝顶或叶腋，具2~8对交互对生或轮生（每轮3枚）膜质苞片；雄球花单生或数个丛生，或3~5个组成复穗花序，每苞腋生1雄花，雄花具膜质、仅顶端分离的假花被，雄蕊2~8，花丝连合成1~2束，花药1~3室，花粉椭圆形，纵肋逐渐向两端汇合，但不连接，无萌发孔；雌球花顶端1~3枚苞片，腋部生有雌花，雌花具革质、囊状假花被。雌球花发育后苞片增厚成肉质、红色或橘红色，稀为膜质，假花被发育成革质假种皮；种子具肉质或粉质胚乳。

该科仅麻黄属1属，约40种，分布于亚洲、美洲、欧洲东南部及非洲北部的干旱荒漠及草原地带。我国有12种、4变种，分布区较广，麻黄属多为旱生性或半旱生性植物，生于沙丘、半沙漠、草原、荒漠及多沙、多岩石、多石砾的干旱地区。

【药用植物】

草麻黄 *Ephedra sinica* Stapf. 草本状灌木，高 20～40cm；木质茎短或成匍匐状。叶 2 裂，裂片锐三角形，先端急尖。雄球花多成复穗状，具总梗，花丝合生，稀先端稍分离；雌球花单生，在幼枝上顶生，在老枝上腋生，卵圆形或矩圆状卵圆形，雌球花成熟时肉质红色，矩圆状卵圆形或近于圆球形，长约 8mm，径 6～7mm；种子通常 2 粒，包于苞片内，黑红色或灰褐色，三角状卵圆形或宽卵圆形，长 5～6mm，径 2.5～3.5mm，表面具细皱纹，种脐明显，半圆形。花期 5～6 月，种子 8～9 月成熟，见图 14 –5。

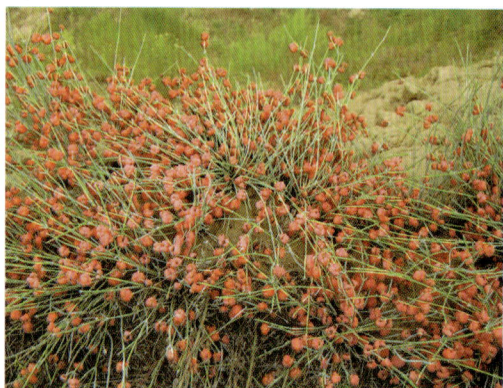

图 14 –5 草麻黄

麻黄以草麻黄、木贼麻黄（*Ephedra equisetina* Bge. ）与中麻黄（*Ephedra intermedia* Schr. et Mey. ）的草质茎入药，具有解表、散寒、平喘、止咳、利水等功能和松弛平滑肌、收缩血管及中枢兴奋等作用。可治风寒感冒、风寒咳嗽、气喘、水肿及支气管哮喘等病。麻黄根用于止汗，为收敛要药。

第十五章　被子植物门

第一节　被子植物概述

一、被子植物特征

被子植物是在植物界中最进化、最高级、种类最丰富、分布最广泛的类群，有植物1 万多属，20 多万种，占植物种类的1/2；我国有植物1 万多属，近 3 万种，是药用植物最多的原料来源。其主要特征：孢子体高度发达，木本、藤本与草本；有高度发达的输导组织，木质部中有导管，韧皮部中有筛管、伴胞，使输导组织结构和生理功能更加完善；单叶或复叶，网状脉或平行脉，有托叶或无；具典型的花，完全花或不完全花，或缺某一花部而成的单被花、无被花或单性花；雌蕊由 1 至多心皮构成，胚珠生于子房中，由柱头接受花粉，经双受精作用，子房或子房连同花托、花萼等发育成果实，胚珠发育成种子；有胚乳或无，子叶 1~2 枚。

二、被子植物演化规律

植物的演化不能孤立地只根据某一条规律来判断一个植物的进化是原始的，因为同一植物形态特征的演化不是同步的，同一性状在不同植物的进化意义也非绝对的，而应该综合分析。植物演变的趋向是植物分类顺序的依据，通常所说的植物传统分类法或经典分类法，是以植物的形态特征，尤其是"花"的形态特征为主要依据进行分类的。被子植物系统演化有两大学派，其争论的焦点在于被子植物的"花"的来源上，意见分歧较大，即"假花学派"与"真花学派"两大学派。"假花学派"设想原始被子植物是具单性花的，裸子植物中的麻黄、买麻藤等单性花为主；"真花学派"设想被子植物的花是原始裸子植物中的苏铁等两性孢子叶球演化而来的，其孢子叶球上的苞片演变为花被，小孢子叶演变为雄蕊，大孢子叶演变为雌蕊（心皮），再由孢子叶球轴演变为花轴。

第二节　被子植物分类和药用植物

被子植物的分类系统不少，目前世界上采用得比较多的系统，便是恩格勒系统和哈钦松系统。恩格勒（A. Engler）系统经过多次修订，最终把双子叶植物放在单子叶植物之前进行分类，被子植物共分有 62 目，344 科，其中双子叶植物 48 目，290 科，单子叶植物 14 目，54 科。哈钦松（J. Hutchinson）系统将被子植物共分有 111 目，411 科，其中双子叶植物 82 目，342 科，单子叶植物 29 目，69 科。哈钦松系统认为多心皮的木兰目、毛茛目是被子植物的原始类群，但过分强调了木本和草本两个来源。

被子植物按照恩格勒系统，根据其特征将植物分为两个纲，即双子叶植物纲与单子叶植物纲。其主要区别如下：

	双子叶植物纲	单子叶植物纲
根	直根系	须根系
茎	维管束环状，有形成层	维管束成星散状，无形成层
叶	具有网状脉	具平行脉或弧形脉
花	各部基数为 5 或 4，花粉粒具 3 个萌发孔	花基数为 3，花粉粒具单个萌发孔
胚	具 2 枚子叶	具 1 片子叶

这些区别特征并不是绝对的，对于两纲中的大多数植物来说，是实用的。但是还有些交错现象，也是客观存在的。如双子叶植物纲中的菊科、毛茛科、车前草科等中有须根系植物；毛茛科、胡椒科，石竹科等中有维管束成散生排列的植物；木兰科、樟科、小檗科等中有 3 基数的花；睡莲科、罂粟科、伞形科等中有 1 枚子叶的现象。在单子叶植物纲中的百合科、天南星科、薯蓣科等中有网状脉；百合科、百部科、眼子菜科等中有 4 基数的花。

一、双子叶植物纲 Dicotyledoneae

双子叶植物纲分离瓣花亚纲（原始花被亚纲）和合瓣花亚纲（后生花被亚纲）两亚纲。

（一）离瓣花亚纲 Choripetalae

离瓣花亚纲又叫原始花被亚纲 Archichlamydeae，多为无花被，单被花或有花萼和花冠区别，花瓣（或花被）通常分离，雄蕊和花冠离生。

1. 三白草科 Saururaceae

$\male\female * P_0 A_{3-8} \underline{G}_{3-4:1:2-4,(3-4:1:\infty)}$

多年生草本。根状茎直立或匍匐；单叶互生，具托叶，常与叶柄基部合生；花两性，无花被；穗状或总状花序，花序基部具白色总苞片；雄蕊 3~8 枚，花丝分离，花药 2 室，子房上位或下位，3~4 心皮，离生或合生，离生心皮则每心皮具 2~4 胚珠，合生心皮则为 1 室的侧膜胎座，胚珠多数，花柱分离。蓇葖果，浆果或蒴果。

本科 5 属 7 种，分布于东亚和北美。我国约有 4 属 5 种，分布于我国东南至西南部；全部可供药用。

本科显微结构常有分泌组织、油细胞、腺毛、分泌道。

本科植物含挥发油，其成分为癸酰乙醛、月桂醛、甲基正壬甲酮，黄酮类等。

【药用植物】

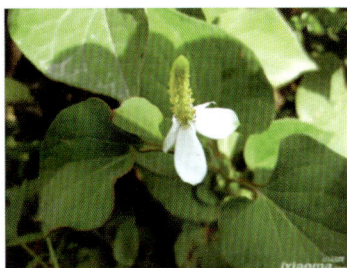

图 15 – 1　鱼腥草

蕺菜 *Houttuynia cordata* Thunb. 又名侧耳根、鱼腥草，多年生草本，具有鱼腥气味。根状茎白色。茎直立，常带紫红色。单叶互生，心形或宽卵形，上面绿色，背面带紫红色，被短毛；叶柄基部与条形托叶合生。穗状花序，总苞片 4，白色花瓣状；雄蕊 3 枚，雌蕊 3 心皮合生，侧膜胎座，胚珠多数。蒴果，种子多数。分布于我国西南部、中部、南部与东部各地。生于山坡潮湿林下、路旁或沟边。含挥发油、蕺菜碱与钾盐等成分；全草入药（鱼腥草）能清热解毒，消痈排脓，利尿通淋。见图 15 – 1。

本科常见的还有三白草 *Saururus chinensis* (Lour.) Baill. 又名白节藕，多年生草本。根状茎白色，具节。叶互生，长卵形或长卵状披针形。总状花序顶生，雄蕊 6，雌蕊由 4 枚心皮合生。蒴果，分裂为 3~4 瓣裂。分布于长江以南各省区。生于沟边湿地。含槲皮素、金丝桃苷等有效成分；根状茎或全草能清热解毒，利水消肿。见图 15 – 2（1~2）。

图 15 – 2 – 1　三白草

图 15 – 2 – 2 三白草

2. 桑科 Moraceae

♂$P_{4~6}A_{4~6}$；♀$P_{4~6}G_{(2:1:1)}$

多为木本，稀草本，木本常具乳汁。叶多互生，稀对生，托叶早落。花小，常集成头状、穗状、菜荑花序或隐头花序，单性，同株或异株；单被花，花被片通常 4~6，雄蕊与花被片同数且对生；子房上位，2 心皮合生，通常 1 室，每室有 1 胚珠。常为聚花果，由瘦果、坚果组成。

本科 60 属 3000 余种，分市于热带与亚热带地区。我国产 12 属 160 余种，主产于长江以南各省区。已知药用的有 15 属，约 80 种。

本科显微结构常有内皮层或韧皮部有乳汁管，叶内常有钟乳体。

本科植物含黄酮类、强心苷类、生物碱类、酚类等。

【药用植物】

桑 *Morus alba* L. 又名桑树、桑白皮，落叶乔木或灌木，具乳汁。根褐黄色。单叶互生，卵形或宽卵形，有时分裂，托叶早落。花单性，雌雄异株，荑葇花序腋生；雄花花被片4，雄蕊4，与花被片对生，中间具退化雌蕊，雌蕊2心皮组成，子房上位，1室1胚珠。瘦果包于肉质花被片中，形成聚花果，成熟紫黑色。分布全国各地。根皮含桦木酸以及黄酮类衍生物；能泻肺平喘，利水消肿。枝含桑色素、桑橙素等化合物；能祛风清热，通络。叶含胡萝卜素、腺嘌呤、胆碱等物质；能疏风清热，清肝明目。桑椹能滋补肝肾，养血。见图15－3。

大麻 *Cannabis sativa* L. 又名火麻仁，一年生高大草本。皮层富含纤维。叶互生或下部对生，掌状全裂，裂片3～9，披针形。花单性，雌雄异株；雄花集成圆锥花序，花被片5，雄蕊5；雌花丛生叶腋，每花有1苞片，卵形，花被片1，小形，膜质；子房上位，花柱2。瘦果扁卵形，为宿存苞片所包被，有细网纹。各地常有栽培。种子（火麻仁）能润燥滑肠，利水通淋，活血。雌株的幼果含多种大麻酚类为毒品。见图15－4。

图15－3　桑　　　　　　　　　　　图15－4　大麻

薜荔 *Ficus pumila* L.，又名鬼馒头，常绿攀缘灌木。具白色乳汁。叶二型：生隐头花序的枝上的叶较大近革质，背面网状脉凸起成蜂窝状；不生隐头花序的枝上的叶小且较薄。隐头花序单生叶腋，雄花序较小，雌花序较大；雄花序中生有雄花和瘿花，雄花有雄蕊2。分布于华东、华南和西南。生于丘陵地区。隐头果能补肾固精，清热利湿，活血通经。茎叶能祛风除湿，活血通络，解毒消肿。见图15－5（1～2）。

图15－5　薜荔

本科还有构树 *B. papyrifera*（L.）Vent. 分布于黄河、长江与珠江流域地区，果实叫楮实子，能补肾清肝，明目，利尿；根皮利尿止泻；叶祛风湿，降血压；乳汁能治癣。小构树 *Broussonetia kazinoki* Sied. et Zucc. 分布于华中、华南、西南地区，根与茎能清热解毒，消积化瘀。啤酒花 *Humulus lupulus* L. 又叫忽布，新疆北部有野生，其余地区有栽培，未熟果序健脾，安神，止咳化痰，也是制啤酒的原料之一。无花果 *Ficus carica* L. 原产地中海与西南亚，我国引种栽培，隐花果润肺止咳，清热润肠。葎草 *Humulus. scandens*（Lour.）Merr.，全国大部分地区均有分布，全草清热，利尿，消瘀，解毒。

3. 马兜铃科 Aristolochiaceae

$$ ⚥ \quad * \quad ↑ \quad P_{(3)} \quad A_{6\sim12} \quad \overline{G}_{(4\sim6:4\sim6:\infty)} \quad \overline{G}_{(4\sim6:4\sim6:\infty)} $$

多年生草本或藤本。单叶互生，叶基部常心形，全缘。花两性，辐射对称或两侧对称，花单被，常为花瓣状，多合生成管状，顶端 3 裂或向一方扩大，雄蕊 6～12，花丝短，分离或与花柱合生；雌蕊心皮 4～6，合生；子房下位或半下位，4～6 室；胚珠多数。蒴果。

本科 8 属 600 余种，分布于热带与亚热带地区。我国产 4 属 100 种左右，主要产于南北各省区。绝大多数种类均入药。

本科显微结构中茎的髓射线宽而长，使维管束互相分离。

本科植物含挥发油类、生物碱类和特征性成分的马兜铃酸等。

【药用植物】

北细辛 *Asarum heterotropoides* Fr. Schmidt var. *mandshuricum*（Maxim.）Kitag.，又名辽细辛，多年生草本。根状茎横走，下部具多数须根，有浓烈香味。叶基生，常 2 片，叶片卵状心形或近肾形，上面脉上被短柔毛，下面被密毛，叶柄较长。花单生于叶腋，花梗在近花被管处弯曲，花被管壶形或半球形，紫棕色，先端 3 裂，裂片反折；雄蕊 12，着生于子房中下部，花丝与花药近等长；子房半下位，花柱 6。蒴果浆果状，半球形。种子细小。分布东北三省。生于林下阴湿处。北细辛含挥发油、其主要成分为甲基丁青酚、马兜铃酸 A 等有效成分；全草能祛风散寒，通窍止痛等。见图 15 – 6。

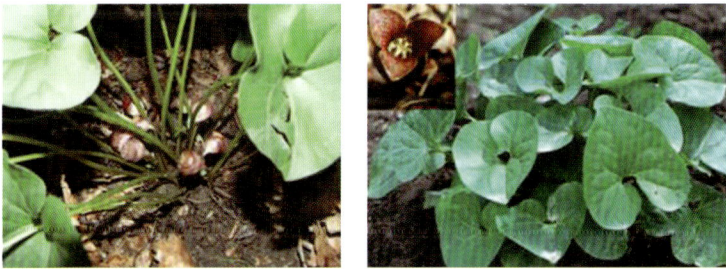

图 15 – 6　北细辛

同属的华细辛 *A. sieboldii* Miq. 分布于华东、河南、陕西、湖北、四川等；单叶细辛 *A. himalaicum* Hook. f. et Thoms. 分布于湖北、陕西、甘肃以及西南各省区；双叶细辛 *A. caulescens* Maxim. 分布于陕西、甘肃、湖北、四川、贵州等省区；尾花细辛 *A. caudigerum* Hance，分布于华东、华南、西南各省区；短尾细辛 *A. caudigerellum* C. Y. et C. Yang，分布于四川、湖北等地。小叶马蹄香 *A. ichangense* C. Y. Cheng et C. S. Yang，分布于华东、湖北、湖南等地。这些种类，均可当细辛使用，或有时称土细辛，其效用同北细辛。

马兜铃 *Aristolochia debilis* Sieb. et Zucc. 多年生缠绕性草本。根圆柱状，土黄色。叶互生，三角状狭卵形，基部心形。花被管弯曲呈喇叭状，暗紫色，基部膨大成球状，上部逐渐扩大成一偏斜的舌片；雄蕊 6，子房下位，6 室。蒴果近球形，成熟时自基部向上开裂，细长果柄裂成 6 条。分布于黄河以南至广西。生于阴湿处及山坡灌丛。根（青木香）能平肝止痛，行气消肿。茎（天仙藤）能行气活血，利水消肿。根和茎用量过大易中毒而引起肾功能衰竭。现在已经禁用。果实（马兜铃）能清肺化痰，止渴平喘。见图 15 - 7。

图 15 - 7　马兜铃

北马兜铃 *A. contorta* Bge. 与上种主要区别为花 3 ~ 10 朵簇生于叶腋，花被侧片顶端有线状尾尖，叶片宽卵状心形。分布于我国北方。生活环境、药用部位、功效均同马兜铃。

此外，还有广防己 *A. fangchi* Wu ex L. D. Chou et S. M. 分布于华南和贵州、云南等省。根能祛风止痛，清热利水。

4. 蓼科 Polygonaceae

$\male\female * P_{3 \sim 6, (3 \sim 6)} A_{3 \sim 9} \underline{G}_{(2 \sim 4:1:1)}$

多年生草本。茎节膨大。具有膜质托叶鞘。单叶互生。花整齐，多两性，排列成穗状、圆锥状或头状花序。花单被，花被片分离或基部合生，常花瓣状，宿存；雄蕊常 6 ~ 9。子房上位，基生胎座，1 室 1 胚珠。瘦果具三棱，包于宿存花被中，多有翅。

本科 30 属 800 多种，分布北温带。我国产 14 属 200 余种，全国各地均有分布。已知 8 属 120 多种入药。

本科植物显微结构常含草酸钙簇晶，根茎的髓部常有异型维管束。

本科植物常含蒽醌类（大黄素、大黄酸、大黄酚等）；黄酮类（芸香苷、槲皮苷等）；鞣质类（没食子酸、并没食子酸等）；苷类（土大黄苷、虎杖苷等）等成分。

【药用植物】

掌叶大黄 *Rheum palmatum* L. 多年生高大草本。根和根状茎粗壮，肉质，断面黄色。基生叶有长柄，叶片掌状深裂；茎生叶较小，柄短；托叶鞘长筒状。圆锥花序大型顶生；花小；紫红色；花被片 6，2 轮；雄蕊 9；花柱 3。瘦果具 3 棱翅，暗紫色。分布于甘肃、四川西部、陕西、青海和西藏等省区。生于高寒山区，多有栽培。根及根状茎（大黄）能泻热通肠，凉血解毒，逐瘀通经。见图15-8。

图15-8　掌叶大黄

同属植物唐古特大黄 *R. tanguticum* Maxim. ex Balf.，叶片深裂，裂片通常窄长，呈三角状披针形或窄线形。分布于青海、甘肃、四川西部和西藏等地。药用大黄 *R. officinalis* Baill. 叶片浅裂，浅裂片呈大齿形或宽三角形。花较大，黄白色。分布于陕西、湖北、四川、云南等地。它们的根和根状茎均为正品大黄，功效同掌叶大黄。

何首乌 *Polygonum multiflorum* Thunb.，多年生缠绕性草本。块根长圆形或纺锤形，暗褐色。叶卵状心形，有长柄，托叶鞘短筒状。大型圆锥花序，花小，白色；花被5裂，外侧3片，背部有翅。瘦果具三棱。各地均有分布。生于荒坡、灌丛中阴湿处。块根含卵磷脂、羟基蒽醌衍生物，大黄酚等，能解毒消痈，润肠通便；制首乌能补肝肾，益精血，乌须发，强筋骨。茎藤（首乌藤、夜交藤）能养血安神，祛风通络。见图15-9。

图15-9　何首乌

虎杖 *Polygonum cuspidatum* Sieb. et Zucc.，又名花斑竹，多年生粗壮草本。根状茎横生粗大，黄色或棕黄色。茎中空，散生紫红色斑点。叶阔卵形，托叶鞘短筒状。花单性异株，圆锥花序；花被片5，白色或绿白色，2轮，外轮3片在果期增大，背部成翅状。雄蕊8，花柱3。瘦果卵圆形，有三棱，包于宿存花被内。分布于我国除东北以外的各省区。生于山谷溪边。根和根状茎能祛风利湿，散瘀定痛，止咳化痰。见图15-10。

图 15 – 10　虎杖

本科还有常见的巴天酸模 R. patientia L. 基生叶卵状披针形；果实内轮花被全缘。分布于东北、华北、西北各省区。根入药，效用同羊蹄。拳参 P. bistorta L. 分布东北、华北、华东、华中等地，根状茎能清热解毒，消肿止血。萹蓄 Polygonum aviculare L. 全国各地均产。全草能利尿通淋，止痒。羊蹄 Rumex japonicus Houtt. 分布于长江以南各省区。生于阴湿的草丛中。根含蒽醌类化合物，如大黄酚、大黄素等；能清热解毒，止血，通便。牛耳大黄 Rumen nepelensis Spreng. 分布于陕西、甘肃、湖北、四川、贵州、云南与西藏等省区。生于路旁、草坪阴湿处。根含蒽醌类衍生物，如牛耳大黄素等；能清热解毒，凉血，止血，通便。红蓼 P. orientale L. 又名荭草，分布于全国各省区。果实又称水红花子，能散血消癥，消积止痛。蓼蓝 P. tinctorium Ait. 分布于辽宁、黄河流域以南各地。多为栽培，叶叫大青叶，能清热解毒，凉血；叶是加工青黛的原料，青黛能清热解毒，定惊。天荞麦 Fagopyrum cymosum（Trev.）Meisn. 又名野荞麦，分布于华东、华中、华南、西南等地，块根清热解毒、散结、健脾。

5. 苋科 Amaranthaceae

$\male\female$ * $P_{3\sim5}A_{3\sim5}\underline{G}_{(2\sim3:1:1\sim\infty)}$

草本。叶对生或互生，无托叶。花小，整齐，两性，少单性，聚伞花序排成穗状、头状或圆锥状，花被片 3 ~ 5，每花下具有于膜质苞片 1 枚，小苞片 2 枚；雄蕊 3 ~ 5 与花被片同数而对生，花丝分离或基部合生成杯状；子房上位，由 2 ~ 3 心皮组成，1 室，1 胚珠，稀多胚珠，少浆果或坚果。

本科 65 属 900 余种，分布于热带和温带地区。我国产 13 属 39 种，分布于全国各地。已知 9 属 28 种入药。

本科显微结构根中有异型维管束，排成同心环状；含草酸钙晶体，如砂晶、簇晶、针晶等。

本科植物含黄酮类、生物碱类、三萜皂苷类、甾类等。

【药用植物】

牛膝 Achyranthes bidentata Blume，又名怀牛膝，多年生草本。根长圆柱形，淡黄色。茎四棱形，节膨大。叶对生，椭圆形或椭圆状披针形，全缘，具柄。穗状花序顶生或腋生，花密，开放后花向下折而贴近于花序轴，苞片 1 枚，膜质，小苞片硬刺状；花被片

5；雄蕊5，花丝下部合生，退化雄蕊先端圆形，有时齿状。胞果包于宿存萼内。全国各地均产，主要栽培于河南。根含三萜皂苷、牛膝甾酮、蜕皮甾酮、生物碱等化学成分；能补肝肾，强筋骨，逐瘀通经。见图15－11。

图 15 – 11　牛膝

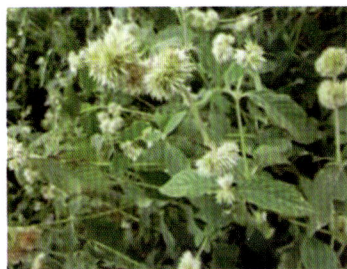

图 15 – 12　川牛膝

川牛膝 *Cyathula officinalis* Kuan，多年生草本。根圆柱形，近白色。茎多分枝，被糙毛。叶对生，叶片椭圆形或长椭圆形，两面被毛。花小，绿白色，密集成圆头状；苞腋有花数朵，两性花居中，花被5，雄蕊5，退化雄蕊先端齿裂，花丝基部合生成杯状；不育花居两侧，花被片多退化成钩状芒刺；子房1室，胚珠1。胞果长椭圆形。分布于四川、贵州及云南等省。生于林缘或山坡草丛中，多为栽培。根能活血祛瘀，祛风利湿。见图15－12。

本科植物还有青葙 *C. argentea* L.，穗状花序圆柱形或塔状。全国各地有野生或栽培。种子叫青葙子，能清肝，明目，退翳。鸡冠花 *Celosia cristata* L.，草本。穗状花序扁平，肉质似鸡冠状。全国各地有栽培。花序能收敛止血，止带。土牛膝 *A. aspera* L.，又名倒扣草，多年生草本。根细圆柱形，具须。茎四棱形，多分枝，节膨大。叶倒卵形或长椭圆形，具叶柄。退化雄蕊先端呈纤毛状。分布于西南、华南等地。生于路旁、荒坡草丛中。根含皂苷、齐墩果酸、甜菜碱等；能清热解毒，利尿。柳叶牛膝 *A. longifolia* (Makino) Makino f. rubra Ho，叶披针形，背面紫红色，茎淡红色。分布于长江以南地区，多栽培，根称红牛膝，活血通经，解毒。

6. 石竹科 Caryophyllaceae

$\male\female * K_{4\sim5,(4\sim5)} C_{4\sim5,0} A_{8\sim10} \underline{G}_{(2\sim5:1:\infty)}$

多年生草本。茎节膨大。单叶对生，全缘，常于基部连合。多为聚伞花序，花整齐，两性，辐射对称；萼片5，有时为4，分离或连合；花瓣4~5，常具爪，稀缺；雄蕊8~10，2轮排列；子房上位，雌蕊由2~5心皮组成1室，特立中央胎座，胚珠多数，稀少数。蒴果，齿裂或瓣裂，稀浆果。胚弯曲，具外胚乳。

本科88属2000余种，广布于世界各地，我国产32属400余种，全国各地均产。已知21属106种入药。

本科显微结构含草酸钙簇晶和砂晶；气孔轴式多为直轴式。

本科植物含有黄酮类、皂苷类等成分。

【药用植物】

瞿麦 *Dianthus superbus* L.，又名大菊，野麦。多年生草本。茎下部多分枝，直立，无毛。叶互生，线形或线状披针形，全缘，基部多少连合成鞘状。花单生或聚合成圆锥花序；小苞片4~6，宽卵形；花萼筒状，先端5裂，有细毛；花瓣5，淡红色、白色或淡紫红色，先端深裂成细线形，基部有须毛；雄蕊10枚；子房上位，花柱2，特立中央胎座，1室，多胚珠。蒴果圆筒状，先端齿裂，包在宿存的萼内。全国大部分地区均有分布。生于山坡、草丛中或岩石缝中。全草含皂苷，花含挥发油，油含有丁香酚等；能利水通淋，破血通经。见图15-13。

图 15-13　瞿麦

石竹 *D. chinensis* L. 苞片卵形，叶状，开张，长为萼筒的1/2，先端尾状渐尖；裂片宽披针形；花瓣通常紫红色，先端浅裂成锯齿状。全国大部分地区均有分布，也有栽培。生于山地、荒坡、路旁草丛中。全草作瞿麦用。见图15-14。

图 15-14　石竹　　　　　图 15-15　孩儿参

孩儿参 *Pseudostellaria heterophylla*（Maq.）Pax，又名太子参、异叶假繁缕，多年生草本。块根纺锤形，淡黄色。叶对生，下部叶匙形，上部叶长卵形或菱状卵形，茎顶端两对叶片较大，排成十字形。花二型：茎下部腋生小形闭锁花（即闭花受精花），萼片4，紫色，闭合，无花瓣，雄蕊2；茎上端的普通花较大，1~3朵，腋生，萼片5，花瓣5，白色，雄蕊10，花柱3。蒴果近球形。分布长江流域和西南等地区。生于山坡林下阴湿处。多栽培于贵州、福建等地。块根（太子参）能益气健脾，生津润肺。见图

15－15。

本科尚有银柴胡 *Stellaria dichotoma* L. var. *lanceolata* Bge. 主要分布于我国陕西、甘肃、内蒙古、宁夏等地。生于干燥的草原、悬岩的石缝或碎石中。根能清虚热，除疳积。金铁锁 *Psamrnosilene tunicoides* W. C. Wu et C. Y. Wu，分布于云南、贵州等省，根又名独钉子，能祛风除湿，活血祛瘀，止痛等。王不留行（麦蓝菜）*Vaccaria segetalis* (Neck.) Garcke，我国除华南外，各地均产。生于山坡、荒地或田边草丛中。能活血通经，下乳。

7. 毛茛科 Ranunculaceae

♀ * ↑ K$_{3\sim\infty}$C$_{3\sim\infty,0}$A$_{\infty}$G$_{1\sim\infty:1:1\sim\infty}$

多为草本，少有灌木或木质藤本。叶互生或基生，少数对生，单叶或复叶，通常掌状分裂，无托叶。花两性，少有单性，雌雄同株或雌雄异株，辐射对称，稀为两侧对称，单生或组成各种聚伞花序或总状花序。萼片下位，4～5，或较多，或较少，呈花瓣状，有颜色。花瓣存在或不存在，下位，4～5，或较多。雄蕊下位，多数，有时少数，螺旋状排列，花药2室，纵裂。心皮分生，少有合生，多数、少数或1枚，在多少隆起的花托上螺旋状排列或轮生；子房上位，1室，胚珠1至多数。聚合蓇葖果或聚合瘦果，少蒴果或浆果。

本科50属2000余种，主要分布于北温带。我国产42属800余种，全国各地均产。已知30属500余种入药。

本科显微结构维管束常具有"V"字形排列的导管，根和根茎中有皮层厚壁细胞，内皮层明显等。

本科植物多含生物碱类，黄酮类，皂苷类，强心苷类，香豆素类，四环三萜类，毛茛苷等。

【药用植物】

乌头 *Aconitum carmichaeli* Debx.，又名附子，多年生草本。母根圆锥形，似乌鸦头，周围常有数个附子。茎直立，被反曲短柔毛。叶互生，通常3全裂，中央裂片近羽状分裂，侧裂片2深裂。总状花序，密被反曲微柔毛，萼片5，蓝紫色；花瓣2，具长爪；雄蕊多数；心皮3～5。聚合蓇葖果。分布于长江中、下游各地区，北到秦岭与山东东部地区，南到广西境内。生于山地、林缘草丛中。各地有大量栽培，栽培后母根叫川乌。根含乌头碱、次乌头碱、中乌头碱等；能祛风除湿，温经止痛。附子能回阳救逆，补火助阳，逐风寒湿痹。见图15－16。

图15－16　乌头

还有黄花乌头 *A. coreanum* (Levl.) Rapaics，分布于东北与河北等地。块根称关白附，能祛风湿，止痛。短柄乌头 *A. brachypodium* Diels，分布于四川、云南等地，块根又叫雪上一支蒿，有大毒，能祛风湿，止痛。北乌头 *A. kusnezoffii* Reichb，叶3全裂，中裂片菱形，近羽状分裂，花序无毛。分布于东北、华北等地。块根作草乌用，效用同川乌。

黄连（味连）*Coptis chinensis* Franch.，多年生草本。根状茎常分枝成簇，生多数须根，均黄色。叶基生，3，全裂，中央裂片具柄，各裂片再作羽状深裂，边缘具锐锯齿。聚伞花序有花3~8朵，黄绿色；萼片5，狭卵形，花瓣线形；雄蕊多数；心皮8~12，离生。蓇葖果具柄。主产于四川，此外，云南、湖北及陕西等省亦有分布。生于海拔500~2000m高山林下阴湿处，多栽培。根状茎（味连）能清热燥湿，泻火解毒。见图15-17。

图15-17 黄连

三角叶黄连（雅连）*C. deltoidea* C. Y. Cheng et Hsiao，根状茎不分枝或少分枝，具匍匐茎，叶3全裂，中裂片卵状三角形。羽状裂片彼此邻近。特产四川峨眉、洪雅。生于林下，常见栽培。云南黄连（云连）*C. teeta* Wall. 根状茎分枝少而细，叶3全裂。中裂片长卵状菱形，羽状深裂片彼此疏生。分布于云南、西藏等地。生于高山林下阴湿处，也有栽培。二者作黄连用，效用同黄连。还有峨眉黄连 *C. omeiensis*（Chen）C. Y. Cheng 又名峨眉野连、岩连、凤尾连，多年生草本。根状茎少分枝，叶3全裂，中央裂片长披针形，长为侧裂片的3~4倍，似凤尾状。特产于四川峨眉、峨边与洪雅等地。生于悬崖上阴湿、肥沃的腐殖质土壤中。

威灵仙 *Clematis chinensis* Osbeck，又名铁脚威灵仙、灵仙，攀援性灌木。根多数丛生，外皮黑褐。茎干后变黑色，具明显条纹。叶对生。羽状复叶，小叶5，极少数3，卵形或卵状披针形。圆锥花序腋生或生于分枝顶：萼片4，有时5，白色，长圆形或椭圆形，外面边缘密被短柔毛；无花瓣；雄蕊与心皮均多数。聚合瘦果，宿存花柱羽毛状。分布于长江中、下游及西南地区。生于灌丛中。根及根状茎与全株含白头翁素、白头翁醇、甾醇等；能祛风除湿，通经止痛。见图15-18。

白头翁 *Pulsatilla chinensis*（Bge.）Regel，多年生草本。植株密被白色长柔毛。根粗壮，棕褐色。叶基生，三出复叶，小叶2~3裂。花葶1~2，花顶生，总苞片3，裂片条形；萼片6，紫色；无花瓣。瘦果聚合成头状，宿存花柱羽毛状。分布于东北、华北、华东与河南、陕西、四川等地。生于平原或山坡草地丛中。根含毛茛苷、原白头翁素、白头翁素等；能清热解毒，凉血止痢。见图15-19。

图 15 – 18　威灵仙　　　　　图 15 – 19　白头翁

升麻 *Cimicifuga foetida* L.，多年生草本。根状茎粗壮，灰褐色或黑色，有内陷的茎残基。基生叶与下部茎生叶为二至三回羽状复叶，小叶菱形或卵形，边缘具不规则锯齿。大型圆锥花序，密被腺毛与柔毛；萼片白色；无花瓣；雄蕊多数，退化雄蕊宽椭圆形，先端二浅裂，基部具蜜腺；2~5 心皮，密被柔毛。蓇葖果。分布于云南、四川、青海与甘肃等地。生于林缘或山坡、草地。根状茎含苦味素，微生物碱等；能清热解毒，发表透疹，升举阳气。还有大三叶升麻 *C. heracleifolia* Kom. 与兴安升麻 *C. dahurica* (Turoz.) Maxim. 的根状茎也作升麻用。见图 15 – 20。

图 15 – 20　升麻

本科还有小木通 *C. armandii* Fr.，木质藤本，小叶 3，圆锥花序，萼片 5，白色，聚合瘦果，宿存花柱羽毛状。分布于华中、华南、西南等各地。生于荒坡、沟边及路旁灌丛。绣球藤 *C. montana* Buch. Ham.，分布于华东、西南及河南、陕西、甘肃等地。钝齿铁线莲 *C. obtusidentata* (R. et W.) Hj. Erichler，分布于湖北、湖南、江西与西南各省区。这三种的茎作川木通用，能清热利尿，通经下乳。毛茛 *Ranunculus japonicus* Thunb.，全草解毒，截疟。蒿裂叶毛茛 *R. haolieye* Z. Y. Zhu，产于四川。生于沟边、田坝草丛中。全草清热解毒，消肿。侧金盏花 *Adonis amurensis* Regel et Raddi，又名冰凉花、福寿草，全草含强心苷，能利尿。多被银莲花 *Anemone raddeana* Regel，又名两头尖、竹节香附，产于辽东、辽宁与吉林等地。生于山坡草地。根状茎能祛风除湿，消肿止痛。峨眉银莲花 *A. omeiensis* Z. Y. Zhu，产于四川。生于崖上，效用同前。高原唐松草 *Thalictrum cultratum* Wall.，又名马尾莲，根及根状茎能清热解毒，燥湿。天葵 *Semiaquilegia adoxoides* (DC.) Mak.，又名天葵子、紫背天葵，块根清热解毒，消肿散结。铁皮

威灵仙 *C. finetiana* Levl. et Vant. ，藤本，小叶 3，聚伞花序仅 1~3，宿存花柱有黄褐色长柔毛。分布于长江中、下游及以南各地。山蓼 *C. hexapetala* Pall.，又叫棉团铁线莲。叶对生，羽状复叶，小叶绒毛状披针形或披针形。萼片背面密被绵绒毛。分布于东北、华北等地。生于林缘草丛中。东北铁线莲 *C. mandshurica* Rupr.，藤本。羽状复叶，小叶卵状披针形或披针形。分布于东北。此三种本科植物也作威灵仙用。

〔备注〕芍药科原归毛茛科芍药属，但其外部形态和内部构造均与毛茛科有显著不同，现多数学者认为把芍药属提升为芍药科更为合适。

8. 芍药科 Paeoniaceae

$$♀ * K_5 C_{5~10} A_∞ \underline{G}_{2~5}$$

多年生草本或灌木，根肥大，叶互生，通常为二回三出羽状复叶。花大，1 至数朵，顶生；萼片通常 5，宿存；花瓣 5~10（栽培者多数），红、黄、白、紫各色；雄蕊多数，离心发育；花盘杯状或盘状，包裹心皮 2~5，离生。聚合蓇葖果。

本科 1 属，约 35 种；我国有 1 属，17 种；分布于东北、华北、西北、长江流域及西南。几乎全部供药用。

本科显微结构含草酸钙簇晶较多。本科植物含特有的芍药苷，牡丹组植物还普遍含丹皮酚及其苷的衍生物，如牡丹酚苷、牡丹酚原苷等。

芍药 Paeonia lactiflora Pall. 又名白芍，多年生草本。根粗壮，圆柱形。二回三出复叶，小叶狭卵形，叶缘具骨质细乳突。花白色、粉红色或红色，顶生或腋生；花盘肉质，仅包裹心皮基部。聚合蓇葖果，卵形，先端钩状外弯曲。分布于我国北方；生于山坡草丛；各地有栽培。栽培的刮去栓皮的根，煮熟（白芍）能养血调经、平肝止痛、敛阴止汗。野生者不去栓皮的根（赤芍）能清热凉血、散瘀止痛。见图 15-21。

图 15-21 芍药

牡丹 *Paeonia suffruticosa* Andr.，又名丹皮，落叶灌木。根多分枝，根皮厚，外面灰褐色至紫棕色。茎多分枝。叶二回三出复叶，顶生小叶 3 裂至中裂，侧生小叶不等 2 至 3 浅裂或不裂。花单生枝顶，苞片 5，宽卵形；花瓣 5 或重瓣，玫瑰色或红紫色，粉红色至白色；心皮 5，密生柔毛；花盘杯状，包于心皮之下。蓇葖果长圆形，密被黄褐色硬毛。栽培。根皮含芍药苷、丹皮酚、羟基芍药苷、没食子鞣质等；能清热凉血，活血化瘀。见图 15-22。

图 15-22 牡丹

9. 防己科 Menispermaceae

♂ * $K_{3+3}C_{3+3}A_{3-6,\infty}$；♀ $K_{3+3}C_{3+3}G_{3\sim6:1:1}$

藤本，木质或草质，单叶互生，全缘，有些稍分裂，盾状着生也有，具柄。雌雄异株，聚伞花序或圆锥花序常腋生。萼片6，花瓣6，2轮，每轮3，萼片常较花瓣稍大；雄蕊通常6，稀3或多数，合生或分离；子房上位，3心皮，分离，1室，每室2胚珠，1枚退化。核果，核多为马蹄形或肾形。

本科65属350余种，分布于热带与亚热带地区。我国产19属78余种，主要分布长江流域以其以南各省区。已知15属70余种入药。

本科显微结构常有异常构造，多由维管束外方的额外形成层形成1至多个同心环状或偏心环状维管束而组成。草酸钙结晶类型多样。

本科植物含有双苄基异喹啉生物碱、原小檗碱型生物碱和阿朴啡型生物碱，如汉防己碱、异汉防己碱、小檗碱、药根碱、千金藤碱。

【药用植物】

粉防己 *Stephania tetrandra* S. Moore，又名汉防己、石蟾蜍，草质藤本。根圆柱形。叶三角壮阔卵形，叶柄质状着生。聚散花序集成头状；雄花的萼片通常4，花瓣4，淡绿色，花丝愈合成柱状；雌花的萼片和花瓣均4，心皮1，花柱3，核果球形，红色，核呈马蹄形，有小瘤状突起及横曹纹。分布于我国东南及南部；生于山坡、林缘、草丛等处。根（防己、粉防己）为祛风清热药，能利水消肿，祛风止痛。见图15-23。

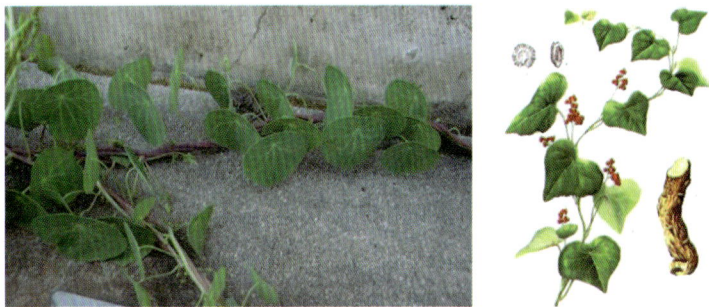

图 15-23 粉防己

同属的植物还有千金藤 *Stephania japonica*（Thunb.）Miers，叶两面无毛。雄花萼片6~8，花瓣3~5，雄蕊花丝合生成柱状体。雌花萼片3~5。分布于长江流域以南各省区至台湾。生于山坡、路旁灌丛中。根含千金藤碱等物质；能清热解毒，利尿消肿，祛风止痛。圆叶千金藤 *S. rotunda* Lour.，分布于两广与西藏地区。桐叶千金藤 *S. hernandifoloa*（Willd）Walp.，叶背面被柔毛，先端渐尖。分布于广东、贵州等地。后两种功效与千金藤相近。

蝙蝠葛 *Menispermum dauricum* DC.，又名防己葛，多年生缠绕藤本。根状茎细长，较粗壮。小枝具纵条纹。叶互生，圆状肾形或卵圆形，边缘全缘或5~7浅裂，掌状脉5~7，叶柄长，盾状着生。花腋生，雌雄异株，花小，组成圆锥花序，萼片6，花瓣6~9；雄花具雄蕊10~20；雌花具3心皮，分离。核果成熟时黑紫色，核马蹄形。分布于东北、华北与华东等地。生于山坡、沟谷灌丛中。藤茎含山豆根碱、汉防己碱、蝙蝠葛碱、木兰花碱等成分；能清热解毒，消肿止痛，通便。蝙蝠葛根能祛风清热，理气化湿。见图15-24。

图 15-24 蝙蝠葛

本科还有木防己 *Cocculus trilobus*（Thunb.）DC.，分布于除西北以外的各省区。生于山地、丘陵灌木林边。根祛风除湿，利尿消肿。青藤 *Sinomenium acutum*（Thunb.）Rehd. et Wils.，茎藤叫青风藤，祛风湿，通经络，利小便。锡生藤 *Cissampelos pareira* L. var. *hirsute*（Buch. ex DC.）Foyman，主产于云南，能消肿止痛，止血。青牛胆 *Tinospora sagittata*（Olive.）Gagnep.，草质藤本。具连珠状块根。叶卵状箭形，叶基耳形，背面背疏毛。圆锥花序；花瓣6；肉质，常有爪。核果红色，近球形。分布于华中、华南、西南及陕西、福建等地。块根（金果榄）能清热解毒、利咽、止痛。

10. 小檗科 Berberidaceae

$\male\female * K_{3+3, \infty} C_{3+3, \infty} A_{3~9} \underline{G}_{1:1:1~\infty}$

草本或灌木。叶互生，单叶或复叶。花辐射对称，两性，单生、簇生或组成总状、穗状花序；萼片与花瓣相似，各2至数轮，每轮常3，花瓣通常具蜜腺；雄蕊3~9，与花瓣同数而对生，花药瓣裂或纵裂；子房上位，由1心皮组成1室，胚珠1至多数，花柱极短或缺，柱头常为盾形。浆果或蒴果。

本科17属650余种，分布于北温带与热带高山区。我国产11属320余种，主产于南北各省区。已知 11 属 140 余种入药。

本科显微结构草本类多含草酸钙簇晶，木本类多含草酸钙方晶。

本科植物主要含生物碱类（小檗碱、木兰花碱、掌叶防己碱等）；苷类等。

【药用植物】

箭叶淫羊藿 *Epimedium sagittatum*（Sieb. et Zucc）Maxim. ，又名三枝九叶草，多年生草本。根状茎结节状，质硬。基生叶 1~3，三出复叶，小叶卵形或卵状披针形，侧生小叶基部不对称，箭状心形，边缘具硬毛；叶柄长。茎生叶 2，常对生于顶端，与基生叶近似。总状花序或圆锥花序顶生；萼片 8，2 轮，外轮早落，内轮白色，花瓣状；花瓣 4，黄色；雄蕊 4，花药瓣裂。蒴果。主要分布于华东、华南（除山东省）各省，湖南、湖北、四川、贵州、陕西等省仅在少量地区有分布。生于林下或岩石缝中。全草含淫羊藿苷等；能补肾壮阳，强筋骨，祛风湿。见图 15 – 25。

图 15 – 25 箭叶淫羊藿

同属植物心叶淫羊藿 *Epimedium brevicornum* Maxim. ，又名淫羊藿，多年生草本。二回三出复叶，侧生小叶基部不对称，小叶片卵圆形或近圆形。聚伞状圆锥花序，花序轴及花梗被腺毛，花通常白色。主要分布于陕西南部、山西南部、甘肃南部和东部，河南东部以及青海、四川、宁夏等省。生于林下阴湿处。柔毛淫羊藿 *E. pubescens* Maxim. ，多年生草本。三出复叶，叶背及叶柄密被柔毛。分布于四川、陕西、甘肃等地。朝鲜淫羊藿 *E. koreanum* Nakai，多年生草本。二回三出复叶，小叶 9，叶片大而薄. 先端长尖。分布于东北。巫山淫羊藿 *E. wushanense* T. S. Ying，主产于重庆巫山、贵州、陕西等。黔岭淫羊藿 *E. leptorrhizum* Stearn，主要分布于贵州以东以南，湖北以西、湖南以西和重庆东南部也有分布。这些种也入药，效用同箭叶淫羊藿。

豪猪刺 *Berberis julianae* Schneid. ，又名三颗针、九连小檗，常绿灌木。根、茎断面黄色。叶刺三叉状，粗壮坚硬；叶常 5 片，卵状披针形，边缘有刺状锯齿，花黄色，簇生叶腋；小苞片 3；萼片、花瓣、雄蕊均 6 枚。花瓣顶端微凹，基部有 2 密腺。浆果熟时黑色，有白粉。分布于长江中、上游到贵州等省。生于海拔 1000m 以上山地。根、茎能清热燥湿，泻火解毒。见图 15 – 26。

图 15 – 26 豪猪刺

细叶小檗 *B. poiretii* Schneid，分布于华北、东北等地区。大叶小檗 *B. amurensis* Rupr，又名黄芦木，分布于东北、华北等地区。效用同豪猪刺。

阔叶十大功劳 *Mahonia bealei*（Fort）Carr.，又名功劳木，常绿灌木。羽状复叶，互生，小叶卵形或长圆状卵形，厚革质，边缘具刺状锯齿。总状花序丛生茎顶；花黄色或黄褐色；萼片9，3轮；花瓣6；雄蕊6；子房长圆形，柱头头状。浆果，暗黑色，被白粉。分布于长江流域与陕西、河南、福建等地。生于灌丛中，也栽培。根、茎、叶含小檗碱；能清热解毒。见图15－27。

图15－27　阔叶十大功劳

细叶十大功劳 *M. fortunei*（Lindl）Fedde，又名刺黄柏，灌木。羽状复叶，小叶片条状或条状披针形，边缘具刺状锯齿。总状花序，花黄色。分布于四川、湖北、浙江等地。生于山坡、路旁、坎边向阳处。华南十大功劳 *M. japonica*（Thunb）DC. 羽状复叶，小叶多数，小叶片边缘具2～6对粗大刺状齿。分布于广东、浙江等地。生于灌丛中。均入药，效用同阔叶十大功劳。见图15－28。

本科还有南天竹 *Nandina domestica* Thunb.，分布于黄河流域以南各地。全株及果能清热解毒，祛风除湿，止咳平喘。六角莲 *Dysosma pleiantha*（Hance）Woodson，分布于华东、华中与广西、福建、台湾等地。清热解毒，祛瘀止痛。

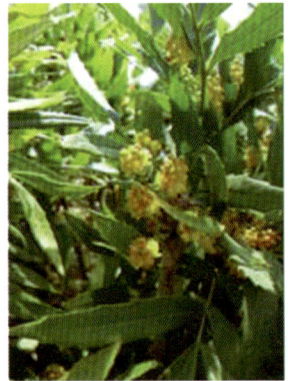

图15－28　细叶十大功劳

鲜黄连 *Jeffersonia dubia*（Maxim.）Benth. et Hook. F.，分布于东北。生于灌丛中。根状茎，清热解毒，凉血止血，燥湿。类叶升麻 *Leontice robustum*（Maxim.）Diels，分布于长江中下游及其以北地区，生于林下。根及根状茎叫红七，能祛风除湿，消肿。

11. 木兰科 Magnoliaceae

$\female \ast P_{6\sim12} A_\infty \underline{G}_{\infty : 1 : 1\sim2}$

乔木和灌木。单叶互生；托叶大，脱落后在小枝上留下环状托叶痕。花大，两性，单生于枝顶或叶腋，花被不分花萼与花瓣，花被片6至多数，每轮3片。雄蕊多数离生，螺旋状排列。花药长于花丝。心皮多数离生，螺旋状排列于柱状花托上部。子房1室，每室胚珠2个或多颗。果实为聚合蓇葖果聚合浆果，种子有丰富的胚乳。

本科20属330余种，分布于亚洲和美洲的热带和亚热带地区。我国有14属160多种，主产于西南部。已知8属90多种入药。

本科显微结构常有油细胞、石细胞和草酸钙方晶。

本科植物含有挥发油；生物碱类（木兰碱等）；木脂素类（厚朴酚等）。

【药用植物】

厚朴 *Magnolia officinalis* Rehd. et Wils.，落叶乔木。树皮棕褐色，具椭圆形皮孔。叶大，倒卵形，革质，集生于小枝顶端。花大型，白色，花被片9~12或更多。聚合蓇葖果长圆状卵形，木质。分布于长江流域和陕西、甘肃东南部，生于土壤肥沃及温暖的坡地。茎皮和根皮能燥湿消痰，下气除满。花蕾（厚朴花）能行气宽中，开郁化湿。见图15-29。

同属植物凹叶厚朴 *Magnolia biloba*（R. et W.）Cheng，与前者区别在于叶的先端2圆裂。分布于福建、浙江、安徽、江西与湖南等地，也有栽培。效用同厚朴。

望春花 *Magnolia biondii* Pamp.，落叶乔木。树皮灰色或暗绿色。小枝无毛或近梢处有毛；单叶互生；叶片长圆状披针形或卵状披针形，全缘，两面均无毛；花先叶开放，单生枝顶；花萼3，近线形；花瓣6，2轮，匙形，白色，外面基部常带紫红色；雄蕊多数，花丝胞厚；心皮多数，分离。聚合果圆柱形，稍扭曲；种子深红色。分布于河南、安徽、甘肃、四川、陕西等省，生长在向阳山坡或路旁。花蕾（辛夷）能散风寒，通鼻窍。见图15-30。

图15-29　厚朴　　　　　图15-30　望春花

同属的植物玉兰 *Magnolia denudate* Desr.，幼枝与芽密被淡黄色柔毛。花蕾基部花梗较粗壮，皮孔浅棕色。苞片外面密被灰白色或灰绿色茸毛。花被片9。全国各地栽培。武当玉兰 *M. sprengeri* Pamp.，花蕾粗大，枝梗粗壮，皮孔红棕色。苞片外面密被淡黄色或浅黄绿色茸毛。花被片10~15。主产于华中及四川等地。栽培。两种植物的花蕾均作中药辛夷用。效用同前望春花。

五味子 *Schisandra chinensis*（Turcz.）Baill.，又名北五味子，落叶木质藤本。叶纸质或近膜质，阔椭圆形或倒卵形，边缘疏生有腺齿的细齿。雌雄异株；花被片6~9，乳白色红色；雄蕊5；雌蕊17~40。聚合浆果排成长穗状，红色。分布于东北、华北、华中及四川等地。生于山林中。果实（五味子）能敛肺、滋肾、生津、收涩。见图15-31。

本科的华中五味子 *S. sphenanthera* Rehd. et Wils.，花被片 5～9，雄蕊 10～15，心皮 35～50。果小而肉薄。分布于山西、陕西、甘肃、华中与西南等地。果称南五味子，效用同五味子。

南五味子 *Kadsura longipedunculata* Finet. et Gagnep.，木质藤本。叶革质或近革质，椭圆形或椭圆状披针形，边缘具疏锯齿。雌雄异株，花单性，腋生，黄色。聚合浆果红色或暗蓝色。分布于华中、华南与西南等地。生于林中。根称红木香；能祛风活血，理气止痛。茎称大活血、风藤，含挥发油；能祛风除湿，活血。叶含挥发油，能消肿止痛。

图 15 – 31　五味子

本科还有八角茴香 *Illicium verum* Hook. f.，乔木。叶互生，革质。花腋生。聚合蓇葖果。分布于福建、两广、贵州与云南等地。生于山谷林中。果实含挥发油等物质；能温阳散寒，理气止痛。地枫 *I. difengpi* K. I. B. et K. I. M.，树皮叫地枫皮，能祛风湿，行气止痛。

12. 樟科 Lauraceae

$$\male\female * P_{(6\sim9)} A_{3\sim12} \underline{G}_{(3:1:1)}$$

木本，极少数寄生藤本，具油细胞，有香气。单叶，互生，全缘，羽状脉或三出脉，无托叶。花整齐，两性，少单性，总状花序或圆锥花序，也有丛生成束的，顶生或腋生；花单被，3 基数，排成 2 轮，基部合生；雄蕊 12，常 9，排成 3～4 轮，花药 2～4 室，瓣裂，外面两轮内向，第三轮外向，花丝基部具腺体，第四轮常退化；子房上位，1 室，1 顶生胚珠。核果，呈浆果状，有时宿存花被形成果托包围果基部。种子 1 枚。

本科 45 属 2000 余种，分布于热带、亚热带地区。我国产 20 属 400 余种，主产于长江以南各省区。已知 13 属 120 种入药。

本科显微结构具油细胞；叶下表皮通常呈乳头状突起；在茎维管柱鞘部位常有纤维状石细胞组成的环。

本科植物常含有挥发油类（樟脑、桂皮醛、桉叶素等）；生物碱类（异喹啉类生物碱等）。

【药用植物】

肉桂 *Cinnamomum cassia* Presl.，又名玉桂，常绿乔木，具香气。树皮灰褐色，幼枝略呈四棱形。叶互生，长椭圆形，革质，全缘，具离基三出脉。圆锥花序腋生或顶生；花小，黄绿色，花被6；能育雄蕊9，3轮。子房上位，1室，1胚珠。核果浆果状，紫黑色，宿存的花被管（果托）浅杯状。分布于广东、广西、福建和云南。多为栽培。树皮（肉桂）能温肾壮阳、散寒止痛；嫩枝（桂枝）能解表散寒、温经通络。见图 15 – 32。

图 15 – 32　肉桂

同属植物银叶桂 *C. mairei* Levl.，分布于云南、四川等地。生于林中。树皮叫官桂，温经通脉，行气止痛。川桂 *C. wilsonii* Gamble，分布于湖北、陕西、两广与四川等地。生于林中。树皮入药，效用同肉桂。上两种以及本属多种植物的树皮，在当地产区、西南地区以肉桂商品规格"桂通"而用。

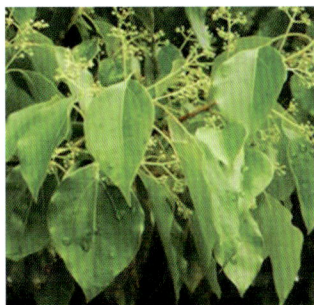

图 15 – 33　樟

樟树 *Cinnamomum camphora*（L.）Presl，常绿乔木，全株具樟脑气味。叶互生，近革质，卵状椭圆形，离基三出脉，脉腋有腺体，上面呈泡状突起。圆锥花序腋生；花被片 6；能育雄蕊 9。果球形，紫黑色，果托杯状。分布于长江以南及西南部地区。全株含挥发油（樟油），能祛风散寒，理气活血，止痛止痒。其根、木材与叶可提取挥发油，主含樟脑，樟脑与樟脑油可作中枢神经兴奋剂。见图 15 – 33。

乌药 *Lindera aggregata*（Sims）Kosterm.，常绿灌木或小乔木。根膨大，成结节状，有香气。叶互生，近革质，椭圆形，上面光滑，背面密被灰白色柔毛。雌雄异株，花单性，黄绿色，组成伞形花序，腋生。核果球形，先红色，后变黑色。分布于长江以南与西南各地。生于山坡灌丛中。根含生物碱与挥发油等；能顺气止痛，温中散寒。

本科还有香料树 *L. xiang liaoshu* Z. Y. Zhu，又名木姜子、澄茄子，分布于四川乐山地区。民间用果实入药，能祛风散寒，行气止痛。花、果又是民间日常食用的调味香料。山鸡椒 *Litsea cubeba*（Lour）Pers. 又名山苍子、澄茄子，广布于我国南部各省区。果实叫荜澄茄，含挥发油，能祛风散寒，行气止痛；其根、叶入药，能祛风除湿，解毒，消肿。

13. 罂粟科 Papareraceae

$\male \ast \uparrow K_2 C_{4 \sim 6} A_{\infty, 4 \sim 6} \underline{G}_{(2 \sim \infty : 1 : \infty)}$

草本，常具白色、黄色、红色的汁液。叶基生或互生，无托叶。花两性，辐射对称或两侧对称，单生于顶端，排成总状、圆锥或聚伞花序；萼片 2，早落；花瓣 4 ~ 6；雄蕊离生，多数，或 6 合生成 2 束，稀 4，分离，纵裂；子房上位，由 2 至多心皮合生，1 室，侧膜胎座，胚珠多数。蒴果孔裂或瓣裂，种子多数，细小。

本科约 42 属，700 种，主要分布于北温带。我国 19 属，约 300 种，南北均有分布。已知药用的有 15 属，130 余种。

本科显微结构含白色乳汁或有色汁液，常具有节乳管或乳囊组织。

本科植物多含有生物碱类（罂粟碱、吗啡、白屈菜碱、可待因、延胡索乙素等）。

【药用植物】

罂粟 *Papaver somniferum* L.，一年生或二年生草本。茎直立。叶互生，茎下部叶具短柄，上部叶无柄；先端急尖，基部抱茎，边缘有不规则粗齿或缺刻。花单生，具长梗；萼片 2，早落；花瓣 4，有时为重瓣，白色、红色或淡紫色；雄蕊多数，离生；子房上位，由多心皮组成 1 室。侧膜胎座；胚珠多数，花柱不明显，柱头具 8～12 辐状分枝。蒴果近球形，孔裂。种子多数，略呈肾形，深褐色。原产于欧亚南部及亚洲等地区。果实中含有罂粟碱、吗啡等物质；能镇痛，止咳，止泻，兴奋。罂粟壳含吗啡、可待因、那可汀等物质，能敛肺止咳，涩肠，止痛。罂粟嫩苗能清热止血，解毒消肿。见图 15－34。

图 15－34　罂粟

延胡索 *Corydalis yanhusuo* W. T. Wang ex Z. Y. Su et C. Y. Wu，多年生草本。块茎球形。叶二回三出全裂，末回裂片披针形。总状花序顶生；苞片全缘或有少数牙齿；花萼 2，极小，早落；花瓣 4，紫红色，上面 1 片基部有长距；雄蕊 6，成 2 束；子房上位，2 心皮，1 室，侧膜胎座。蒴果条形。分布于安徽、浙江、江苏等地。生于丘陵林荫下，各地有栽培。块茎（元胡、延胡索）能行气止痛，活血散瘀。见图 15－35。

图 15－35　延胡索

同属植物东北延胡索 *C. ambigua* Cham. et Schlecht. var. *amurensis* Maxim.，外轮花瓣全缘，先端微凹，无短尖。齿瓣延胡索 *C. remota* Fisch. et Moxim.，苞片分裂，花淡蓝色或蓝色至蓝紫色。这两种药用植物均分布于东北地区，块茎在许多地区作延胡索用。

本科植物还有白屈菜 *Chelidonium majus* L.，草本，具黄色汁液，被短柔毛。叶互生，羽状分裂，被白粉。花排成伞状；苞片小，卵形；萼片2，早落；花瓣4，倒卵形，黄色；雄蕊多数；雌蕊无毛，子房上位。蒴果条状圆筒形。分布于东北、华北、新疆与四川等地。生于山坡、山谷林边草地。全草含小檗碱、黄连碱、白屈菜碱等；能镇痛，消肿毒，止咳。峨眉紫堇 *Corydalis omeiensis* Z. Y. Zhu et B. Q. Min，多年生草本。具发达根，叶为3回羽状分裂。分布于四川乐山地区。生于林下石砾堆中。根及根状茎能祛风除湿，解毒，镇痛。布氏紫堇 *C. bungeana* Turcz.，分布于东北、西北、华北等。全草称苦地丁，能清热解毒。伏生紫堇 *C. bungeana decumbens*（Thunb）Pers.，分布于华东与湖南等地，块茎能行气活血，通络止痛。博落回 *Macleaya cordata*（Willd.）R. Br.，分布于长江中下游各地。全草有毒，能消肿止痛，杀虫。

14. 十字花科 Cruciferae，Brassicaceae

$\male \ast K_{2+2} C_4 A_{2+4} \underline{G}_{(2:1-2:1-\infty)}$

草本。单叶互生，无托叶。花两性，辐射对称，多成总状花序；萼片4，分离，2轮；花瓣4，具爪，排成十字形；雄蕊6，4长2短，即四强雄蕊，常在雄蕊基部有4个蜜腺；子房上位，由2心皮合生，侧膜胎座，中央具由心皮边缘延伸的隔膜（假隔膜）分成2室。长角果或短角果。

本科约350属，3200种，广布于全球，以北温带为多。我国约96属，425种，分布于我国各省区。已知药用的有30属，103种。

本科植物显微结构常含分泌细胞，毛茸为单细胞非腺毛，气孔轴式为不等式。

本科植物多含硫苷类、吲哚苷类、强心苷类、脂肪油等。

【药用植物】

菘蓝 *Isatis indigotica* Fort.，一至二年生草本。主根圆柱形，灰黄色。全株灰绿色。主根长，圆柱形，灰黄色。基生叶有柄，圆状椭圆形；茎生叶较小，圆状披针形，基部垂耳圆形，半抱茎。圆锥花序；花黄色，花梗细，下垂。短角果扁平，顶端钝圆或截形，边缘有翅，紫色，内合1粒种子。各地均有栽培。根（板蓝根）能清热解毒，凉血利咽。叶（大青叶）能清热解毒，凉血消斑；茎叶加工品（青黛），能清热解毒，凉血，定惊。见图15-36。

欧松蓝 *I. tinctoria* L.，又称为大青或草大青，与菘蓝相近。叶基部垂耳箭形，长角果有短尖。原产于欧洲，华北有栽培。效用同菘蓝药。

白芥 *Sinapis alba* L.，草本，全株被白色粗毛。茎生叶具长柄，大头羽裂或近全裂。总状花序顶生或腋生；花黄色；花萼和花瓣均为4，子房上位。长角果圆柱形，密被白色长毛，顶端具扁长的喙。原产于欧亚大陆，我国有栽培。种子称为白芥子，含芥子苷等成分，能温肺豁痰利气，散结通络止痛，见图15-37。

图 15-36 菘蓝

芥菜 *Brassica juncea*（L.）Czern. et Coss. 的种子（黄芥子）

功效与白芥子同。

播娘蒿 *Descurainia sophia*（L.）Webb ex Prantl，一年生草本。幼时植株具分叉毛，灰黄色。叶狭卵形，二至三回羽状深裂。总状花序顶生，淡黄色；雌蕊 1，子房圆柱形，花柱短，柱头呈扁压的头状；长。长角果细圆柱形。分布于全国各地。种子称南葶苈子，能泻肺平喘，行水消肿。见图 15 – 38。

图 15 – 37　白芥　　　　　　　　　图 15 – 38　播娘蒿

本科药用植物还有油菜 *B. campestris* L. 的种子（芸苔子）能行气破气，消肿散结。萝卜 *Raphanus sativus* L.，又名莱菔子，能消食除胀，降气化痰。荠菜 *Capsella bursa - pastoris*（L.）Medic.，全草能凉血止血。独行菜 *Lepidium apetalum* Willd.，草本，分布于东北、华北、西南等地区。生于路旁、田野。种子称为北葶苈子，能泻肺平喘，行水消肿。

15. 杜仲科 Eucommiaceae

♂ $P_0A_{4 \sim 10}$；♀ $P_0G_{(2:1:2)}$

落叶乔木，树皮、枝、叶折断后有银白色胶丝，小枝有片状髓。单叶互生，无托叶。花单性雌雄异株，无花被，先叶或与叶同时开放，雄花簇生，雄蕊 4~10，常为 8；雌花单生于小枝下部，具短梗。子房上位，2 心皮合生，1 室，胚珠 2。翅果，扁平，种子 1 粒。

本科 1 属，1 种；是我国特产植物。

本科显微结构韧皮部有 5~7 条石细胞环带，韧皮部中有橡胶细胞，内有橡胶质。

本科植物含杜仲胶、木脂素类、环烯醚萜类、三萜类等。

【药用植物】

杜仲 *Eucommia ulmoides* Oliv.，形态特征与科相同。分布在长江中游各省，各地有栽培。树皮能补肝肾、强筋骨、安胎。见图 15 – 39。

图 15 – 39　杜仲

16. 蔷薇科 Rosaceae

$$☿ * K_5 C_5 A_{4 \sim \infty} \underline{G}_{1 \sim \infty : 1:1 \sim \infty} \overline{G}_{(2 \sim 5:2 \sim 5:2)}$$

草本。灌木或乔木，常具刺。单叶或复叶，多互生，常有托叶，托叶有时早落或附生于叶柄。花两性，辐射对称；单生或排成伞房、圆锥花序，花托杯状、壶状或凸起；花被与雄蕊常合成杯状、坛状或壶状的托杯（又叫被丝托），萼片、花瓣和雄蕊均着生在花托托杯的边缘。萼片、花瓣常 5；雄蕊通常多数，心皮 1 至多数，离生或合生；子房上位至下位，每室含 1 至多数胚珠。蓇葖果、瘦果、梨果或核果。

本科约有 124 属，3300 种，广布全球。我国有 51 属，1000 余种，分布于全国各地。已知药用的有 48 属，400 余种。

本科显微结构常具单细胞非腺毛；常具草酸钙簇晶和方晶；气孔轴式多为不定式。

本科植物含氰苷类，如苦杏仁苷等；多元酚类；黄酮类；二萜生物碱类；有机酸类等。

蔷薇科分为四个亚科，为蔷薇亚科 Rosoideae，梅亚科 Prunoideae，梨亚科 Maloideae，绣线菊亚科 Spiraeoideae。含有药用植物的亚科为：蔷薇亚科、梅亚科和梨亚科。

亚科检索表

1. 果实为开裂的蓇葖果；多无托叶……………… 绣线菊亚科 Spiraeoideae
1. 果实不开裂；有托叶。
  2. 子房上位，稀下位。
    3. 心皮常多数，瘦果或小核果；萼宿存……………蔷薇亚科 Rosoideae
    3. 心皮 1；核果；萼常脱落…………………………梅亚科 Prunoideae
  2. 子房下位，心皮 2 ~ 5，多少连合并与萼筒结合；梨果…梨亚科 Maloideae

【药用植物】

龙牙草 *Agrimonia pilosa* Ledeb.，多年生草本，全体密生长柔毛。单数羽状复叶，小叶大小不等相间排列；圆锥花序顶生，萼筒顶端 5 裂，口部内缘有一圈钩状刚毛；花瓣 5，黄色，雄蕊 10，子房上位，2 心皮；瘦果，萼宿存。全国大部分地区均有分布。全草（仙鹤草）能止血，补虚，泻火，止痛。根芽（鹤草芽）含鹤草酚，能驱除绦虫，消肿解毒。见图 15 - 40。

地榆 *Sanguisorba officinalis* L.，多年生草本。根粗壮。茎带紫红色。单数羽状复叶，小叶 5 ~ 19 片。花小，密集成顶生的近球形穗状花序，萼裂片 4，紫红色，无花瓣，雄蕊 4，花药黑紫色；子房上位，瘦果。全国大部分地区均有分布。生于山坡、草地。根能凉血止血，清热解毒，消肿敛疮。见图 15 - 41。

同属变种狭叶地榆 *S. officinalis* L. var. *longifolia*（Bert.）Yu et Li 的根，也作地榆药用。

图 15-40　龙牙草

图 15-41　地榆

掌叶覆盆子 *Rubus chingii* Hu，落叶灌木，叶掌状深裂，两面脉上有白色短柔毛，托叶条形。花单生于短枝顶端，白色。聚合核果，红色。分布于安徽、江苏、浙江、江西、福建等省，果实（覆盆子）能益肾、固精、缩尿，根止咳、活血消肿。见图 15-42。

蔷薇亚科常见的药用植物尚有：金樱子 *Rosa laevigata* Michx.，常绿攀援有刺灌木。三出羽状复叶，叶片近革质。花大，白色，单生于侧枝顶端。蔷薇果熟时红色，倒卵形，外有刺毛。分布于华中、华东、华南各省区。生于向阳山野。果能涩精益肾，固肠止泻。

委陵菜 *Potentilla chinensis* Ser. 和翻白草 *P. discolor* Bge.，分布于全国各省区，全草或根均能清热解毒、止血、止痢；月季 *Rosa chinensis* Jacq. 各地均有栽培，花能活血调经；玫瑰 *Rosa rugosa* Thunb. 各地均有栽培，花能行气解郁、和血、止痛。见图 15-43。

图 15-42　掌叶覆盆子

图 15-43　月季

杏 *Prunus armeniaca* L.，落叶小乔木。叶柄近顶端有 2 腺体。花单生枝顶，先叶开放；萼片 5；花瓣 5，白色或带红色；雄蕊多数；心皮 1。核果，球形，黄红色，核表面平滑；种子 1，扁心形，圆端合点处向上分布多数维管束。产于我国北部，均系栽培。种子（苦杏仁）能降气化痰，止咳平喘，润肠通便。见图 15-44。

梅 *P. mume* Sieb. 与上种主要区别为小枝绿色，叶先端尾状长渐尖，果核表面有凹点。分布于全国各地，多系栽培。近成熟果实（乌梅）能敛肺、涩肠、生津、安蛔。

郁李 *Prunus japonica* Thunb.，落叶灌木，高 1~1.5m。幼叶对折，果实无沟。主产于长江以北地区。种子能润燥滑肠、下气利水。同属植物国产约 50 种，其中欧李 *C.*

humilis（Bog）Sok. 的成熟种子也作"郁李仁"，入药用。

梅亚科常见的药用植物尚有：山杏（野杏）*P. armeniaca* Lam. var. *ansu*（Maxim.）Yu et Lu、西伯利亚杏 *A. sibirica*（L.）Lam. 和东北杏 *A. mandshurica*（Maxim.）Skv. 的种子亦作苦杏仁入药；桃 *P. persica*（L.）Batsh.，全国广为栽培，种子（桃仁）能活血祛瘀，润肠通便。

山里红 *Crataegus pinnatifida* Bge. var. *major* N. E. Br.，落叶小乔木。分枝多，无刺或少数短刺。叶羽状深裂，边缘有重锯齿；托叶镰形。伞房花序；萼齿裂；花瓣5，白色或带红色。梨果近球形，直径可达 2.5cm，熟时深亮红色，密布灰白色小点。华北、东北普遍栽培。果实（北山楂）能消食健胃、行气散瘀。见图 15 – 45。

图 15 – 44　杏

图 15 – 45　山里红

山楂 *C. pinnatifida* Bge.，多为栽培。果实亦称北山楂，功效同山里红。

野山楂 *C. cuneata* Sieb. et Zucc.，与上种的主要区别：落叶灌木，刺较多。果较小，直径1～1.2cm，红色或黄色。分布于长江流域及江南地区，北至河南、陕西。果实（南山楂）功效同山里红。

图 15 – 46　贴梗海棠

皱皮木瓜（贴梗海棠）*Chaenomeles speciosa*（Sweet）Nakai，落叶灌木，枝有刺。叶卵形至长椭圆形；托叶较大。花先叶开放，猩红色或淡红色，花 3～5 朵簇生；萼筒钟形；花瓣红色，少数淡红色或白色；子房下位。梨果卵形或球形，木质，黄绿色，有芳香。产于华东、华中、西南等地。多栽培。成熟果实干后表皮皱缩（皱皮木瓜）能舒筋活络，和胃化湿。见图 15 – 46。

同属植物木瓜 *C. sinensis*（Thouin）Koehne.，落叶小乔木，枝无刺，托叶小，梨果较大，分布于长江流域及以南地区，果实干后表皮卜皱缩（光皮木瓜、榠楂）入药，功效同皱皮木瓜。

梨亚科常见的药用植物尚有：枇杷 *Eriobotrya japonica*（Thunb.）Lindl.，常绿小乔木，分布于长江以南各省，多为栽培。叶（枇杷叶）能清肺止咳、和胃降逆、止渴。

17. 豆科 Leguminosae （Fabaceae）

$$♀ * ↑ K_{5,(5)} C_5 A_{(9)+1,10,∞} \underline{G}_{(1:1:1∼∞)}$$

草本、灌木、乔木或藤本。茎直立或蔓生。叶互生，多为羽状或掌状复叶，少单叶，有托叶。花两性，萼片5，辐射对称或两侧对称，多少连合，花瓣5，多为蝶形花，少数假蝶形或辐射对称；雄蕊一般为10，常连合成二体，少数下部合生或分离，稀多数；子房上位，1心皮，1室，胚珠1至多数。边缘胎座，荚果。

本科为种子植物第三大科，约650属，18 000种，广布全球。我国有172属，约1485种，分布于全国。已知药用的有109属，600余种。

本科显微结构常含有草酸钙方晶。

本科植物化学成分多样，但主要药用成分以黄酮类和生物碱类最为主要。本科植物中还含有蒽醌类、三萜皂苷类、香豆素、鞣质等。

根据花的特征，本科分为含羞草亚科 Mimosoideae、云实亚科（苏木亚科）Caesalpinoideae、蝶形花亚科 Papilionoideae 三个亚科。

含羞草亚科：木本或草本，叶多为二回羽状复叶。花辐射对称，萼片下部多少合生；花冠与萼片同数，雄蕊多数，稀与花瓣同数。荚果，有的有次生横隔膜。

云实亚科（苏木亚科）：木本或草本。花两侧对称，萼片5，通常分离，花冠假蝶形，花瓣多5，雄蕊10或较少，分离或各式联合；子房有时有柄，荚果，常有隔膜。

蝶形花亚科：草本或木本，单叶、三出复叶或羽状复叶；常有托叶和小托叶。花两侧对称；花萼5裂，蝶形花冠，花瓣5，侧面2片为翼瓣，被旗瓣覆盖；位于最下的2片其下缘稍合成龙骨瓣，二体雄蕊，也有10个全部联合成单体雄蕊，或全部分离。荚果，有时为有节荚果。

亚科检索表

1. 花辐射对称；花瓣镊合状排列；雄蕊多数或定数（4～10）…含羞草亚科 Mimosoideae

1. 花两侧对称；花瓣覆瓦状排列；雄蕊一般10枚。

  2. 花冠假蝶形，旗瓣位于最内方，雄蕊分离不为二体……云实亚科（苏木亚科）Caesalpinoideae

  2. 花冠蝶形，旗瓣位于最外方，雄蕊10，通常二体…………蝶形花亚科 Papilionoideae

【药用植物】

合欢（马缨花）*Albizia julibrissin* Durazz.，落叶乔木，有密生椭圆形横向皮孔。二回偶数羽状复叶。头状花序呈伞房排列，花淡红色，辐射对称，花萼钟状，花冠漏斗状，均5裂；雄蕊多数，花丝细长，淡红色。荚果扁平。分布于南北各地，多栽培。树皮（合欢皮）能解郁安神，活血消肿。花（合欢花）能解郁安神。同属植物国产17种。

含羞草亚科常用药用植物尚有：儿茶 *Acacia catechu* （L. f.） Willd.，浙江、台湾、广东、广西、云南有栽培，心材或去皮枝干煎制的浸膏（孩儿茶）为活血疗伤药，能收湿敛疮、止血定痛、清热化痰；含羞草 *Mimosa pudica* L.，分布于华南与西南等地，全草能安神、散瘀止痛。

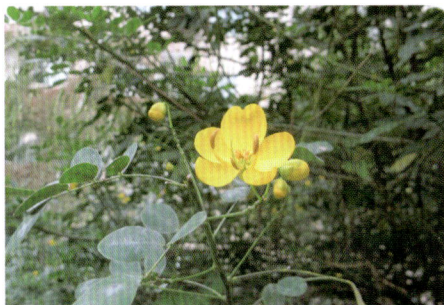

图 15 - 47　决明

决明 *Cassia obtusifolia* L.，一年生草本。偶数羽状复叶，小叶三对。花成对腋生；萼片 5，分离；花瓣黄色，最下面的两片较长；发育雄蕊 7。荚果条形，细长，近四棱形。种子多数，菱状方形，淡褐色或绿棕色，光亮。分布于长江以南地区，多栽培。种子（决明子）能清肝明目、利水通便。见图 15 - 47。

同属植物小决明 *C. tora* L. 的种子亦作决明子入药。

皂荚 *Gleditsia sinensis* Lam.，落叶乔木，有分枝的棘刺。羽状复叶。总状花序；花杂性，萼片 4，花瓣 4，黄白色。荚果扁条形，成熟后呈红棕色至黑棕色，被白色粉霜。果实（皂角）能润燥、通便、消肿。刺（皂角刺）能消肿托毒、排脓、杀虫。畸形果实（猪牙皂）能开窍、祛痰、解毒。

紫荆 *Cercis chinensis* Bge.，落叶灌木。叶互生，心形。春季花先叶开放；花冠紫红色，假蝶形；雄蕊 10，分离。荚果条形扁平。分布于华北、华东、西南、中南地区及甘肃、陕西、辽宁等省，多作观赏花木栽培，树皮（紫荆皮）能行气活血、消肿止痛、祛瘀解毒。

云实亚科常见的药用植物尚有：苏木 *Caesalpinia sappan* L.，分布于华南及云南、福建、广东、海南、贵州、台湾等省区。心材能活血祛瘀，消肿定痛。

膜荚黄芪 *Astragalus membranaceus*（Fisch.）Bge.，多年生草本。主根长圆柱形，外皮土黄色。奇数羽状复叶，小叶 6 ~ 13 对，椭圆形或长卵形，两面有白色长柔毛。总状花序腋生；花萼 5 裂齿；花冠蝶形，黄白色；二体雄蕊；子房被柔毛。荚果膜质，膨胀，卵状长圆形，有长柄，被黑色短柔毛。分布于东北、华北、西北及西南等省区。生于向阳山坡、草丛或灌丛中。根（黄芪）能补气固表，利水托毒，排脓，敛疮生肌。见图 15 - 48。

同属植物蒙古黄芪 *A. membranaceus*（Fisch.）Bge. var. *mongolicus*（Bge.）Hsiao.，小叶 12 ~ 18 对，花黄色，子房及荚果无毛。分布于内蒙古、吉林、河北、山西。根与膜荚黄芪同等入药用。

槐 *Sophora japonica* L.，落叶乔木。奇数羽状复叶，小叶 7 ~ 15，卵状长圆形。圆锥花序顶生；萼钟状；花冠乳白色；雄蕊 10，分离，不等长。荚果肉质，串珠状，黄绿色，无毛，不裂，种子间极细缩，种子 1 ~ 6 枚。我国南北各地普遍栽培。花（槐花）和花蕾（槐米）能凉血止血，清肝泻火。槐花还是提取芦丁的原料。果实（槐角）能清热泻火，凉血止血。见图 15 - 49。

图 15－48 膜荚黄芪

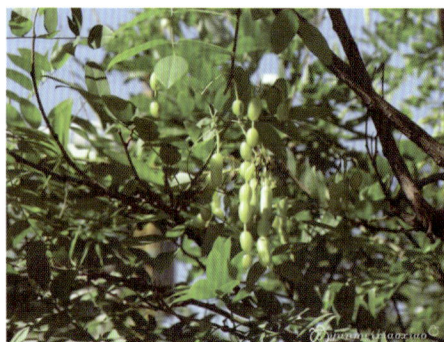

图 15－49 槐

甘草 *Glycyrrhiza uralensis* Fisch.，多年生草本。根和根状茎粗壮，味甜。全体密生短毛和刺毛状腺体。奇数羽状复叶，小叶 7～17。卵形或宽卵形。总状花序腋生，花冠蝶形，蓝紫色；二体雄蕊。荚果呈镰刀状弯曲，密被刺状腺毛及短毛。分布于我国华北、东北、西北等地区。根状茎及根能补脾益气，清热解毒，祛痰止咳，缓急止痛，调和诸药。（图 15－30）同属植物国产 10 余种，其中光果甘草 *G. glabra L.*、胀果甘草 *G. inflata Bat.* 的根和根茎也作为甘草药材用。见图 15－50。

苦参 *Sophora flavescens* Ait.，落叶半灌木。根圆柱形，外皮黄色。奇数羽状复叶；小叶 11～25 片，披针形至线状披针形；托叶线形。总状花序顶生；花冠淡黄白色；雄蕊 10，分离。荚果条形，先端有长喙，呈不明显的串珠状，疏生短柔毛。见图 15－51。

图 15－50 甘草

图 15－51 苦参

野葛 *Pueraria lobata* （Willd.）Ohwi.，藤本，全体被黄色长硬毛。块根肥厚，三出复叶，花冠蓝紫色，全国大部分地区有分布，块根（葛根）能解肌退热，生津、透疹、升阳止泻；葛属植物国产 12 种，其中甘葛藤 *Pueraria thonsonii* Benth 的根习称粉葛，也作葛根药材入药。见图 15－52。

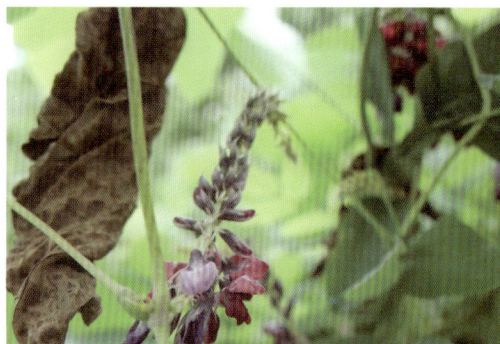

图 15－52 野葛

密花豆 *Spatholobus suberectus* Dunn. , 木质藤本，老茎砍断后有鲜红色汁液流出，种子一枚。分布于云南及华南等地，藤茎作"鸡血藤"药用，能补血、活血、通络。香花崖豆藤（丰城鸡血藤）*Millettia dielsiana* Harms ex Diels，分布于华中、华南、西南等地，藤茎在部分地区亦作"鸡血藤"药入用。

蝶形花亚科常见的药用植物尚有：扁茎黄芪 *Astragalus complanatus* R. Br. 分布于陕西、河北、山西、内蒙古、辽宁等省区，种子（沙苑子）能益肾固精、补肝明目。补骨脂 *Psoralea corylifolia* L. 分布于四川、河南、陕西、安徽等省。多栽培，果实能补肾壮阳、暖脾止泻。

18. 芸香科 Rutaceae

$$\diameter * K_{3 \sim 5} C_{3 \sim 5} A_{3 \sim \infty} \underline{G}_{(2 \sim \infty : 2 \sim \infty : 1 \sim 2)}$$

多为木本，稀草本，有时具刺，含挥发油。叶、花、果常有透明的油腺点。叶常互生，多为复叶或单身复叶，无托叶。花辐射对称，两性，稀单性，单生或簇生，排成聚伞、圆锥花序；萼片 3～5，合生；花瓣 3～5；雄蕊常与花瓣同数或为其倍数，着生在花盘基部；子房上位，心皮 2 至多数，合生或离生。每室胚珠 1～2。柑果、蒴果、核果、蓇葖果。

本科约 150 属，1600 种，分布于热带和温带。我国有 28 属，约 150 种，分布于全国。已知药用的有 23 属，105 种。

本科显微结构含油室，果皮中常有橙皮苷结晶，草酸钙方晶、棱晶、簇晶较多。

本科植物化学成分多样，主要常含挥发油类、生物碱类、黄酮类、香豆素等。不少成分具强烈活性。生物碱在芸香科中普遍存在，一些呋喃喹啉、吡喃喹啉类生物碱几乎只限芸香科植物。此外，黄酮类化学物在本科广泛分布，柑橘属中橙皮苷能降低血管脆性，防止微血管出血，并能降低胆固醇。

【药用植物】

橘 *Citrus reticulata* Blanco，常绿小乔木或灌木，常具枝刺。单身复叶，叶翼不明显。萼片 5；花瓣 5，黄白色；雄蕊 15～30，花丝常 3～5 枚连合成组。心皮 7～15。柑果扁球形，橙黄色或橙红色，囊瓣 7～12，种子卵圆形。长江以南各省广泛栽培。成熟果皮（陈皮）能理气健脾、燥湿化痰。中果皮及内果皮间维管束群（橘络）能通络理气、化痰；种子（橘核）能理气散结、止痛；叶（橘叶）能行气、散结；幼果或未成熟果皮（青皮）能疏肝破气、消积化滞。

同属植物我国包括引入栽培的共 15 种。

酸橙 *C. aurantium* L.，常绿小乔木或灌木，常具枝刺。单身复叶，与上种的主要区别为小枝三棱形，叶柄有明显叶翼，柑果近球形，橙黄色，果皮粗糙。主产于四川、江西等各省区，多为栽培。未成熟横切两半的果实（枳壳）能理气宽中，行滞消胀。幼果（枳实）能破气消积、化痰除痞。见图 15－53。

黄檗 *Phellodendron amurense* Rupr.，落叶乔木，树皮淡黄褐色，木栓层发达，有纵沟裂，内皮鲜黄色。奇数羽状复叶，小叶 5～15。披针形至卵状长圆形，边缘有细钝

图 15-53 酸橙

齿，齿缝有腺点。花单性，雌雄异株；圆锥花序；萼片5；花瓣5，黄绿色；雄花有雄蕊5；雌花退化。浆果状核果，球形，紫黑色，内有种子2~5。分布于华北、东北。生于山区杂木林中。有栽培。除去栓皮的树皮（关黄柏）能清热燥湿，泻火除蒸，解毒疗疮。

同属黄皮树 *P. chinense* Schneid.　与上种的主要区别为树皮的木栓层薄，小叶 7~15 片，下面密被长柔毛。分布于四川、贵州、云南、陕西、湖北等区。树皮（川黄柏）功效同关黄柏。

吴茱萸 *Evodia rutaecarpa*（Juss.）Benth.，落叶小乔木。幼枝、叶轴及花序均被黄褐色长柔毛。奇数羽状复叶对生，具小叶5~9，叶两面被白色长柔毛，有透明腺点。雌雄异株，聚伞状圆锥花序顶生。花萼5，花瓣5，白色。蒴果扁球形开裂时成蓇葖果状。分布于长江流域及南方各省区。生于山区疏林或林缘，现多栽培。未成熟果实药用能散寒止痛，疏肝下气，温中燥湿。

白鲜 *Dictamnus dasycarpus* Turca.，多年生草本，羽状复叶。叶柄及叶轴两侧有狭翅、花淡红色，有紫色条纹，蒴果5裂，分布于东北至西北，根皮（白鲜皮）能清热燥湿、祛风止痒、解毒。

本科常见的药用植物尚有：枳（枸橘）*Poncirus trifoliata*（L.）Raf.，分布于我国中部、南部及长江以北地区，未成熟果实亦作枳壳（绿衣枳壳）药用；香圆 *Citrus wilsonii* Tanaka 分布于长江中下游地区，果实（香橼）能疏肝理气、和胃止痛。花椒（川椒、蜀椒）*Zanthoxylum bungeanum* Maxim.，除新疆及东北外，几乎遍及全国，果皮（花椒）能温中止痛、除湿止泻、杀虫止痒，种子（椒目）能利水消肿、祛痰平喘。

19. 大戟科 Euphorbiaceae

$\mathring{\delta} * K_{0\sim5} C_{0\sim5} A_{1\sim\infty}$；$\mathring{\varphi} * K_{0\sim5} C_{0\sim5} \underline{G}_{(3:3:1\sim2)}$

草本、灌木或乔木，常含有乳汁。单叶，互生，叶基部常具腺体，有托叶，常早落。花辐射对称，花单性，同株或异株，常为聚伞、总状、穗状、圆锥花序，或杯状聚伞花序；花被常为单层，萼状，有时缺或花萼与花瓣具存；雄蕊1至多数，花丝分离或连合；雌蕊通常由3心皮合生；子房上位，3室，中轴胎座。蒴果，稀为浆果或核果。

本科约300属，5000余种，广布于全世界。我国70属，约460种，分布于全国各地。已知药用的有39属，160种。

本科显微结构常具有节乳汁管。

本科植物多有不同程度的毒性，化学成分复杂，主要有生物碱、氰苷、硫苷、二萜、三萜类化合物。生物碱类，有一叶萩碱等。

【药用植物】

大戟 *Euphorbia pekinensis* Rupr.，多年生草本，植物体有白色乳汁。根圆锥形。茎直立，上部分枝被短柔毛；叶互生，长圆形至披针形。杯状聚伞花序，总花序通常 5 歧聚伞状，基部各生一叶状苞片，轮生；杯状聚伞花序外围有杯状总苞，腺体 4，总苞内面有多数雄花，每雄花仅具 1 雄蕊，花丝与花柄间有 1 关节，花序中央有 1 雌花具长柄，伸出总苞外而下垂，子房上位，3 心皮，3 室，每室 1 胚珠。蒴果。分布于全国各地。生于路旁、山坡及原野湿润处。根（京大戟）有毒，能消肿散结，泻水逐饮。

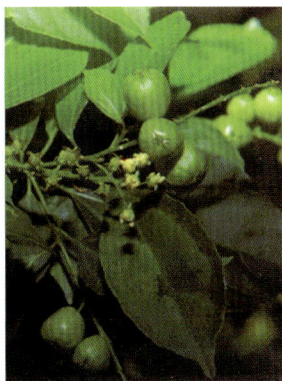

巴豆 *Croton tiglium* L.，常绿小乔木，幼枝、叶有星状毛。花单性，雌雄同株。蒴果卵形。分布于南方及西南地区，野生或栽培，种子有大毒，外用能蚀疮，制霜用能峻下积滞、逐水消肿。见图 15 – 54。

同属植物国产 19 种。

铁苋菜 *Acalypha australis* L.，一年生草本。叶互生，卵状菱形。花单性同株，无花瓣；穗状花序腋生，雄花生花序上端，花萼 4，雄蕊 8；雌花萼片 3，子房 3 室，生在花序下部并藏于蚌形叶状苞片内。蒴果。分布于全国各地。生于河岸、田野、路边、山坡林下。全草能清热解毒、止血、止痢。

图 15 – 54　巴豆

本科常见的药用植物尚有：续随子 *Euphorbia lathyris* L.，原产于欧洲，我国有栽培，种子（千金子）有毒，能逐水消肿、破血消癥。地锦 *E. humifusa* Willd.，分布于我国广大地区，全草（地锦草）清热解毒、凉血止血。

20. 锦葵科 Malvaceae

$$\male \ast K_{5,(5)} C_5 A_{(\infty)} \underline{G}_{(3\sim\infty:3\sim\infty:1\sim\infty)}$$

草本、灌木或乔木。植物体多有黏液细胞，幼枝、叶表面常有星状毛。单叶互生，常具掌状脉，有托叶，早落。花两性，辐射对称，单生或成聚伞花序；常有副萼；萼片 5，分离或合生，萼宿存；花瓣 5；雄蕊多数，花丝下部连合成管，形成单体雄蕊，包住子房和花柱，花药 1 室，花粉具刺；3 至多心皮，合生或离生，轮状排列，子房上位，3 至多室，中轴胎座。蒴果。

本科约 50 属，1000 余种，广布于温带和热带。我国有 16 属，约 81 种，分布于南北各地。已知药用的有 12 属，60 种。

本科显微结构具有黏液细胞，韧皮纤维发达，花粉粒大、有刺。

本科植物的主要活性成分有黄酮苷、生物碱、酚类等，不少植物的叶、根和种子中含有黏液质和多糖。草棉属植物中含有的棉酚有抗菌、抗病毒、抗肿瘤和抗生育作用。

【药用植物】

苘麻 *Abutilon theophrasti* Medic.，一年生大草木，全株有星状毛。单叶互生，圆心形。花单生黄色叶腋，花萼 5 裂，无副萼；花瓣 5，单体雄蕊；心皮 15 ~ 20，轮状排列。蒴果半球形，裂成分果瓣 15 ~ 20，每果瓣顶端有 2 长芒。种子三角状肾形，灰黑色或黯褐色。全国多数省市有分布，多栽培。种子（苘麻子）能清热利湿、解毒、退翳。

全草也可药用，能解毒祛风。同属植物国产9种。

木芙蓉 *Hibiscus mutabilis* L.，落叶灌木，全株有灰色星状毛。单叶互生，卵圆状心形，通常 5～7 掌状裂。花单生于枝端叶腋；具副萼；花萼 5 裂；花瓣 5 或重瓣，多粉红色；子房 5 室。蒴果扁球形。我国多数地区有栽培。叶、花、根皮能清热凉血、消肿解毒，外用治痈疮。同属植物国产 20 种。

木槿 *H. syriacus* L.，落叶灌木。树皮灰褐色。单叶互生，叶菱状卵圆形，常 3 裂。花单生叶腋，副萼片 6～7，条形，萼钟形，裂片 5；花冠淡紫、白、红等色，花瓣 5 或为重瓣；单体雄蕊。蒴果。我国各地有栽培。根皮及茎皮（木槿皮）能清热润燥、杀虫、止痒；果实（朝天子）能清肺化痰，解毒止痛；花能清热、止痢。

本科常见的药用植物尚有：冬葵（冬苋菜）*Malva verticillata* L. 全国各地多栽培，果实（冬葵子）能清热、利尿消肿。草棉 *Gossypium herbaceum* L. 各地多栽培，根能补气、止咳，种子（棉籽）能补肝肾、强腰膝，有毒慎用。陆地棉 *Gossypium hirsutum* L. 我国广泛栽培，功效同草棉。

21. 五加科 Araliaceae

$$☿ * K_5 C_{5 \sim 10} A_{5 \sim 10} \overline{G}_{(2 \sim 15:2 \sim 15:1)}$$

多为木本，稀多年生草本。茎常有刺。叶多互生，常为单叶、羽状或掌状复叶。花两性稀单性或杂性，辐射对称；伞形花序或集成头状花序，常排成圆锥状花序；花萼小，萼齿 5，花瓣 5～10，分离，雄蕊着生于花盘的边缘，花盘生于子房顶部，子房下位，由 1～15 心皮合生，通常 2～5 室，每室胚珠 1。浆果或核果。

本科约 80 属，900 种，广布于热带和温带。我国有 22 属，160 种，除新疆外，全国均有分布。已知药用的 19 属，112 种。

本科显微结构根和茎的皮层、韧皮部、髓部常具有分泌道。

本科植物含有三萜皂苷，如人参皂苷、楤木皂苷等；黄酮；香豆素；二萜类；酚类化合物等。

【药用植物】

人参 *Panax ginseng* C. A. Mey.，多年生草本。主根圆柱形或纺锤形，上部有环纹，下面常有分枝及细根，细根上有小疣状突起（珍珠点），顶端根状茎结节状（芦头），上有茎痕（芦碗），其上常生有不定根（艼）。茎单一，掌状复叶轮生茎端，一年生者具 1 枚三出复叶，二年生者具 1 枚掌状复叶，以后逐年增加 1 枚 5 小叶复叶，最多可达 6 枚复叶，小叶椭圆形，中央的一片较大。上面脉上疏生刚毛，下面无毛。伞形花序单个顶生；花小，淡黄绿色；花 5 基数；子房下位，2 室，花柱 2。浆果状核果，红色扁球形。分布于东北，现多栽培。根能大补元气，复脉固脱，补脾益肺，生津，安神。叶能清肺、生津、止渴。花有兴

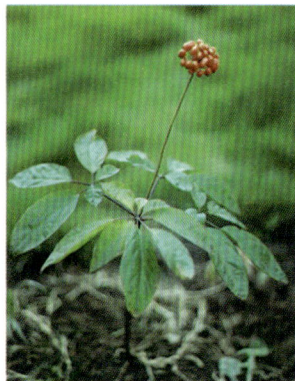

图 15－55　人参

奋功效。见图 15 − 55。

西洋参 *P. quinquefolium* L.，形态和人参相似，区别在于本种小叶倒卵形，先端突尖，脉上几无刚毛，边缘的锯齿不规则且较粗大而容易区别。原产于加拿大和美国，现我国北京、黑龙江、吉林、陕西等地有引种栽培。根能补气养阴、清热生津。

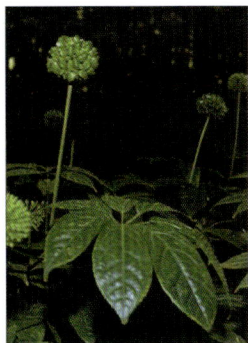

三七（田七）*P. notoginseng*（Burk.）F. H. Chen.，多年生草本。主根粗壮，倒圆锥形或短圆柱形，常有瘤状突起的分枝。掌状复叶，小叶 3 ~ 7 枚，常 5 枚，中央 1 枚较大，两面脉上密生刚毛。伞形花序顶生；花 5 基数；子房下位，2 ~ 3 室。浆果状核果，熟时红色。主要栽培于云南、广西，现四川、江西、湖北、广东、福建等地也有栽培。根能散瘀止血、消肿定痛。见图 15 − 56。

图 15 − 56　三七

刺五加 *Acanthopanax senticosus*（Rupr. et Maxim.）Harms.，落叶灌木，茎枝直立，小枝密生针刺。掌状复叶，小叶 5 枚，叶背沿脉密生黄褐色毛。伞形花序单生或 2 ~ 4 个丛生茎顶；花瓣黄绿色；花柱 5，合生成柱状；子房下位。浆果状核果，球形，有 5 棱，黑色。分布于东北、华北及陕西、四川等地。生于林缘、灌丛中。根及根状茎或茎皮，有人参功效，能益气健脾、补肾安神。

细柱五加 *Acanthopanax gracilistylus* W. W. Smith.，落叶蔓状灌木。掌状复叶，小叶通常 5，多簇生。叶柄基部单生有扁平刺。伞形花序腋生；花黄绿色；花柱 2，分离。浆果熟时紫黑色。分布于黄河以南各省，根皮（五加皮）能祛风湿、补肝肾、强筋骨。

通脱木 *Tetrapanax papyrifera*（Hook.）K. Koch，落叶灌木。小枝、花序均密生黄色星状厚绒毛。茎干粗大，具大形髓部，白色，中央呈片状横隔。叶大，集生于茎顶，叶片掌状 5 ~ 11 裂。伞形花序集成圆锥花序状；花瓣、雄蕊常 4 数；子房下位，2 室。分布于长江以南各省区和陕西。茎髓（通草）能清热解毒、消肿、通乳。

楤木 *Aralia chinensis* L.，落叶灌木或小乔木，茎枝有粗刺。分布于华北、华东、中南和西南，根及树皮药用，能祛风除湿、活血。

本科常见的药用植物尚有：红毛五加 *A. giraldii* Harms 分布于西北及四川、湖北等地，茎皮作"红毛五加皮"药用。刺楸 *Kalopanax septemlobus*（Thunb.）Koidz. 分布于南北各省区，茎皮（川桐皮）能祛风湿、通络、止痛。

22. 伞形科 Umbelliferae

$$\male\female * K_{(5),0} C_5 A_5 \overline{G}_{(2:2:1)}$$

草本。常含挥发油而具香气。茎常中空，表面有纵棱。叶互生，多为一至多回三出复叶或羽状分裂；叶柄基部膨大成鞘状。花小，两性，辐射对称，复伞形或伞形花序，各级花序基部常有总苞或小总苞；花萼 5 齿裂，极小；花瓣 5，先端常内卷；雄蕊 5，与花瓣互生，着生于上位花盘（花柱基）的周围；子房下位，2 心皮，2 室，每室 1 胚珠，花柱 2，基部常有膨大的盘状或短圆锥状的花柱基，即上位花盘与花柱结合体。双悬果。

本科 200 多属，2500 种，主要分布在北温带。我国约 95 属，540 种，全国各地均产。已知药用的有 55 属，234 种。

本科显微结构根和茎内具有分泌道，偶见草酸钙晶体。

本科植物含有多类化学成分，主要有挥发油，香豆素类，黄酮类，三萜皂苷，生物碱，黄酮类等。

本科植物特征明显，但属和种的鉴定比较困难，鉴别属、种时应注意叶与叶柄基部的形状；花序是伞形花序还是复伞形花序；总苞片及小苞片存在与否，数目和形态；花的颜色，萼片的情况；花柱长短，花柱基部的形态特征；双悬果的形态，有无刺毛；分果的形态，油管的分布数目等。

【药用植物】

当归 *Angelica sinensis* (Oliv.) Diels，多年生草本。主根粗短，有数条分枝，根头部有环纹，具特异香气。叶二至三回三出复叶或羽状全裂，3 浅裂，有尖齿。复伞形花序；苞片无或 2 枚；伞辐 10 ~ 14，不等长；小总苞片 2 ~ 4；萼齿不明显；花瓣 5，绿白色；雄蕊 5；子房下位。双悬果椭圆形，分果有 5 棱，侧棱延展成薄翅。分布于西北、西南地区。多为栽培。根（当归）能补血活血，调经止痛，润肠通便。见图 15 - 57。

柴胡 *Bupleurum chinense* DC.，多年生草本。主根较粗，少有分枝，黑褐色，质硬。茎多丛生，上部多分枝，稍成 "之" 字形弯曲。基生叶早枯，中部叶倒披针形或披针形，全缘，具平行叶脉 7 ~ 9 条。复伞形花序；伞辐 3 ~ 8；小总苞片 5，披针形；花黄色。双悬果宽椭圆形，两侧略扁，棱狭翅状。分布于东北、华北、华东、中南、西南等地。生于向阳山坡。根（北柴胡）能发表退热，疏肝解郁，升阳。见图 15 - 58。

图 15 - 57 当归

图 15 - 58 柴胡

同属植物狭叶柴胡 *B. scorzonerifolium* Willd.，叶线形或狭线形，具白色骨质边缘，分布于东北、西北、华北、华东及西南等地，根习称南柴胡，也作柴胡入药。注意大叶柴胡 *B. longiradiatum* Turcz. 有毒，不能作柴胡药用。

川芎 *Ligusticum chuanxiong* Hort.，多年生草本。根状茎呈不规则的结节状拳形团块，黄棕色，有浓香气。地上茎丛生，茎基部的节膨大成盘状（苓子）。叶为二至三回羽状复叶，小叶 3～5 对，不整齐羽状分裂。复伞形花序；花白色。双悬果卵形。主产四川、云南、贵州。多栽培。根茎（川芎）能活血行气，祛风止痛。

前胡（紫花前胡）*Peucedanum decursivum*（Miq.）Maxim.，多年生草本，高达 2m。根粗，圆锥状，下部有分枝。茎单生，紫色。基生叶和下部叶一至二回羽状全裂，叶轴翅状；上部叶逐渐退化成紫色兜状叶鞘。复伞形花序；伞辐 10～20；总苞片 1～2；小总苞片数枚；花深紫色。双悬果椭圆形，扁平。生于山地林下。分布于浙江、江西、湖南等省。根（前胡）能化痰止咳、发散风热。

同属白花前胡 *P. praeruptorum* Dunn. 的根亦作前胡入药，功效同前胡。

防风 *Saposhnikovia divaricata*（Turcz.）Schischk.，多年生草本。根长圆锥形，根头密被褐色纤维状的叶柄残基，并有细密环纹。茎二叉状分枝。基生叶二至三回羽状全裂，最终裂片条形至倒披针形。复伞形花序；伞辐 5～9；无总苞或仅 1 片；小总苞片4～5；花白色。双悬果矩圆状宽卵形，幼时具瘤状凸起。分布于东北、华东等地。生于草原或山坡。根（防风）能解表祛风、止痛。见图 15－59。

白芷（兴安白芷）*Angelica dahurica*（Fisch. ex Hoffm.）Benth. et Hook. f.，多年生高大草本。根长圆锥形，黄褐色。茎极粗壮，茎及叶鞘黯紫色。茎中部叶二至三回羽状分裂，最终裂片卵形至长卵形，基部下延成翅；上部叶简化成囊状叶鞘。总苞片缺或1～2 片，鞘状；花白色。双悬果椭圆形或近圆形。分布于东北、华北。多为栽培。生沙质土及石砾质土壤上。根（白芷）能祛风、活血、消肿、止痛。

同属植物变种杭白芷 *A. dahurica*（Fisch. ex Hoffm.）Benth. et Hook. f. var. *formosana*（Boiss.）Shan et Yuan，植株较矮，茎基及叶鞘黄绿色。叶三出式二回羽状分裂；最终裂片卵形至长卵形。小花黄绿色。双悬果长圆形至近圆形。产于福建、台湾、浙江、四川等地。多有栽培。根亦作白芷药用。

珊瑚菜 *Glehnia littoralis* Fr. Schmidt et. Miq.，多年生草本，全体有灰褐色绒毛。根细长圆柱形，很少分支。基生叶三出或羽状分裂或二至三回羽状深裂。复伞形花序顶生；伞辐 10～14；总苞有或无；小总苞片 8～12；花白色。双悬果椭圆形，果棱具木栓质翅，有棕色绒毛。分布于沿海各省。生于海滨沙滩或栽培于沙质土壤。根（北沙参）能养阴清肺、益胃生津。

图 15－59　防风

图 15－60　藁本

藁本（西芎）*Ligusticum sinense* Oliv.，分布于华中、西北、西南等地，根（藁本）

能祛风散寒、除湿、止痛。见图 15 – 60。

蛇床 *Cnidium monnieri*（L.）Cuss.，分布于全国各地，果实（蛇床子）能温肾壮阳、燥湿、祛风、杀虫。

本科常见的药用植物尚有：野胡萝卜 *Daucus carota* L.，全国各地均产，果实（南鹤虱）有小毒，能杀虫消积。毛当归 *Angelica pubescens* Maxim.，分布于安徽、浙江、湖北、广西、新疆等省区，根（独活）能祛风除湿，通痹止痛。明党参 *Changium smyrnioides* Wolff，分布于长江流域各省，根（明党参）能润肺化痰、养阴和胃、平肝、解毒。羌活 *Notopterygium incisum* Ting et H. T. Chang，分布于青海、甘肃、四川、云南等省高寒地区，根茎及根（羌活）能散寒、祛风、除湿、止痛。茴香 *Foeniculum vulgare* Mill.，各地均有栽培，果实（小茴香）能散寒止痛、理气和胃。

（二）合瓣花亚纲 Sympetalae

本亚纲又称后生花被亚纲 Metachlamydeae。其主要特征：花瓣彼此连合或多少连合成合瓣花冠。

1. 杜鹃花科 Ericaceae

$$♀ * K_{(4～5)} C_{(4～5)} A_{(8～10;4～5)} \underline{G}_{(4～5:4～5:∞)} ; \overline{G}_{(4～5:4～5:∞)}$$

多为灌木，少乔木，一般常绿。单叶互生，常革质。花两性，辐射对称或略不对称；花萼 4～5 裂，宿存；花冠 4～5 裂；雄蕊多为花冠裂片的 2 倍，少为同数，花药 2 室，多顶端孔裂，有些属常有尾状或芒状附属物；子房上位或下位，多为 4～5 心皮，合生成 4～5 室，中轴胎座，每室胚珠常多数。多为蒴果，少浆果或核果。

约 103 属，3350 种，除沙漠地区外，广布全球，以亚热带地区为最多。我国有 15 属，757 种，分布全国，尤以西南山区为多。已知药用 12 属，127 种，其中杜鹃花属较多。

本科含挥发油、苷类等化学成分。杜鹃花属中多种植物含梫木毒素，毒性较大，应用时须加注意。

【药用植物】

兴安杜鹃 *Rhododendron dahuricum* L.，半常绿灌木。分枝多，幼枝被柔毛和鳞片。单叶近革质，椭圆形，下面密被鳞片。花生枝端，先花后叶，花粉红色或紫红色；雄蕊 10。蒴果长圆形。分布于黑龙江、内蒙古、吉林。生于山地落叶松林、桦木林下或林缘。干燥叶（满山红）能止咳祛痰。见图 15 – 61。

羊踯躅 *Rhododendron molle*（Bl.）G. Don，落叶灌木。嫩枝被短柔毛及刚毛。单叶互生，纸质，长圆形至长圆状披针形，下面密被灰白色柔毛。总状伞形花序顶生，花冠阔漏斗形，黄色或金黄色，外面被微柔毛，裂片 5；雄蕊 5。蒴果长圆形。分布于长江流域及以南地区。生于山坡、林缘、灌丛、草地。干燥花（闹羊花）能祛风除湿，散瘀定痛。见图 15 – 62。

图 15 −61 兴安杜鹃

图 15 −62 羊踯躅

2. 木犀科 Oleaceae

$\male \ast K_{(4)} C_{(4),0} A_2 \underline{G}_{(2:2:2)}$

灌木或乔木。叶常对生，单叶、三出复叶或羽状复叶，无托叶。花常两性，稀单性异株；辐射对称；常排成圆锥状花序或聚伞花序，有时簇生，稀单生；花萼 4 裂；花冠 4 裂；雄蕊常 2 枚；雌蕊由 2 心皮合生，子房上位，2 室，每室胚珠常为 2 枚。核果、浆果、蒴果、翅果。

约 27 属，400 余种，广布于温带和亚热带地区。我国有 12 属，178 种，主产于全国各地。已知 8 属，89 种入药。

本科含酚类、木脂素类、苦味素类、苷类、香豆素类、挥发油等化学成分。

【药用植物】

连翘 *Forsythia suspensa* (Thunb.) Vahl.，落叶灌木。枝开展或下垂，小枝略呈四棱形，节间中空。单叶对生，叶片完整或 3 全裂，卵形或椭圆状卵形。花春季先叶开放，1～3 朵着生于叶腋；花冠黄色，4 裂；雄蕊 2；子房上位，2 室。蒴果狭卵形，木质，表面散生瘤点。种子具翅。分布于东北、华北、西北。多为栽培。干燥果实（连翘）能清热解毒，消肿散结，疏散风热。见图 15 −63。

女贞 *Ligustrum lucidum* Ait.，常绿乔木，全株无毛。单叶对生，革质，全缘，卵形或椭圆形。花小，密集成顶，生圆锥花序；花萼、花冠均 4 裂，花冠白色；雄蕊 2。核果肾形或近肾形，熟时紫黑色，被白粉。分布于长江流域及以南各省区。干燥成熟果实（女贞子）能滋补肝肾，明目乌发。见图 15 −64。

图 15 −63 连翘

图 15 −64　女贞

白蜡树 *Fraxinus chinensis* Roxb.，落叶乔木。叶对生，单数羽状复叶，小叶 5 ~ 7 片，卵形、倒卵状长圆形至披针形，叶缘具整齐锯齿。圆锥花序顶生或腋生枝梢；花萼钟状，不规则分裂；无花冠。翅果匙形。分布于我国南北各省区。多为栽培。干燥枝皮或干皮（秦皮）能清热燥湿，收涩止痢，止带，明目。见图 15 - 65

图 15 - 65　白蜡树

同属植物苦枥白蜡树 *F. rhynchophylla* Hance、尖叶白蜡树 *F. szaboana* Lingelsh.、宿柱白蜡树 *F. stylosa* Lingelsh. 的干燥枝皮或干皮也作秦皮入药用。

本科药用植物还有：暴马丁香 *Syringa reticulata*（Bl.）Hara var. *amurensis*（Rupr.）Pringle 的干燥干皮或枝皮（暴马子皮）能清肺祛痰，止咳平喘。

3. 龙胆科 Gentianaceae

$$\lightning * K_{(4 \sim 5)} C_{(4 \sim 5)} A_{4 \sim 5} \underline{G}_{(2 : 1 : \infty)}$$

草本，茎直立或攀缘。单叶对生，全缘，基部合生，无托叶。花两性，辐射对称；常聚成聚伞花序；花萼常 4 ~ 5 裂；花冠为漏斗或辐状，常 4 ~ 5 裂，多为旋转状排列；雄蕊与花冠裂片同数且互生，着生于花冠管上；雌蕊由 2 心皮组成，子房上位，1 室，侧膜胎座，胚珠多数。蒴果，成熟时 2 瓣裂。

约 80 属，700 余种，广布于全球，主产于北温带。我国有 22 属，427 种，各地有分布，以西南高山地区为多。已知 15 属，108 种入药。

本科植物茎多具双韧维管束。

本科含裂环烯醚萜类、呫酮类等化学成分。

【药用植物】

龙胆 *Gentiana scabra* Bge.，多年生草本。根细长，簇生，味苦。茎直立，有糙毛。叶对生，卵形或卵状披针形，全缘，主脉 3 ~ 5 条。聚伞花序密生于茎顶或叶腋；花萼 5 深裂；花冠蓝紫色，管状钟形，5 浅裂，裂片间有短三角形小褶片；雄蕊 5，花丝基部有翅；花柱短，柱头 2 裂。蒴果长圆形，有柄。除西北、西藏外，各省区均有分布。生于山坡、草地、灌丛及林缘。干燥根和根茎（龙胆）能清热燥湿，泻肝胆火。见图 15 - 66。

同属植物条叶龙胆 *G. manshurica* Kitag. 与龙胆的区别主要是：叶披针形至条形，宽 4 ~ 14mm，边缘反卷。花 1 ~ 2 朵顶生，花冠裂片三角形，先端急尖。分布于黑龙江、江西、浙江、江苏及中南地区。三花龙胆 *G. triflora* Pall. 与条叶龙胆相似，但本种叶宽约 2cm。苞片较花长。花冠裂片先端钝圆。分布于吉林、黑龙江及内蒙古。坚龙胆 *G. rigescens* Franch. 与前三种的区别主要是：根近棕黄色；茎常带紫色；花紫红色。分布于湖南、广西、贵州、四川、云南等。这三种植物的根与根状茎也作龙胆入药用。

秦艽 *G. macrophylla* Pall.，多年生草本。主根粗大，长圆锥形，常扭曲。茎直立，基部具残叶纤维。茎生叶对生，叶片常为矩圆状披针形，5 条脉明显。聚伞花序顶生或腋生；花萼一侧开裂；花冠蓝紫色，5 裂，裂片间有三角形小褶片；雄蕊 5；花柱短，2裂。蒴果无柄。分布于西北、华北、东北及四川。生于高山草地或林缘。干燥根（秦艽）能祛风湿，退虚热，舒筋止痛。见图 15 –67

图 15 –66　龙胆　　　　　　　　图 15 –67　秦艽

同属植物小秦艽 *G. dahurica* Fisch.，矮小，高 10～15cm；根单一或稍分枝，细长圆柱状；叶片狭披针形；花萼管部通常完整不开裂，裂片 5 个，不整齐，线形，绿色；花冠蓝色；分布于华北、西北、西南；生于高山草丛中。粗茎秦艽 *G. crassicaulis* Duthie ex Burk.，高 20～40cm；直根粗大，大部分全分裂为小根，相互以右旋方式缠绕在一起；叶片常为狭椭圆形；花茎粗而短，稍倾斜；花萼管仅在顶端一侧开裂；裂片及小或无；花冠黄色或蓝紫色。西藏、云南、四川等地有分布，生于高山草丛中。麻花秦艽 *G. straminea* Maxim. 高 10～35cm，须根多数，扭结成一个粗大、圆锥形的根。莲座丛叶宽披针形或卵状椭圆形，茎生叶小，线状披针形至线形。花冠黄绿色。产于西藏、四川、青海、甘肃、宁夏及湖北西部。生于高山草甸、灌丛、林下、林间空地、山沟及河滩等地。以上三种植物的根也作秦艽入药用。

本科药用植物还有：瘤毛獐牙菜 *Swertia pseudochinensis* Hara，干燥全草（当药）能清湿热，健胃。同属青叶胆 *S. mileenisis* T. N. He et W. C. Shi，干燥全草（青叶胆）能清肝利胆，清热利湿。

4. 夹竹桃科 Apocynaceae

$$\text{⚥} * K_{(5)} C_{(5)} A_5 \underline{G}_{2:1-2:1-\infty} \overline{G}_{2:1-2:1-\infty}$$

多为木本，少草本，具乳汁或水液。单叶对生或轮生，全缘。花两性，辐射对称；单生或数朵组成聚伞花序；花萼 5 裂，基部内面常有腺体；花冠 5 裂，裂片旋转状排列，花冠喉部通常有副花冠或鳞片或膜质或毛状附属体；雄蕊 5，着生于花冠管上或喉部，花药常呈箭头形；具花盘；雌蕊 2 心皮，离生或合生，子房上位，1～2 室，每室含 1 至多数胚珠。蓇葖果、浆果、核果或蒴果。

约 250 属，2000 余种，分布于热带及亚热带地区，少数分布于温带地区。我国有

46 属，176 种，全国各地均有分布，主产于南方各省区。已知 35 属，95 种入药。

本科植物的茎有双韧维管束。

本科含吲哚类生物碱、强心苷类等化学成分。

【药用植物】

罗布麻 *Apocynum venetum* L.，半灌木，具乳汁。枝条常对生，光滑无毛，带红色。叶对生，叶片椭圆状披针形至卵圆状长圆形，两面无毛。花小，集成聚伞花序；花冠筒状钟形紫红色或粉红色；筒内具副花冠。雄蕊 5；心皮 2，离生。蓇葖果双生，下垂。分布于北方各省区及华东。生于盐碱荒地及沙漠边缘、河流两岸。干燥叶（罗布麻叶）能平肝安神，清热利水。见图 15－68。

图 15－68 罗布麻

萝芙木 *Rauvolfia verticillata*（Lour.）Baill.，灌木多分枝。根木质，淡黄色。单叶对生或 3～5 叶轮生，叶片长，椭圆状披针形。聚伞花序顶生；花萼裂片先端反卷；花冠白色，高脚碟状，花冠管中部膨大，内面有毛茸，上部 5 裂，裂片向外展开或折叠；雄蕊 5；心皮 2，离生。核果卵形或椭圆形，成对或单生，熟时由红变黑。分布于华南、西南地区。生于溪边、山边、坡地及潮湿的林下、灌丛中。植株含利血平等生物碱，能镇静，降压，活血止痛，清热解毒，常作为提取"降压灵"和"利血平"的原料。见图 15－69。

图 15－69 萝芙木

络石 *Trachelospermum jasminoides*（Lindl.）Lem.，常绿木质藤本，具乳汁；嫩枝被柔毛，攀援。叶对生，叶片椭圆形或卵状披针形。聚伞花序；花冠高脚碟状，白色。蓇葖果双生。种子顶端具白毛。分布于除新疆、青海、西藏及东北地区以外的各省区。生于山野、

图 15－70 络石

溪边、沟谷、林下、岩石、树木、墙壁上。干燥带叶藤茎（络石藤）能祛风通络，凉血消肿。见图 15-70

5. 萝藦科 Ascelepiadaceae

☿ * $K_{(5)}$ $C_{(5)}$ A_5 $\underline{G}_{2:1:\infty}$

多为藤本，少为草本、灌木，有乳汁。单叶，常对生，全缘；叶柄顶端常有腺体；常无托叶。花两性，辐射对称；聚伞花序通常伞形，有时呈伞房状或总状；花萼 5 裂，萼筒短，内面基部常有腺体；花冠 5 裂，裂片旋转；常具副花冠；雄蕊 5，与雌蕊粘生成中心柱，称合蕊柱，花粉常粘合成花粉块，花粉块常通过花粉块柄而着生在着粉腺上；心皮 2，离生，子房上位，花柱 2 条，顶端合生，柱头膨大，常与花药合生。蓇葖果双生，或因一个不育而单生。

约 180 属，2200 余种，分布于热带、亚热带地区。我国有 44 属，245 种，全国各地多有分布，主产于西南及东南部。已知 32 属，112 种入药。

本科植物的茎具双韧维管束。

本科含强心苷、皂苷、生物碱、酚类等化学成分。

本科植物与夹竹桃科植物相似：本科植物在叶柄顶端常有腺体丛生，夹竹桃科植物无此特征。本科植物的花粉粘合成花粉块，夹竹桃科植物的花粉不粘合成花粉块。本科植物的雄蕊与雌蕊贴生成合蕊柱，夹竹桃科植物无此特征。

【药用植物】

图 15-71 白薇

白薇 Cynanchum atratum Bunge，多年生直立草本，有乳汁，全株被绒毛。根须状，淡黄棕色，有香气。茎中空，叶对生；叶片卵形或卵状长圆形。伞形状聚伞花序，簇生于叶腋间，无花序梗；花深紫色，花冠裂片平展呈五角形状。蓇葖果角状纺锤形，单生。分布于全国各地。生于林下草地或荒地草丛中。干燥根和根茎（白薇）能清热凉血，利尿通淋，解毒疗疮。见图 15-71。

同属植物蔓生白薇 C. versicolor Bunge 与白薇的主要区别是：茎上部蔓生；花初开时黄绿色，后变为黑紫色。根及根状茎亦作白薇入药用。

柳叶白前 C. stauntonii (Decne.) Schltr. ex Lévl.，直立半灌木。根茎细长，匍匐，节上丛生纤细弯曲的须根。叶对生，叶片狭披针形，无毛。伞形状聚伞花序腋生；花冠紫红色，辐状；副花冠裂片盾状；每药室有 1 个花粉块，长圆形。蓇葖果单生。分布于长江流域及西南各省区。生于山谷、湿地、溪边。干燥根茎和根（白前）能降气，消痰，止咳。

同属植物芫花叶白前 C. glaucescens (Decne.) Hand.-Mazz. 与柳叶白前的主要区别是：茎具二列柔毛；叶长圆形；花冠黄色。分布与柳叶白前同。多生于河岸沙地上。根及根状茎也作白前入药用。

杠柳 *Periploca sepium* Bunge，落叶蔓生灌木，具乳汁，枝叶无毛。小枝常对生，茎皮灰褐色。叶对生，披针形。聚伞花序腋生；花萼 5 深裂，内面基部有 10 个小腺体；花冠紫红色，裂片 5，向外反折，内面密被白色绒毛；副花冠环状，顶端 10 裂，其中 5 裂延伸丝状被短柔毛，顶端向内弯；花药顶端相连，背部被柔毛。蓇葖果纺锤状圆柱状，常双生，微

图 15 – 72　杠柳

弯。分布于长江以北及西南。多生于沙质地或山坡、林缘。干燥根皮（香加皮）能利水消肿，祛风湿，强筋骨。有毒。见图 15 – 72。

本科药用植物还有：徐长卿 *Cynanchum paniculatum*（Bge.）Kitag.，干燥根和根茎（徐长卿）能祛风、化湿、止痛、止痒。通关藤 *Marsdenia tenacissima*（Roxb.）Wight et Arn.，干燥藤茎（通关藤）能止咳平喘、祛痰、通乳、清热解毒。

6. 旋花科 Convolvulaceae

$$\male\female * K_5 C_{(5)} A_5 \underline{G}_{(2:1\sim4:1\sim2)}$$

草质缠绕藤本，稀木本，常具乳汁。叶互生，单叶，全缘或分裂，偶为复叶；无托叶。花两性，辐射对称，5 基数；单花腋生或聚伞花序；萼片 5，常宿存；花冠漏斗状、钟状、坛状等，冠檐常全缘或微 5 裂，蕾期旋转折扇状或镊合状至内向镊合状；雄蕊 5 枚，着生于花冠上；子房上位，常被花盘包围，心皮 2（稀 3～5），合生成 2 室（稀 3～5），每室有胚珠 2 棵，偶因次生假隔膜隔为 4 室（稀 3 室），每室有胚珠 1 个。蒴果，稀浆果。

约 56 属，1800 种，广布于全世界。我国有 22 属，128 种，主产于西南与华南。已知药用 16 属，54 种。

本科植物茎具双韧维管束。

本科含莨菪烷类生物碱、香豆素类、黄酮类等化学成分。

【药用植物】

裂叶牵牛 *Pharbitis nil*（L.）Choisy，一年生缠绕草本，全株被粗硬毛。叶互生，叶片宽卵形或近圆形，常 3 裂。花单生或 2～3 朵着生花梗顶端；萼片 5，狭披针形；花冠漏斗状，蓝紫色或紫红色；雄蕊 5 枚；子房上位，3 室，每室有胚珠 2 颗。蒴果球形。种子卵状三棱形，黑褐色或米黄色。分布于全国大部分地区或栽培。干燥成熟种子（牵牛子）能泻水通便，消痰涤饮，杀虫攻积。见图 15 – 73。

同属植物圆叶牵牛 *P. purpurea*（L.）Voigt 的种子也作牵牛子入药用。见图 15 – 74。

菟丝子 *Cuscuta chinensis* Lam.，一年生缠绕性寄生草本。茎纤细，多分枝，黄色。叶退化成小鳞片状。花簇生成近球状的短总状花序；花萼 5 裂，花冠黄白色或白色，壶状，5 裂，花冠内面基部有鳞片 5，雄蕊 5；子房上位，2 室，花柱 2。蒴果近球形，种子 2～4 颗，淡褐色。分布于全国大部分地区。寄生于豆科、菊科等多种植物体上。干

燥成熟种子（菟丝子）能补益肝肾，固精缩尿，安胎，明目，止泻；外用消风祛斑。见图 15 – 75。

图 15 – 73　裂叶牵牛

图 15 – 74　圆叶牵牛

图 15 – 75　菟丝子

同属植物南方菟丝子 *Cuscuta australis* R. Br. 的种子也作菟丝子入药用。

本科药用植物还有：丁公藤 *Erycibe obtusifolia* Benth. 的干燥藤茎（丁公藤）能祛风除湿，消肿止痛。同属光叶丁公藤 *E. schmididtii* Graib 的藤茎也作丁公藤入药用。

7. 紫草科 Boraginaceae

$\male\female * K_{5,(5)} C_{(5)} A_5 \underline{G}_{(2:2\sim4:2\sim1)}$

多为草本，常被粗硬毛。单叶互生，稀对生或轮生，通常全缘；无托叶。常为单歧聚伞花序；花两性，辐射对称；萼片 5；花冠筒状、钟状、漏斗状或高脚碟状，一般可分筒部、喉部、檐部三部分，5 裂，在喉部常有附属物；雄蕊 5，着生于花冠管上；子房上位，心皮 2，每室 2 胚珠，或子房常 4 深裂而成 4 室，每室 1 胚珠，花柱常单生于子房顶部或 4 分裂子房的基部。果为 4 个小坚果或核果。

100 属，2000 种，分布于温带及热带地区，地中海区域最多。我国有 51 属，209 种，遍布全国，但以西南部最为丰富。已知 21 属，62 种入药。

本科含萘醌类色素、生物碱类等化学成分。

【药用植物】

新疆紫草 *Arnebia euchroma* (Royle) Johnst.，多年生草本，全株被粗毛。根圆锥形暗紫色易撕裂成条片状。基生叶条形，茎生叶变小。花序近球形，具多花；花冠紫色，5

裂，喉部无附属物及毛；子房 4 裂，柱头顶端 2 裂。小坚果有瘤状突起。分布于西藏、新疆，生于高山多石砾山坡及草坡。干燥根（紫草）能清热凉血，活血解毒，透疹消斑。见图 15 - 76。

同属植物内蒙紫草 A. guttata Bunge，分布于新疆、甘肃、内蒙古。根也作紫草入药用。

8. 马鞭草科 Verbenaceae

图 15 - 76　新疆紫草

$$\text{⚥} ↑ K_{(4～5)} C_{(4～5)} A_4 \underline{G}_{(2:4:1-2)}$$

常为木本，稀草本，常具特殊气味。单叶或复叶，常对生。花序各式；花两性，常两侧对称；花萼 4～5 裂，宿存；花冠 4～5 裂，常偏斜或呈二唇形；雄蕊 4，常二强，着生于花冠管上；子房上位，通常由 2 心皮组成，全缘或稍 4 裂，因假隔膜而成假 4 室，每室胚珠 1～2，花柱顶生，柱头 2 裂。核果、蒴果或浆果状核果。

80 余属，3000 余种，主要分布于热带、亚热带地区，少数延至温带。我国有 21 属，175 种，主要分布于长江以南各省区。已知 15 属，101 种入药。

本科含黄酮类、环烯醚萜类、醌类、挥发油、二萜类、三萜类、生物碱等多种化学成分。

【药用植物】

马鞭草 Verbena officinalis L.，多年生草本。茎四方形。叶对生，卵形至长圆状披针形；基生叶边缘常有粗锯齿及缺刻；茎生叶通常 3 深裂，裂片作不规则的羽状分裂或具锯齿，两面均被粗毛。穗状花序细长如马鞭；花小，花萼先端 5 齿，被粗毛；花冠淡紫色，裂片 5，略二唇形；雄蕊 4，2 强；子房上位，4 室，每室 1 胚珠。果为蒴果状，熟时 4 瓣裂。分布全国各地，生于山脚路旁或村边荒地。干燥地上部分（马鞭草）能活血散瘀，解毒，利水，退黄，截疟。见图 15 - 77。

图 15 - 77　马鞭草

图 15 - 78　蔓荆

蔓荆 Vitex trifolia L.，落叶灌木，有香味。小枝四棱形，密生细柔毛。通常三出复叶，有时在侧枝上可有单叶；小叶片卵形、倒卵形或倒卵状长圆形，全缘，表面绿色，

无毛或被微柔毛，背面密被灰白色绒毛。圆锥花序顶生；花 5 数；花萼钟状，顶端 5 浅裂；花冠淡紫色或蓝紫色，顶端 5 裂，二唇形，下唇中间裂片较大；雄蕊 4，伸出花冠外。核果近圆形，成熟时黑色。分布于福建、台湾、广西、广东、云南等地。生于旷野、山坡、河边、沙地草丛或灌丛中。干燥成熟果实（蔓荆子）能疏散风热，清利头目。见图 15 – 78。

同属植物单叶蔓荆 *V. trifolia* L. var. *simplicifolia* Cham. 与蔓荆的区别主要是：单叶，倒卵形，先端钝圆。分布于华东、辽宁、河北、广东。干燥成熟果实也作蔓荆子药用。

图 15 – 79　海州常山

海州常山 *Clerodendrum trichotomum* Thunb.，又名臭梧桐，落叶灌木或小乔木。茎皮灰白色，幼枝四棱形，被褐色短柔毛，枝内具横阁片状髓。叶对生，有长柄，叶片长卵形或卵状椭圆形，全缘或微波状，两面密生短柔毛及黄色细点，具臭气。伞房状圆锥花序，集生于枝顶；花萼紫红色，花冠由白转为粉红色。浆果状核果近圆形，熟时蓝紫色，包藏于增大的宿萼内。花、果、枝亦具臭气。分布于华北、华东、中南、西南各省区。生于山坡林边、溪边、灌丛中。嫩枝及叶称臭梧桐，能祛风湿，降血压；外洗治痔疮，湿疹；根、茎亦可药用，功效与臭梧桐相似。见图 15 – 79。

本科药用植物还有：大叶紫珠 *Callicarpa macrophylla* Vahl 干燥叶或带叶嫩枝（大叶紫珠）能散瘀止血，消肿止痛。广东紫珠 *C. kwangtungensis* Chun 干燥茎枝和叶（广东紫珠）能收敛止血，散瘀，清热解毒。杜虹花 *C. formosana* Rolfe 干燥叶（紫珠叶）能凉血收敛止血，散瘀解毒消肿。牡荆 *Vitex negundo* L. var. *cannabifolia*（Sieb. et Zucc.）Hand. – Mazz. 新鲜叶（牡荆叶）能祛痰，止咳，平喘。

9. 唇形科 Labiatae

$\male\female \uparrow K_{(5)} C_{(5)} A_{4,2} \underline{G}_{(2:4:1)} \underline{G}_{(2:4:1)}$

常为草本，植物体多含挥发油。茎四方形。叶对生。花两性，两侧对称。花序通常为腋生聚伞花序排成轮伞花序，有时再聚合成总状、穗状或圆锥状的复合花序；花萼 5 裂，宿存；花冠 5 裂，唇形（上唇 2 裂，下唇 3 裂），少为假单唇形（上唇极短，2 裂，下唇 3 裂）或单唇形（无上唇，5 个裂片全在下唇）；雄蕊 4，2 强，或仅 2 枚发育；花盘常存在；雌蕊由 2 心皮合生，子房上位，常 4 深裂而成假 4 室，每室一枚胚珠，花柱着生于 4 裂子房的基部（花柱基生）。果实由 4 枚小坚果组成。

约 220 余属，3500 余种，全球广布，主产地中海及中亚地区。我国有 99 属，800 余种，全国各地均产。已知 75 属，436 种入药。

本科多含挥发油，其他有萜类、黄酮类、少量生物碱、昆虫变态激素等化学成分。

本科与马鞭草科相似。但唇形科植物的花序为轮伞花序，子房深 4 裂，花柱着生于 4 裂子房的基部（花柱基生），果有 4 枚小坚果组成。而马鞭草科植物不形成轮伞花序，子房不深4裂，花柱生于子房的顶端（花柱顶生）。

【药用植物】

益母草 *Leonurus japonicus* Houtt.，一至二年生草本。基生叶有长柄，叶片近圆形，5~9浅裂；茎中部叶菱形，掌状3深裂；顶端叶近无柄，叶片线形至线状披针形。轮伞花序腋生；花萼5裂，花冠粉红至淡紫红色，上唇外被柔毛，下唇中裂片倒心形。小坚果矩圆状三棱形，褐色。分布于全国各地。多生于山野向阳处及路边、沟边。新鲜或干燥地上部分（益母草），能活血调经，利尿消肿，清热解毒；干燥成熟果实（茺蔚子）能活血调经，清肝明目。见图15－80。

丹参 *Salvia miltiorrhiza* Bunge，多年生草本，全株密被长柔毛及腺毛。根肥厚，肉质，外面朱红色，内面白色。叶常为奇数羽状复叶，小叶3~5，卵圆形或椭圆状卵圆形或宽披针形，边缘具圆齿，两面被疏柔毛，下面较密。轮伞花序组成总状花序，顶生或腋生；花萼钟状，紫色；花冠紫蓝色，管内有斜毛环，上唇略呈盔状，下唇3裂；能育雄蕊2；花柱较雄蕊长，柱头2裂。小坚果椭圆形，熟时暗红色或黑色，包于宿萼中。分布于全国大部分地区。生于向阳山坡草丛、沟边、路边或林旁，也有栽培。干燥根和根茎（丹参）能活血祛瘀，通经止痛，清心除烦，凉血消痈。见图15－81。

图15－80　益母草

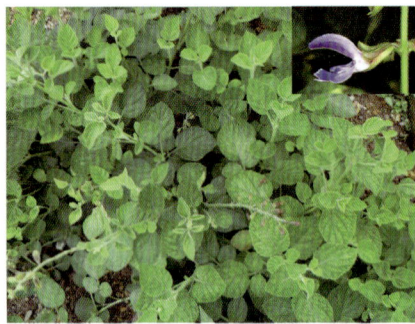

图15－81　丹参

黄芩 *Scutellaria baicalensis* Geotgi，多年生草本。主根肥厚，断面黄绿色。茎基部多分枝。叶对生，披针形至条状披针形，上面深绿色，无毛或被疏毛，下面密被下陷的黑色腺点。总状花序顶生，花序中花偏向一侧；苞片叶状；花冠紫、紫红至蓝色；雄蕊4，2强。小坚果卵球形。分布于长江以北大部分地区及西北和西南地区。生于向阳山坡、路边、草原等处，亦有栽培。干燥根（黄芩）能清热燥湿，泻火解毒，止血，安胎。见图15－82。

图15－82　黄芩

荆芥 *Schizonepeta tenuifolia* Briq.，一年生草本，有浓烈香气。叶近无柄，叶片3~5羽状深裂，裂片条形或披针形。轮伞花序多密集于枝顶，呈长穗状；花小，花冠白色，下唇有紫点。小坚果卵形，几三棱状，灰褐色。分布于全国大部分地区。生于山坡阴地、沟塘边与草丛中，现多为栽培。地上部分含挥发油。干燥地上部分（荆芥）能解表散风，透疹，消疮；干燥花穗（荆芥穗）能解表散风，透疹，消疮。

薄荷 *Mentha haplocalyx* Brig.，多年生草本，有清凉浓香气。根状茎细长，常白色。叶片卵形至椭圆形，边缘基部以上有锯齿，两面均有短毛及腺鳞。轮伞花序，腋生；花萼钟状，外被短毛；花冠淡紫色或白色，4 裂，上唇裂片较大，顶端 2 裂，下唇 3 裂；雄蕊 4，前对较长。小坚果椭圆形。分布于全国各地。生于水边湿地，并广为栽培。干燥地上部分（薄荷）能疏散风热，清利头目，利咽，透疹，疏肝行气。见图 15 – 83。

图 15 – 83　薄荷

半枝莲 *Scutellaria barbata* D. Don，多年生草本。茎直立，四棱形。单叶对生；叶片三角状卵圆形或卵圆状披针形，有时卵圆形。花单生于茎或分枝上部叶腋内并偏向一侧的总状花序上；花冠紫蓝色，外被短柔毛。小坚果褐色，扁球形。分布于华北、华中及长江流域以南。干燥全草（半枝莲）能清热解毒，化瘀利尿。

紫苏 *Perilla frutescens*（L.）Britt，一年生直立草本，具香气。茎四棱形，绿色或紫色，有毛。叶阔卵形或圆形，边缘在基部以上有粗锯齿，两面绿色或紫色，或仅下面紫色，两面有毛。由轮伞花序集成总状花序状；花冠白色至紫红色。小坚果球形，灰褐色。产于全国各地，并多栽培。干燥成熟果实（紫苏子）能降气消痰，止咳平喘，润肠通便；干燥叶或带嫩枝（紫苏叶）能解表散寒，行气和胃；干燥茎（紫苏梗）能理气宽中，止痛，安胎。见图 15 – 84。

图 15 – 84　紫苏　　　　　　图 15 – 85　夏枯草

夏枯草 Prunella vulgaris L.，多年生草本。茎上升，下部伏地，自基部多分枝，钝四棱形。叶对生，卵形。轮伞花序密集组成顶生的穗状花序；花萼二唇形，上唇顶端截形，具3短齿，下唇2齿细长；花冠紫、蓝紫或红紫色，二唇形，上唇帽状，2裂，下唇深3裂。小坚果三棱形。夏末，开花后的枝叶枯萎而名夏枯草。我国大部分地区有分布。生于草地、林缘湿润处。干燥果穗（夏枯草）能清肝泻火，明目，散结消肿。见图15-85。

广藿香 Pogostemon cablin (Blanco) Benth.，多年生芳香草本或半灌木。茎直立，四棱形，分枝，被绒毛。叶圆形或宽卵圆形，两面被绒毛。轮伞花序密集成穗状，顶生；花冠紫色。小坚果平滑。广东、海南、等地有栽培。干燥地上部分（广藿香）能芳香化浊，和中止呕，发表解暑。

图15-86　活血丹

本科药用植物还有：毛叶地瓜儿苗 Lycopus lucidus Turcz. var. *hirtus* Regel 干燥地上部分（泽兰）能活血调经，祛瘀消痈，利水消肿。活血丹 Glechoma longituba (Nakai) Kupr. 干燥地上部分（连钱草）能利湿通淋，清热解毒，散瘀消肿。见图15-86。碎米桠 Rabdosia rubescens (Hemsl.) Hara 干燥地上部分（冬凌草）能清热解毒，活血止痛。石香薷 Mosla chinensis Maxim.、江香薷 M.

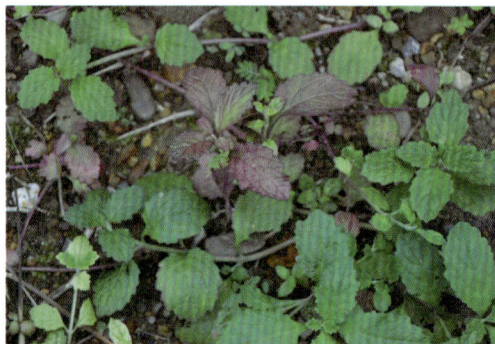

图15-87　筋骨草

chinensis 'jiangxiangru' 干燥地上部分（香薷）能发汗解表，化湿和中。独一味 Lamiophlomis rotata (Benth.) Kudo 干燥地上部分（独一味）能活血止血，祛风止痛。灯笼草 Clinopodium polycephalum (Vaniot) C. Y. Wu et Hsuan、风轮菜 C. chinense (Benth.) O. Kuntze 干燥地上部分（断血流）能收敛止血。筋骨草 Ajuga decumbens Thunb. 干燥全草（筋骨草）能清热解毒，凉血消肿。见图15-87。

10. 茄科 Solanaceae

$$\male\female * K_{(5)} C_{(5)} \underline{A_5} \underline{G}_{(2:2:\infty)} \underline{G}_{(2:2:\infty)}$$

草本或灌木。单叶全缘、不分裂或分裂，有时为羽状复叶，互生或在开花枝段上大小不等的二叶双生；无托叶。花两性，辐射对称；单生、簇生或为聚伞花序；花萼 5 裂，宿存；花冠 5 裂，呈辐状、漏斗状、高脚碟状或钟状；雄蕊常 5 枚，着生于花冠管上，与花冠裂片互生；雌蕊由 2 心皮合生，子房上位，2 室，有时 1 室或有不完全的假隔膜而在下部分隔成 4 室，中轴胎座，每室胚珠多数。蒴果或浆果。种子圆盘形或肾脏形。

约 80 属，3000 余种，分布于温带及热带地区。我国有 26 属，107 种，全国各地均产。已知 25 属，84 种入药。

本科植物茎具双韧维管束。

本科含生物碱、黄酮类、香豆素等化学成分。

【药用植物】

白花曼陀罗 *Datura metel* L. ，一年生草本。单叶互生，卵形至宽卵形，基部不对称，边缘有不规则的短齿或浅裂或者全缘而波状。花单生于枝叉间或叶腋；花萼筒状，先端 5 裂；花冠长漏斗状，白色，裂片 5；雄蕊 5；子房疏生短刺毛。蒴果近球状或扁球状，疏生粗短刺，熟时不规则 4 瓣裂。全国各地有栽培或野生，主产于华南及江苏、浙江等地。干燥花（洋金花）能平喘止咳，解痉止痛。有毒。见图 15 – 88。

图 15 – 88　白花曼陀罗

图 15 – 89　宁夏枸杞

宁夏枸杞 *Lycium barbarum* L. ，灌木，分枝有棘刺。叶互生或簇生，叶片披针形或长椭圆状披针形。单生或数朵簇生于短枝上；花萼先端 2 ~ 3 裂；花冠漏斗状，5 裂，粉红色或紫色，具暗色脉纹；雄蕊 5。浆果卵圆形或宽椭圆形，红色。种子常 20 余粒，扁肾形。分布于西北和华北，野生或栽培。干燥成熟果实（枸杞子）能滋补肝肾，益精明目；干燥根皮（地骨皮）能凉血除蒸，清肺降火。见图 15 – 89。

同属植物枸杞 *L. chinense* Mill. 与宁夏枸杞的主要区别是：枝条柔弱，常下垂；花萼筒短于裂片；花冠裂片有缘毛。分布于全国大部分地区。生于路边、地边、沟边及旷野。根皮也作地骨皮入药。见图 15 - 90。

图 15 - 90　枸杞

莨菪 *Hyoscyamus niger* L. ，二年生草本，全体被粘性腺毛。根较粗壮。一年生的茎极短，自根茎发出莲座状叶丛，卵状披针形或长矩圆形，顶端锐尖，边缘有粗牙齿或羽状浅裂，有宽而扁平的翼状叶柄；第二年春茎伸长而分枝，茎生叶卵形或三角状卵形，无叶柄，边缘羽状浅裂或深裂，向茎顶端的叶成浅波状，裂片多为三角形。花在茎中部以下单生于叶腋，在茎上端聚集成蝎尾式总状花序，通常偏向一侧。花萼筒状钟形，生细腺毛和长柔毛，5 浅裂；花冠钟状，黄色而脉纹紫堇色；雄蕊稍伸出花冠。蒴果包藏于宿存萼内，长卵圆状。种子近圆盘形，淡黄棕色。分布于华北、西北及西南各地。生于山坡、河岸沙地，亦有栽培。干燥成熟种子（天仙子）能解痉止痛，平喘，安神。有大毒。

漏斗泡囊草 *Physochlaina infundibularis* Kuang，多年生草本，全株被毛。主根倒圆锥形，肥大肉质，深褐色，顶端有细长的根状茎。单叶互生，卵状三角形，叶基稍下延。聚伞花序顶生或腋生；花萼漏斗状，花冠漏斗状，黄色或在基部带紫色。蒴果，包于宿存的花萼内。分布于陕西、山西、河南等地。生于山坡、沟谷及林下草地。干燥根（华山参）能温肺祛痰，平喘止咳，安神镇惊。有毒。

本科药用植物还有：颠茄 *Atropa belladonna* L. 干燥全草（颠茄草）抗胆碱药。酸浆 *Physalis alkekengi* L. var. *franchetii* (Mast.) Makino 干燥宿萼或带果实的宿萼（锦灯笼）能清热解毒，利咽化痰，利尿通淋。辣椒 *Capsicum annuum* L. 干燥成熟果实（辣椒）能温中散寒，开胃消食。见图 15 - 91。

图 15 - 91　辣椒

11. 玄参科 Scrophulariaceae

$$\xvar ↑ K_{(4~5)} C_{(4~5)} A_{4,2} \underline{G}_{(2:2:\infty)}$$

常为草本。叶常对生，无托叶。花两性，常两侧对称，稀辐射对称；花序总状、穗状或聚伞状，常合成圆锥花序；花萼常 4~5 裂，宿存；花冠 4~5 裂，通常多少呈二唇形；雄蕊常 4，二强，稀 2 或 5，着生于花冠管上；雌蕊由 2 心皮合生，子房上位，基部常具花盘，2 室，每室胚珠多数，花柱顶生，中轴胎座，每室胚珠多数。果为蒴果，少有浆果状。种子细小。

约 200 属，3000 种，遍布于世界各地。我国约 60 属，634 种，主产于西南地区。已知 45 属，233 种入药。

本科植物具双韧维管束。

本科含有环烯醚萜苷类、黄酮类、强心苷类等化学成分。

【药用植物】

玄参 *Scrophularia ningpoensis* Hemsl.，多年生高大草本。支根数条，纺锤形或胡萝卜状膨大，灰黄褐色，干后变黑色。茎四棱形。叶对生，有时茎上部的叶互生；叶片多为卵形，有时上部的为卵状披针形至披针形，边缘具细锯齿，稀为不规则的细重锯齿。聚伞花序合成大而疏散的圆锥花序；花萼 5 裂，分裂几达基部；花冠褐紫色，5 裂，二唇形；雄蕊 4，二强，退化雄蕊近于圆形。蒴果卵圆形，先端有喙。分布于华东、华中、华南、西南等地。生于林下、溪边或灌丛中，现常为栽培。干燥根（玄参）能清热凉血，滋阴降火，解毒散结。见图 15-92。

图 15-92　玄参

图 15-93　地黄

地黄 *Rehmannia glutinosa* Libosch.，多年生草本，全株密被灰白色长柔毛及腺毛。根肥大，呈块状，鲜时黄色。叶基生成丛，叶片倒卵形或长椭圆形，上面绿色多皱，下面带紫色。花茎由叶丛中抽出，总状花序顶生；花冠管稍弯曲，外面紫红色，里面常有黄色带紫的条纹，先端常 5 浅裂，略呈二唇形；雄蕊 4，二强，着生于花冠管基部；子房上位，2 室。蒴果卵形至长卵形。分布于全国大部分地区，各省多有栽培，主产于河南、浙江，以河南产量最大，质量最好，习称怀地黄。新鲜块根（地黄）（习称"鲜地黄"）能清热生津，凉血，止血；干燥块根（地黄）（习称"生地黄"）能清热凉血，养阴生津；生地黄的炮制加工品（熟地黄）能补血滋阴，益精填髓。见图 15-93。

胡黄连 *Picrorhiza scrophulariiflora* Pennell.，多年生草本。根状茎粗而长，节密集，有老叶残基及粗长支根。叶多基生。匙形或近圆形，叶基下延成宽柄，干后常变为黑色。花葶自叶丛中斜上发生，多数花聚生于花葶顶端成总状花序，花冠蓝紫色。蒴果卵圆形。分布于四川西部、云南西北部、西藏东南部。生于高山草地及石堆中。干燥根茎（胡黄连）能退虚热，除疳热，清湿热。

本科药用植物还有：阴行草 *Siphonostegia chinensis* Benth. 干燥全草（北刘寄奴）能活血祛瘀，通经止痛，凉血，止血，清热利湿。苦玄参 *Picrorhiza fel – terrae* Lour. 干燥全草（苦玄参）能清热解毒，消肿止痛。短筒兔耳草 *Lagotis brevituba* Maxim. 干燥全草（洪连）能清热，解毒，利湿，平肝，行血，调经。

12. 爵床科 Acanthaceae

$$\male\female \uparrow K_{(4\sim5)} C_{(4\sim5)} A_{4,2} G_{(2:2:1-\infty)}$$

草本或灌木。茎节常膨大。单叶对生。花两性，两侧对称；每花下通常具1枚苞片和2枚小苞片；常为聚伞花序，或由聚伞花序再组成其他花序，少为单生或成总状花序；花萼4~5裂；花冠4~5裂，常为二唇形或裂片近相等，稀为不等5裂；雄蕊常4，二强，或仅为2枚；雌蕊由2心皮合生，子房上位，下部常有花盘，2室，中轴胎座，每室胚珠2至多数。蒴果，熟时室背开裂；种子通常着生于胎座的钩状物上。

约250属，3450种，广布于热带及亚热带地区。我国约有68属，311种，主产于长江以南各省区。已知30属，71种入药。

本科含酚类、黄酮类、二萜类酯化合物等化学成分。

【药用植物】

穿心莲 *Andrographis paniculata*（Burm. f.）Nees，一年生草本。茎四棱形，下部多分枝，节膨大。叶对生；叶卵状矩圆形至矩圆状披针形。总状花序顶生和腋生，集成大型圆锥花序；花萼5深裂，密被腺毛；花冠白色，二唇形，下唇常有淡紫色斑纹；雄蕊2。蒴果长椭圆形，中有1沟，熟时2瓣裂。原产热带地区，我国长江以南地区普遍栽培，尤以广东、广西、海南、福建为多。干燥地上部分（穿心莲）能清热解毒，凉血，消肿。见图15–94。

图 15 – 94　穿心莲

图 15 – 95　马蓝

马蓝 *Baphicacanthus cusia*（Nees）Bremek.，草本。多分枝，节膨大。单叶对生；叶片卵形至披针形。花大，无梗，对生，组成腋生或顶生的穗状花序；苞片叶状，早落；

花萼裂片5；花冠淡紫色，裂片5；雄蕊4，二强。蒴果棒状。分布于华东、华南、西南等地。生于山坡、路旁、草丛及林边较潮湿处，有栽培。干燥根茎和根（南板蓝根）能清热解毒，凉血消斑；叶或茎叶经加工制得的干燥粉末、团块或颗粒（青黛）能清热解毒，凉血消斑，泻火定惊。见图15－95。

本科药用植物还有：小驳骨 *Gendarussa vulgaris* Nees 干燥地上部分（小驳骨）能祛瘀止痛，续筋接骨。

13. 茜草科 Rubiaceae

$\male * K_{(4\sim5)} C_{(4\sim5)} A_{4\sim5} \bar{G}_{(2:2:1\sim\infty)}$

木本或草本，有时为藤本。单叶，对生或轮生，常全缘，具有各式托叶，托叶通常生叶柄间，较少生叶柄内。花序各式，均由聚伞花序复合而成，很少单花或少花的聚伞花序；花常两性，辐射对称；花萼常4～5裂；花冠常4～5裂；雄蕊与花冠裂片同数而互生，偶有2枚，着生在花冠管的内壁上；雌蕊常由2心皮合生，子房下位，常为2室，每室有1至多数胚珠。蒴果、浆果或核果。

500属，6000余种，广布于热带和亚热带地区，少数分布于温带。我国有98属，约676种。主产于西南及东南各省区。已知60属，215种入药。

本科植物有分泌组织，细胞内含砂晶、针晶、簇晶等。

本科含生物碱、环烯醚萜类、蒽醌类等化学成分。

【药用植物】

茜草 *Rubia cordifolia* L.，多年生攀援草本。根丛生，红色。茎四棱形，棱上生倒生皮刺。叶对生，叶片卵形至卵状披针形，背面中脉及叶柄上有倒生刺；托叶叶状。花为聚伞花序呈疏松的圆锥状；花小，5数，花冠淡黄色，子房下位，2室。浆果近球形，熟时黑色。分布于全国大部分地区。生于山坡、林缘、灌丛及草丛阴湿处。干燥根和根茎（茜草）能凉血，祛瘀，止血，通经。见图15－96。

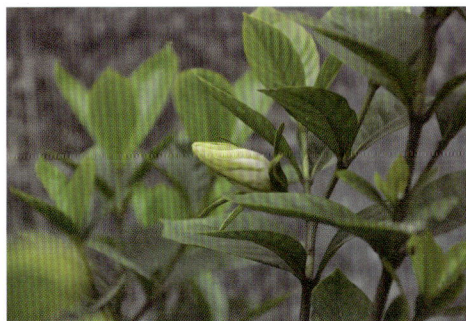

图15－96 茜草　　　　　　　　　图15－97 栀子

栀子 *Gardenia jasminoides* Ellis，常绿灌木。叶对生或三叶轮生；叶形多样，通常为长圆状披针形、倒卵状长圆形、倒卵形或椭圆形；托叶膜质。花芳香，通常单朵生于枝顶；萼管有纵棱，顶部5～8裂，通常6裂，结果时增长，宿存；花冠白色或乳黄色，高脚碟状，顶部5~8裂，通常6裂；花丝极短，花药线形；子房下位。蒴果倒卵形或椭圆形，成熟后金黄色或橘红色，有翅状纵棱5~9条，顶端有宿存萼片。种子多数。分布于我国南部和中部。生于山坡杂木林中，各地有栽培。干燥成熟果实（栀子）能泻火除烦，清热利湿，凉血解毒；外用消肿止痛。栀子的炮制加工品（焦栀子）能凉血止血。见图15-97。

钩藤 *Uncaria rhynchophylla*（Miq.）Miq. ex Havil.，常绿木质大藤本。枝条四棱形，叶腋有钩状的变态枝。叶对生，叶片椭圆形；托叶2深裂，裂片条状钻形。头状花序单生叶腋或枝顶呈总状花序状；花5数，花冠黄色；子房下位。蒴果有宿存萼齿。分布于福建、江西、湖南、广东、广西及西南各省区。生于山谷、溪边的疏林中。干燥带钩茎枝（钩藤）能息风定惊，清热平肝。见图15-98。

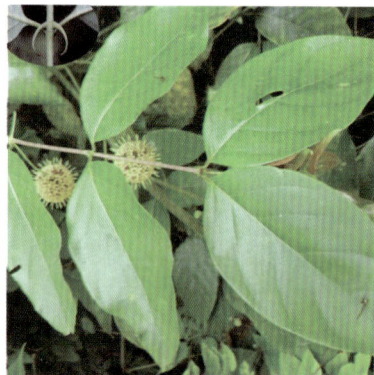

图15-98 钩藤

同属植物大叶钩藤 *U. mcrophylla* Wall. 与钩藤的主要区别是：幼枝及钩均被褐色粗毛；叶大，革质，下面被褐色短粗毛；花有香气，被褐色粗毛。毛钩藤 *U. hirsuta* Havil. 与钩藤的区别主要是：植株较小；小枝、幼钩、叶背、花萼、花冠及果实均被粗毛；花冠淡黄色或粉红色；蒴果纺锤形。华钩藤 *U. sinensis*（Oliv.）Havil. 与钩藤相似，但托叶膜质、圆形，全缘，外翻；叶较大；蒴果棒状。无柄果钩藤 *U. sessilifructus* Roxb. 与钩藤的区别主要是：植株较小；小枝节上有毛；叶薄革质；花白色或淡黄色，仅裂片外被绢毛；蒴果纺锤形。以上四种植物的带钩茎枝亦作钩藤药用。

本科药用植物还有：巴戟天 *Morinda officinalis* How 干燥根（巴戟天）能补肾阳，强筋骨，祛风湿。红大戟 *Knoxia valerianoides* Thorel et Pitard 干燥块根（红大戟）能泻水逐饮，消肿散结。有小毒。

14. 忍冬科 Caprifoliaceae

$$\diameter * \uparrow K_{(4\sim5)} C_{(4\sim5)} A_{4\sim5} \overline{G}_{(2\sim5:1\sim5:1\sim\infty)}$$

常为木本，稀草本。叶对生，常为单叶，稀为羽状复叶；通常无托叶。聚伞或轮伞花序，或由聚伞花序集合成伞房式或圆锥式复花序，稀数朵簇生，有时单生；花两性，辐射对称或两侧对称；花萼4~5裂；花冠管状，常5裂，有时二唇形；雄蕊和花冠裂片同数且互生，着生于花冠管上；雌蕊有2~5心皮合生，子房下位，1~5室，常为3室，每室胚珠1至多数。浆果、核果或蒴果。

15属，约450种，多分布于北温带。我国产12属，259种。分布于全国各地。已知有9属，106种入药。

本科含酚性成分、黄酮类、三萜类等化学成分。

本科与茜草科相似，但茜草科植物有托叶，子房通常2室，每室有1至多数胚珠。而本科植物无托叶，子房通常3室，每室有1枚胚珠。可以区别。

【药用植物】

忍冬 *Lonicera japonica* Thunb.，半常绿缠绕藤本。老茎木质化，幼枝密被柔毛和腺毛。单叶对生；叶片卵形至卵状椭圆形。总花梗单生于叶腋，花成对，苞片叶状；花萼5裂，无毛；花冠唇形，上唇4裂，下唇不裂，初开时白色，后转为黄色，故称为金银花，芳香，外面被有柔毛；雄蕊5；子房下位，花柱和雄蕊长于花冠。浆果球形，熟时黑色。分布于全国大部分地区。生于山坡、路旁、林缘及灌丛中。干燥花蕾或带初开的花（金银花）能清热解毒，疏散风热。干燥茎枝（忍冬藤）能清热解毒，疏风通络。见图15-99。

图 15-99 忍冬

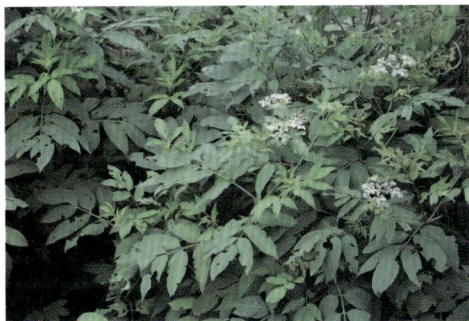

图 15-100 接骨草

接骨草 *Sambucus chinensis* Lindl.，别名陆英，高大草本至半灌木，高达3m；髓心白色。单数羽状复叶；小叶5~9，无柄至具短柄，披针形，长5~12cm，顶端渐尖，边具锯齿，基部钝至圆形。大型复伞房状花序顶生，花小，白色；萼筒杯状，萼齿三角形；花冠辐状，裂片5；柱头3裂。浆果状核果近球形，红色。分布于江苏、浙江、安徽、江西、湖北、湖南、福建、台湾、广东、广西、贵州、云南、四川。生林下、沟边或山坡草丛。根具有散瘀消肿，祛风活络；茎、叶能利尿消肿，活血止痛。见图15-100。

本科药用植物还有：灰毡毛忍冬 *Lonicera macranthoides* HanD. - Mazz、红腺忍冬 *L. hypoglauca* Miq.、华南忍冬 *L. confusa* DC.、黄褐毛忍冬 *L. fulvotomentosa* Hsu et S. C. Cheng 上述四种干燥花蕾或带初开的花（山银花）能清热解毒，疏散风热。

15. 败酱科 Valerianaceae

$\overset{\text{\textfemale}}{\text{\textmale}} \uparrow K_{5\sim15,0} C_{(3\sim5)} A_{3\sim4} \overline{G}_{(3:3:1)}$

常为多年生草本。全体常有陈腐气味或香气。茎直立，常中空。叶对生或基生，多为羽状分裂，无托叶。聚伞花序呈各种排列；花小，常两性，稍不整齐；花萼呈各种形状；花冠筒状，基部常呈囊状或有距，上部 3～5 裂；雄蕊常 3 或 4 枚，少为 1～2 枚，着生于花冠筒上；子房下位，3 心皮合生，3 室，仅 1 室发育，内含 1 胚珠。瘦果。

13 属，约 400 种，大部分分布于北温带。我国有 3 属，约 30 余种，主产于南北各省。已知 3 属，24 种入药。

本科含倍半萜类、黄酮类等化学成分。

【药用植物】

蜘蛛香 *Valeriana jatamansi* Jones.，植株高 20～70cm；根茎粗厚，块柱状，节密，有浓烈香味；茎一至数株丛生。基生叶发达，叶片心状圆形至卵状心形，边缘具疏浅波齿，被短毛或有时无毛，叶柄长为叶片的 2～3 倍；茎生叶不发达，每茎 2 对，有时 3 对，下部的心状圆形，近无柄，上部的常羽裂，无柄。花序为顶生的聚伞花序，苞片和小苞片长钻形，中肋明显，最上部的小苞片常与果实等长。花白色或微红色，杂性；雌花小，不育花药着生在极短的花丝上，位于花冠喉部；雌蕊伸长于花冠之外，柱头深 3 裂；两性花较大，雌雄蕊与花冠等长。瘦果长卵形，两面被毛。产河南、陕西、湖南、湖北、四川、贵州、云南、西藏。生山顶草地、林中或溪边，海拔 2500m 以下。干燥根茎和根（蜘蛛香）能理气止痛，消食止泻，祛风除湿，镇惊安神。见图 15－101。

图 15－101　蜘蛛香

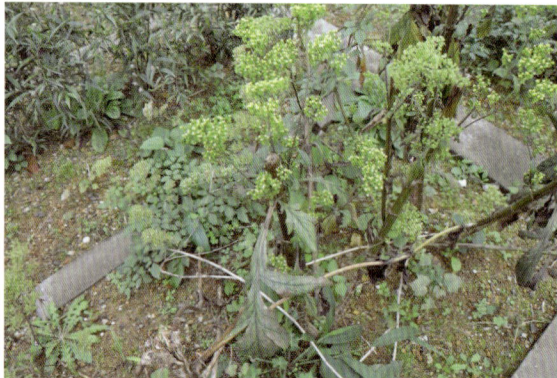

图 15－102　黄花败酱

甘松 *Nardostachys chinensis* Batal.，多年生草本。具粗短的根状茎，顶端有少数叶鞘纤维残存，具强烈香脂气。叶基生；狭条形或条状倒披针形。聚伞花序多呈紧密圆头状排列，花 5 数，花冠淡紫红色；雄蕊 4 枚；子房下位。分布于甘肃、青海、云南、四川等地。生于高山草原。干燥根及根茎（甘松）能理气止痛，开郁醒脾；外用祛湿消肿。

黄花败酱 *Patrinia scabiosaefolia* Fisch. ex. Trev.，又名黄花龙牙，多年生草本。根及根状茎具特殊的陈败豆酱气。基生叶成丛，具长柄，叶片卵形；茎生叶对生；常 4～7 深裂，两面密被粗毛。花小，黄色，顶生伞房聚伞花序，花序梗一侧有白色硬毛；花冠 5 裂，基部有小偏突；雄蕊 4 枚；子房下位。瘦果，有翅状窄边。全国广布。生于山坡草丛、灌木丛中。全草具有清热解毒、消肿排脓、祛痰止咳。根及根状茎能治疗神经衰弱等症。见图 15－102。

同属植物白花败酱 *P. villosa*（Thunb.）Juss. 与黄花败酱区别点是：茎枝具倒生白色粗毛。茎上部叶不裂或仅有 1～2 对狭裂片。花白色。瘦果与宿存增大的圆形苞片贴生。功效同黄花败酱。见图 15－103。

16. 葫芦科 Cucurbitaceae

♂ $* K_{(5)} C_{(5)} A_{5,(3\sim5)}$；♀ $* K_{(5)} C_{(5)} \overline{G}_{(3:1:\infty)}$

草质藤本，具卷须。叶互生；常为单叶，掌状分裂，有时为鸟趾状复叶。花单性，辐射对称，雌雄同株或异株；花单生、簇生或集成总状花序、圆锥花序或近伞形花序。花萼 5 裂；花冠常 5 裂，稀为离瓣花冠；雄花中的雄蕊常为 3 或 5，分离或合生，花药直或弯曲；雌花中的雌蕊由 3 心皮合生，子房下位，常为 1 室，侧膜胎座，稀 3 室，每室胚珠多数。瓠果，稀为蒴果。

约 113 属，800 余种，主要分布于热带和亚热带地区。我国有 32 属，154 种，主产于南部、西南部。已知 21 属，53 种入药。

本科含四环三萜葫芦烷型化学成分。

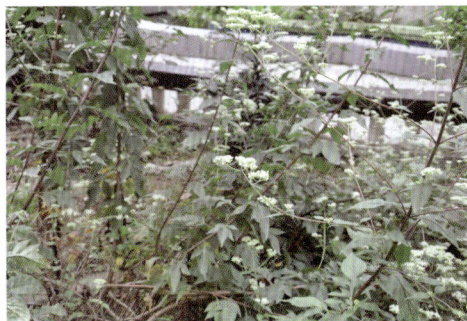

图 15－103　白花败酱

【药用植物】

栝楼 *Trichosanthes kirilowii* Maxim.，多年生草质藤本。块根肥厚，圆柱状。叶通常近心形，常 3～9 掌状浅裂至中裂，中裂片菱状倒卵形。雌雄异株；雄花组成总状花序；雌花单生；花萼、花冠均 5 裂，花冠白色，中部以上细裂成流苏状；雄花有雄蕊 3 枚。瓠果近球形，熟时橙黄色。种子椭圆形，扁平，浅棕色。分布于我国北部至长江流域。生于山坡草丛、林缘、溪边及路边，现多栽培。干燥根（天花粉）能清热泻火，生津止渴，消肿排脓；干燥成熟果实（瓜蒌）能清热涤痰，宽胸散结，润燥滑肠；干燥成熟种子（瓜蒌子）能润肺化痰，润肠通便；瓜蒌子的炮制加工品（炒瓜蒌子）能润肺化痰，滑肠通便；干燥成熟果皮（瓜蒌皮）能清热化痰，利气宽胸。见图15－104。

图 15－104　栝楼

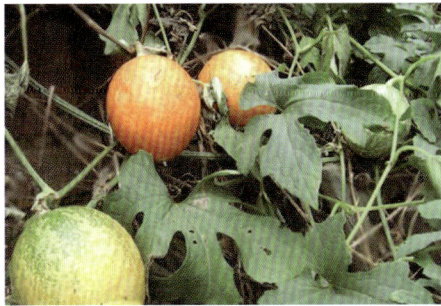

图 15－105　双边栝楼

同属植物双边栝楼（中华栝楼）*T. rosthornii* Harms 与栝楼主要区别是：叶通常 5 深裂几乎达基部，中部裂片 3，裂片条形或倒披针形。种子有一圈与边缘平行的棱

线。分布于华中、西南、华南及陕西、甘肃等地。野生或栽培。功效同栝楼。见图
15 – 105。

木鳖 *Momordica cochinchinensis*（Lour.）Spreng.，粗壮大藤本。具块状根。叶柄粗
壮，叶片卵状心形或宽卵状圆形，3～5 中裂至深裂或不分裂，中间的裂片最大，倒卵
形或长圆状披针形，侧裂片较小，卵形或长圆状披针形，叶脉掌状。卷须颇粗壮，光滑
无毛，不分歧。雌雄异株。雄花：单生于叶腋或有时 3～4 朵着生在极短的总状花序轴
上，若单生时花梗顶端生一圆肾形大型苞片；花萼筒漏斗状，裂片宽披针形或长圆形；
花冠黄色，裂片卵状长圆形，基部有齿状黄色腺体；雄蕊 3。雌花：单生于叶腋，花梗
近中部生一兜状苞片；花冠、花萼同雄花；子房卵状长圆形，密生刺状毛。果实卵球
形，顶端有 1 短喙，基部近圆，成熟时红色，肉质，密生具刺尖的突起。种子多数，卵
形或方形，干后黑褐色，边缘有齿，两面稍拱起，具雕纹，似龟板状，故名“木鳖
子”。主要分布于广西、四川、广东、江西、湖南等地。干燥成熟种子（木鳖子）能散
结消肿，攻毒疗疮。有毒。见图 15 – 106。

丝瓜 *Luffa cylindrica*（L.）Roem，一年生攀援草本植物。茎须粗壮，被短柔毛，通
常 2～4 枝。单叶互生，有长柄，叶片三角形或近圆形，通常掌状 5～7 裂。雌雄同株；
雄花为总状花序，先开；雌花单生，有长柄；花冠浅黄色。瓠果长圆柱形，下垂。种子
扁矩卵形，黑色。各地普遍栽培。干燥成熟果实的维管束（丝瓜络）能祛风，通络，
活血，下乳。见图 15 – 107。

图 15 – 106　木鳖

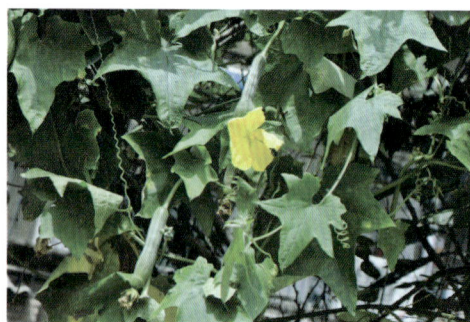

图 15 – 107　丝瓜

绞股蓝 *Gynostemma pentaphyllum*（Thunb.）Makino，多年生草质藤本。根茎细长横
走。茎节疏生细毛；卷须 2 叉，生于叶腋。掌状复叶鸟趾状，有小叶片，具柔毛。雌雄
异株；雌、雄花序均为圆锥状；花萼、花冠均 5 裂。瓠果球形，熟时黑色。分布于长江
以南各省区。生于山涧的阴湿环境，以林下、沟旁较常见。含绞股蓝皂苷、黄酮、氨基
酸、维生素 C 及微量元素。能清热解毒，止咳祛痰。见图 15 – 108。

本科药用植物还有：冬瓜 *Benincasa hispid*（Thunb.）Cogn. 干燥外层果皮（冬瓜皮）
能利尿消肿。见图 15 – 109。西瓜 *Citrullus lanatus*（Thunb.）Matsum. et Nakai 成熟新鲜
果实与皮硝经加工制成（西瓜霜）能清热泻火，消肿止痛。土贝母 *Bolbostemma panicu-
latum*（Maxim.）Franquet 干燥块茎（土贝母）能解毒，散结，消肿。罗汉果 *Siraitia
grosvenorii*（Swingle）C. Jeffrey ex M. Lu et Z. Y. Zhang 干燥果实（罗汉果）能清热润

肺，利咽开音，润肠通便。甜瓜 *Cucumis melo* L. 干燥成熟种子（甜瓜子）能清肺，润肠，化瘀，排脓，疗伤止痛。

图 15 - 108　绞股蓝

图 15 - 109　冬瓜

17. 桔梗科 Campanulaceae

$$\text{☿} * ↑ K_{(5)} C_{(5)} A_5 \overline{G}_{(2\sim5:2\sim5:\infty)} \overline{\overline{G}}_{(2\sim5:2\sim5:\infty)}$$

草本，常具乳汁。单叶互生，少为对生或轮生。花单生或常集成聚伞花序；花两性，辐射对称或两侧对称；花萼 5 裂，宿存；花冠常为钟状或管状，5 裂；雄蕊 5，分离或合生，着生于花冠管基部或花盘上；雌蕊由 2 ~ 5 心皮合生，子房常为下位或半下位，常 3 室，每室胚珠多数。蒴果，稀为浆果。

60 余属，2000 余种，分布于温带及亚热带地区，我国有 16 属，170 种，主产于西南各省区。已知 13 属，112 种入药。

本科含皂苷、糖类、生物碱等化学成分，某些植物含菊糖。

【药用植物】

桔梗 *Platycodon grandiflorum*（Jacq.）A. DC.，多年生草本，全株光滑。根肥大肉质，长圆锥形。叶近无柄；茎下部的叶常对生或轮生，上部叶互生；叶片卵状披针形，边缘有不整齐的锐锯齿。花单生于茎枝顶端或数朵集成疏总状花序；花萼钟状；花冠阔钟状，蓝色或蓝紫色，裂片三角形；雄蕊 5，花丝很短，基部极扩大；子房半下位，5室，花柱长，柱头裂，反卷。蒴果顶部 5 裂。分布于全国各地，并多栽培。生于山坡、草丛、林边或沟旁。干燥根（桔梗）能宣肺，利咽，祛痰，排脓。见图 15 - 110。

党参 *Codonopsis pilosula*（Franch.）Nannf.，多年生缠绕草本，幼嫩部分有细白毛。根圆柱状，具多数瘤状茎痕（习称"狮子盘头"）。茎细长而多分枝。叶互生；叶片卵形或广卵形，两面被毛。花 1 ~ 3 朵生于分枝顶端；花 5 数；花萼裂片狭矩圆形，长为宽的 3 倍以上；花冠阔钟状，浅黄绿色，有污紫色小斑点；子房半下位，3 室，柱头 3。蒴果圆锥形，熟时 3 瓣裂。分布于东北、华北、西北各省区。多生于山坡灌丛、林下、林缘等处，全国各地多有栽培。干燥根（党参）能健脾益肺，养血生津。

同属植物素花党参 *C. pilosula* Nannf. var. *modesta*（Nannf）L. T. Shen 与党参主要区别是叶仅在幼时上面有疏毛，老时脱落。萼裂片近三角形，长约为宽的 2 倍。分布于四川、青海、甘肃。与川党参 *C. tangshen* Oliv. 的主要区别：植株除叶片两面密被柔毛，全体几近于光滑无毛。花萼几乎完全不贴生于子房上，几乎全裂。生于山地林边或灌丛中。产于四川、贵州、湖北、湖南及陕西。见图 15 – 111。上两种植物根也作党参药用。

图 15 – 110　桔梗

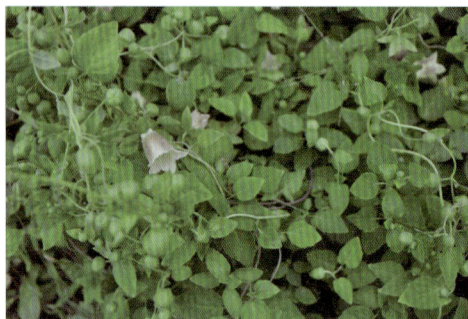

图 15 – 111　川党参

半边莲 *Lobelia chinensis* Lour. ，多年生草本。茎细弱，匍匐，节上生根，分枝直立，无毛。叶互生，无柄或近无柄，椭圆状披针形至条形。花通常 1 朵，生分枝的上部叶腋；花冠粉红色或白色，花瓣 5 片类如莲花瓣，因花瓣均偏向一侧而得名。蒴果倒锥状。种子椭圆状，稍扁压。产长江中、下游及以南各省区。生于水田边、沟边及潮湿草地上。干燥全草（半边莲）能清热解毒，利尿消肿。见图 15 – 112。

沙参 *Adenophora stricta* Miq. ，多年生草本，有白色乳汁。主根粗肥，倒圆锥形。茎单一，直立，上部有分枝。基生叶有长柄，茎生叶常无柄，叶片卵形或狭卵形。茎、叶、花萼均被短硬毛。总状花序狭长，顶生；花 5 数；花冠钟形，蓝紫色。蒴果近球形。分布于西南、华中、华东、河南、陕西等地。生于路旁、山坡石缝及草丛中。干燥根（南沙参）能养阴清肺，益胃生津，化痰，益气。见图 15 – 113。

图 15 – 112　半边莲

图 15 – 113　沙参

轮叶沙参 *Adenophora tetraphylla*（Thunb.）Fisch. 与杏叶沙参的主要区别是：茎生叶 4～6 片轮生，叶片卵形、披针形或倒卵形；花序分枝轮生；花下垂，花冠蓝色。根也作南沙参药用。

18. 菊科 Compositae

$$\male \ast \uparrow K_{0,\infty} C_{(3\sim5)} A_{(4\sim5)} \overline{G}_{(2:1:1)}$$

常为草本，稀木本，有的具乳汁或树脂道。叶常互生，稀对生或基生，无托叶。花两性、单性或中性，辐射对称或两侧对称；小花同型（头状花序中小花全为管状花或全为舌状花）或异型（头状花序中小花外围为舌状花，中央为管状花）；头状花序外为总苞围绕，或由头状花序再集成总状、伞房状花序。花萼常退化为冠毛；花冠常呈管状或舌状，稀为假舌状、二唇形或漏斗状，3~5裂；雄蕊常5，为聚药雄蕊，着生于花冠筒上；雌蕊由2心皮合生，子房下位，1室，每室1枚胚珠，柱头2裂。连萼瘦果（与瘦果的区别在于有花托或花萼筒参与形成果实）。

根据花的构造不同，分为管状花亚科（头状花序仅有管状花或兼有舌状花；植物体无乳汁）和舌状花亚科（头状花序仅有舌状花；植物体有乳汁）两个亚科。现在分族进行分类，族下分属。

约1000属，25000~30000种，全球广布，尤以温带地区最多。我国有227属，2330余种，主产于全国各地。已知155属，778种入药。

本科含倍半萜内酯、黄酮类、生物碱、挥发油、香豆素类、菊糖等化学成分。

【药用植物】

菊花 *Chrysanthemum morifolium* Ramat.，多年生草本，茎基部常木质，全体被白色绒毛。叶片卵形至披针形，边缘有粗大锯齿或羽裂。头状花序直径2.5~20cm，大小不一，单个或数个集生于茎枝顶端；总苞片多层，外层绿色，边缘膜质；缘花舌状，雌性，形色多样；中央为管状花，两性，黄色。瘦果柱状，无冠毛。全国各地有栽培。因产地与加工方法不同，分为"亳菊"、"滁菊"、"贡菊"、"杭菊"。干燥头状花序（菊花）能散风清热，平肝明目，清热解毒。见图15-114。

图15-114 菊花

图15-115 野菊花

野菊花 *Chrysanthemum indicum* L. 与菊花的主要区别是：头状花序较小，直径1~1.5cm；舌状花一层，黄色；管状花基部无托叶。分布于全国各地。干燥头状花序（野菊花）能清热解毒，泻火平肝。见图15-115。

红花 *Carthamus tinctorius* L.，一年生草本。叶互生，长椭圆形或卵状披针形，叶缘齿端有尖刺。头状花序外侧总苞片 2 ~ 3 层，卵状披针形，上部边缘有锐刺，内侧数列卵形无刺；花序中全为管状花，初开时黄色，后变为红色。瘦果无冠毛。大部分地区有栽培，主产于河南、湖北、四川、浙江。干燥花（红花）能活血通经，散瘀止痛。见图 15 – 116。

图 15 – 116　红花

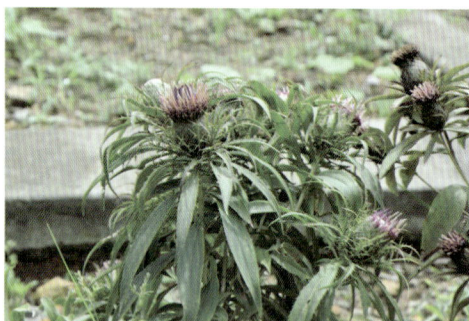

图 15 – 117　白术

白术 *Atractylodes macrocephala* Koidz.，多年生草本。根状茎结节状。茎直立，通常自中下部分枝。中部茎叶有长叶柄，叶片通常 3 ~ 5 羽状全裂；自中部茎叶向上向下，叶渐小，与中部茎叶等样分裂，接花序下部的叶不裂，椭圆形或长椭圆形，无柄；或大部茎叶不裂，但总兼杂有 3 ~ 5 羽状全裂的叶。全部叶边缘或裂片边缘有针刺状缘毛或细刺齿。头状花序单生茎枝顶端，植株通常有 6 ~ 10 个头状花序，但不形成明显的花序式排列。苞叶绿色，针刺状羽状全裂。总苞片 9 ~ 10 层。全为管状花，紫红色。瘦果倒圆锥状，被稠密白色的长直毛，冠毛羽毛状。分布于浙江、江西、湖北、湖南、陕西。生于山坡、林边及灌丛中，现多为栽培。干燥根茎入药（白术）能健脾益气，燥湿利水，止汗，安胎。见图 15 – 117。

茅苍术 *A. lancea* (Thunb.) DC.，根状茎肥厚，结节状，断面有红棕色油点，有香气。叶无柄，下部叶常 3 裂，2 侧裂片较小，中裂片较大，卵形。头状花序直径 1 ~ 2cm；花冠白色，而与白术区别。分布于华北及山西、湖北、四川等地。生于山坡草丛、灌丛中。干燥根茎（苍术）能燥湿健脾，祛风散寒，明目。

北苍术 *A. chinensis* (DC.) Koidz. 与茅苍术主要区别是：叶片较宽，卵形或狭卵形，常羽状 5 浅裂，边缘有不连续的刺状牙齿。分布于东北、华北及山东、河南、陕西等地。生于低山阴坡、草丛及灌丛中。根茎也作苍术药用。

木香 *Aucklandia lappa* Decne.，又名云木香、广木香，多年生高大草本。主根粗壮，干后芳香。基生叶片巨大，三角状卵形，边缘有不规则浅裂或呈波状，疏生短齿，叶基下延成翅；茎生叶互生。头状花序 2 ~ 3 个簇生茎顶，头状花序具总苞片约 10 层；花序中全为管状花，花冠暗紫色。瘦果条形，有冠毛。西藏南部有分布，云南、四川等地有栽培。干燥根（木香）能行气止痛，健脾消食。

川木香 *Vladimiria souliei* (Franch.) Ling 与木香的主要区别是：茎缩短，叶呈莲座状丛生。叶片矩圆状披针形，羽状分裂，叶基不下延。头状花序 6 ~ 8 个密集生于茎顶；花冠紫色；冠毛刚毛状，紫色。分布于四川西部、西北部和西藏东部。生于高海拔的高山草地。干燥根（川木香）能行气止痛。另灰毛川木香 *V. souliei*（Franch.）Ling var. *cinerea Ling* 干燥根也作川木香药用。

牛蒡 *Arctium lappa* L.，二年生草本。根肉质。基生叶丛生，茎生叶互生；阔卵形或心形。头状花序丛生或排成伞房状；总苞片披针形，顶端钩状弯曲；全为管状花，淡紫色。瘦果扁卵形，冠毛短刚毛状。全国各地普遍分布。生于山坡、山谷、林缘、林中、灌木丛中、河边潮湿地、村庄路旁或荒地，各地有栽培。干燥成熟果实（牛蒡子）能疏散风热，宣肺透疹，解毒利咽。见图 15 – 118。

| 图 15 –118　牛蒡 | 图 15 –119　黄花蒿 |

旋覆花 *Inula japonica* Thunb.，多年生草本。叶互生，无柄；茎中部叶片矩圆状披针形，基部常抱茎，叶背有毛和腺点。头状花序有总苞 5 层；花黄色，外围有一轮舌状花，先端 3 齿裂，中央为管状花。瘦果具 10 棱，冠毛白色。分布于东北、华北及四川、广东等地。生于河边、砂质草地及沼泽地。干燥地上部分（金沸草）能降气，消痰，行水；干燥头状花序（旋覆花）能降气，消痰，行水，止呕。

同属条叶旋覆花 *I. linariifolia* Threz. 与旋覆花主要区别是：叶片条形或条状披针形，边缘反卷；头状花序较小；总苞片外面无毛，有腺点。干燥地上部分作金佛草药用。欧亚旋覆花 *I. britannica* L. 干燥头状花序作旋覆花药用。

黄花蒿 *Artemisia annua* L.，一年生草本，全株具强烈气味。叶通常三回羽状深裂，裂片及小裂片矩圆形或倒卵形。头状花序极多数，细小，长及宽 1.5～2mm，排成圆锥状；小花黄色，全为管状花；外层雌性，内层两性。广布于全国。生山坡、荒地。干燥地上部分（青蒿）能清虚热，除骨蒸，解暑热，截疟，退黄。见图 15 – 119。

茵陈蒿 *A. capillari* Thunb.，茎基部木质化，多分枝，幼嫩枝密被灰白色的柔毛，长成后脱落。叶二至三回羽状全裂，裂片细条形，两面密被绢毛。头状花序总苞球形，长宽 1.5～2mm，再排成圆锥花序。分布于南北各地。山坡、河岸、沙砾地生长较多。干燥地上部分（茵陈）能清利湿热，利胆退黄。见图 15 – 120。

滨蒿 *A. scoparia* Waldst. et Kit.，干燥地上部分也作茵陈药用。

艾 *Artemisia argyi* Lévl. et Vant.，多年生草本。中下部叶卵状椭圆形，羽状深裂，裂片有粗齿或羽状缺刻，上面有腺点，下面有灰白色绒毛。头状花序排成总状；总苞卵形，长约 3mm。广布于我国各省。生于路旁、荒野，也有栽培。干燥叶（艾叶）能温经止血，散寒止痛，外用祛湿止痒。有小毒。见图 15 – 121。

图 15 - 120 茵陈蒿

图 15 - 121 艾

苍耳 *Xanthium sibiricum* Patr.，一年生草本。叶三角状心形或卵形，基出三脉，被糙毛。雄头状花序球状，生于低山丘陵和平原。干燥成熟带总苞的果实（苍耳子）能散风寒，通鼻窍，祛风湿。有毒。见图 15 - 122。

豨莶 *Siegesbeckia orientalis* L.，一年生草本，全体被白色柔毛。茎中部叶三角状或卵状披针形，边缘具不规则齿，下面有腺点。头状花序排成圆锥状；总苞片背面有紫褐色头状有柄腺毛。雌花舌状，黄色，两性花管状。秦岭和长江流域以南广布。生于林缘及荒野。干燥地上部分（豨莶草）能祛风湿，利关节，解毒。见图 15 - 123。

图 15 - 122 苍耳

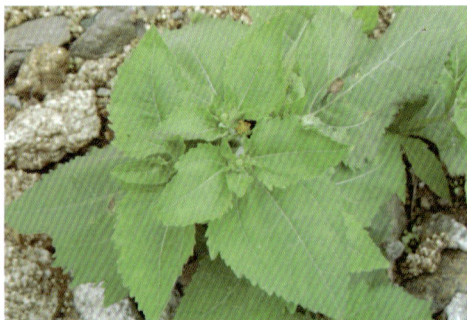

图 15 - 123 豨莶

腺梗豨莶 *S. pubescens* Makino、毛梗豨莶 *S. glabrescens* Makino 干燥地上部分也作豨莶草药用。

鳢肠 *Eclipta prostrata* L.，一年生草本，全体被伏生短毛。叶对生，披针形。头状花序；舌状花雌性，白色，舌片全缘或 2 裂，管状花两性，有 4 裂片。全国广布。生于荒野、河岸。干燥地上部分（墨旱莲）能滋补肝肾，凉血止血。见图 15 - 124。

千里光 *Senecio scandens* Buch. - Ham.，多年生攀援草本。根状茎木质，粗。茎伸长，弯曲，长 2～5m，多分枝。叶具柄，叶片卵状披针形至长三角形。头状花序有舌状花，多数，在茎枝端排列成顶生复聚伞圆锥花序。瘦果圆柱形，长 3mm，被柔毛；冠毛白色，长 7.5mm。产中国西藏、陕西、湖北、四川、贵州、云南、安徽、河南、浙江、江西、福建、湖南、广东、广西、台湾等省区。生于山坡、疏林下、林边、路旁。适应性较强，耐干旱，又耐潮湿，对土壤条件要求不严，但以砂质壤土及粘壤土生长较好。

干燥地上部分（千里光）能清热解毒，明目，利湿。见图 15 – 125。

图 15 – 124　鳢肠

图 15 – 125　千里光

天名精 Carpesium abrotanoides L.，多年生草本，高 30 ~ 100cm。茎直立，有细软毛，嫩时较多，老时渐脱落，上部多分枝，二叉状。基部叶宽椭圆形，花后凋落，下部叶互生，稍有柄，宽椭圆形、长椭圆形，长 10 ~ 15cm，宽 5 ~ 8cm，顶端尖或钝，全缘或有不规则的锯齿，深浅不等，表面绿色较深，光滑或略粗糙，背面有细软毛和腺点，上部叶长椭圆形，无柄，向上逐渐变小。头状花序多数，沿枝条 1 侧着生于叶腋，近无梗，有时下垂，黄色，直径 6 ~ 10mm，总苞钟形或半球形。瘦果长约 3.5mm，有纵沟多条，顶端有短喙。产华东、华南、华中、西南各省区及河北、陕西等地。生于村旁、路边荒地、溪边及林缘，垂直分布可达海拔 2000m。干燥成熟果实（鹤虱）能杀虫消积。有小毒。见图 15 – 126。

图 15 – 126　天名精

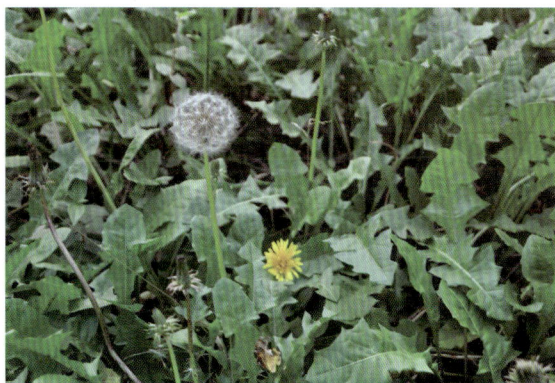

图 15 – 127　蒲公英

蒲公英 Taraxacum mongolicum Hand. – Mazz.，多年生草本，有乳汁。根圆柱状。叶基生，莲座状；叶片倒披针形，羽状深裂，顶端裂片较大。花梗数个从叶丛中抽出，密被白色蛛丝状毛；头状花序单一，顶生；外层总苞片先端有小角状突起，内层总苞片长于外层，先端有小角；花序中全为舌状花，花冠黄色。瘦果倒披针形，先端具细长的喙，冠毛白色。全国各地有分布。生于山坡、草地、田野等处。干燥全草（蒲公英）能清热解毒，消肿散结，利尿通淋。见图 15 – 127。

同属植物中尚有多种作蒲公英药用，如碱地蒲公英 T. borealidinense Kitam. 与蒲公英的主要区别是：总苞片通常 3 层，小叶为规则的羽状分裂，花葶细短。先端无角状突起物；瘦果的喙较长。

　　本科药用植物还有：翼齿六棱菊 *Laggera pterodonta*（DC.）Benth. 干燥地上部分（臭灵丹草）能清热解毒，止咳祛痰，有毒。佩兰 *Eupatorium fortunei* Turcz. 干燥地上部分（佩兰）能芳香化湿，醒脾开胃，发表解暑。见图 15 – 128。鹅不食草 *Centipeda minima*（L.）A. Br. et Aschers. 干燥全草（鹅不食草）能发散风寒，通鼻窍，止咳。见图 15 – 129。菊苣 *Cichorium intybus*

图 15 – 128　佩兰

L.、毛菊苣 *C. glandulosum* Boiss. et Huet. 干燥地上部分或根（菊苣）能清肝利胆，健胃消食，利尿消肿。苦蒿 *Conyza blinii* Lévl. 干燥地上部分（金龙胆草）能清热化痰，止咳平喘，解毒利湿，凉血止血。款冬 *Tussilago farfara* L 干燥花蕾（款冬花）能润肺下气，止咳化痰。蓍 *Achillea alpina* L. 干燥地上部分（蓍草）能解毒利湿，活血止痛。轮叶泽兰 *Eupatorium lindleyanum* DC. 干燥地上部分（野马追）能化痰止咳平喘。蓝刺头 *Echinops latifolius* Tausch.、华东蓝刺头 *E. grijisii* Hance 干燥根（禹州漏芦）能清热解毒，消痈，下乳，舒筋通脉。祁州漏芦 *Rhaponticum uniflorum*（L.）DC. 干燥根（漏芦）能清热解毒，消痈，下乳，舒筋通脉。土木香 *Inula helenium* L. 干燥根（土木香）能健脾和胃，行气止痛，安胎。一枝黄花 *Solidago decurrens* Lour. 干燥全草（一枝黄花）能清热解毒，疏散风热。紫菀 *Aster tataricus* L. f. 干燥根和根状茎（紫菀）能润肺下气，消痰止咳。蓟 *Cirsium japonicum* Fisch. ex DC. 干燥地上部分（大蓟）能凉血止血，散瘀解毒消痈。刺儿菜 *Cirsium setosum*（WillD.）MB. 干燥地上部分（小蓟）能凉血止血，散瘀解毒消痈。水飞蓟 *Silybum marianum*（L.）Gaertn. 干燥成熟果实（水飞蓟）能清热解毒，疏肝利胆。见图 15 – 130。艾纳香 *Blumea balsamifera*（L.）DC. 新鲜叶提取制成的结晶（艾片又名左旋龙脑）能开窍醒神，清热止痛。短葶飞蓬 *Erigeron breviscapus*（Vant.）Hand. – Mazz. 干燥全草（灯盏细辛又名灯盏花）能活血通络止痛，祛风散寒。天山雪莲 *Saussurea involucrate*（Kar. et Kir.）Sch. Bip. 干燥地上部分（天山雪莲）能补肾活血，强筋骨。

图 15 – 129　鹅不食草

图 15 – 130　水飞蓟

二、单子叶植物纲 Monocotyledoneae

1. 泽泻科 Alismataceae

$$\male \ast P_{3+3}A_{6\sim\infty}\underline{G}_{6\sim\infty:1:1}；\ \male \ast P_{3+3}A_{6\sim\infty}；\ \female \ast P_{3+3}\underline{G}_{6\sim\infty:1:1}$$

草本，水生或沼生。具根茎或球茎。单叶，常基生，基部有开裂的叶鞘。花两性或单性，辐射对称；花常轮生于花葶上，再集成总状或圆锥花序；花被片 6，2 轮，外轮 3，绿色，萼片状，宿存，内轮 3，白色，花瓣状，脱落；雄蕊 6 至多数；心皮 6 至多数，分离，常螺旋状排列在突起或轮状排列在扁平的花托上，子房上位，1 室，花柱短而宿存；边缘胎座，胚珠 1 至数枚，仅 1 枚发育。聚合瘦果，每瘦果含 1 种子。种子无胚乳，胚马蹄形。

本科植物为草本，雄蕊与心皮均多数，螺旋状排列在花托上，与毛茛科相似。

本科 11 属约 100 种，分布于北半球温带至热带地区，大洋洲、非洲亦有分布。我国 4 属 20 种，主产于南北各省区。已知药用植物 2 属，12 种。

本科植物块茎的内皮层明显，维管束为周木型，具油室。

本科植物含四环三萜酮醇、挥发油、生物碱、氨基酸、糖类、有机酸、苷类化合物等。

【药用植物】

泽泻 *Alisma orientale*（*Sam.*）*Juzep.*，多年生沼生草本。具块茎。单叶基生，叶柄较长，基部鞘状，叶片椭圆形或宽卵形，基部心形、近圆形或楔形，叶脉 5～7。花两性；花葶自叶丛中抽出，具数轮伞状分枝，构成大型圆锥花序；花被外轮 3 片，萼片状，宿存；内轮 3 片，比外轮大，花瓣状，白色，边缘波状；雄蕊 6；心皮多数，轮生。聚合瘦果，瘦果两侧扁，背部有 1 或 2 浅沟，种子紫红色。广布于全国各地。生于水塘、湖泊、沼泽；亦栽培。干燥块茎（泽泻）能利水渗湿，泄热，化浊降脂。见图 15－131。

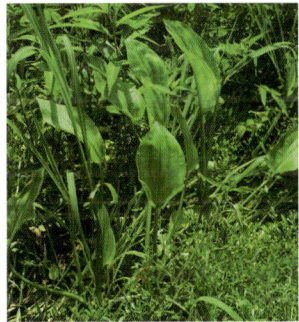

图 15－131　泽泻

慈姑 *Sagittaria trifolia* L. var. *sinensis*（sims）Makino，多年生水生或沼生草本。具横走根状茎，末端常膨大成球茎。单叶基生，叶柄长，叶片箭形，顶裂片广卵形，与侧裂片之间明显缢缩。花单性，雌雄同株；花 3～5 朵轮生成总状花序，花序高大，通常有 3 轮分枝，雄花着生在花序上部，雌花着生在花序下部；花被 2 轮，每轮 3，外轮萼片状，内轮白色，基部常有紫斑；雄蕊多数；心皮多数，分离，轮生。聚合瘦果，瘦果斜倒卵形，背腹两面有翅。分布于全国，长江以南广为栽培。生于水田、浅水沟或沼泽地。干燥球茎（慈姑）能清热止血，行血通淋，消肿散结。见图 15－132。

图 15 - 132　慈姑

2. 禾本科 Gramineae

☿ * $P_{2\sim3}A_{3,1\sim6}\underline{G}_{(2\sim3:1:1)}$

多为草本，有时为木本（竹类）。地下常具根状茎或须状根；地上茎节和节间明显，常中空，特称为秆。单叶互生，排成 2 列；叶由叶片、叶鞘和叶舌三部分组成；叶片呈带形、条形或披针形，具明显中脉及平行脉；叶鞘抱秆，通常一侧开裂，顶端两侧各伸出一耳状突出物，称为叶耳；叶片与叶鞘连接处的内侧有叶舌，成膜质或一圈毛。花小，通常两性，以小穗为单位排列成穗状、总状或圆锥状花序。小穗的主干称小穗轴，基部有外颖和内颖（总苞片），下方的称外颖（第一颖），上方的称内颖（第二颖），小穗轴上着生 1 至数朵花，每花外有外稃和内稃（小苞片），外稃厚硬，顶端或背部常生有芒，内稃膜质；内外稃之间，子房基部有 2～3 枚透明肉质的退化花被（浆片或鳞被）；雄蕊通常 3 枚，少为 1 至 6 枚，花丝细长，花药丁字形着生，花药 2 室；雌蕊 1，子房上位，2～3 心皮合生，1 室，1 胚珠，花柱 2～3，柱头常羽毛状。颖果。种子富含淀粉质胚乳。见图 15 - 133。

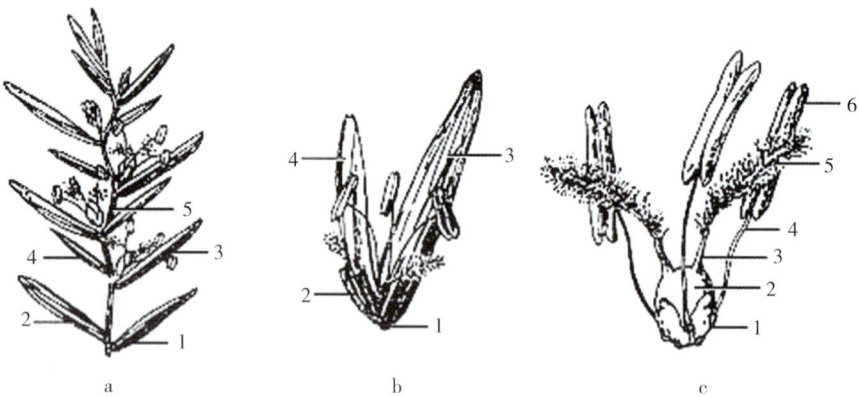

图 15 - 133 禾本科植物小穗、小花及花的构造

a. 小穗解剖　1. 外颖　2. 内颖　3. 外稃　4. 内稃　5. 小穗轴
b. 小花　1. 基部　2. 小穗轴节间　3. 外稃　4. 内稃
c. 花的解剖　1. 鳞被　2. 子房　3. 花柱　4. 花丝　5. 柱头　6. 花药

本科约 700 属，10000 余种，广布于全球各地。本科分两个亚科：竹亚科 Bambuso-ideae（木本）和禾亚科 Agrostidoideae（草本）。我国 200 属，1500 多种，全国均有分布。已知药用植物 85 属，173 种，多为禾亚科植物。

本科植物表皮细胞平行排列，每纵行为 1 个长细胞和 2 个短细胞相间排列，细胞中常含硅质体；气孔保卫细胞为哑铃形，两侧各有略呈三角形的副卫细胞；叶片上表皮常有运动细胞；主脉维管束具维管束鞘；叶肉细胞不分化为栅栏组织和海绵组织。

本科植物含生物碱、三萜类、黄酮类、含氮化合物、氰苷及挥发油等。

【药用植物】

淡竹 *Phyllostachys nigra*（Lodd.）Munro var. *henonis*（Mitf.）Staif ex Rendle，乔木状，秆散生，高 6 ~ 18m，直径约 2.5cm，在分枝一侧的节间有明显的沟槽。秆环和箨环隆起明显。箨鞘黄绿至淡黄绿色，有灰黑色的斑点及条纹。箨叶长披针形。小枝具叶 1 ~ 5 片，叶片狭披针形。分布于长江流域。茎秆的干燥中间层（竹茹）能清热化痰，除烦止呕。见图 15 – 134。

大头典竹 *Sinocalamus beecheyanus*（Munro）McClure var. *pubescens* P. F. Li，高达 16m，秆稍弯曲，直径约 9.5cm，先端稍弯垂；节间长 30 ~ 40cm，主秆节间有毡伏毛茸；在第 10 节以上分枝丛生。箨鞘背部有深棕色刺毛，箨叶卵状披针形。叶片披针形。小花的内稃脊上密生纤毛。分布于华南，多栽培。药用部位与功效同淡竹。

青秆竹 *Bambusa tuldoides* Munro，分布于广东、广西。福建、云南有栽培。药用部位与功效同淡竹。

白茅 *Imperata cylindrica* Beauv. var. *major*（Nees）C. E. Hubb.，多年生草本。根状茎细长横走，节上有卵状披针形鳞片，有甜味。秆丛生，节上有柔毛。叶片条状披针形，叶鞘口有纤毛，叶舌短，膜质。圆锥花序紧贴呈穗状，有白色丝状长毛；小穗基部密生丝状长柔毛，比小穗长 3 ~ 5 倍；小穗有 2 花，只 1 花结实。分布几遍全国各地。生于向阳荒坡。干燥根茎（白茅根）能凉血止血，清热利尿。见图 15 – 135。

图 15 – 134 淡竹 　　　　图 15 – 135 白茅

淡竹叶 *Lophatherum gracile* Brongn.，多年生草本。须根中部常膨大成纺锤状的块根。叶片宽披针形，平行脉间有明显横脉连接呈方格状，叶舌截形。圆锥花序顶生；小穗疏生于花序轴上；每小穗有花数朵，仅第 1 小花为两性，其余均退化，仅有稃片，外稃先端具短芒。分布于长江以南。生于山坡林下阴湿地。干燥茎叶（淡竹叶）能清热泻火，除烦止渴，利尿通淋。见图 15 – 136。

薏苡 *Coix lacryma – jobi* L. var. *ma – yuen*（Roman.）Stapf 一年或多年生草本。秆直立，高 1 ~ 1.5m，甚至更高。茎基部节上常生支持根。叶互生；叶片条状披针形，叶舌短，叶鞘抱茎。由多个小穗组成的总状花序成束状腋生；小穗单性，雌雄同株，雄小穗排列于花序上部，从骨质念珠状总苞中伸出，雌小穗位于基部，具 2 ~ 3 雌花，包于骨质总苞内。颖果成熟时包于光滑球形灰白色的骨质总苞内，颖果球形。我国各地有栽培或野生。生河边、溪边、湿地。干燥成熟种仁（薏苡仁）能利水渗湿，健脾止泻，除痹，排脓，解毒散结。见图 15 – 137。

图 15 – 136　淡竹叶　　　　图 15 – 137　薏苡　　　　图 15 – 138　芦苇

芦苇 *Phragmites communis* Trin.，多年生高大草本，高 1 ~ 3m。根状茎粗壮、横走。叶片带状。圆锥花序大型，棕紫色，顶生，微下垂。小穗由 4 ~ 6 朵花组成，第一花雄性，其余为两性花，外稃基盘具长柔毛。分布于我国多数地区。生河边、塘畔、池沼。根茎（芦根）能清热泻火，生津止渴，止呕，利尿。见图 15 – 138。

本科药用植物还有：青皮竹 *Bambusa textilis* MeClur 主产于云南、广东、广西等地。秆内的分泌液干燥后的块状物（天竺黄）能清热豁痰，凉心定惊。华思劳竹 *Schizostachyum chinense* Rendle. 秆内的分泌液干燥后的块状物（天竺黄）能清热豁痰，凉心定惊。小麦 *Triticum aestium* L. 干瘪轻浮的颖果称浮小麦，能止汗，解毒。稻 *Oryza sativa* L. 成熟果实经发芽干燥的炮制加工品称稻芽，能消食和中，健脾开胃。糯稻 *Oryza sativa* L. var. *glutinosa* Maxim. 干燥根茎及根称糯稻须根，能养阴，止汗，健胃。玉蜀黍 *Zea mays* L. 干燥花柱（玉米须）能清血热，利尿，消渴。粟 *Setaria italica*（L.）Beauv. 成熟果实经发芽干燥的炮制加工品称谷芽，能消食和中，健脾开胃。大麦 *Hordeum vulgare* L. 成熟果实经发芽干燥的炮制加工品称麦芽，能行气消食，健脾开胃，回乳消胀。

3. 天南星科 Araceae

$$\male\ P_0 A_{(1 \sim 8),(\infty),1 \sim 8,\infty}\ ;\ \female\ P_0 \underline{G}_{(1 \sim \infty:1 \sim \infty)},\ \hermaphrodite\ * P_{4 \sim 6} A_{4 \sim 6} \underline{G}_{(1 \sim \infty:1 \sim \infty)}$$

多年生草本，常具块茎或根状茎；在热带，少数为藤本。植物多含刺激性汁液。单叶或复叶，常基生，全缘或各式分裂，叶柄基部常具膜质鞘；网状脉，脉岛中无自由末梢。花小，两性或单性；肉穗花序，基部有一大型佛焰苞；单性花雌雄同株（同序）或异株：同序者雌花群在花序下部，雄花群在花序上部，雌、雄花序间常有中性花（不育雄花）相隔；单性花无花被，雄蕊1~8，常愈合成雄蕊柱或完全退废而与花序轴的上部合生成附属器，少分离；两性花常具花被片4~6，鳞片状，雄蕊与之同数且对生，花药2室；雌蕊子房上位，由1至数心皮组成1至数室，每室具1至数枚胚珠。浆果，密集生于花序轴上。

本科的突出特征是：肉穗花序，通常有彩色佛焰苞；草本；叶具网状脉。

本科约115属，2000余种，主要分布于热带和亚热带地区。我国35属，210余种，主要分布于华南、西南。已知药用植物22属，106种。

本科植物常有黏液细胞，内含针晶束；根状茎或块茎常具周木型或有限外韧型维管束。

本科植物含挥发油、生物碱、聚糖类、黄酮类、氰苷等，多数植物有毒。

【药用植物】

天南星 *Arisaema erubescens* （Wall.）Schott.，多年生草本。块茎扁球形。仅具1叶，基生，有长柄，中部以下具有叶鞘，叶片7~24裂，放射状排列于叶柄顶端，裂片披针形。花茎直立，短于叶柄；花雌雄异株；佛焰苞绿白色，下部管状，上部开展，顶端细丝状，肉穗花序的附属器棒状；无花被；雄花雄蕊4~6，花丝愈合；雌花具1雌蕊，子房上位，1室。浆果红色，排列紧密，聚成玉米穗状。分布几遍全国。生于林下阴湿地。干燥块茎（天南星）能散结消肿，有毒，外用治痈肿，蛇虫咬伤；炮制加工品（制天南星）能燥湿化痰，祛风止痉，散结消肿，有毒；制天南星的细粉与牛、羊或猪胆汁经过加工（胆南星）能清热化痰，息风止痉。见图15-139。

同属植物异叶天南星 *Arisaema heterophyllum* Bl. 与天南星的主要区别是：叶片鸟足状全裂，裂片13~21，中间1片较相邻者短约1/2。雌雄同序，雌花在下，雄花在上。分布于辽宁以南除西北外的地区。入药部位和功效同天南星。

同属植物东北天南星 *Arisaema amurense* Maxim. 与天南星的主要区别是：小叶片5（幼时3）。佛焰苞绿色或带紫色而有白色条纹。分布于东北、华北。入药部位和功效同天南星。

半夏 *Pinellia ternata* （Thunb.）Breit.，草本。块茎扁球形。叶基生；叶柄近基部内侧常有1淡紫色或白色小珠芽；叶异型，一年生叶为单叶，卵状心形或基部戟形，2年以上生叶为3全裂，裂片呈椭圆形至披针形，中间的裂片较大，羽状网脉。花单性同株；无花被；肉穗花序，雄花生于花序轴上部，白色，雄蕊2，雌花生于花序轴下部，淡绿色，子房1室，胚珠1枚；佛焰苞内卷成筒状，附属器鼠尾状，伸出佛焰苞外。浆果红色，卵圆形。分布于南北各地。生于田间、林下、荒坡。干燥块茎（半夏）能燥湿化痰，降逆止呕，消痞散结，有毒；炮制加工品法半夏能燥湿化痰；炮制加工品姜半夏能温中化痰，降逆止呕；炮制加工品清半夏能燥湿化痰。见图15-140。

图 15-139　天南星　　图 15-140　半夏　　图 15-141　独角莲

　　掌叶半夏 *Pinellia pedatisecta* Schott. 与半夏主要区别点：块茎近半夏的 1 倍大，直径达 4cm，块茎周围常生有数个小块茎。叶一年生者心形，2 年以上生者叶鸟足状分裂，裂片 7～13，披针形。分布于华北、华中及西南。干燥块茎（虎掌南星）能燥湿化痰，降逆止呕，消痞散结。

　　独角莲 *Typhonium giganteum* Engl.，草本。块茎卵圆形。叶基生；叶片三角状卵形，基部箭形或箭状戟形。佛焰苞紫色，下部筒状，上部开展，宿存，肉穗花序附属体棒状紫色；雄花序在上部，无柄；雌花序在下部；雌、雄花序间有中性花，中上部的钻状，下部的棒状。浆果红色。分布于东北、华北、华中、西北及西南。生于林下或阴湿地。干燥块茎（白附子，因主产河南禹县又得名"禹白附"）有毒，能祛风痰，定惊搐，解毒散结，止痛。见图 15-141

　　石菖蒲 *Acorus tatarinowii* Schott，草本，全体具浓烈香气。根状茎横走。叶基生，狭条形，长 13～25cm，宽 3～13mm，无中脉。佛焰苞和叶同形同色，不包被花序；花两性；花被片 6，雄蕊 6，与花被片对生；子房 2～3 室。浆果红色。分布于华东、华中、华南、西南。生于山谷溪沟及河边石上。干燥根茎（石菖蒲）能开窍豁痰，醒神益智，化湿开胃。见图 15-142。

图 15-142　石菖蒲　　　　图 15-143　千年健

　　同属藏菖蒲 *Acorus calamus* L. 全国均有分布。干燥根茎（藏菖蒲）能温胃，消炎止痛。

千年健 *Homalomena occulta*（Lour.）Sdhott，草本。根状茎横走，有香味。叶箭形至戟形。佛焰苞绿色，宿存。单性花，无花被；肉穗花序无附属体，雄花序在上，雌花序在下，二者间无中性花；雄花具4雄蕊；雌花具雌蕊和1退化雄蕊，花柱极短，柱头盘状。分布于云南与广西。生于林下沟谷湿地。干燥根（千年健）能祛风湿，壮筋骨。见图15-143。

4. 百合科 Liliaceae

$$\text{♀} * P_{3+3,(3+3)} A_{3+3} G_{(3:3:1\sim\infty)}$$

多为草本，少数为灌木。具鳞茎、根状茎或块根。茎直立或攀缘，有时枝条变态成绿色叶状枝。单叶，互生或基生，少数对生或轮生，极少数退化成鳞片状。花常两性，辐射对称；花序总状、穗状或圆锥花序，有时单生或成对生于叶腋；花被片6，花瓣状，2轮排列，分离或合生；雄蕊6；子房上位，3心皮合生成3室，中轴胎座，胚珠常多数。蒴果或浆果。

本科的突出特征是：为典型的3数花，雄蕊6，子房上位，3心皮，中轴胎座，3室；常具鳞茎或根状茎。

本科233属，约4000种，广布于全球，以温带及亚热带地区为多。我国约60属，570余种，主产于西南地区。已知药用植物52属，374种。

本科植物体常有黏液细胞，并含有草酸钙针晶束。

本科植物化学成分复杂多样。已知有生物碱、强心苷、甾体皂苷、蜕皮激素、蒽醌类、黄酮类等化合物。另外还含有挥发性的含硫化合物及多糖类化合物。

【药用植物】

百合 *Lilium brownii* F. E. Brown var. *viridulum* Baker，多年生草本。鳞茎近球形，白色，鳞片呈披针形至阔卵形。茎光滑有紫色条纹。叶倒卵状披针形至倒卵形，上部叶常比较小，3~5脉。花单生或数朵排成伞形花序；花喇叭状，乳白色，外面稍带淡紫色，顶端向外张开或稍外卷，芳香，蜜腺沟两侧和花被片基部具乳头状突起，花冠喉部淡黄色，常在开放一段时间后转白色；花被6；雄蕊6，花粉粒红褐色；子房长圆柱形，柱头3裂。蒴果矩圆形，有棱。分布于华北、华南和西南。生于山坡草地。多栽培。干燥肉质鳞叶（百合）能养阴润肺、清心安神。见图15-144。

同属植物卷丹 *Lilium lancifolium* Thunb. 与百合的主要区别是：茎带紫色，常具深紫至深褐色斑点，被白色棉毛；叶条状披针形，中部以上的叶腋有紫黑色珠芽（小鳞茎）。花橙红至朱红色，内面具紫黑色斑点，花被强度反卷，花药淡紫色、花粉粒红色。分布于全国大部分省区。亦有栽培。入药部位和功效同百合。

同属植物细叶百合（山丹）*Lilium pumilum* DC. 与上二种的主要区别是：叶片条形。花鲜红色，无斑点或有时仅在内面近基部有少数黑色斑点。分布于西北、东北、华北。亦有栽培。入药部位和功效同百合。

黄精 *Polygonatum sibiricum* Delar. ex Red.，多年生草本，根状茎近圆锥状，黄白色，节间的一端大，另一端细，味甜。叶轮生，每轮4~6枚，条状披针形，先端卷曲。花序腋生，通常具2花；苞片膜质，位于花梗基部；花长8～11mm，近白色，子房长约3mm，花柱长为子房长的1.5～2倍。浆果成熟时黑色。分布于东北及黄河流域各省，南达四川。生于林下、山坡阴处。干燥根茎（黄精）能补气养阴，健脾，润肺，益肾。见图15－145

图 15－144　百合

图 15－145　黄精

图 15－146　玉竹

多花黄精 P. cyrtonema Hua　与黄精区别是：根状茎近圆柱状，通常具短的分枝近连珠状。叶互生，椭圆形或矩圆状披针形。伞形花序具2～7花；花浅黄绿色，长达25mm；花丝顶端膨大成囊状。分布于河南以南和长江流域。生境同黄精。药用部位和功效同黄精。

滇黄精 P. kingianum Coll. et Hemsl. 分布于广西、四川、贵州、云南。生林下、灌丛及山坡阴处。药用部位和功效同黄精。

玉竹 Polygonatum odoratum（Mill.）Druce 与黄精的区别是：根状茎圆柱状，肥厚。叶互生，先端不卷曲，椭圆形或卵状矩圆形，背面淡粉白色。花序腋生，具花2～8朵，下垂，花长达20mm，白色。浆果成熟时蓝黑色。分布于东北、华北、中南、华南及四川。生于向阳坡地、草丛。干燥根茎（玉竹）能养阴润燥，生津止渴。见图15－146。

浙贝母 Fritillaria thunbergii Miq.　，草本。无被鳞茎大，直径1.5～4cm，由2～3枚鳞叶组成。茎下部及上部的叶对生或散生，近中部的叶轮生，叶无柄，条状披针形，先端卷曲。花具长柄，钟状下垂，淡黄绿色；顶生花具3至数枚轮生苞片，侧生花具2枚苞片；花被6，内外轮花被片大小形状相似，内面具紫色方格斑纹。蒴果，具6条宽纵翅。分布于浙江与江苏。生于山坡、草地。亦多栽培。干燥鳞茎（浙贝母）能清热化痰，解毒散结消痈。见图15－147。

川贝母 Fritillaria cirrhosa D. Don ，无被鳞茎，呈卵圆形，白色，有鳞叶3～4枚。叶通常对生，少数互生或轮生；下部叶片狭长矩圆形至宽条形，先端钝，中上部叶

图 15－147　浙贝母

图 15 – 148　川贝母

片狭披针状条形，叶端多少卷曲。花单生于茎顶，呈钟状，下垂；花被 6，花被紫色具黄绿色斑纹，或黄绿色具紫色斑纹；叶状苞片通常 3 枚，条形，先端卷曲；雄蕊长为花被片的 1/2，花丝平滑；花柱粗壮，柱头 3 深裂。蒴果棱上有窄翅。分布于四川。生于高山灌丛及草甸。干燥鳞茎（川贝母）能清热润肺，化痰止咳，散结消痈。见图 15 – 148。

暗紫贝母 *F. unibracteata* Hsiao et K. C. Hsia，草本。鳞茎卵球状，直径 4 ~ 10mm，外面的鳞片 2 枚，通常外面 2 枚鳞叶大小悬殊，大鳞叶紧抱小鳞叶，成怀中抱月状，或 2 枚鳞叶大小相似。茎生叶最下面 2 片对生，上面的互生，少兼对生，条形或条状披针形，先端不卷曲。花 1 ~ 2 朵，陀螺形钟状，外面深葡萄紫色，略有黄褐色小方格纹，内面通常黄绿色；苞片 1 ~ 2，形同叶片。蒴果棱上翅宽约 1mm。生于海拔 3200 ~ 4300m 的灌丛草甸中。分布于四川西北、青海南部和甘肃南部。干燥鳞茎是药材川贝母"松贝"的主要来源，功用同川贝母。

甘肃贝母 *F. przewalskii* Maxim. 与暗紫贝母的主要区别是：鳞茎有鳞叶 3 ~ 4 枚。茎中部以上有叶，最下部 2 枚对生，其余互生，条形。茎生叶先端卷曲或不卷。花浅黄色，有深黑紫色斑点；花下具苞叶 1。产地与生境同暗紫贝母。干燥鳞茎是药材川贝母"青贝"的主要来源，功用同川贝母。

梭砂贝母 *F. delavayi* Franch. ，鳞茎较大，有鳞叶 3 ~ 4 枚。茎中部以上有叶，茎生叶 3 ~ 5，互生，狭卵形至卵状椭圆形，基部抱茎。花梗比着生叶的茎段长；花单朵顶生，淡黄色，外面带紫晕，内面有蓝紫色小方格及斑点。分布于川西、滇西北、青海南部和西藏的高山流石滩上。干燥鳞茎是川贝母"炉贝"的主要来源，功用同川贝母。

太白贝母 *F. taipaiensis* P. Y. Li 分布于湖北、陕西、甘肃、四川。入药部位和功效同川贝母。

瓦布贝母 *F. unibracteata* Hsiao et K. C. Hsia var. *wabuensis*（S. Y. Tang et S. C. Yue）Z. D. Liu，S. Wang et S. C. Chen，多人工栽培。入药部位和功效同川贝母。

本属还有：平贝母 *F. ussuriensis* Maxim. 分布于东北、山西、陕西、河北。干燥鳞茎（平贝母）能清热润肺，化痰止咳；伊犁贝母 *F. pallidiflora* Schrenk 分布于新疆。干燥鳞茎（伊贝母）能清热润肺，化痰止咳；新疆贝母 *F. walujewii* Regel 分布于新疆。干燥鳞茎（伊贝母）能清热润肺，化痰止咳；湖北贝母 *F. hupehensis* Hsiao et K. C. Hsia 分布于湖北、四川、湖南。干燥鳞茎（湖北贝母）能清热化痰，止咳散结。

知母 *Anemarrhena asphodeloides* Bge. ，多年生草本。根状茎粗壮，横走，上方有 1 纵沟，被黄褐色纤维。叶基生，条形。花两性，辐射对称；总状花序，花葶长，每节着数花；花被片 6，淡紫红色；雄蕊 3；子房卵形。蒴果长卵形，具 6 纵棱。分布于东北、华北及陕西、甘肃。生于干旱草坡及沙地。干燥根茎（知母）能清热泻火，滋阴润燥。见图 15 – 149。

图 15 – 149　知母　　　　图 15 – 150　麦冬

麦冬 Ophiopogon japonicus（L. f.）Ker – Gawl.，多年生草本。须根末端或中部常膨大成纺锤形肉质块根。叶基生成丛，细条形。总状花序顶生，花序远比叶短，花梗略弯曲下垂；花被 6 片，披针形，淡紫色或白色，花盛开时花被几乎不展开；雄蕊 6，花丝极短；子房半下位，3 心皮 3 室，每室胚珠 2 枚，花柱粗短。浆果球形，成熟时紫蓝色或蓝黑色。分布于我国大部分地区。生于山坡阴湿处、林下或溪边。浙江、四川、广西有较大面积栽培。干燥块根（麦冬）能养阴生津，润肺清心。见图 15 – 150。

湖北麦冬 Liriope spicata（Thunb.）Lour. var. prolifera Y. T. Ma. 与麦冬的主要区别是：花梗直立，子房上位；叶片狭倒披针形。分布于全国多数地区。生于林下阴湿处。在湖北有大量栽培。干燥块根（山麦冬）能养阴生津，润肺清心。

短葶麦冬 Liriope muscari（Decne.）Baily，分布于广西、福建。生于林下阴湿处。干燥块根（山麦冬）能养阴生津，润肺清心。

天冬 Asparagus cochinchinensis（Lour.）Merr.，具刺攀援植物。有纺锤状块根。小枝变态成叶状枝，通常 3 枚成簇，扁平，略呈镰刀状，中脉明显，绿色。叶鳞片状，基部具硬刺。花单性异株，小花 2 朵腋生；花被 6，淡绿色。浆果，成熟时红色。分布于全国大部分地区。生于山坡、路旁及疏林下。干燥块根（天冬）能养阴润燥，清肺生津。见图 15 – 151。

图 15 – 151　天冬

图 15 – 152　剑叶龙血树

剑叶龙血树 *Dracaena cochinchinensis*（Lour.）S. C. Chen，常绿乔木，高 5～15m。茎多分枝，树皮灰白色，光滑，幼枝有明显的环状叶痕，茎、枝受伤后易流出红棕色汁液。叶聚生茎枝顶，互相套叠，剑形，基部抱茎，无柄。圆锥花序长 40cm 或更长，花序轴密生乳突状短柔毛；花乳白色，簇生。浆果橘黄色。分布于广西与云南。树干砍断后木质部细胞中流出的紫红色树脂（国产血竭）内服能活血化瘀，止痛；外用能止血，生肌，敛疮。见图 15 – 152

同属植物海南龙血树 *D. cambodiana* Pierre ex Gagnep. 与剑叶龙血树主要不同点：灌木状，高约 3.5m。叶线状披针形。圆锥花序长达 2m，分枝极多；花黄色。分布于海南。树脂也做国产血竭使用。

本科药用植物种类很多，主要还有：七叶一枝花 *Paris polyphylla* Smith var. *chinensis*（Franch.）Hara 分布于长江流域至华南南部及西南。干燥根茎（重楼）有小毒，能清热解毒，消肿止痛，凉肝定惊。云南重楼 *Paris yunnanensis*（Franch.）Hand. – Mazz. 分布于云南、贵州、四川。干燥根茎（重楼）有小毒，能清热解毒，消肿止痛，凉肝定惊。库拉索芦荟 *Aloe barbadensis* Miller 原产于美洲西印度群岛。叶汁浓缩干燥物（芦荟）能泻下通便，清肝泻火，杀虫疗疳。光叶菝葜 *Smilax glabra* Roxb. 分布于长江流域以南。干燥根茎（土茯苓）能清热解毒，通利关节，除湿。菝葜 *Smilax china* L. 分布于全国各地。干燥根茎（菝葜）能利湿祛浊，祛风除痹，解毒散瘀。薤 *Allium chinense* G. Don 分布于全国各地。干燥鳞茎（薤白）能通阳散结，行气导滞。小根蒜 *Allium macroslemon* Bge. 分布于全国各地。干燥鳞茎（薤白）能通阳散结，行气导滞。大蒜 *Allium sativum* L. 分布于全国各地。干燥鳞茎（大蒜）能解毒消肿，杀虫，止痢。韭菜 *Allium tuberosum* Rottl. ex Spreng. 分布于全国各地。干燥成熟种子（韭菜子）能温补肝肾，壮阳固精。藜芦 *Veratrum nigrum* L. 分布于东北、华北、西北及四川、江西、河南、山东。鳞茎（藜芦）能涌吐，杀虫，有毒。铃兰 *Convallaria majalis* L. 分布于东北、华北、西北及湖南、浙江、河南、山东。全草有毒，能强心利尿。丽江山慈姑 *Iphigenia indica* Kunth et Benth. 分布于云南西北部和四川南部。鳞茎（土贝母）含秋水仙碱等生物碱，有毒。能拔毒消肿，软坚散结。

5. 薯蓣科 Dioscoreaceae

♂ $* P_{3+3,(3+3)} A_{3+3}$；♀ $* P_{3+3,(3+3)} \overline{G}_{(3:3:2)}$

多年生缠绕性草质藤本。具根状茎或块茎。叶互生，少对生；单叶或为掌状复叶，具网状脉。花小，雌雄异株或同株，辐射对称；穗状、总状或圆锥花序；雄花：花被片 6，2 轮，基部结合；雄蕊 6，有时其中 3 枚退化；雌花：花被与雄花相似，有退化雄蕊 3～6，子房下位，3 心皮合生成 3 室，每室 2 胚珠，花柱 3，分离。蒴果有 3 棱形的翅。种子常有翅。

本科 10 属，650 种，广布于热带和温带。我国仅有薯蓣属，约 60 种，主产于长江以南。已知药用植物 37 种。

本科植物含黏液细胞及草酸钙针晶束，常有根被。

本科植物特征性活性成分为甾体皂苷，此外还含有生物碱。

【药用植物】

薯蓣 *Dioscorea opposita* Thunb.，草质藤本。根状茎垂直生长，肥厚，圆柱状。茎常带紫色。基部叶互生，中部以上对生，叶腋常有珠芽（零余子）；叶三角形至三角状卵形，基部耳状膨大，宽心形，叶脉 7~9 条。花小，雌雄异株，辐射对称；穗状花序腋生；花被 6，绿白色；雄花雄蕊 6；雌花子房下位，柱头 3 裂。蒴果具 3 翅，表面有白粉。种子具宽翅。全国大部分地区有分布。生于向阳山坡及灌丛。多栽培。干燥根茎（山药）能补脾养胃，生津益肺，补肾涩精。见图 15-153。

穿龙薯蓣 *Dioscorea nipponica* Makino，又名穿山龙。根状茎横生，坚硬。叶互生；叶片掌状心形，边缘有不等大的三角状浅齿。雌雄异株；雄花无梗。分布于东北、华北及中部各省。生于林缘及灌丛中。干燥根状茎（穿山龙）能祛风除湿，舒筋通络，活血止痛，止咳平喘。见图 15-154。

图 15-153　薯蓣　　　图 15-154　穿龙薯蓣　　　　图 15-155　黄独

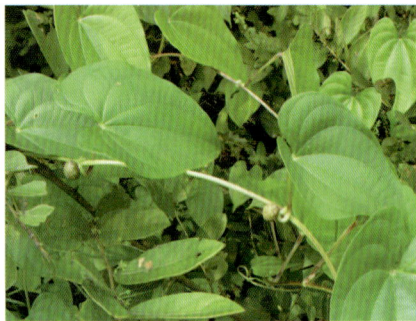

黄独 *Dioscorea bulbifera* L.，块茎卵圆状，外皮棕褐色，密被细长须根。叶片阔心形，叶腋多生有小块茎。果翅向蒴果的基部延伸，种子生于果实顶端。分布于我国东部、南部、西南及中部。生于河谷、林下。干燥块茎（黄药子）有小毒，能化痰消瘿，清热解毒，凉血止血。见图 15-155。

本科药用植物还有：粉背薯蓣 *Dioscorea hypoglauca* Palibin 分布于我国南方大部分省区。干燥根茎（粉萆薢）能利湿去浊，祛风除痹。绵萆薢 *D. spongiosa* J. Q. Xi, M. Mizono et W. L. Zhao 分布于浙江、江西、福建、湖南、广东、广西等省自治区。干燥根茎（绵萆薢）能利湿去浊，祛风除痹。福州薯蓣 *D. futschuensis* Uline ex R. Kunth 分布于浙江、福建、湖南、广东、广西壮族自治区等省。干燥根茎（绵萆薢）能利湿去浊，祛风除痹。黄山药 *Dioscorea panthaica* Prain et Burk 分布于我国东部、南部、西南及中部。干燥根茎（黄山药）能理气止痛，解毒消肿。

6. 鸢尾科 Iridaceae

$$\female \ast \uparrow P_{(3+3)} A_3 \overline{G}_{(3:3:\infty)}$$

多年生、稀为一年生草本。有根状茎、块茎或鳞茎。叶多基生，条形或剑形，基部鞘状，互相套叠而排成2列。花两性，色泽鲜艳，辐射对称，少为两侧对称；常为聚伞或伞房花序，稀单生；花被6，2轮排列，花瓣状，基部常合生成管；雄蕊3；子房下位，3心皮3室，中轴胎座，每室胚珠多数，柱头3裂，有时呈花瓣状或圆柱状。蒴果。鸢尾科和百合科的主要区别是：叶基具套褶，雄蕊3，子房下位。

本科约60属，800种，分布于热带和温带。我国11属，约71种，其中我国原产2属（鸢尾属和射干属），主产于长江以南。已知药用植物8属，39种。

本科植物常有草酸钙结晶，维管束为周木型及外韧型。

本科植物特征性化学成分为异黄酮、苯醌等。另外，还含有番红花苷等多种色素。

【药用植物】

射干 *Belamcanda Chinensis*（L.）DC.，多年生草本。根状茎横走，断面鲜黄色。叶剑形，基部对折，二列排列，互生。花两性，辐射对称；2～3歧分枝的伞房状聚伞花序，顶生；花被6，橙黄色，基部合生成短管，散生紫褐色斑点；雄蕊3；子房下位，柱头3裂。蒴果，倒卵圆形。全国分布。生于干燥山坡、草地、沟谷及滩地。野生或栽培。干燥根茎（射干）能清热解毒，消痰，利咽。见图15-156。

番红花 *Crocus sativus* L.，又名西红花，藏红花。具球茎，外被褐色膜质鳞片。叶条形，基生，基部不具套褶。花从球茎长出；花两性，辐射对称；花被6，白色、蓝色、紫色，花被管细管状；雄蕊3；子房下位，花柱细长，淡黄色，顶端3深裂，柱头略膨大成喇叭状，顶端边缘有不整齐锯齿，一侧具1裂隙。蒴果。原产欧洲，我国引种栽培。干燥花柱及柱头（西红花）能活血化痰，凉血解毒，解郁安神。见图15-157。

| 图15-156 射干 | 图15-157 番红花 | 图15-158 马蔺 |

马蔺 *Iris lactea* Pall. var. *chinensis*（Fisch.）Kaidz.，多年生草本。根状茎木质，外面残留的老叶鞘呈纤维状。叶条形，基生。花两性，辐射对称；花蓝紫色，花被6，2轮，外轮裂片倒披针形，具淡黄色的网状脉纹和斑点，中脉无附属物；花柱分叉3，花瓣状。蒴果。分布于全国。生于山坡草地、灌丛。种子（马蔺子）能凉血止血，清热利

湿，抗肿瘤。见图 15 – 158。

本科药用植物还有：鸢尾 *Iris tectorum* Maxim. 分布于西南、华东、山西、湖北、湖南、广西、陕西、甘肃、西藏等地。干燥根茎（川射干）能清热解毒，祛痰，利咽。

7. 姜科 Zingiberaceae

$$\male \female \uparrow P_{(3+3)} A_1 \bar{G}_{(3:3:\infty)}$$

多年生草本。具匍匐延长的根状茎、块茎或块根，通常有芳香或辛辣味。单叶基生或茎生，茎生者通常 2 列，多有叶鞘和叶舌，叶片具羽状平行脉。花两性，稀单性，两侧对称；单生或生于有苞片的穗状、总状、头状或圆锥花序上；每苞片腋生 1 至数花；花被片 6，2 轮，外轮萼状，常下部合生成管，一侧开裂及顶端 3 齿裂，内轮花冠状，下部合生成管，上部 3 裂，通常位于后方 1 枚裂片较两侧的大；雄蕊变异很大，退化雄蕊 2 或 4 枚，其中外轮 2 枚花瓣状、齿状或缺，若存在称侧生退化雄蕊，内轮 2 枚联合成花瓣状显著而美丽的唇瓣，能育雄蕊 1 枚着生于花冠上，花丝细长具槽；子房下位，3 心皮合生成 3 室，中轴胎座，稀侧膜胎座（1 室），胚珠多数，花柱细长，着生于能育雄蕊的花丝槽中，沿能育雄蕊花丝的沟槽从药室间伸出，柱头漏斗状。蒴果，稀浆果状。种子具假种皮。

本科突出特征：草本，全株芳香。萼片花瓣区分明显。能育雄蕊 1，退化雄蕊成花瓣状。

本科约 51 属，1500 种，主产于热带和亚热带地区。我国 26 属，约 200 种，主要分布于西南、华南至东南。已知药用植物 15 属，100 余种。

本科植物含油细胞。根状茎常具明显的内皮层，最外层具栓化皮层；块根常有根被。

本科植物多含挥发油，其成分多为单萜和倍半萜；此外还含黄酮类、色素、甾体皂苷、苷元等。

【药用植物】

姜 *Zingiber officinale* Rosc.，多年生草本。根状茎粗壮，呈块状或不规则指状分支，断面淡黄色，有辛辣气味。叶 2 列；叶片披针形，无柄。穗状花序自根状茎抽出；苞片绿色至淡红色；花冠黄绿色；唇瓣倒卵状圆形，中裂片具紫色条纹及淡黄色斑点。原产太平洋群岛，我国广为栽培。新鲜根茎（生姜）能解表散寒，温中止呕，化痰止咳，解鱼蟹毒；干燥根茎（干姜）能温中散寒，回阳通脉，温肺化饮；干姜的炮制加工品（炮姜）能温经止血，温中止痛。见图 15 – 159。

川姜 *Zingiber officinalis* Rose var. *sichuanense* (Z. Y. Zhu, S. L. Zhang et S. X. Chen) Z. Y. Zhu, S. L. Zhang et S. X. Chen，与姜的不同在于：叶下面、叶舌、叶鞘、叶柄均被长柔毛，花葶较长，长 30～50cm，被长柔毛，鳞片状鞘先端延伸成小叶，小叶背面与鳞片状鞘被长柔毛。唇瓣中裂片卵圆形，近边缘及近顶端均为紫红色，其余基部至中央为黄色。入药部位和功效同姜。

姜黄 *Curcuma longa* L.，多年生草本。根状茎断面深黄色至黄红色，具香气。须根先端膨大成淡黄色块根。叶片椭圆形，5～7枚，除上面先端具短柔毛及缘毛外，两面均无毛。穗状花序自叶鞘内抽出，球果状；苞片内有数花，苞片白色或彩色；每花有1小苞片；花冠裂片白色；侧生退化雄蕊花瓣状，淡黄色，唇瓣长圆形，白色，中部深黄色；花药淡白色，基部两侧有2个角状矩。分布于西藏、四川、云南、华南、福建、台湾，常栽培。干燥根茎（姜黄）能破血行气，通经止痛。干燥块根（郁金、黄丝郁金）能活血止痛，行气解郁，清心凉血，利胆退黄。见图15-160。

图15-159 姜　　　　图15-160 姜黄　　　　图15-161 阳春砂

同属植物广西莪术 *Curcuma kwangsiensis* S. Lee et C. P. Liang 分布于广西、云南、四川等地，有栽培。干燥根茎（莪术）能破血行气，消积止痛；干燥块根（郁金、桂郁金）能活血止痛，行气解郁，清心凉血，利胆退黄。蓬莪术 *Curcuma phaeocaulis* Val. 分布于福建、广东、广西、浙江、台湾、云南、四川等地。干燥根茎（莪术）能破血行气，消积止痛；干燥块根（郁金、绿丝郁金）能活血止痛，行气解郁，清心凉血，利胆退黄。温郁金 *Curcuma wenyujin* Y. H. Chen et C. Liang 主产于浙江，栽培或野生。干燥根茎（莪术、温莪术）能破血行气，消积止痛；干燥块根（郁金、温郁金）能活血止痛，行气解郁，清心凉血，利胆退黄。

阳春砂 *Amomum villosum* Lour.，又名砂仁。草本。根状茎细长横走。叶片长披针形或长椭圆形，全缘，尾尖，叶鞘上有凹陷的方格状网纹，叶舌半圆形。穗状花序从根状茎上发出，球状；小苞片管状；花冠裂片白色，唇瓣圆匙形，先端2裂，白色，中间有淡黄色或红色斑点；药隔顶端附属体半圆形，两侧有耳状突起。果实椭圆形或卵圆形，有不明显的三棱，不裂，红棕色，有刺状突起。种子多数，极芳香。分布于华南、云南、福建。生于山谷、林下阴湿处。多栽培。干燥成熟果实（砂仁）能化湿开胃，温脾止泻，理气安胎。见图15-161。

绿壳砂 *Amomum villosum* Lour. var. *xanthioides* T. L. Wu et Senjen，本变种与正品外形极相似，区别点是：本变种根茎先端的芽、叶舌多呈绿色，果实成熟时变为绿色。药用部位与功效同阳春砂。

海南砂 *Amomum longiligulare* T. L. Wu，果实椭圆形或卵圆形，有明显的三棱，表面被片状、分枝的软刺。药用部位与功效同阳春砂。

白豆蔻 *Amomum kravanh* Pirre ex Gagnep. 与阳春砂的主要区别点是：根状茎粗壮。

叶片卵状披针形，叶舌圆形，叶鞘口及叶舌密被长粗毛。唇瓣椭圆形，中肋处黄色。蒴果白色或淡黄色，扁球形，略具 3 钝棱，果皮易开裂成 3 瓣。原产于柬埔寨、泰国，我国云南与海南有栽培。干燥成熟果实（豆蔻）能化湿行气，温中止呕，开胃消食。见图 15 - 162。

图 15 - 162　白豆蔻

图 15 - 163　草果

爪哇豆蔻 *Amomum compactum* Soland ex Moton 我国广西、云南、福建南部均有少量栽培。药用部位和功效同白豆蔻。

草果 *Amomum tsao - ko* Crevost et Lemarie 与阳春砂主要不同点是：根状茎横走肥厚，似生姜。叶片长椭圆形，叶鞘及叶舌疏被柔毛。花红色；唇瓣矩圆状倒卵形，中肋处具紫红色条纹。果熟时红色，干后褐色，不裂，长椭圆形，有 3 钝棱及纵条纹。分布于云南、广西、贵州。栽培或野生。干燥成熟果实（草果）能燥湿温中，截疟除痰。见图 15 - 163。

益智 *Alpinia oxyphylla* Miq.，草本。根状茎块状。茎丛生。叶片宽披针形，叶缘有小刚毛，脱落性，叶舌 2 裂，被柔毛。总状花序，花蕾时包在 1 帽状总苞片中；花白色；侧生退化雄蕊钻状，唇瓣倒卵形，3 裂，先端皱波状，粉红色，有红色条纹；药隔顶端有圆形鸡冠状附属体；子房密被绒毛。果实黄绿色，椭圆形或纺锤形，果皮上有隆起的维管束条纹，不开裂。主产于海南和广东西部。生于林下阴湿处。干燥成熟果实（益智）能暖肾固精缩尿，温脾止泻摄唾。见图 15 - 164。

图 15 - 164　益智

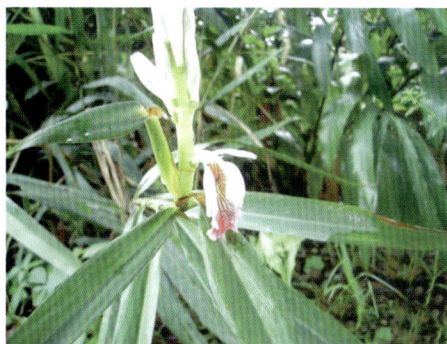

图 15 – 165　高良姜

高良姜 *Alpinia officinarum* Hance，草本。根状茎块状。叶片条形，叶舌披针形。唇瓣淡红色，中部有紫红色条纹，卵形；药隔无附属体；子房密被绒毛。果实红色，球形，不开裂。分布于广西、广东、云南等地。生于灌丛、疏林下。干燥根茎（高良姜）能温胃止呕，散寒止痛。见图 15 – 165。

本科药用植物还有：大高良姜 *Alpinia galanga* Willd. 分布于云南、华南、台湾。生于沟谷林下、灌丛、草丛。干燥成熟果实（红豆蔻）能散寒燥湿，醒脾消食。草蔻（草豆蔻）*A. katsumadai* Hayata 分布于广西、广东、海南等地。干燥近成熟种子（草蔻仁）能燥湿行气，温中止呕。山奈 *Kaempferia galanga* L. 分布于广西、广东、云南、福建、台湾等省区。干燥根茎（山奈）能行气温中，消食，止痛。华山姜 *Alpinia chinensis*（Retz.）Rosc.、山姜 *A. japonica*（Thunb.）Miq. 干燥成熟种子（土砂仁、建砂仁）能化湿行气，温中止泻，安胎。

8. 兰科 Orchidaceae

$$\diameter \uparrow P_{3+3} A_{1\sim2} \overline{G}_{(3:1:\infty)}$$

多年生草本，陆生、附生或腐生。陆生及腐生的具须根，通常还具根状茎或块茎和肉质假鳞茎，附生的则具有肥厚的气生根。单叶互生，稀对生或轮生，常排成 2 列，有时退化成鳞片状，基部常有叶鞘。花通常两性，两侧对称；穗状、总状、伞形或圆锥花序，很少单生；花被 6，2 轮，花瓣状，外轮 3，称萼片，上方中央 1 片称中萼片，下方两侧的 2 片称侧萼片；内轮 3，侧生的 2 片称花瓣，中间的 1 片特称为唇瓣，常有种种特殊的形态分化和艳丽的色彩，常 3 裂或中部缢缩而成上、下唇，或基部有时囊状或有距，由于子房 180° 扭转使唇瓣由近轴方转至远轴方（居于下方）；雄蕊和雌蕊的花柱合生成半圆柱形合蕊柱，与唇瓣对生；能育雄蕊通常 1 枚，位于合蕊柱顶端，少 2 枚，位于合蕊柱两侧，花药常 2 室，花粉粒常粘合成花粉块；雌蕊子房下位，3 心皮合生成 1 室，侧膜胎座，含多数微小胚珠；柱头常前方侧生于雄蕊下，多凹陷，常 2～3 裂，通常侧生的 2 个裂片能育，中央不育的 1 个裂片演变成位于柱头和雄蕊间的舌状突起称蕊喙，能分泌黏液。蒴果。种子极多，微小粉末状，无胚乳，胚小而未分化。

本科突出特征：花具唇瓣，雄蕊与花柱合生成合蕊柱，花粉结合成花粉块；子房下位，侧膜胎座，种子微小而多。见图 15 – 166。

本科约 700 属，20000 种，广布全球，主产于南美和亚洲的热带地区。为被子植物第二大科。我国 171 属，1247 种，南北均产，以云南、海南、台湾等地区种类最多。已知药用植物 76 属，287 种。

本科植物具黏液细胞，内含草酸钙针晶；维管束为周韧型或有限外韧型。

本科植物含倍半萜类生物碱、酚苷类等。另外还含吲哚苷、黄酮类、香豆素、甾醇类、芳香油和白及胶质等。

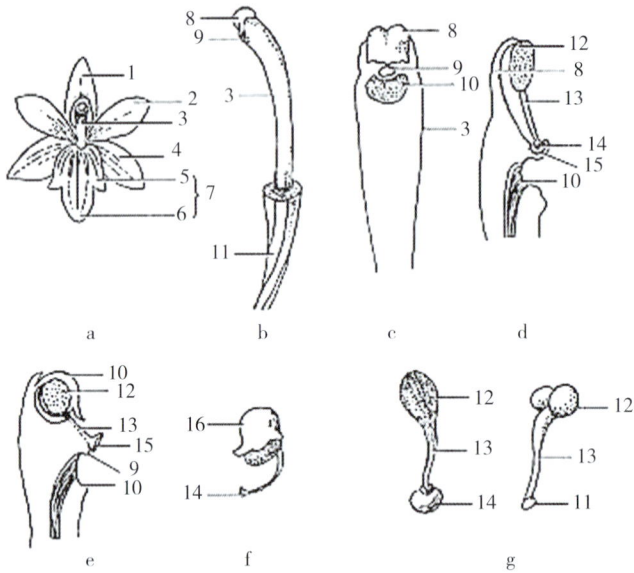

图 15 – 166　兰科植物花的构造

a. 兰花的花被片各部分示意　b. 子房及合蕊柱　c. 合蕊柱全形

d. e. 合蕊柱纵切　f. 花药　g. 花粉块

1. 中萼片　2. 花瓣　3. 合蕊柱　4. 侧萼片　5.6. 侧裂片及中裂片

7. 唇瓣　8. 花药　9. 蕊喙　10. 柱头　11. 子房　12. 花粉团

13. 花粉块柄　14. 黏盘　15. 黏囊　16. 药帽

【药用植物】

天麻 *Gastrodia* elata Bl. , 腐生草本。块茎横生，椭圆形或卵圆形，肉质，有均匀的环节。茎单一，直立，淡黄褐色或带红色。叶退化成膜质鳞片，无叶绿素，与茎色相同，下部鞘状抱茎。总状花序顶生；花淡绿黄色或橙红色，花被合生，下部壶状，上部歪斜，先端 5 裂，唇瓣白色，顶端 3 裂。蒴果长圆形或倒卵形。种子多而极细小，呈粉末状。主产于西南。生于林下腐殖质较多的阴湿处。现多栽培，与白蘑科密环菌共生。干燥块茎（天麻）能息风止痉，平抑肝阳，祛风通络。见图 15 – 167。

图 15 – 167　天麻

金钗石斛 *Dendrobium nobile* Lindl. ，多年生附生草本。茎丛生，直立，黄绿色，多节，上部较扁平，下部圆柱形，具纵沟，干后金黄色。叶互生，呈长椭圆形，无叶柄，叶鞘抱茎。总状花序有花 2～3 朵；萼片粉红色；花大，直径 5～10cm，下垂，花被白色，先端粉红色，唇瓣近基部中央有一深紫色斑块。蒴果。分布于湖北、台湾、西南和华南。附生于密林老树干或潮湿岩石上。新鲜或干燥茎（石斛）能滋阴清热，益胃生津。见图 15－168。

同属植物鼓槌石斛 *Dendrobium chrysotoxum* Lindl. ，原产于我国云南的西南部及马来西亚、印度、缅甸等国家。药用部位和功效同金钗石斛。

同属植物流苏石斛 *Dendrobium fimbriatum* Hook. ，分布于广西南部至西北部、贵州南部、云南东南部至西南部。药用部位和功效同金钗石斛。

白及 *Bletilla striata* （Thunb.）Reichb. f. ，块茎短三叉状，具环痕，断面富黏性。叶 3～6 枚，叶片带状披针形，叶鞘抱茎。总状花序顶生；花紫色，唇瓣 3 裂，上面有 5 条纵皱褶，中裂片顶端微凹；合蕊柱顶有 1 雄蕊，药室中共有花粉块 8 个。蒴果圆柱形，有 6 条纵棱。广布于长江流域。生于向阳山坡、疏林下、草丛中。干燥块茎（白及）能收敛止血，消肿生肌。见图 15－169。

  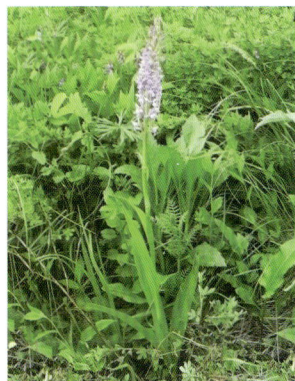

图 15－168　金钗石斛　　　图 15－169　白及　　　图 15－170　手参

手参 *Gymnadenia conopsea* （L. ）R. Br. ，又名佛手参。陆生草本，块茎椭圆状，下部类似掌状分裂，肉质。叶 3～5 枚，条状披针形，基部抱茎。总状花序顶生，密生粉红色小花。分布于东北、华北、西北及川西北。生于低海拔至高海拔的山坡林下、草地。干燥块根有补益气血，生津止渴的功效。见图 15－170。

本科药用植物还有：铁皮石斛 *Dendrobium officinale* Kimura et Migo. 分布于浙江、江西、广西、贵州、云南。干燥茎（铁皮石斛、扭成螺旋形或弹簧状者称"铁皮枫斗"即"耳环石斛"）能益胃生津，滋阴清热。杜鹃兰 *Cremastra appendiculata* （D. Don）Makino 分布于黄河流域至西南、华南。干燥假鳞茎（山慈菇）能清热解毒，化痰散结。独蒜兰 *Pleione bulbocodioides* （Franch.）Rolfe 分布于甘肃、陕西、山西至长江以南各省。云南独蒜兰 *Pleione yunnanensis* Rolfe 分布于云南、四川、贵州。干燥假鳞茎（山慈菇）能清热解毒，化痰散结。石仙桃 *Pholidota chinensis* Lindl. 其假鳞茎似桃得名。分布于浙江、福建、广东、海南、广西、贵州、云南、西藏，生于林中或林缘树上、岩壁上或岩石上。能养阴清肺，化痰止咳。羊耳蒜 *Liparis nervosa*（Thunb.）Lindl. 又名见血清。分布于黑龙江、吉林、辽宁、河北、山西、陕西、甘肃、山东、江西、河南、四川、贵州、云南，生于林下、灌丛中或草地荫蔽处。全草能凉血止血，清热解毒。斑叶兰 *Goodyera schlechtendaliana* Reichb. f. 又名银线盘，能清热解毒，润肺止咳，消痈肿，补虚。

第十六章　药用植物资源调查

第一节　药用植物资源调查

中医药的传承与发展依赖于丰富的药用植物资源来支撑。药用植物资源是人类赖以生存的宝贵财富。适时地开展药用植物资源调查，才能保护和合理开发利用药用植物资源。随着科学的进步，世界各国极其重视药用植物资源的开发利用，不断地开发研制出新药、保健品和食品。我国植物资源十分丰富，仅被子植物就有 3 万种之多，据新中国成立以来，我国于 20 世纪 60、70、80 年代先后进行过 3 次大规模中药资源普查结果统计，可供药用的植物就有 12694 种。人类对客观事物的认识是无穷的，新的药用植物或同种植物新的用途不断被发现，如过去本草著作无记载或无药用价值的萝芙木、长春花、喜树、红豆杉、三尖杉等，至今已经从中提取出有效降血压或抗癌成分利血平、长春新碱、喜树碱、紫杉醇和三尖杉内酯。如何运用现代科学技术，利用传统医药本草著作，发挥中医药特色优势，掌握药用植物识别技术，进行药用植物资源调查，认真研究，摸清药用植物及其近缘种类的分布、生境、资源蕴藏量、濒危程度等才能合理开发利用药用植物资源，发掘新药源，发现新的活性成分，进而研制出防病治病的新药，满足人民健康需求，促进经济发展，成为药用植物资源调查工作者的突出任务。

始于 1983 年的第三次中药资源普查，是规模最大的中药资源普查，然而，第三次中药资源普查距今已有 30 多年。近年来中药发展处于快速期，我国中药资源的需求量、蕴藏量以及主产区分布等方面均已发生了重大的变化。中药家底不清是当前中药资源可持续发展面临的巨大问题。

因此，适时举行全国中药资源普查，全面准确获取中药资源信息，掌握我国中药资源现状，建立中药资源动态检测系统和机制，为研究制定我国中药资源发展规划提供依据；建立覆盖全国的中药资源普查机构体系，增强政府职能；提出中药资源管理、报告及开发利用的总体规划建议，提高政府科学决策和管理水平，进而实现中药资源的可持续利用，保障中医药事业顺利发展，为全国人民医疗事业服务具有重要意义。

第二节　药用植物的分类鉴定

一、药用植物的分类鉴定的意义

药用植物的分类鉴定是药用植物学的重要内容之一。自然界中植物种类繁多，依据它们不同亲缘关系及进化发展规律，把种类繁多的植物进行鉴定、分群归类、命名并按系统排列起来，形成了便于识别、研究和利用掌握植物分类的知识，对于中草药原植物的鉴定具有重要意义。

应用植物分类学的知识和方法，可以正确识别药用植物，进行药材原植物的鉴定。分清真伪优劣，解决同名异物或同物异名的混乱现象，以保证临床疗效和用药安全，并可调查整理中草药种类，以供研究和推广，同时依据植物类群间的亲缘关系，深入挖掘和扩大中草药植物资源，不断提高中草药的利用价值。

二、药用植物的分类鉴定的方法

早期的分类方法仅仅依靠形态、习性以及用途上的不同进行分类，往往用一个或少数几个性状作为分类依据，而不考虑亲缘关系和演化关系，这种分类方法称人为分类法，用人为分类法编制的系统称人为系统。为了某种应用的需要，这种人为分类系统至今仍在使用。

自十九世纪后半期，人们开始依据植物演化发展和彼此间的亲缘关系来分类，这种分类法称自然分类法，用自然分类法编制的系统称自然分类系统。现代被子植物的自然分类系统常用的有两大体系。两大系统依据的理论原则均不相同。

第三节　药用植物标本的采集、制作和保存

一、采集工具

1. 标本夹　上下两片夹板，多以扁平木条为材料，钉成43cm ×30cm大小，中间用5~6根厚约2 cm，宽4 cm的木条横列，上方再用两根硬方木钉成。

2. 采集箱　用铁皮或不锈钢材料加工成50 cm×25 cm×20 cm的扁柱型小箱，一侧开有30 cm×20 cm的活门，并安有锁扣，背带。或者有采集袋。

3. 标本采集所需要的常备工具主要有　小刀、枝剪、高枝剪、铁铲、长砍刀、凿子、防刺手套、望远镜、数码照相机、GPS记录仪，指南针、海拔仪。

4. 野外记录本、记录签、号牌签。

5. 吸水纸。

6. 其他工具　安全绳、手电筒、打火机、铅笔、记号笔、卷尺。

7. 常备药品　止痛药水，绷带、创可贴、蛇伤急救药、防暑药等。

二、采集方法

采集标本时，一般要求：

1. 木本植物要选择带花或带果的，发育正常的枝条，无果无花的一般不采。

2. 草本植物，特别是单子叶植物要带有根系。

3. 蕨类植物，必须采带孢子囊的植株。

4. 大型草本植物，高度超出 1m 的可将它折成 N 字型或上段带果，中段带叶，下端带根，将三段合成一份标本。

5. 寄生植物最好连同寄主采下或作记录说明。

6. 药用植物还要有药用部分，特别是根和根茎类药材，以便核对、鉴别。

7. 采下标本后，首先要挂上标本号牌，编上采集号，采集号一般连贯法，不论换任何地方，采集号要连续下去，不能换地方又从头编号。在号牌上应写明采集时间、地点以及采集人姓名。

8. 对有些肉质植物，如马齿苋、景天科的植物等，应该在采集后及时在开水中渫几分钟，以避免难以干燥而变黑和落叶。

9. 采集藻类植物标本，可以用一张稍厚的白纸板放入水中，将少量藻体摊匀在纸板上，再慢慢托出水面，用滴管把藻丝标本冲顺。

10. 凡雌雄异株植物分开编号，并注明两号的关系。

11. 同号标本一般采集 3～5 份，以便比较研究或与其他标本室交换标本。

12. 不同地点采集的同一植物应重新编号。

13. 做好采集记录，常用特制的采集记录本，记下采集号、时间、份数、产地、环境、植物性状、花、果、叶等的颜色等。采集记录很重要，因为植物标本压制之后，一些生活时的性状及特征会改变甚至消失，如茎、叶、花、果等的颜色、气味会消失。另外，植物的生活环境、植株的大小在标本上也反映不出来。而这些特征对于研究和鉴定药用植物都是很重要的。所以，在采集时必须根据要求详细地填写。登记好后，把标本放进采集袋，密封保存，以防干燥皱缩变形。

采集时，要注意保护植物资源。一些平常少见的植物或感觉分布较少的植物尤为要注意保护，不可随意采摘。在采集草本植物时，要留一部分分枝，使其继续繁殖；采集木本植物时尽量不要伤及主干及枝顶，取皮时不能环剥，免引起植株死亡。

采集药材的分析样品时，必须同时采集腊叶标本两份，以备鉴定学名之用。在样品内，必须挂上与样品同种的腊叶标本相同的号牌，以便识别和鉴定学名之用，不要另编样品号。

三、野外记录的方法

野外采集必须有实地记录，记录内容有专门的野外记录本，按其格式填写。因为标本经过压制后改变了原有的性状，如乔木、灌木、高大草本植物，有些新鲜植物可看到的乳汁以及颜色，叶及花的颜色气味、花瓣是否有斑点、果实的形状颜色、全株各部分毛被着生、地下部分的情形等内容，都是压制标本后难以看到的性状，药用植物的别名以及药用价值、使用方法更是重要记录的内容。

填写野外记录卡和标本号牌签，应该用铅笔，不能用圆珠笔或钢笔，以防止遇水或标本消毒处理时褪色而字迹不清。

四、腊叶标本的压制

采回标本后，应及时修剪、压制干燥，以便制成腊叶标本，作长期保存。

（一）修剪

从采集袋中取出采回的标本（要求当天采，当天压制），首先与采集记录核对采集号及各种特征，相符合进行修剪。剪成略小于装订标本的台纸（约 $40cm \times 30cm$）。并尽可能表现其自然状态。枝叶太多时可适当剪去一部分。如果遇上细长的草本植物及某些在大型的叶子时，可以把它折叠成"之"字形，太高的草本，可选上、中、下三段剪取。大型的果实可以取纵、横两个切片。

（二）压制

修剪好后，打开标本夹。在一片标本夹上放上 5 ~ 7 片吸水纸，然后放上修剪好的标本，使花、叶展平，姿势美观，不使多数叶片重叠。一般叶腹面向上，并将基部两片叶子翻转，使其叶背向上。这样压好的标本，一眼可看到叶子背、腹两面的特征。落下来的花、果或叶片，要用纸袋装起，袋外写上该标本的采集号，然后与标本放在一起。然后盖上 2 ~ 3 张吸水纸。如上所述，再放上第二个标本。以后每放一个标本，就盖上2 ~ 3 张吸水纸；如遇多汁难干的标本，上下要多放几张吸水纸。当所有标本压制完后，再放上 5 ~ 7 张吸水纸，放上另外一片标本夹，用绳子捆紧。放在干燥处，并可适当加压，放在通风之外。

（三）换纸

标本压制后，主要靠吸水纸尽快把标本的水分吸干，使标本保留原来的颜色和形状，不致腐烂生霉、变色和脱落。因此，压制后必须经常换纸。换纸是把压制的标本解开，全部换上干燥的吸水纸。开始 1 ~ 2 次换纸时，标本还柔软，要注意把折叠的枝、叶等摊开，摆好形状。换纸次数和天数要根据天气和标本的含水量来决定。一般每天换一次纸，春天采集的标本开始每天最少换两次，以后可减少换纸的次数，直到完全干燥为止。换下来的湿纸，可以晒干或烘干后再用。但不能带标本一起烘干，以免使标本卷缩、失色。

在换纸过程中，某些部分如花、果、种子等可能会脱落。脱落时，可用纸包好随原标本一起更换吸水纸至干。有些标本可能会先干，先干的标本应先抽出，另夹保存；未干的标本继续换纸，直至全干。

（四）标本的消毒

标本干燥后，装订前，首先要进行消毒防蛀处理，处理方法很多，通常用1%的氯化汞（升汞）乙醇溶液。方法是将消毒液放入搪瓷盘内，再将压干的标本逐一浸入此液中片刻，或用毛笔将升汞溶液刷于标本上使湿透。取出夹吸水纸中，晾干。然后方可上台纸做成永久标本。并于标本上角盖印"$HgCl_2$消毒"字样。

（五）上台纸（把标本装订在台纸上）

台纸常用长40cm，宽26cm的白硬卡纸。装订时先将标本从标本夹中取出，平放在台纸上。注意左上方及右下方多留一点空白，以供贴采集记录和定名标签。然后在枝条两侧、叶子主脉两侧用雕刻刀刻穿台纸，长0.5cm。并用0.5cm的台纸条穿过，拉紧。用胶水反贴于台纸的背面。用于固定标本的纸带多少，要根据标本的大小而定，要求使整个标本，包括茎、叶、花、果等能牢牢地紧贴于台纸上。药用部分也用同样的方法固定在台纸上。脱落的花果可用小纸袋装好，贴于台纸上以供参考。最后，在台纸的左上角贴上采集记录；在右下角贴上定名签。

（六）定名

一般在标本上台纸后，方可鉴定。通常鉴定植物必须采集完整的标本，即有花和果实的标本或至少有其中之一。根据植物的花果特征查阅鉴定植物的参考书，最好是该地区植物志。所采植物如是未知科，可根据科的检索表，先查出科名，再找到该科查分属检索表，先查出属再查种。种查出后，再根据种的描述一一核对特征，如基本符合就可定出种名了。必要时可以到植物研究所查对标本（包括模式标本）。如果自己鉴定不出植物名称来，可以送请有关专家鉴定。

如果标本请其他单位或专家鉴定学名时，每一个标本上必须有一个同号标本的号片，并连同这一号的野外记录夹在一起送出。照例这份送请鉴定的标本，即留在鉴定的单位或专家处，不再退还。这是鉴定单位对该标本学名负责的表示，以作将来复查之用。如果以后更改学名时，便于根据标本来源通知对方之用。鉴定者仅在各标本的号码下，抄写一个学名名单，寄还原单位或本人。

（七）腊叶标本的保存

腊叶标本经过分科、分属、分种鉴定后，可将定名签贴在右下角，野外记录签贴在左上角。最后加贴一张薄而韧性强的封面衬纸，以免标本相互摩擦损坏。将同种标本放在一起，加一种夹夹起，种夹外标注有植物学名，按科属顺序放入标本柜内密闭保存。柜子中要放入一些樟脑防虫，整个标本室可用溴代甲烷熏蒸消毒，但消毒数日方可进入。

五、浸液标本的制作

植物标本经过浸制，可使形态逼真，易于观察、鉴别，而且还可以保持其原有色

泽。其制作方法如下:

所需仪器与试剂:烧杯,量筒,石棉网,电磁炉,不锈钢盆,剪刀,镊子,玻璃棒,天平,磨口标本瓶;醋酸铜,甘油,亚硫酸,氯化锌,乙醇,甲醛,硼酸,蒸馏水,硫酸铜。

1. 一般保存法　可用 10%～15% 的福尔马林浸制保存。

2. 白花植物浸制标本的制作方法

(1) 洗涤消毒:将新鲜标本洗净泥沙,用 70% 乙醇消毒 5 分钟后用蒸馏水冲洗干净,放入蒸馏中浸泡 15 分钟,冲洗 2～3 遍,标本表面清洁干净为止。

(2) 生杀处理:取醋酸铜 50g,加蒸馏水 1000 mL,配成 5% 的醋酸铜溶液,将洗涤消毒后的植物标本放入瓶内,缓缓倒入 5% 的醋酸铜溶液浸制植物标本,浸泡 24～48 h。根据花的大小、厚薄。质地不同可采用不同的浓度和时间。

(3) 装瓶:保存液的配制:取亚硫酸 5mL,甘油 5mL,加蒸馏水 1000mL。将生杀处理后的标本放入适宜瓶内,缓缓加入保存液至瓶满,加盖,用石蜡封好即得。

3. 黄花植物浸制标本的制作方法

(1) 洗涤消毒:同白花植物标本的制作方法。

(2) 生杀处理:取冰醋酸 300mL 加蒸馏水 300mL 配成 600mL 50% 的醋酸溶液,醋酸铜 48 g 加蒸馏水 4000mL 配成醋酸铜溶液。两种溶液混合,加热至煮沸,醋酸铜完全溶解后,投入洗涤消毒后的植物标本煮 10～20 分钟,观察叶色由绿变黄,再由黄变成浅绿色时取出,蒸馏水洗净。

(3) 装瓶:保存液的配制,取亚硫酸 5mL,甘油 5mL 加蒸馏水 1000mL。将生杀处理后的标本放入适宜瓶内,缓缓加入保存液至瓶满,加盖,用石蜡封好即得。

4. 红花植物浸制标本的制作方法

(1) 洗涤消毒:同白花植物浸制标本的制作方法。

(2) 生杀处理:取醋酸铜 50g,加蒸馏水 1000 mL,配成 5% 的醋酸铜溶液,将洗涤消毒后的标本放入瓶内,缓缓倒入 5% 醋酸铜溶液浸制植物标本,浸泡 24～48 小时,根据花的大小、厚薄、质地的不同可采用不同的浓度和时间。

(3) 装瓶:保存液的配制:取亚硫酸 5mL,甘油 5 mL,加蒸馏水 1000mL。将生杀处理后的植物标本放入瓶内,缓缓加入保存液至瓶满,加盖,用石蜡封好即得。

5. 绿色果实类植物浸制标本的制作方法

(1) 洗涤消毒:同白花植物浸制标本的制作方法。

(2) 生杀处理:取冰醋酸 300mL 加蒸馏水 300mL 配成 600mL,50% 的醋酸溶液,醋酸铜 48g 加蒸馏水 4000mL 配成醋酸铜溶液,两种溶液混合,加热至煮沸,醋酸铜完全解后投入洗涤消毒后的植物标本煮 10～20 分钟,观察叶颜色由绿变黄,再由黄变成浅绿色时取出,蒸馏水洗净。

(3) 装瓶:保存液的配制:取亚硫酸 5 mL,甘油 5mL 加蒸馏水 1000 mL。将生杀处理后的植物标本放入标本瓶内,缓缓加入保存液至瓶满,加盖,用石蜡封好即得。

实训指导

第十七章　显微镜的使用与实训技术

第一节　显微镜的使用

一、显微镜的类型

显微镜是研究植物内部构造的重要仪器，其类型很多，主要为光学显微镜和电子显微镜。

（一）光学显微镜

光学显微镜是以可见光作光源，用玻璃制作透镜的显微镜。植物解剖实验最常用的是普通生物显微镜，有效放大倍数可达 1250 倍，最高分辨力为 $0.2\mu m$。另外还常用体视显微镜、暗视野显微镜、相差显微镜、荧光显微镜，供教学用的有与电视机连接的视频显微镜和与计算机连接的数码显微镜等。

（二）电子显微镜

电子显微镜是使用电子束作光源的一类显微镜。电子显微镜以特殊的电极和磁极作为透镜代替玻璃透镜，能分辨相距 2 埃（Å）左右的物体，放大倍数可达 80 万 ~ 120 万倍，其分辨力比光学显微镜大 1000 倍，是观察超微结构的重要精密仪器。

二、显微镜的构造

光学显微镜由保证成像的光学系统和用以装置光学系统的机械部分组成（见图 17 – 1）。

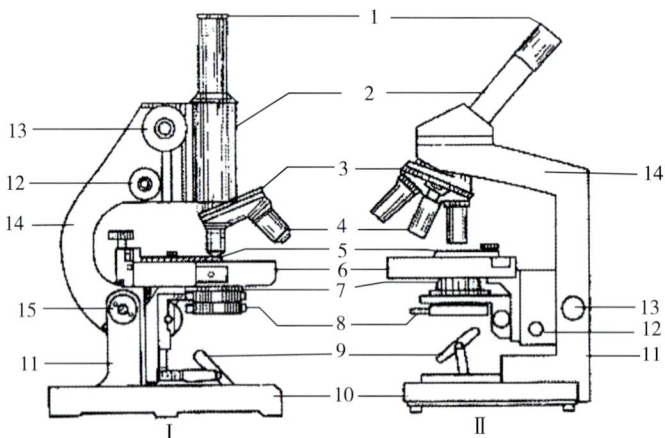

图 17 – 1　普通生物显微镜

1. 目镜　2. 镜筒　3. 物镜转换器　4. 物镜　5. 标本助推器　6. 载物台　7. 聚光器
8. 虹彩光圈　9. 反光镜　10. 镜座　11. 镜柱　12. 细调焦轮　13. 粗调焦轮　14. 镜臂　15. 倾斜关节

（一）机械部分

1. 镜座　显微镜的底座，支持整个镜体，使显微镜放置稳固，多设计为方形。

2. 镜柱　显微镜镜座上面直立的短柱，支持镜体上部的各部分。

3. 镜臂　为取放镜体时手握的部分。直筒显微镜的镜臂下端与镜柱连接处有一活动关节，可使镜体在一定范围内后倾，便于观察。斜筒显微镜的镜臂与镜柱连为一体。

4. 镜筒　为长 160cm 的长筒，上端放目镜，下端接物镜转换器，能保护成像的光路和亮度。

5. 物镜转换器　为接于镜筒下端的圆盘，可360°转动。盘上有 3 ~ 4 个安装不同放大倍数物镜的螺旋孔。转动转换器，被选择的物镜即可固定在使用位置上，保证物镜与目镜的光线合轴。

6. 载物台（镜台）　为放置玻片标本的平台，中央有一通光孔，镜台上有压片夹和标本助推器，一方面可固定玻片标本，同时旋转标本助推器可以向前、后、左、右各方向移动玻片标本。

7. 调焦装置　用以调节物镜和标本之间的距离，得到清晰的物像。在镜臂两侧有粗、细调焦螺旋各 1 对。大的一对为粗调焦螺旋，旋转一圈可使镜筒（或载物台）上下移动 10mm 左右。小的一对为细调焦螺旋，旋转一周可使镜筒（或载物台）上下移动约 0.1mm。

8. 聚光器调节螺旋　在镜柱的一侧，旋转时可使聚光器上下移动，借以调节光线强弱。

（二）光学部分

1. 物镜　安装在镜筒下端的物镜转换器上，可分低倍镜、高倍镜和油浸物镜三种。物镜可将被检物体作第 1 次放大，物镜筒上刻有放大倍数、数值孔径（N・A）、镜筒长度 160mm 和盖玻片厚度 0.17mm 等，如下表。

类型	物镜倍数	数值孔径（N・A）	工作距离（mm）
低倍镜	10×（或低于 10×）	0.25	7.63
高倍镜	40×（或 45×）	0.65	0.53
油浸物镜	100×（或 90×）	1.25	0.198

工作距离是指物镜使标本成像时，镜头最前面与标本之间的距离。物镜的放大倍数愈高，它的工作距离愈小（见上表）。所以使用高倍镜和油浸物镜时要特别注意。

2. 目镜　安装在镜筒上端，放大倍数有 5×、10× 和 16× 等。可将物像进一步放大。

3. 反光镜　是个圆形的两面镜。一面是平面镜，能反光；另一面是凹面镜，兼有反光和汇集光线的作用。反光镜具有转动关节，可作各种方向的翻转，将光线反射在聚光器上。

用电光源取代反光镜时，通常在镜座后面或侧面装有控制开关。

4. 聚光器　装于载物台下，由聚光镜和虹彩光圈等组成，它可将平行的光线汇集成束，集中于一点以增强被检物体的照明。聚光器可以上下移动以调节视野的亮度。虹彩光圈装在聚光器内，拨动横杆，可调节光圈大小，控制通光量使与正在使用的物镜倍数相匹配。

三、显微镜的使用方法

（一）取镜和放镜

取镜时应右手握住镜臂，左手托住镜座，保持镜体直立，放在身体的左侧距桌边约 5~6cm 处，右侧放置实训教材、实训报告、绘图工具等。严禁用单手提着镜子走，以防目镜滑出。

（二）对光

一般可用由窗口进入的散射光，避用直射阳光，或用日光灯做光源。对光时用手旋转转换器（不能用手推物镜，防止物镜光轴偏离，形成彗星图像）把低倍镜转到中央，对准载物台上的通光孔，然后用眼睛从目镜向下注视，同时转动反光镜，使镜面向着光源，光弱时可用凹面镜。当在镜筒内见到一个圆形而明亮的视野时，再利用聚光镜或虹彩光圈调节光的强度，使视野内的光线均匀而明亮。

（三）低倍镜的使用

观察任何标本，都必须先用低倍镜，因低倍镜的视野大，工作距离长，容易发现目标，确定要观察的部位，同时不易损坏物镜。

1. 放置切片转 转动粗调焦螺旋升高镜筒（或降低载物台），打开标本卡把玻片标本卡在载物台中央，或用压片夹压住载玻片的两端，转动标本助推器使材料正对通光孔。

2. 调焦 两眼从侧面注视物镜，并慢慢按顺时针方向转动粗调焦螺旋，使镜筒徐徐下降（斜筒式显微镜是使载物台上升）至物镜离玻片约 5mm 处。用左眼或双目注视镜筒内，同时按逆时针方向转动粗调焦螺旋使镜筒上升（斜筒式显微镜是使载物台下降），直到看见清晰的物像为止（注意不可在调焦时边观察边下降镜筒，否则会使物镜和玻片触碰，压碎玻片，损伤物镜）。如一次看不到物像，应重新检查材料是否放在光轴线上，重新移正材料，再重复上述操作过程直至物像出现和清晰为止。

为了使物像更加清晰，此时可轻微转动细调焦螺旋使物像最清晰。当细调焦螺旋向上或向下转不动时，即表明已达极限，切勿再硬拧，而应重新调节粗调焦螺旋，拉开物镜与标本间的距离，再反拧细调焦螺旋约 10 圈，（一般可动范围为 20 圈）。有的显微镜可把微调基线拧到指示微调范围的两条白线之间，再重新调整焦点至物像清晰为止。

3. 低倍镜的观察 焦点调好后，可根据需要，移动玻片使要观察的部分在最佳位置上。找到物像后，还可根据材料的厚薄、颜色、成像反差强弱是否合适等再调节，如视野太亮，可降低聚光器或缩小虹彩光圈，反之则升高聚光器或开大光圈。

（四）高倍物镜的使用

1. 移动目标，转换物镜 因高倍镜只能将低倍镜视野中心的一部分加以放大，故在使用高倍镜前，应在低倍镜中选好目标并移至视野的中央，转动物镜转换器，把低倍物镜移开，换上高倍物镜（因高倍镜工作距离只有 0.53mm，操作时要小心，防止镜头碰击玻片）。

2. 调焦 正常情况下，显微镜出厂时，已被设计成等高调焦，即由观察状态的低倍物镜转换到高倍物镜下，在视野中即可见模糊物像，所以只要稍微转动细调焦螺旋，即可见到清晰的物像。

3. 调节亮度 在换用高倍镜观察时，视野变小变暗。所以要重新调节视野的亮度，此时可以升高聚光器或放大虹彩光圈。

（五）油镜的使用

在使用油镜之前，也要先用低倍镜找到被检部分，并移到视野中心，然后再换用油镜。

使用油镜时，可先在盖玻片上滴加一滴香柏油，才能使用。用油镜观察标本时，绝对不许使用粗调焦螺旋，只能用细调焦螺旋调节焦点。如盖玻片过厚，必须换成薄片方可聚焦（因油镜的工作距离是0.198mm），否则会压碎玻片、损伤镜头。

油镜使用后，应立即以试镜纸蘸少许乙醚和无水乙醇（7:3）的混合液，擦去镜头上的油迹。

（六）显微镜还原

观察结束，需还原显微镜。步骤为：先升高镜筒（或降下载物台），取下玻片，再转动物镜转换器，使物镜镜头离开通光孔，再降下镜筒（或升高载物台），并使反光镜与桌面垂直，用纱布擦净镜体，用擦镜纸擦净镜头，罩上防尘罩。仍用右手握住镜臂，左手托镜体，按号放回镜箱中。

四、指针的安装及测微尺的使用

（一）安装指针的简易方法

如果显微镜没有指针，可以自行安装，具体方法是先将目镜的上盖旋下，剪取5~10mm一段头发，用镊子夹住，在另一头蘸上加拿大树胶，将其粘贴在目镜内壁的金属铁圈上，并使指针的尖端位于视野的中央，稍干后，旋紧上盖即可使用。

（二）测微尺的使用

1. 镜台测微尺　一种特制的载玻片，中央有一个具刻度的标尺，全长为1mm，共分100小格，每小格0.01mm（图17-2）。

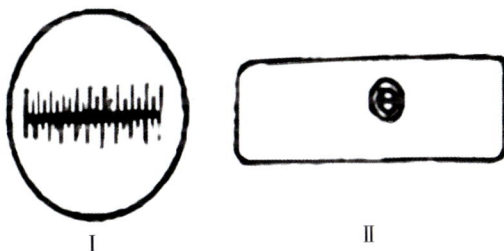

图17-2　镜台测微尺
Ⅰ. 标尺放大　Ⅱ. 具标尺的载玻片

2. 目镜测微尺　放在目镜内的一种标尺，为一块圆形的玻璃片，直径20~21mm，上面刻有不同形式的标尺。有直线式和网格式两种，测量长度一般用直线式，共长10mm，分成10大格.每大格又分成10小格，共100小格（图17-3）。网格式测微尺用于计算数目和测量面积。

3. 细胞及细胞内含物等的测量　先将目镜测微尺装入目镜内的铁圈上，用镜台测微尺标化。标化时，转动目镜，移动镜台测微尺，使两种量尺的刻度平行，并使它们的一端重合，再找出另一端的重合刻度，分别记录目镜测微尺和镜台测微尺重合范围内的刻度。计算出目镜测微尺每小格在该物镜条件下所相当的大小（μm）。如用5×目镜和

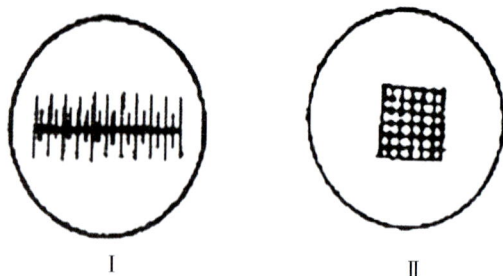

图 17 - 3　目镜测微尺

Ⅰ. 直线式　Ⅱ. 网格式

4×物镜测得目镜测微尺的 100 格，等于镜台测微尺的 50 格，即目镜测微尺在这一组合中每格实际长度为 5μm。测量时，以目镜测微尺测量被检物的小格数，乘以每小格的大小（μm）即得。如果用不同倍数的目镜，必须重新标化和计算（图 17 - 4）。

五、显微镜使用和保管的注意事项

（1）显微镜应放置在干燥、阴凉、避免阳光直射和无化学试剂腐蚀镜头的环境中。

（2）观察显微镜时，切勿睁一眼闭一眼，要用左眼观察，右眼做图。

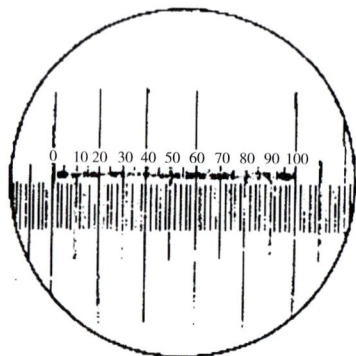

图 17 - 4　刻度重合

（3）为避免试剂污染镜体、腐蚀镜头，临时制片时，必须加盖盖玻片。盖玻片下方应充满试剂，而盖玻片上方和外方的试剂必须擦干，再放载物台上观察。

（4）当显微镜螺旋失灵使用困难时，绝不可强行转动，更不能任意拆修，应立即报告指导教师解决，以免造成损坏。

（5）显微镜应保持清洁，机械部分可用纱布、软毛巾擦拭。光学部分的灰尘必须用镜头毛刷拂去，或用吹风球吹去，再用擦镜纸擦，放回原处。

第二节　基本实训技术

一、临时制片法

临时制片所用设备简单，操作方便，可快速、准确地观察植物细胞、组织和器官的内部结构，是科研和实践教学常用的方法之一。根据取材不同，制片方法有以下几种：

（一）表皮制片

1. 选材　取培养皿盛少许水，用镊子撕取植物表皮，并使表面朝上放于水中，用刀片切成 5mm^2 大小。

2. 制片 用纱布擦净载玻片，在载玻片的中央滴 1~2 滴水，用镊子挑选一块表皮使其表面朝上放在水滴中，用解剖针将材料展平，用镊子夹住盖玻片的一边，使盖玻片的对边接触水滴的边缘，然后轻轻地放下盖玻片，盖玻片下的空气被水挤掉，可避免产生气泡。用吸水纸吸去盖片周围溢出的水。

3. 注意事项 ① 制片时，材料表面要朝上放在试剂中，利于对毛茸和气孔的观察。②制片时产生的气泡会影响观察效果。当气泡多时可取下盖片重新盖，气泡少时可将载玻片稍倾斜，用镊子的另一头在气泡下面轻轻敲打载玻片，气泡便从高的地方逸出。

（二）粉末制片

1. 制备粉末 将中药材挑选干净，置小型粉碎机中粉碎，粉末过 200 目筛后备用。

2. 透化制片 在洁净的载玻片中央滴 1~2 滴水合氯醛试液，用解剖针挑取少许药材粉末置试液中，点燃酒精灯，手持载玻片一端在酒精灯上缓缓加热透化，反复 2~3 次后，熄灭酒精灯，加 1~2 滴稀甘油，稍晾凉，即可盖盖玻片观察植物的各种组织细胞。

3. 注意事项 ① 加热透化时，酒精灯火苗不宜太大，不能将试液煮沸，产生大量气泡，要缓缓加热透化。② 观察淀粉粒时，应用水或甘油醋酸液装片，不能用水合氯醛加热透化。

（三）徒手切片

1. 选材 将材料先切成适当的段块，切片断面以不超过 3~5mm^2，材料长度约 2~3cm 为宜。软而薄的材料，如叶片可用胡萝卜根或马铃薯块茎等，夹住材料一起切。有的叶片可卷成筒状再切。坚硬材料可用水煮，软化后再切片。

2. 制片 切片时，用左手拇指和食指夹住材料，并使其稍突出于手指之上，以右手执剃刀或刀片，平放在左手的食指上，刀口向内，且与材料断面平行，移动右臂使刀口自左前方向右后方滑行切片，注意切勿来回拉锯，并在切片过程中应用水润湿材料的切面和刀面，以免切片破损。如此连续动作，将切下的薄片用湿毛笔轻移于盛水的培养皿中。再用毛笔挑选最薄的切片，取出放载玻片上，经水合氯醛反复透化后，用稀甘油封片，制成临时装片观察。也可以在透化后用 0.1% 番红水溶液染细胞核和木质化、栓质化的细胞壁，以区分细胞核与细胞质，也可用间苯三酚和浓硫酸染木质部的组织，然后再用稀甘油封片观察。

3. 注意事项 切片时刀片与材料要垂直，要从外向内连续切割，不能切成斜片，以免影响观察效果。

二、绘图的要求和方法

绘图是记录实训的手段之一，它比文字更生动具体，能加深对植物形态和结构特征的理解，是学习植物形态和解剖时必须掌握的基本技能。植物图分简图和详图两种。简图是将植物的组织和细胞用一定的符号代表所绘出的图形。一般绘整图或图面的1/2，并注明各部分名称。详图是按照显微镜中的物像，将每一个细胞如实绘出所得到的图形。一般绘图面的1/4即可，并注明各部分名称。注意：详图中不能用符号代表组织细胞，简图中也不应绘出组织细胞来（图17-5，图17-6，图17-7，图17-8）。

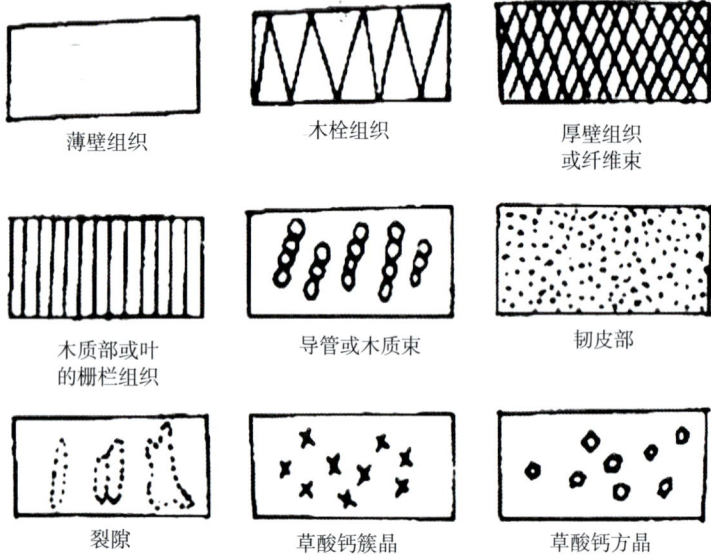

图17-5 植物组织简图常用符号

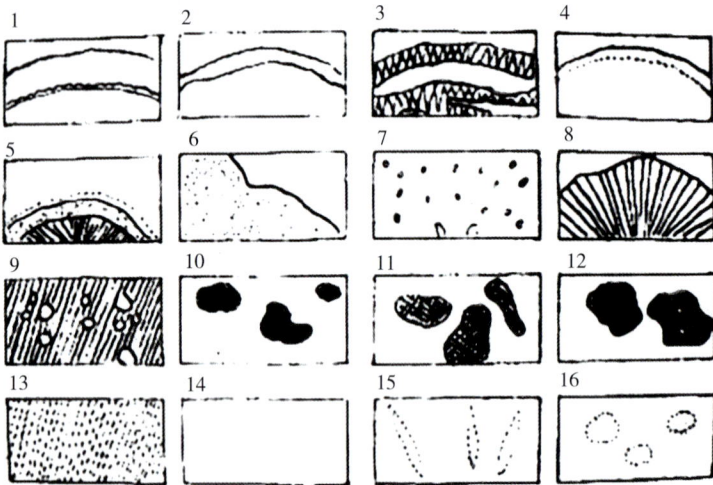

图17-6 植物组织简图表示法

1. 表皮（外方的一条弧线） 2. 后生表皮（内方的弧线）
3. 木栓层 4. 外皮层（虚线） 5. 内皮层（虚线） 6. 韧皮部
7. 筛管群 8. 木质部 9. 木质部和导管 10. 石细胞群 11. 纤维束
12. 石细胞及纤维混合束 13. 厚角组织 14. 薄壁组织 15. 裂隙
16. 分泌腔（或油室）

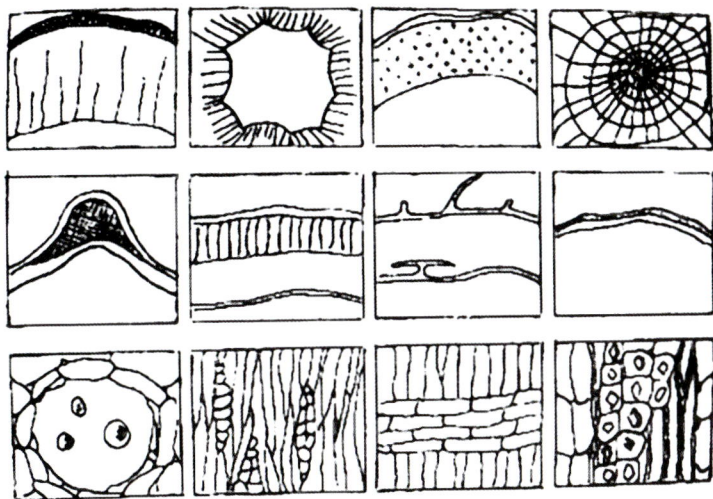

图 17 - 7　组织形态图表示法

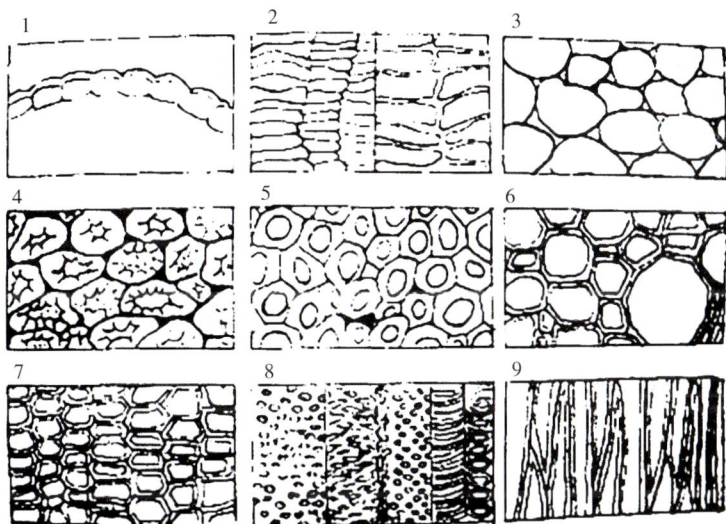

图 17 - 8　组织详图表示法

1. 表皮（外示角质层）　2. 木栓层（左为单线，右为双线绘法）
3. 薄壁组织　4. 石细胞群　5. 纤维束　6. 导管　7. 木细胞
8. 各类导管（纵面观）　9. 纤维束（纵面观）

植物绘图和美术绘图不同，其具体要求如下：

1. 首先要注意科学性和准确性，从生物研究的角度出发，反映标本的真实结构，要以艺术表现为辅助手段，不刻意追求美观效果。并选择正常的典型材料，正确理解各部特征，才能保证所绘图的科学性和准确性。

2. 画图前，应先在图纸上安排好各图的位置和相关部分的比例，并留出书写图题和注字的地方。

3. 绘好草图，即用 HB 铅笔轻轻在图纸上勾画出图形的轮廓，然后用 2H 铅笔描出与观察对象相吻合的线条。线条要粗细均匀，光滑清晰，接头处无分叉，切忌重复描绘。

4. 植物图常用圆点的疏密表示明暗和颜色的深浅，点应圆而整齐，大小均匀，切忌用涂抹阴影的方法代替圆点。

5. 图纸要保持清洁，图注一律用铅笔正楷书写，并用平行线引出在图的右侧。

6. 实训题目写在绘图纸的上方，图题和所用材料的名称和部位写在图的下方并注明。

三、常用试剂的配制和使用

（一）封藏剂

1. 甘油醋酸试液　取甘油、50% 醋酸和水各等份，混合，即得。常用以观察淀粉粒，可防止淀粉粒崩裂。

2. 稀甘油　取甘油 33mL，加蒸馏水稀释成 100mL，再加樟脑一小块或液化苯酚 1 滴，即得。稀甘油能使细胞稍透明及溶解某些水溶性细胞后含物，并使材料保持湿润和软化。常和水合氯醛试液同用作临时封藏剂，可防止水合氯醛晶体析出。

3. 蒸馏水　用蒸馏水封片，细胞的形状、大小、颜色都不改变，但不透明的组织细胞是暗色的，不能清楚地区别。

（二）透化剂

1. 水合氯醛试液　取水合氯醛 50g，加蒸馏水 15mL 与甘油 10mL 使溶解，即得。本试液能迅速透入组织，使干燥而收缩的细胞膨胀，细胞组织透明清晰，并能溶解淀粉粒、树脂、蛋白质和挥发油等。

2. 氢氧化钠（钾）5% 水溶液　可代替水合氯醛透化，并能使乳汁固定，利于观察乳管。

（三）染色剂

1. 间苯三酚试液　取间苯三酚 1g，加 90% 乙醇 5mL 溶解后，加甘油 5mL，摇匀，即得。用以鉴别木质化细胞壁，应用时先加 1~2 滴于检体，约 1 分钟后，加浓盐酸或浓硫酸 1 滴，木质化细胞壁因木质化程度不同，显红色或紫红色。

2. 稀碘液　取碘化钾 1g 溶于 300mL 蒸馏水中，再加碘 0.3g 贮于棕色瓶中。稀碘液可使淀粉粒显蓝色，糊粉粒里黄色。

3. 苏丹Ⅲ试液　取苏丹Ⅲ 0.01g，加 90% 乙醇 5mL 溶解后，加甘油 5mL，摇匀，贮于棕色玻璃瓶，保存期 2 个月。本试液能使角质化和木栓化细胞壁显红色或橙红色，使脂肪油、挥发油滴或树脂显橙红色、红色或紫红色。

4. 钌红试液　取 10% 醋酸钠溶液 1~2mL，加钌红适量使呈酒红色，即得。本试液应临用新制，可使黏液显红色。

5. α–萘酚试液　取 α–萘酚 1.5g，溶于 95% 乙醇 10mL，即得。应用时滴加本试液，1~2 分钟后，再加 80% 硫酸 2 滴，可使菊糖显紫色。

6. 氯化锌碘试液　取氯化锌 20g，溶于 85mL 蒸馏水后，滴加碘的碘化钾溶液（碘化钾 3g，碘 1.5g，水 60mL），不断振摇至饱和，至没有碘的沉淀出现为止，置棕色瓶内保存。本试液可使纤维素细胞壁显蓝色和紫色。

7. 番红染液　番红是一种碱性染料，可使木质化、木栓化和角质化的细胞壁及细胞核中的染色质和染色体染成红色。在植物组织制片中常与固绿配染。常用配方有下列二种：

（1）番红水液：取番红 0.1g，溶于 100mL 蒸馏水中，过滤后，即得。

（2）番红酒液：取番红 0.5g 或 1g，溶于 50% 乙醇 100mL 中，过滤后，即得。

8. 固绿染液　固绿是一种酸性染料，可使纤维素的细胞壁和细胞质染成绿色；在植物组织制片中，常与番红配染。常用固绿酒液，即取固绿 0.1g，溶于 95% 乙醇 100mL 中，过滤后使用。

（四）固定剂

常用 F. A. A. 固定液，配方为：福尔马林（38% 甲醛）5mL、冰醋酸 5mL、70% 乙醇 90mL，幼嫩材料用 50% 乙醇代替 70% 乙醇，可防止材料收缩，还可加入甘油 55mL，以防止蒸发和材料变硬。此液兼有保存剂作用。

第十八章　实训内容

实训一　植物细胞的构造

一、目的要求

1. 学习植物生活细胞观察方法，掌握植物细胞基本结构。
2. 学习表皮制片法及绘制植物细胞图的基本方法。
3. 熟悉光学显微镜的使用方法。

二、材料与用品

洋葱鳞茎。

显微镜、载玻片、盖破片、镊子、解剖针、刀片、剪刀、吸水纸、拭镜纸、培养皿、纱布块、碘－碘化钾试液、蒸馏水。

三、内容与步骤

（一）制作洋葱表皮的临时装片

从洋葱鳞茎上剥下一片肉质鳞叶，用镊子由其内表面撕下一块透明的内表皮，切取 3～5mm 大小的一块，按临时装片法（参见实训指导第一章第二节基本实训技术），置于载玻片上预先加好的水滴中，用镊子将其展平，然后将盖玻片沿水滴一侧慢慢盖下，防止产生气泡，用吸水纸沿盖玻片一侧吸掉多余的水。

（二）观察植物细胞的构造

在阅读实训指导第一章第一节有关显微镜的构造和使用方法后，将临时装片放在低倍镜下观察，注意洋葱鳞叶内表皮为一层细胞，细胞为长方形或扁砖状，排列紧密，没有细胞间隙。移动装片，选择几个较清楚的细胞置于视野中央，换用高倍物镜再仔细观察，注意识别下列各部分（着重观察细胞核与液泡）：

1. 细胞壁　为细胞的最外层，比较透明。调节细调焦螺旋和虹彩光圈时，可见这层细胞壁实际为三层，其两侧为相邻两个细胞的细胞壁，中间是两个细胞所共有的中胶层（胞间层）。由于细胞壁无色透明，故观察时上面和下面的壁不易看见，而只能看到侧壁。

2. 细胞质 为无色透明的胶状物，紧贴在细胞壁以内。被中央大液泡挤成一薄层，仅细胞两端较明显。如果是幼嫩细胞，细胞质被几个小液泡分隔。当缩小光圈使视野变暗时，在细胞质中可看到一些无色发亮的小颗粒，是白色体。

3. 细胞核 为扁圆球形的小球体，浸埋在细胞质中，贴近细胞的侧壁的只能见其窄面，贴在细胞的上、下壁的可见其宽面。幼嫩细胞的核位于细胞中央的细胞质中。轻轻调节细调焦螺旋，仔细观察，可见包在细胞核外的核膜，细胞核内有 1~3 个发亮的小颗粒，即核仁。如果在撕取表皮时，扯破了细胞，核与质均外流，就看不到细胞核了。

4. 液泡 位于细胞中央，占细胞体积的大部分。由于液泡内充满细胞液，所以比细胞质更透明。

为更清楚地观察细胞的基本结构，在观察了上述洋葱表皮细胞之后，可取下装片，小心地从盖玻片的一侧滴加 1~2 滴碘-碘化钾试剂，从另一侧用吸水纸将清水吸去，使碘-碘化钾试剂浸透材料，过几分钟后再继续进行观察，此时细胞已被杀死，可见细胞质、细胞核、液泡形态更清晰，细胞质染成浅黄色，细胞核染成深黄色，而染色较浅的部位即为液泡。

四、作业与思考

1. 绘洋葱鳞叶的内表皮细胞 2~3 个，注明细胞各部分的名称。
2. 植物细胞的基本构造主要有哪几部分？

实训二 细胞壁的特化和细胞后含物

一、目的要求

1. 掌握淀粉粒和草酸钙结晶形状，熟悉细胞壁的特化类型。
2. 学习徒手切片、粉末装片及水合氯醛透化制片的方法。

二、材料用品

马铃薯块茎、蓖麻种子、大黄粉末、半夏粉末、甘草或黄柏粉末、地骨皮或牛膝根横切制片、射干根状茎横切制片、印度橡胶树叶或无花果叶的横切制片、桔梗根的纵切制片、夹竹桃叶或柿树叶和嫩枝。

显微镜、解剖用具、临时制片用具、酒精灯、培养皿、吸水纸、火柴、碘-碘化钾溶液、甘油醋酸试液、稀甘油、水合氯醛试液、苏丹Ⅲ试液、盐酸、间苯三酚试液、氯化锌碘试液、蒸馏水。

三、内容与步骤

(一) 淀粉粒

取马铃薯块茎一小块，用刀片刮取少量白色浆液，置载玻片上，加水或甘油醋酸制成临时装片，先在低倍镜下观察，可见水溶液与多边形薄壁细胞中有许多卵圆形或椭圆形颗粒，即淀粉粒。转换高倍镜，并将光线适当调暗，可见淀粉粒有脐点和围绕它清晰的偏心层纹。注意分辨出单粒、复粒和半复粒，绘图和记录。

观察后，从载物台上取下制片，在盖玻片一侧滴入一小滴碘 - 碘化钾溶液，同时在另一侧用吸水纸吸取蒸馏水，再置显微镜下观察，淀粉呈蓝 - 紫色反应。

然后再取少量半夏粉末置于滴加 1 ~ 2 滴稀甘油的载玻片上，用解剖针充分搅匀后，加盖盖玻片制成粉末装片，置镜下观察。注意和马铃薯淀粉粒有何不同？

(二) 菊糖 (示教)

取桔梗根纵切片，在低倍镜下观察，可见在薄壁细胞中靠近细胞壁有呈球形或扇形，并有放射状纹理的菊糖结晶。

(三) 糊粉粒 (示教)

观察蓖麻种子的剥去种皮、并经脱脂的胚乳徒手切片，在高倍镜下能否见到多边性的蛋白质晶体、含磷酸盐的球晶体及无定形的基质？

(四) 结晶体

1. 草酸钙结晶

(1) 簇晶：取大黄粉末少许，置载玻片上，滴加水合氯醛试液 1 ~ 2 滴。在酒精灯上文火慢慢加热进行透化，注意不要蒸干，可加添新的试剂，并用吸水纸吸去已带色的多余试剂，至材料颜色变浅而透明时，停止处理，加稀甘油一滴，盖上盖玻片，拭净其周围的试剂，镜检，可见多数大型、星状的草酸钙簇晶。

(2) 针晶：取半夏粉末少许，如上法透化后制片，置镜下观察，可见散在或成束的针状草酸钙晶体。偶尔可见到类圆形黏液细胞中含有排列整齐的针晶束存在。

(3) 方晶：取黄柏或甘草粉末少许，如上法透化后制片，置镜下观察，可见在细长的成束的纤维周围的薄壁细胞内，含有方形或长方形的草酸钙晶体，这种由一束纤维外侧包围着许多含有草酸钙方晶的薄壁细胞所组成的复合体称为晶鞘纤维或晶纤维。

(4) 砂晶：观察地骨皮或牛膝根横切制片，可见在类圆形的薄壁细胞中充满了细小三角形或箭头状的草酸钙砂晶。

(5) 柱晶：观察射干根状茎切片，可见长柱形的草酸钙结晶。

(五) 特化细胞壁的鉴别

1. 木质化细胞壁 取夹竹桃或柿树嫩枝或叶柄，徒手切成横切片，选一薄片置载破片上，加间苯三酚试液一滴，稍放置，再加浓盐酸一滴，加盖玻片，吸去盖玻片上多余的酸液，在低倍或中倍镜下观察，木质化细胞壁呈樱桃红色或红紫色，再用一段火柴棍直接滴加上述试液处理，有何变化？

2. 木栓化细胞壁 取马铃薯块茎一小块，垂直于外皮做徒手切片，置载玻片上，加苏丹Ⅲ试液1～2滴，放置2分钟或微微加热，加盖玻片后镜检，可见木栓化细胞壁被染成橙红色。

另取一横切片，加氯化锌碘试液1滴，加盖玻片后镜检，可见外方木栓化细胞壁呈黄棕色，其内方的薄壁细胞壁以纤维素为主，呈蓝紫色。

3. 角质化细胞壁 取夹竹桃叶或柿树叶或其他植物叶做徒手横切片，方法是选择叶片主脉近中部，在主脉两侧保留各约3mm的叶片，然后将材料夹在马铃薯或其他合适夹持物中，徒手切成横切片，并置盛水的培养皿中，除去夹持物，将切片置载玻片上，用吸水纸吸去水分，加苏丹Ⅲ试液1～2滴，镜检，可见到叶的上、下表皮外侧有一条紧紧与表皮细胞连在一起的橙红色亮带，即为角质层。

四、作业与思考

1. 绘马铃薯、半夏淀粉粒的形态图，并注明各部分名称。
2. 绘各种草酸钙结晶的形态图。
3. 木质化、木栓化、角质化细胞壁的显微化学反应鉴别方法如何？

实训三 分生组织与保护组织

一、目的要求

1. 掌握保护组织腺毛、非腺毛的特征及气孔的结构、轴式和木栓细胞的形态。
2. 通过实验掌握表皮制片方法。
3. 了解分生组织的形态特征。

二、材料与用品

洋葱根尖纵切片、薄荷叶、甘草根茎（或接骨木茎）横切片（永久制片）、菊花叶。

显微镜、解剖用具、培养皿、蒸馏水、载玻片、盖玻片、吸水纸。

三、内容与步骤

1. 观察顶端分生组织 观察洋葱根尖纵切片，先在低倍镜下找出细胞最小、排列最紧密、染色最深的圆锥形的根端生长锥，即根尖顶端分生组织。

2. 观察腺毛、非腺毛及气孔 取新鲜薄荷叶片，用镊子撕取下表皮一小块，使其外表皮朝上，置于载玻片上的蒸馏水中，展平，加盖玻片，镜检，注意观察下列保护组织：

（1）非腺毛：由 2～8 个细胞组成，壁厚，具壁疣。

（2）腺毛：一种为单细胞头，单细胞柄；另一种是腺鳞，腺头呈扁圆球形，由 8 个细胞排列成辐射状，单细胞柄极短。

（3）气孔：直轴式气孔，表皮细胞垂周壁波状弯曲。

3. 观察木栓细胞 观察甘草根茎（或接骨木茎）横切片，注意其最外几层木栓细胞的形态特征。

4. 观察丁字形非腺毛 取新鲜菊花叶的上表皮进行临时制片，置显微镜下观察，可见毛茸顶部有一横长细胞，柄由 2～3 个细胞组成与顶生横长细胞垂直呈丁字形。

四、作业与思考

1. 绘薄荷叶的非腺毛及腺毛（包括腺鳞）图。
2. 绘薄荷叶中的气孔图，并标明类型。
3. 绘菊花叶的丁字形非腺毛图。

实训四　机械组织与输导组织

一、目的要求

1. 掌握机械组织纤维与石细胞的形态特征。
2. 能区分输导组织各种导管的类型。
3. 熟悉厚角组织与输导组织的筛管。

二、材料与用品

薄荷茎横切片、肉桂粉末、黄柏粉末、梨、黄豆芽、南瓜茎纵切片。

显微镜、解剖用具、载玻片、盖玻片、吸水纸、酒精灯、水合氯醛试液、稀甘油、蒸馏水。

三、内容与步骤

1. 观察厚角组织取薄荷茎横切片置显微镜下观察，注意在茎的 4 个棱角处的表皮下方，有数层细胞的角隅处增厚，增厚部分染色较深。

2. 观察厚壁组织（石细胞、纤维）

（1）取梨切成小块，用刀片刮取少许果肉置载玻片上加水合氯醛试液 2～3 滴，用解剖针搅匀，置酒精灯上透化，加稀甘油一滴，加盖玻片置显微镜下观察，可见卵圆形石细胞，层纹与纹孔明显。

（2）取肉桂粉末少许置载玻片上，滴加水合氯醛试液 2～3 滴透化，加稀甘油 1 滴，用解剖针搅匀加盖玻片，置显微镜下观察，分别找出其石细胞和纤维。其石细胞除有全面增厚的外，仍有一种三面增厚、一面菲薄、孔沟明显、胞腔大的石细胞；纤维为长梭形、壁波状、腔线形。

（3）取黄柏粉末按上述（2）的方法制成临时制片，置显微镜下观察其壁极厚、孔沟不明显、不规则分枝状的石细胞及纤维束周围薄壁细胞中含草酸钙方晶的晶纤维。

3. 观察输导组织（导管与筛管）

（1）取新鲜黄豆芽切成 0.3～0.5cm 的小段，用镊子将其固定在载玻片上，用刀片纵切，取中央的薄片置于载玻片上，加蒸馏水一滴，用镊子柄碾压，使其薄而平展，置显微镜下观察其环纹、螺纹、梯纹及网纹导管。

（2）取南瓜茎纵切片在显微镜下观察，注意其筛管中的筛板、筛孔及伴胞的形态特征。

四、作业与思考

1. 绘梨、肉桂及黄柏石细胞图。
2. 绘肉桂的纤维及黄柏的晶纤维图。
3. 绘黄豆芽导管图，并标出其类型。

实训五　分泌组织与药材粉末的显微观察

一、目的要求

1. 掌握分泌组织中的油细胞、溶生性与离生性分泌腔及分泌道油管的形态特征。
2. 通过粉末药材的显微观察，进一步熟悉、巩固前面所学的细胞、组织构造特征。

二、材料与用品

生姜、橘皮、陈皮横切片，当归根横切片，小茴香果实横切片，生晒参粉末。
显微镜、解剖用具、载玻片、盖玻片、吸水纸、酒精灯、水合氯醛试液、稀甘油、蒸馏水。

三、内容与步骤

1. 观察油细胞　取新鲜生姜进行徒手切片，制成临时水装片，置显微镜下观察细胞腔内含黄绿色挥发油滴，一般较其他薄壁细胞稍大的类圆形油细胞。

2. 观察分泌腔

（1）肉眼观察橘皮外表可见圆形或凹陷的小点即为分泌腔，因腔内贮挥发油称为油室。再取陈皮横切片置显微镜下，在果皮中部，观察其大形腔穴，注意其腔穴周围分泌细胞为破碎、不完整的特征，即为溶生性分泌腔（油室）。

（2）取当归根横切片，镜检，在皮层和韧皮部中有由许多扁平而完整的分泌细胞围绕而形成的腔室，即离生性分泌腔（油室）。

3. 观察分泌道　取小茴香果实横切片，镜检，分果横切面略呈五边形，具 5 棱，在两棱间有 1 周围细胞完整的小圆腔，即为油管，横切面其形态似离生性分泌腔，其纵切面即为长管状。

4. 生晒参粉末药材的显微观察　取生晒参药材粉末，用水合氯醛试液透化，稀甘油装片，注意观察其木栓细胞、树脂道、草酸钙簇晶与导管类型。

四、作业与思考

1. 绘出陈皮横切面溶生性分泌腔图。
2. 绘生晒参粉末组织特征图，并标出其名称。

实训六　根的形态、根的变态及根的初生构造

一、目的要求

1. 掌握根的类型与变态根。
2. 了解根的初生构造。

二、材料与用品

人参、桔梗或蒲公英、小麦或葱根的浸制标本，龙胆、白薇植物标本或药材，天门冬、麦冬、何首乌或百部植物标本，菟丝子、桑寄生或槲寄生带寄主的标本，长春藤、络石或薜荔标本，吊兰或石斛标本。毛茛根的横切制片，直立百部块根的横切制片。

显微镜、解剖用具。

三、内容与步骤

（一）根的形态特征和类型

1. 直根系　观察人参或桔梗或蒲公英根系，分辨出主根、侧根和纤维根。注意人参的主根顶端带有根状茎（习称芦头），其上有凹窝状茎痕数个（习称芦碗），并生有不定根（习称芋）。

2. 须根系　观察小麦或葱、龙胆或白薇的根系，注意有无主根和侧根的区分，这种根系是如何形成的？

（二）根的变态

1. 块根　观察何首乌、麦冬、天门冬或百部等植物的根，可见何首乌的主根、侧根的一部分膨大成块状，麦冬、天门冬不定根的中部或先端膨大，形成纺锤状块根，百部的块根呈纺锤形，数个或数十个成束。

2. 寄生根　观察带有寄主的菟丝子、桑寄生或槲寄生标本，注意它们的根均伸入

寄主的茎内，其中菟丝子不含叶绿体，不能制造养料，故为全寄生植物。

3. 气生根　观察吊兰或石斛露在空气中的不定根。

4. 攀援根　观察常春藤、络石或薜荔，注意由茎上产生能攀附它物的不定根。

（三）根的初生构造

1. 双子叶植物根的初生构造　取毛茛根横切制片，在低倍镜下区分出表皮、皮层和维管柱三大部分，然后转换高倍镜由外向里仔细观察：

（1）表皮：为最外一层薄壁细胞，排列整齐紧密，没有细胞间隙，能否见到气孔和角质层？能否见到根毛？为什么？

（2）皮层：在表皮以内，被染成绿色的部分即皮层，占根的大部分，由多层排列疏松的薄壁细胞组成，明显地分为三部分：紧靠表皮下方 1～2 层较小的细胞，排列较紧密，称外皮层；占皮层的绝大部分，细胞近圆形，排列比较疏松，含有较多的淀粉粒的是皮层薄壁组织；位于皮层最内方的一层细胞是内皮层，排列比较紧密，可见染成红色的凯氏点及没有增厚的通道细胞。

（3）维管柱：为内皮层以内的所有组织，占据根的中央的一小部分，细胞较小而密集，由中柱鞘、初生木质部和初生韧皮部组成。

①中柱鞘：由紧贴内皮层的 1～2 层薄壁细胞组成，排列整齐而紧密。

②初生木质部：呈四束，即四原型。其导管被染成红色，每束导管口径大小不一，靠近维管柱鞘的导管先发育，口径小，称原生木质部，近根中心的导管分化较晚，口径大，称后生木质部，这是根的初生构造特征之一。

③初生韧皮部：位于两初生木质部之间，与初生木质部相间排列呈辐射状，构成辐射维管束，这也是根的初生构造的重要特征。

2. 单子叶植物根的初生构造　观察直立百部根的横切制片，由外向内可见：

（1）根被：由 3～4 列细胞组成，细胞壁具条纹状木栓化纹理。

（2）皮层：宽广，由薄壁细胞组成。内皮层明显，可见凯氏带。

（3）维管柱：位于中央，占根的小部分，包括维管柱鞘、初生木质部、初生韧皮部和髓。

（4）维管柱鞘：紧贴内皮层，由 1～2 列小形薄壁细胞组成。

（5）初生木质部与初生韧皮部：各 19～27 束，相间排列成辐射维管束。韧皮部束内侧有单个或 2～3 个成束的非木化纤维；木质部导管类多角形，偶有单个或 2～3 个并列的导管分布于髓部外缘，作二轮列状。

（6）髓：位于维管柱中心，散有单个或 2～3 个成束的细小纤维。

四、作业与思考

1. 绘毛茛根的初生构造简图，注明各部分。

2. 比较双子叶植物根和单子叶植物根的初生构造，指出其异同点。

3. 直根系、须根系和被子植物类群有何相关性。

实训七　根的次生构造及异型构造

一、目的要求

1. 掌握双子叶植物根的次生构造。
2. 了解根的异常构造。

二、材料与用品

防风、人参、何首乌块根、怀牛膝根、黄芩根与甘松根的横切制片。
显微镜、解剖用具。

三、内容与步骤

（一）双子叶植物根的次生构造

1. 取防风根横切制片　从外向里逐层观察。

（1）**周皮**：为最外方的数层细胞，由木栓层、木栓形成层和栓内层组成。

①木栓层：由 8~12 列排列整齐、紧密的扁长方形木栓细胞组成。

②木栓形成层：是由维管柱鞘细胞恢复分生能力而产生的，在切片中不易分辨。

③栓内层：狭窄，为 2~3 列呈切向延长的大型薄壁细胞，其中分布有不规则长圆形油管。

（2）**次生维管组织**：为形成层活动产生的组织。

①次生韧皮部：为周皮以内，被染成绿色的部分，甚宽，有多数裂隙。包括筛管、伴胞和韧皮薄壁细胞，其中散在有多数油管。在横切面上韧皮薄壁细胞与筛管形态相似，常不易区分。韧皮射线多弯曲，由 1~2 列径向排列的薄壁细胞组成，外侧常与韧皮部组织分离而出现人型裂隙。

②形成层：在次生韧皮部内方，由数列排列紧密、整齐的扁长方形薄壁细胞组成。形成层只有 1 列细胞，但由于它向内、向外分裂迅速，刚产生不久的衍生细胞尚未分化成熟，故在横切面上看到是多列细胞组成的"形成层区"。

③次生木质部：在形成层以内，包括导管、管胞和木薄壁细胞。横切面上，导管最容易辨认，是被染成红色的、口径大小不一的类圆形或多边形的死细胞，做放射状排列。木射线由 1~2 列薄壁细胞组成，在木质部中也呈放射状排列，并与韧皮射线相连接，组成维管射线。

在次生木质部的内方，根的中心部位，为初生木质部。

2. 观察人参根横切制片　其构造与防风根相似，其特点是次生韧皮部有树脂道。

（二）根的异常构造

1. 观察何首乌块根　在其呈淡黄棕色或淡红棕色的横断面上，可见皮部有 4~11

个类圆形的异型维管束环列，形成"云锦花纹"。然后在显微镜下观察何首乌块根的横切制片，从外向里区分出周皮、薄壁组织细胞、排成一圈大小不等的圆环状异型维管束和中央正常维管束。形成层成环状，异型维管束多为复合型，少数为单个维管束，均为外韧型。根的中央为大型正常维管束，亦为外韧型，中心部分为初生木质部。

2. 观察怀牛膝根　可见其横断面平坦，角质样，淡黄色，木部黄白色，其外有众多小点，排成 2～4 轮，即异型维管束。然后在显微镜下观察其横切制片，其最外为木栓层，由 4～8 列扁平的木栓化细胞组成，木栓层以内，为数层薄壁细胞。维管组织占根的大部分，分布有多数异型维管束，断续排成 2～4 轮，最外轮的异型维管束较小，异常形成层几乎连接成环，内轮的异型维管束较大，均为外韧型。根中央为正常维管束，二原型。

3. 观察黄芩老根横切制片或甘松根横切制片　在黄芩老根中央木质部中有木栓化细胞环。在甘松根的中央为木质部，常有木栓环把它们分割成 2～5 个束，每个束由数个同心环的木栓环包围一部分木质部和韧皮部组成。

四、作业与思考

1. 绘防风根横切面简图，注明各部分。
2. 根的次生构造和初生构造有何区别？
3. 何首乌、怀牛膝根的异型构造是如何形成的？

实训八　茎的形态、茎的变态及茎的初生构造

一、目的要求

1. 掌握茎的形态与地下变态茎。
2. 了解茎的初生构造与地上变态茎。

二、材料与用品

三年生木本植物（核桃、吴茱萸、杨树等）的枝条，苹果、银杏或松，天门冬，栝楼、丝瓜、葡萄的茎藤，山楂、皂荚、枸橘的茎枝，姜、玉竹或黄精、白茅的根状茎，马铃薯、半夏的块茎，带珠芽的落葵薯，荸荠或雄黄兰的球茎，洋葱、百合或贝母（川贝或浙贝）的鳞茎，带珠芽的卷丹标本。向日葵和马兜铃幼茎横切制片。

显微镜、解剖用具。

三、内容与步骤

（一）茎的形态

1. 取三年生核桃、吴茱萸、杨树等植物带侧枝的枝条，观察其形态特征，找出：

（1）**节和节间**：茎上着生叶的位置叫节，两节之间的部分叫节间。

（2）**顶芽与腋芽（侧芽）**：着生在枝条顶端的芽叫顶芽，着生在叶腋处的芽叫腋芽，亦叫侧芽。

（3）**叶痕和芽鳞痕**：叶痕是叶脱落后在茎上留下的疤痕。芽鳞痕是芽发育为新枝时，芽鳞脱落后留下的痕迹。常在茎的周围排列成环状。

（4）**皮孔**：为茎表面的裂缝状小孔，是茎与外界的通气结构，不同植物的皮孔形态不相同，可作为皮类药材鉴别依据之一。

2. 观察苹果、银杏或松的枝条，区别它们的长枝与短枝，枝上的叶有何变化？

（二）茎的变态

1. 叶状茎 观察天门冬，注意茎扁化变态成绿色的叶状体，叶退化成鳞片状。

2. 刺状茎 观察山楂、皂荚或枸橘的刺。由腋芽发育而成，不易剥落。

3. 茎卷须 丝瓜、栝楼的茎卷须在叶腋，葡萄的茎卷须是由顶芽形成的。

4. 根状茎 观察姜、玉竹或黄精、白茅或芦苇的根状茎，能否分辨出节和节间、鳞片状退化的叶及顶芽、侧芽或茎痕？

5. 块茎 取马铃薯块茎观察。其上有顶芽，叶退化，脱落后留有叶痕，其腋部是凹陷的芽眼，每个芽眼内，可有 1 至多个腋芽萌发，注意其缩短的节间。

6. 球茎 观察荸荠与雄黄兰的球茎，系由地下侧枝末端膨大而形成。

7. 鳞茎 观察洋葱头纵剖面，可见其圆盘状的地下茎，节间极度缩短的一鳞茎盘，注意在其上面可见顶芽、鳞片叶、腋芽。

观察贝母（川贝或浙贝）的鳞茎，注意其鳞叶较肥厚。

8. 小块茎和小鳞茎 观察落葵薯（小块茎）和卷丹（小鳞茎）的标本，均由地上茎的腋芽变态而成。

（三）茎的初生构造

1. 向日葵幼茎横切制片 先在低倍镜下区分出表皮、皮层和维管柱三部分；维管束环状排列为一圈，束间有髓射线，中央为宽大的髓。然后转换高倍镜逐层观察：

（1）**表皮**：为一层排列整齐、紧密的扁长方形的薄壁细胞组成，其外壁角质加厚，有时可见非腺毛。

（2）**皮层**：为多层薄壁细胞，具细胞间隙。与根的初生构造相比，所占比例很小。靠近表皮的几层细胞较小，是厚角组织，细胞在角隅处加厚，细胞内可见类圆形叶绿体，其内方为数层薄壁细胞，并有小型分泌腔。皮层最内方的一层细胞，细胞无凯氏带分化，贮存有丰富的淀粉粒，称淀粉鞘（在永久制片中淀粉粒不清楚）。

（3）**维管柱**：所占面积宽广，包括维管束、髓射线和髓。

①维管束：为数个大小不等的无限外韧维管束，排成一轮，每个维管束由初生韧皮部、束中形成层、初生木质部组成。

初生韧皮部：位于维管束外方，其外侧有初生韧皮纤维，横切面呈多角形，壁明显加厚，但尚未木化，故被染成绿色。在初生韧皮纤维内方是筛管、伴胞和韧皮薄壁细胞。

束中形成层：为 2~3 列扁平长方形细胞，排列紧密、壁薄。

初生木质部：包括原生木质部和后生木质部，导管横切面类圆形或多角形，靠近茎中心的是原生木质部，导管口径小，而接近束中形成层的为后生木质部，导管口径大。初生木质部的分化、成熟方向与根有何不同？

②髓射线：是两个维管束之间的薄壁细胞，它外连皮层，内接髓部。

③髓：位于茎的中央，细胞壁薄，排列疏松。

2. 马兜铃幼茎横切制片 由外向里观察。

（1）表皮：由一层扁平薄壁细胞组成，外壁稍厚，角质化。

（2）皮层：较窄，由数层薄壁细胞组成，细胞内常含叶绿体。皮层最内层细胞含有淀粉粒，称为"淀粉鞘"。

（3）维管柱：淀粉鞘以内为维管柱，包括维管柱鞘纤维、维管束、髓及髓射线。

在皮层与维管束之间有由 4~6 层纤维构成的完整的环带，称为维管柱鞘纤维，因其位于维管区外围，又称周维纤维（环管纤维）。

纤维环带的内方，为 5~7 个无限外韧维管束排成环状，其中 3 个特别发达。韧皮部在外方，由筛管、伴胞及韧皮薄壁细胞组成；束中形成层明显，为数层扁长方形细胞，排列紧密，细胞较小；木质部在内方，导管呈类圆形，内侧的口径小，外侧的口径大。维管束间的髓射线宽窄不一。髓部较小。

四、作业与思考

1. 绘核桃、吴茱萸、杨树或其他三年生木本植物的枝条，注明顶芽、侧芽、节、节间、叶、叶痕、芽鳞痕和皮孔。

2. 绘向日葵幼茎横切面详图，注明各部分。

3. 绘马兜铃幼茎横切面简图，注明各部分。

4. 比较块根与块茎、根与根状茎、块茎与小块茎、鳞茎与小鳞茎的区别点。

实训九 双子叶植物茎的次生构造及裸子植物茎的次生构造

一、目的要求

1. 掌握双子叶植物木质茎的次生构造。

2. 了解双子叶植物草质茎和裸子植物茎的构造。

二、材料与用品

椴树茎或枫香茎横切制片，薄荷或益母草茎横切制片，松茎木材横切、径向纵切、切向纵切制片，苏木粉末。

显微镜、解剖用具、载玻片、盖玻片、吸水纸、酒精灯、水合氯醛试液、稀甘油。

三、内容与步骤

(一) 双子叶植物本质茎的次生构造

3~4 年生椴树茎的横切制片　由外向里观察。

1. 周皮　由木栓层、木栓形成层和栓内层组成。木栓层为几列木栓化细胞，呈黄褐色，细胞小而扁平，相叠排列，紧密而整齐；木栓形成层为一列小而扁平的薄壁细胞；栓内层（绿皮层）为多列较大的薄壁细胞，排列较整齐。注意观察有无皮孔。

2. 皮层　较窄，由数层厚角组织（近周皮下方、细胞染色较深）和薄壁细胞组成，有些细胞含草酸钙簇晶。

3. 韧皮部　韧皮部束呈梯形，被漏斗状髓射线隔开，初生韧皮部不明显。次生韧皮部为韧皮部的主体部分，由筛管、伴胞、韧皮纤维和韧皮薄壁细胞组成。韧皮纤维束常被染成红色。筛管分子常较大，旁边有较小的细胞，即为伴胞。少数韧皮薄壁细胞含有簇晶，而靠近髓射线的韧皮薄壁细胞常含方晶。

4. 形成层　环状，由 4~5 层排列整齐的扁长细胞组成。

5. 木质部　木质部常染成红色，由导管、管胞、木纤维和木薄壁细胞组成。次生木质部占茎的绝大部分，其中有由内侧小而排列紧密的细胞（秋材）和外侧大而排列疏松的细胞（春材）所构成的明显界限，呈同心环状，为年轮。初生木质部位于次生木质部内侧，细胞较小，排列紧密。

6. 髓　位于茎的中央，由薄壁细胞组成，有的含草酸钙簇晶，有的含黏液和单宁。

7. 髓射线　由髓部薄壁细胞向外辐射状发出，外侧扩大成喇叭状。

8. 维管射线　在每个维管束中之内，位于木质部的称木射线，位于韧皮部的称韧皮射线。

(二) 双子叶植物草质茎的次生构造

薄荷茎横切制片　可见茎呈四方形，在显微镜下由外到内仔细观察。

1. 表皮　为一层长方形表皮细胞组成，外被角质层，具腺毛、非腺毛或腺鳞。

2. 皮层　较窄，为数层排列疏松的薄壁细胞组成。在四个棱角内方，各有 10 余层由厚角细胞组成的厚角组织，内皮层明显，在径向壁上可见凯氏点。

3. 维管柱

(1) 维管束：有四个大的维管束（正对棱角）和其间较小维管束环状排列。韧皮部在外方，狭窄，形成层成环，束间形成层明显。木质部在棱角处较发达，导管单列，数行，纵向排列。

(2) 髓：发达，由大型薄壁细胞组成。

(3) 髓射线：位于两维管束间的薄壁细胞，宽窄不一。

（三）裸子植物茎的次生构造

1. 裸子植物茎三切面的观察　取一段直径 10~20cm 裸子植物茎的三切面标本，如松、杉等，比较观察。

（1）横切面：注意树皮色泽和厚度，由哪些组织构成。"树皮"有几种概念？树皮以内是次生木质部。注意观察同心环状的年轮、边材、心材和射线等。

（2）径向纵切面：注意年轮的排列方向、边材、心材、射线的形态和形成层的位置等。

（3）切向纵切面：对照（1）和（2），观察上述部分，注意这些部分和横切面有何不同，和径向纵切面又有何区别。

2. 松木材三切面的观察　取松木茎三切面的永久制片，在三个不同的切面上，观察松次生木质部（木材）各种组织的分布和形态特征，从而建立茎的结构的立体观念，有利于药材粉末显微鉴定。

（1）横切面：管胞呈四、五边形，具缘纹孔在管胞的径向壁上呈剖面观。木射线呈放射状排列，只一列细胞宽，是长方形薄壁细胞。树脂道明显。年轮呈同心环轮。

（2）径向纵切面：管胞呈纵向排列，细胞长梭形，细胞壁上的具缘纹孔呈正面观。木射线细胞呈纵切状态，横向排列，其细胞壁上有单纹孔，可以见到射线的高度。树脂道多呈纵向分布。年轮呈垂直平行的带状。

（3）切向纵切面：管胞呈纵向排列，壁上具缘纹孔呈剖面观。木射线呈横切状态，梭形。可见到木射线的高度与宽度。

（四）苏木粉末的观察

取苏木粉末，用水合氯醛透化后在显微镜下观察。

1. 木射线　径向纵断面碎片较易见，细胞呈长方形，壁连珠状增厚，木化，具单纹孔，切向壁纹孔较密，孔沟明显；切向纵断面射线宽 1~2 列细胞，纹孔显著。

2. 木纤维及晶纤维（晶鞘纤维）　极多，成束，橙黄色或无色。纤维细长，壁厚或稍厚，斜纹孔稀疏，胞腔线形或较宽大。有的纤维束周围细胞中，含草酸钙方晶，形成晶纤维；含晶细胞类方形，壁不均匀增厚，木化。

3. 导管　具缘纹孔导管大小不一，具缘纹孔排列较密，互列，纹孔口椭圆形或短缝状，导管中常含棕色块状物。

4. 木薄壁细胞　呈长方形或狭长，一般较射线细胞长大，壁稍厚，纹孔明显。

5. 方晶　呈板状、长方形、类方形。

四、作业与思考

1. 绘椴树横切面简图，并注明各部分。
2. 绘薄荷茎横切面详图，并注明各部分
3. 绘苏木粉末图，并注明各部分。

4. 双子叶植物木质茎与草质茎的次生构造有何不同？

实训十　单子叶植物茎和根状茎的构造、双子叶植物茎和根状茎的异常构造

一、目的和要求

1. 掌握单子叶植物茎的构造特点。
2. 了解双子叶和单子叶植物根状茎的构造，双子叶植物茎和根状茎的异常构造。

二、材料与用品

玉蜀黍茎横切制片，石斛茎横切制片，黄连根状茎、知母根状茎、石菖蒲根状茎和大黄、茅苍术根状茎的横切制片，海风藤茎横切制片。

显微镜、解剖用具。

三、内容与步骤

（一）单子叶植物茎的构造特点

1. 玉蜀黍茎横切制片　由外向内观察。

（1）表皮：细胞 1 列，排列整齐，扁方形，外壁有较厚的角质层。

（2）基本组织：靠近表皮的数层细胞，较小，排列紧密，细胞壁增厚而木质化，形成厚壁组织，其内为薄壁组织，占茎的大部分，其边缘的细胞较小，愈向中心细胞愈大。

（3）维管束：分散在基本组织中，呈卵圆形或椭圆形。靠外方的维管束小，分布较密，愈向茎中心，维管束愈大，分布也较稀疏。换高倍镜仔细观察一个维管束的结构，可见每个维管束外围有一圈由纤维组成的维管束鞘，里面只有位于内侧的初生木质部和位于外侧的初生韧皮部，二者之间无形成层。初生韧皮部由筛管和伴胞组成，外侧有帽状的机械组织。初生木质部中的导管排成"V"字形，上半部为后生木质部，含有一对并列的大导管，下半部为原生木质部，有 1~2 个纵向排列的小导管、少量薄壁细胞和一个大空腔，大空腔是由于茎的伸长而将环纹或螺纹导管扯破形成。

2. 石斛茎的横切制片　由外向里观察。

（1）表皮：为一层细小扁平细胞组成，侧壁微木化，外壁有角质层。

（2）基本组织：由薄壁细胞组成，有的细胞含草酸钙针晶束。

（3）维管束：分散在基本组织中，为有限外韧型，略排成 7~8 圈。每个维管束外围有由纤维组成的维管束鞘，纤维束周围有细小薄壁细胞，有的含类圆形硅质块；韧皮部由筛管、伴胞和薄壁细胞组成；木质部导管 1~3 个，通常其中 1 个较大；内侧无纤维或有 1~2 列纤维。

（二）双子叶植物根状茎的构造

1. 黄连根状茎横切制片 由外向内观察。

（1）木栓层：为数列木栓细胞。有的外侧附有鳞叶组织。

（2）皮层：宽广，石细胞单个或成群散生。有的可见根迹维管束斜向通过。

（3）维管束：为无限外韧型，环列，束间形成层不甚明显。韧皮部外侧有初生韧皮纤维束，其间夹有石细胞。木质部细胞均木化，包括导管、木纤维和木薄壁细胞。

（4）髓：由类圆形薄壁细胞组成。

2. 茅苍术根状茎制片 由外向内观察。

（1）木栓层：有10~40层木栓细胞，其间夹有数层石细胞环带，每一环带由1~3层类长方形石细胞组成，孔沟多分枝，胞腔狭小。

（2）皮层：宽广，其间散在大型油室。有时可见自髓射线细胞发出的根迹维管束。

（3）维管束：多数无限外韧维管束，呈环状排列。韧皮部窄小，通常无纤维；形成层成环，束间形成层明显；木质部狭长，木纤维束与导管群相间排列。

（4）髓及射线：明显，其中散生油室。

本品薄壁细胞含草酸钙针晶和菊糖。

（三）单子叶植物根状茎的构造

1. 知母根状茎横切制片

（1）木栓层：由数层多角形和10~20层扁平的长方形木栓细胞组成，因来源于皮层薄壁细胞，故称栓化皮层。

（2）基本组织：为薄壁细胞组成。散有较大的黏液细胞，内含草酸钙针晶束的根迹维管束。

（3）维管束：多个，为有限外韧维管束，散生在基本组织中。

2. 石菖蒲根状茎横切制片 注意和知母根状茎的区别。

（1）表皮：为一层类方形表皮细胞，外壁增厚，角质化。

（2）皮层：较宽广，散有油细胞、纤维束、叶迹维管束。纤维束类圆形，周围细胞中含有草酸钙方晶，形成晶（鞘）纤维。叶迹维管束外韧型，周围有维管束鞘包绕。内皮层显著，具凯氏带。有的切片可见自内皮层以内发出的根迹维管束斜向通过皮层。

（3）维管束：内皮层以内的基本组织中，散有多数维管束，主为周木型，紧靠内皮层排列较密，有的为外韧型。维管束鞘纤维发达，周围细胞中含有草酸钙方晶。

（四）双子叶植物茎和根状茎的异常构造

1. 海风藤茎的横切制片 注意除正常维管束18~33个排列成环外，在髓部中还有异常维管束6~13个，亦排列成环。

2. 大黄根状茎横切制片 在低倍镜下可见木质部和宽广的髓部。髓部有多数星点状的异型维管束。换高倍镜观察异型维管束，其形成层呈环状，内方为韧皮部，外方为木质部，射线呈星状射出。

本品薄壁细胞含棕色物质、草酸钙簇晶和淀粉粒。

四、作业与思考

1. 绘石斛茎横切面详图，注明各部分名称。
2. 绘石菖蒲根状茎或知母根状茎简图，注明各部分。
3. 比较单子叶植物茎和双子叶植物茎的构造的区别。
4. 比较单子叶植物茎与单子叶植物根状茎的构造有何不同。

实训十一　叶的形态和内部构造

一、目的要求

1. 掌握叶脉的类型和双子叶植物叶片的构造。
2. 掌握单叶和复叶的区别要点及复叶的类型。
3. 掌握常见的叶序类型。
4. 熟悉确定叶形的方法。

二、材料与用品

女贞、玉兰、桃、向日葵、虎耳草、剑麻、麦冬、桑、蓖麻、芭蕉、菖蒲、棕榈、车前草、银杏、扁豆、葛、五加、决明、月季、川楝、合欢、南天竹、橘等植物的叶；桃、薄荷、夹竹桃、银杏的茎枝；薄荷和淡竹叶的横切制片。

显微镜、直尺。

三、内容与步骤

（一）确定叶片形状

观察女贞、玉兰、桃、向日葵、虎耳草、剑麻、麦冬与桑等植物的叶，确定叶片的形状。

（二）观察叶脉类型

观察桃、蓖麻、芭蕉、菖蒲、棕榈、车前草、银杏等植物的叶，判断脉序类型。

（三）识别单叶和复叶及复叶的类型

观察桃、扁豆、葛、五加、决明、月季、川楝、合欢、南天竹、橘等植物的叶，判断哪些为单叶、哪些为复叶、如是复叶属于哪种复叶类型。

（四）叶序

观察桃、薄荷、夹竹桃、银杏等植物的叶在茎枝上着生的顺序，各属何叶序？

（五）叶的内部构造

1. 双子叶植物叶片的构造　取薄荷叶的叶片横切片置显微镜下观察，可见下列各部分：

（1）**表皮**：在叶片上下两面各有一层排列整齐、紧密的细胞，即为表皮。表皮外面有角质层覆盖。上表皮细胞长方形，较大，下表皮细胞扁平，较小。上下表皮上均有气孔、腺鳞、腺毛和非腺毛。

（2）**叶肉**：上、下表皮之间的绿色部分为叶肉。叶肉明显地分成两个部分，紧接上表皮有一层长柱状细胞，整齐而紧密地垂直于表皮细胞而排列，是栅栏组织；位于栅栏组织和下表皮之间的细胞形状不规则，排列疏松，有发达的胞间隙，为海绵组织。试比较栅栏组织和海绵组织细胞中叶绿体数目及其排列状况。

（3）**叶脉**：主脉较大，上、下表皮内有数层厚角组织细胞，下表皮一面特别发达。厚角组织内为数层大型薄壁细胞。薄壁组织中央为维管束，维管束为外韧型。维管束中木质部位于近轴面（靠近上表皮），韧皮部位于远轴面。木质部中导管常2～5个成行排列，十分明显，在叶脉横切面上各导管排列成扇形。韧皮部细胞较小，排列较密。主脉韧皮部和木质部之间可以看到由扁平细胞组成的维管形成层，侧脉中无维管形成层，侧脉愈小，其结构愈简单。

本品表皮细胞、薄壁细胞中常含有橙皮甙结晶，呈针簇状。

2. 单子叶植物（禾本科）叶片的构造　取淡竹叶的叶片横切制片置显微镜下观察，可见下列构造：

（1）**表皮**：上表皮细胞类方形，大小不一，壁薄。大型表皮细胞（泡状细胞或运动细胞）呈扇形，下表皮细胞较小，排列整齐。上、下表皮均有角质层、气孔及单细胞非腺毛。

（2）**叶肉**：栅栏组织和海绵组织分化不明显。上表皮下方有一列短圆形薄壁细胞，内含叶绿体，并通过主脉，呈栅栏组织状。

（3）**主脉**：上部向下微凹，下部向外突出。维管束外韧型，无形成层，周围有1～2列纤维组成的维管束鞘包绕，木质部导管稀少，排成"V"形，其下方为韧皮部。在上、下表皮的内侧有厚壁纤维群。

四、作业与思考

1. 单叶与复叶能区别吗？叶片与小叶片的形状能判断准否？
2. 绘薄荷叶横切面简图，注明各部分。

实训十二　花的形态与花序

一、目的要求

1. 掌握花的组成和花冠的类型。
2. 了解花序的类型。
3. 了解花程式的描述方法。
4. 通过实验学会花的解剖，能用花程式记录花的结构。

二、材料与用品

油菜、木芙蓉、紫茉莉、蚕豆、迎春花、牵牛、桔梗、南瓜、茄、蓖麻、桃、石竹、天葵等植物的花；车前、蒲公英、柳、女贞、向日葵、绣线菊、五加、白芷、无花果或小叶榕、石竹、附地菜、益母草、鸢尾和大戟等植物的花序。

解剖镜（放大镜）、显微镜、解剖用具。

三、内容与步骤

（一）观察花的组成

取油菜花一朵，先进行整体观察，然后用解剖针和镊子从外向内仔细解剖，可见下列部分：

花梗：为花朵与茎相连的部分，呈圆柱形。

花托：为花梗顶端的膨大部分，其上着生花萼、花冠、雄蕊群和雌蕊群。

花被：包括花萼和花冠两部分。花萼由 4 枚萼片组成，离生，绿色或黄绿色，排成 2 轮。花冠由 4 枚黄色的花瓣组成，离生。

雄蕊群：由 6 枚雄蕊组成，离生，排成 2 轮，外轮 2 枚较短，内轮 4 枚较长，为四强雄蕊。每枚雄蕊由细长的花丝和囊状的花药组成。

雌蕊群：具有 1 个雌蕊，位于花的中央，由子房、花柱和柱头三部分组成。子房为膨大的囊状体，略呈扁圆柱形；花柱为子房上端的细小部分，较短；柱头为花柱顶端的膨大部分，略呈帽状。将子房作横切片置放大镜或解剖镜下观察，可见是由 2 心皮构成，由假隔膜分成 2 室，侧膜胎座。

（二）观察花的主要组成部分的形态和类型

1. 花萼类型　观察油菜、蒲公英、木芙蓉、紫茉莉等植物的花，判断花萼类型。

2. 花冠形状及类型　观察油菜、蚕豆、向日葵、迎春花、牵牛、南瓜、茄、益母草等的花，了解花冠形状，判断花冠类型。

3. 雄蕊群类型　观察油菜、蚕豆、向日葵、木芙蓉、益母草、蓖麻等的花，判断其雄蕊群的类型。

4. 雌蕊群类型　观察天葵、桃和油菜的花，判断雌蕊群类型。

5. 子房着生的位置　观察油菜、桃、桔梗、南瓜的花，判断子房在花托上的着生位置及花位。

同时，注意观察是完全花还是不完全花；是重被花或单被花，还是无被花；是两性花还是单性花；是辐射对称花还是两侧对称花。

（三）观察花序的类型

观察车前草、柳、女贞、绣线菊、五加、白芷、向日葵、无花果或小叶榕、石竹、附地菜、鸢尾、大戟和益母草等植物的花序，判断花序的类型。

四、作业与思考

1. 绘出油菜花的解剖图，注明各个组成部分。
2. 写出两种所观察植物的花程式。
3. 写出所观察植物的花冠形状、雄蕊群类型、雌蕊群类型、子房的着生位置。
4. 写出所观察植物的花序类型。

实训十三　果实的类型和构造

一、目的要求

1. 掌握果实的类型和形态特征。
2. 了解果实的一般内部构造。

二、材料与用品

番茄、橘、桃或杏、苹果或梨、黄瓜、宁夏枸杞、芸苔或白菜、蓖麻、牵牛、扁豆或豌豆、蚕豆、马兜铃、射干或百合、鸢尾、向日葵、玉米、板栗、槭树或白蜡树、杜仲、小茴香、金樱子或蔷薇、八角茴香、桑椹、凤梨等的果实。

解剖用具。

三、内容与步骤

（一）单果的观察

1. 肉质果的观察　取番茄、宁夏枸杞、橘、桃或杏、黄瓜、苹果或梨的果实横切，注意观察其外、中、内各层果皮，其间界限是否明显、质地、子房室数、胎座类型，并分辨真果与假果。

2. 干果的观察

（1）取芸苔或白菜、扁豆、豌豆或蚕豆、马兜铃、射干或鸢尾、百合、牵牛、向日葵、玉米、板栗、槭树、白蜡树或杜仲的果实，注意其成熟后是否开裂；是腹缝线开裂，还是背缝线开裂或背缝线与腹缝线同时开裂；是室间开裂、室背开裂或室轴开裂。

（2）取蓖麻和小茴香果实观察，注意成熟时是开裂还是分离为几个分果。

（二）聚合果的观察

1. 取金樱子或蔷薇果纵切后观察，可见凹陷的壶形花托内，聚生着多数骨质瘦果。

2. 取八角茴香观察，可见通常有 8 个蓇葖果轮状聚生在花托上，下面有弯曲的果柄。

（三）聚花果的观察

1. 取桑椹观察，可见其为雌花发育而成，每朵花的子房各发育成一个小瘦果，包藏在肥厚多汁的花被中。

2. 取凤梨观察，注意可食部分是什么部分发育而成。

四、作业与思考

1. 写出所观察植物果实的主要特征及类型。

2. 果实由哪几部分构成？什么叫真果与假果？

3. 聚合果是由何种类型的雌蕊发育而成？

实训十四　种子的类型和构造

一、目的要求

1. 掌握种子类型与种皮上的痕迹。

2. 了解种子的内部构造。

二、材料与用品

蓖麻、蚕豆、玉米等植物的种子。

放大镜、解剖用具、碘 - 碘化钾试液。

三、内容与步骤

（一）观察双子叶植物蓖麻种子的结构和种皮上的特征

取蓖麻种子观察，可见下列部分：

1. 种皮　外种皮坚硬，表面具黑褐色花纹，有光泽。在种子细小一端有一浅色的海绵状突起，即为种阜。在种子腹面种阜内侧的小突起，即种脐，在放大镜下更明显。种阜和种脐的下方有一条纵向的隆起为种脊。种孔被种阜覆盖，一般看不见。剥下坚硬的外种皮，可见内种皮紧附于外种皮内面，呈白色，薄膜质。仔细看内种皮的一端有一个小黑点，便是合点。

2. 胚乳　将剥去种皮的种子剖开，可见乳白色的胚乳占种子的绝大部分，并包围着胚。

3. 胚　胚由胚根、胚轴、胚芽和子叶 4 部分组成。胚根在种子的下端（种阜端），呈锥状，锥尖垂直向下；胚芽位于胚根上方，为细小的叶状体，白色；连接胚根和胚芽的部分为胚轴，胚根所指方向便是种孔（不易看到）；子叶 2 枚着生在胚轴上，白色，膜质，有较明显的脉纹，紧贴胚乳，在放大镜下观察，叶脉更清晰。

（二）观察双子叶植物蚕豆种子的结构和种皮上的特征

取浸泡的蚕豆种子观察，可见种子由种皮和胚两部分组成。

1. 种皮　外种皮和内种皮愈合，革质。在种皮表面，种脐呈眉状，种阜脱落，种脐一端的弓形背上，有一深色点，即合点。种脐至合点之间为一较明显的纵棱，即种脊。种脐另一端，邻近种脐处有一细小孔隙，即种孔。

2. 胚　剥去种皮，剩下的主体部分即胚。可见 2 枚肥大的子叶对合着生于胚轴上。胚轴下端为锥形的胚根。胚根尖对着种孔。胚轴上端为细小叶状的胚芽。

（三）观察单子叶植物玉米种子的结构

取浸泡的玉米粒观察，可见其腹内隐有一白色倒心形的部分，即胚。以胚中央为准，将颖果纵切为两半，在切面上加碘－碘化钾试液 1 滴，可见其最外层是由果皮和种皮愈合成的坚韧薄膜，里面呈蓝黑色的是胚乳，在胚乳稍下方的一侧是胚。胚由胚根、胚轴、胚芽和子叶 4 部分组成。在紧接胚乳处有一呈浅蓝色的斜条部分，即是子叶，又称盾片。在盾片上半部的内下方，用解剖针轻轻挑动，可见有细小的幼叶，即是胚芽，呈浅黄色，外面有薄片状的胚芽鞘包围。胚根位于胚芽下端，呈锥形，浅黄色，外面有胚根鞘包围。连接胚根和胚芽的部分，即为胚轴，其上着生子叶。

四、作业与思考

1. 绘蓖麻和蚕豆种子的外形和纵剖图，注明各部分。
2. 蓖麻和蚕豆的种子在结构上有何不同？各由何种类型的胚珠发育而成？

实训十五　藻类、菌类与地衣植物

一、目的要求

1. 掌握藻类、菌类和地衣类植物的主要特征和它们的区别点。

2. 熟悉低等植物的一般特征。

3. 识别常见药用藻类、菌类和地衣植物。

二、材料与用品

小球藻培养液，水绵、衣藻制片，绿藻门的药用植物标本；海带、裙带菜、鹅掌菜、羊栖菜、海蒿子及褐藻门其他药用植物标本，海带孢子囊制片；紫菜、石花菜及红藻门其他药用植物标本。冬虫夏草及其子座横切制片、麦角菌核及其子座纵切制片、伞菌子实体及菌褶纵切制片、黑木耳、银耳、茯苓、猪苓、雷丸、灵芝、脱皮马勃。壳状地衣、叶状地衣、枝状地衣。

显微镜、放大镜、解剖器材、吸水纸等。

三、内容与步骤

（一）藻类

1. 绿藻门植物主要特征观察

（1）水绵属植物体：手摸藻体有滑腻感。取少许丝状体置载玻片中央，加一滴水，用解剖针将丝状体分散，加上盖玻片，镜检，水绵为多个筒状细胞连成的丝状体，绿色或黄绿色，每个细胞内有 1 至数条带状叶绿体呈螺旋状环绕，叶绿体上有 1 列淀粉核，细胞中央有 1 个细胞核。

（2）蛋白核小球藻：取 1 滴小球藻培养液装片，置低倍镜下观察，植物体为单细胞，很小，卵圆形或圆球形。换高倍镜观察，壁内有 1 个近似杯状的载色体和 1 个淀粉核，细胞质内有 1 个细胞核（常不易看到）。

（3）衣藻属：取在含氮的绿色池塘中采集的水，滴一二滴于载玻片上，盖上盖玻片，镜检，衣藻为单细胞，很小，呈梨形、球形，细胞前端有 2 条鞭毛，鞭毛基部有 2 个伸缩泡（常不易见），伸缩泡附近有 1 个红色眼点，细胞壁内有 1 个杯状色素体，杯状色素体基部藏有 1 个蛋白核（造粉体），杯状色素体的杯腔细胞质中有 1 个细胞核（常不易见）。

2. 褐藻门植物主要特征观察

（1）海带植物体（孢子体）：分三部分：呈假根状的固着器、柄、带片。

孢子体的孢子囊群观察（示教）取带片制片（或徒手切片做水装片），镜检，可见"表皮"、"皮层"、"髓"三个部分，"表皮"上有许多呈棒状的单室孢子囊夹生在隔丝中。

（2）裙带菜与海带不同处：带片两侧呈羽状深裂，中部有隆起的中肋。

（3）鹅掌菜与海带相异处：带片为单条或羽状分裂，边缘有粗锯齿。

上述三种均为药材"昆布"的来源。

（4）羊栖菜：藻体黄褐色，固着器须根状，主轴周围有短分枝及叶状突起，叶状突起呈棒状，先端有时膨大，中空成气囊，生殖托圆柱形。

（5）海蒿子：藻体直立，多分枝，分枝有叶状突起呈线形、披针形，气囊与生殖托生在小枝叶腋间。

3. 红藻门植物主要特征观察

（1）紫菜：藻体呈薄膜状，遇水后手摸有黏滑感，紫红或淡紫红色。

（2）石花菜：藻体扁平直立，丛生，紫红或红棕色，羽状分枝 4~5 次，扁平。

（二）真菌门

1. 子囊菌亚门

（1）冬虫夏草：本品由虫体与从虫头部长出的真菌子座相连而成。下端即所谓"虫"的部分，是僵死的幼虫体（内部成为菌核）。夏天，通常从虫的头部长出所谓"草"的部分，是菌柄和子座。头部膨大呈棒状的部分称子座，基部柄状。

取子座横切面制片镜检，可见子座周围长有许多子囊壳（子实体），每个子囊壳中产生许多子囊，每子囊中通常有 2 枚针状的子囊孢子（不易分清）。

（2）麦角菌：观察寄生在禾本科植物小穗上的麦角，呈圆柱状，红紫色，微弯曲如角，这是麦角菌的菌核。

如菌核落入土中越冬，次年春天，从菌核上长出红头紫柄的子座。

子座纵切制片观察（示教）可见子座头部的表皮下，埋生有一层排列整齐的瓶状子囊壳，稍突出子座表面，注意观察子囊壳中有多数圆筒状的子囊，每个子囊中有 8 个线形的子囊孢子（孢子数目不易看清）。

2. 担子菌亚门

（1）伞菌类的子实体：观察蘑菇、香菇、草菇或其他伞菌的子实体。分清菌盖、菌柄。菌盖下面有多数放射状细条称菌褶。注意菌柄上有无菌环和菌托。

取伞菌菌褶制片镜检，中央为菌髓，由许多菌丝交织而成。菌髓两侧为子实层，由担子和隔丝排成栅状，担子呈棒状，顶端有 4 个小梗，每小梗顶端产生 1 个担孢子。

（2）灵芝：子实体木栓质，菌柄生于菌盖侧面，菌盖半圆形至肾形，上面红褐色，有光泽，具环状横纹，下面（管孔面）白色或淡褐色，有许多小孔，内藏担孢子。

（3）猪苓：菌核常为不规则块状，表面凹凸不平，棕黑至灰褐色，有光泽，断面白色。

（4）茯苓：菌核常为不规则块状，表面有瘤状皱褶，淡灰至黑褐色，断面白色。菌核药用。

（5）雷丸：菌核为类球形或不规则小块，质地坚硬，表面灰褐色或黑褐色。

（6）脱皮马勃：子实体近球形，幼时白色，熟时渐变褐色，外包被片状脱落，内包被纸质，为一团块状孢体，富弹性，产生无数褐色担孢子。

（7）猴头菌：子实体类似猴头，块状，中上部着生白色肉刺，刺锥形下垂，似毛发。

（8）黑木耳：子实体黑灰色，耳状，叶状。

（三）地衣

1. 三种类型地衣的外形观察　注意它们的形态特征，及其与基物的结合状况（有的标本不带基物则看不见其与基物结合状况）。

（1）壳状地衣：观察文字衣属植物。

（2）叶状地衣：观察地卷属或石耳属如石耳；肺衣属如肺衣；梅（花）衣属如皱梅衣、石梅衣、梅衣。

（3）枝状地衣：观察松萝属如长松萝；地茶属如雪地茶、雪茶。

2. 叶状地衣内部结构（示教）　取叶状地衣横切制片镜检，可见上、下皮层均为菌丝紧密交织而成，在上皮层之下，是共生的藻类形成的藻孢层，在藻孢层与下皮层之间是菌丝组成的疏松网状的髓层。

四、作业与思考

1. 列表说明所观察的藻类、菌类、地衣类药用植物所属分类地位（门、亚门），药用部分。

2. 低等植物有哪些共同特征？

3. 藻类、菌类植物有哪些异同特征？

4. 举例说明什么是菌核、菌丝体、子座、子实体。

5. 为什么说地衣是一类特殊的植物？

实训十六　苔藓植物和蕨类植物

一、目的要求

1. 掌握苔藓植物的主要特征和识别一些常见的药用苔藓植物。

2. 掌握蕨类植物的主要特征。

3. 掌握石松科、卷柏科、海金沙科、水龙骨科、槲蕨科的主要特征和代表种的特征。

4. 识别常见的药用蕨类植物。

二、材料与用品

地钱配子体（具孢芽杯、雌雄生殖托），生殖托纵切片，孢子体纵切片。葫芦藓配子体（具孢子体），颈卵器和精子器切片。蛇地钱、大金发藓、暖地大叶藓、泥炭藓等腊叶标本。

蕨类孢子囊群切片，蕨原叶体切片。石松、垂穗石松、卷柏、兖州卷柏、问荆、木贼、节节草、肾蕨、紫萁、单芽狗脊、凤尾草、海金沙、野鸡尾、乌蕨、贯众、绵马鳞毛蕨、有柄石韦、石韦、槲蕨等腊叶标本。

解剖镜、显微镜、镊子、解剖针、滴管、载玻片、盖玻片、培养皿、吸水纸等。

三、内容与步骤

（一）苔藓植物主要特征

1. 地钱的形态和内部结构

（1）地钱植物体（配子体）：呈扁平绿色二叉状分枝的叶状体，上面有呈杯状突起的胞芽杯，其内产生胞芽；表皮上有棱状或多角状小块（气室），小块中的白点即气孔，下面有鳞片和假根。

地钱雌雄异株，雄器托（精子器托）的托盘呈圆盘状，边缘浅裂；雌器托（颈卵器托）托盘有 8～10 条下垂的指状芒线。

（2）雌、雄生殖器托纵切片观察：在雌器托的芒线间倒悬着一列颈卵器，每颈卵器内有一个卵细胞。在雄器托上面有许多小孔腔，每个小孔腔内有一个精子囊，精子多数，呈螺旋形，具2条鞭毛。

（3）地钱孢子体纵切片观察：包括孢蒴、蒴柄、吸器三部分，吸器依附在配子体上，孢蒴内有许多具弹丝的孢子。

2. 葫芦藓的形态和内部结构

葫芦藓植物体（配子体）有茎叶分化。茎直立，下部具假根。雌雄同株（但不同枝），雄枝苞叶顶生，宽大，外翻，花蕾状，内生精子器。雌枝生于雄苞下的短侧枝上，苞叶稍狭，包紧成芽状，内生颈卵器。孢子体寄生在配子体顶端。孢子体分孢蒴、蒴柄、吸器三部分。孢蒴外罩有具长喙的蒴帽，用镊子拿去蒴帽，取孢蒴置载玻片上，盖好盖玻片，轻轻压破孢蒴，使孢子散出，弃去残片，做成水装片，置显微镜下观察，可看到许多孢子，但无弹丝。

3. 识别下列药用苔藓植物标本

地钱、蛇地钱、葫芦藓、大金发藓、暖地大叶藓、泥炭藓等。

（二）蕨类植物主要特征

1. 石松的形态和内部结构

（1）取石松孢子体观察：茎有直立茎和匍匐茎，直立茎为几回二叉分枝？叶线状钻形，如何排列？

（2）从直立茎上端摘下一孢子囊穗，观察其形状、大小、有无柄，然后用镊子从中摘下一孢子叶，于解剖镜下观察其全形及顶部情况，并注意观察孢子叶腹面孢子囊的形状。

2. 海金沙的形态和内部结构

（1）取孢子体观察，叶柄具缠绕性。不育羽片生于叶下部，观察其为何种形状，能育羽片生于叶上部，观察其为何种形状，孢子囊穗生于能育羽片的边缘，观察如何排列。

（2）摘取一能育羽片放在载玻片上，用镊子从背面刮取少许孢子囊做成水装片，在显微镜下观察孢子囊的形状。取出玻片，放平，用手指轻压盖玻片，使孢子散出，再置显微镜下观察孢子为何种形状，属几面型孢子。

3. 槲蕨的形态和内部结构

（1）取孢子体观察，根状茎粗壮肉质，密被大而狭长的鳞片。叶二型，注意不育叶的颜色、形状、如何分裂、有无柄。能育叶绿色，羽状深裂。孢子囊群圆形，观察如何着生，有无囊群盖。

（2）摘取能育叶裂片，放在载玻片上，用镊子从背面的孢子囊群中夹取少许孢子囊做成水装片，在显微镜下观察孢子囊的形状，注意孢子囊的环带类型。取出玻片，放平，用手指轻压盖玻片，使孢子散出，再置显微镜下观察孢子为何种形状，属几面型孢子。

4. 示教观察

蕨类配子体（原叶体）　形态观察：取蕨类配子体置显微镜下观察，上面接近缺口处有颈卵器，呈瓶状，精子器生在下部及两侧。

5. 识别下列药用蕨类植物标本

石松、垂穗石松、卷柏、兖州卷柏、问荆、木贼、节节草、肾蕨、紫萁、单芽狗脊、凤尾草、海金沙、野鸡尾、乌蕨、贯众、绵马鳞毛蕨、有柄石韦、石韦、槲蕨等。

四、作业与思考

1. 绘葫芦藓配子体的外形图。
2. 绘蕨类植物原叶体（配子体）外形图（注明颈卵器、精子器、假根）。
3. 蕨类植物比苔藓植物进化的依据是什么？
4. 简述蕨类植物的生活史。

实训十七　裸子植物

一、目的要求

1. 掌握裸子植物的主要特征。
2. 掌握苏铁科、松科、柏科、麻黄科的主要特征及代表种的特征。
3. 识别常见的药用裸子植物。

二、材料与用品

苏铁营养叶，雄球花（小孢子叶球）、雌蕊（大孢子叶）。马尾松带花的枝条及球果。湿地松带花的枝条及球果。侧柏带花枝条及球果。草麻黄带花枝条及球果。云南苏铁、银杏、马尾松、湿地松、油松、金钱松、杉木、侧柏、垂柏、竹柏、红豆杉、三尖杉、草麻黄、木贼麻黄、小叶买麻藤、买麻藤等的腊叶标本。

放大镜、解剖镜、显微镜、镊子、解剖针、滴管、载玻片、盖玻片、培养皿、吸水纸等。

三、内容与步骤

（一）苏铁科

1. 取苏铁一营养叶观察，叶大型，一回羽状深裂，观察裂片有多少对，边缘向背面显著反卷，叶柄基部两侧有刺；鳞叶小，密被粗糙毡毛。球花单性异株。

2. 取一雄球花（小孢子叶球）观察，注意雄球花的形状，其上密生多数鳞片状的雄蕊（小孢子叶），用镊子从中取下一雄蕊观察，可见每个雄蕊下面着生许多花药（小孢子囊），常 3~4 枚聚生。

3. 取一雌蕊（大孢子叶）观察，其上密被褐色绒毛，上部羽状分裂，下部柄状，柄的两侧着生数个胚珠（大孢子囊）。种子熟时褐红色，核果状。

（二）松科

1. 取马尾松的枝条观察，木本，叶 2 针一束，细软，长 12~20cm，两面有不明显的气孔线（带），横切面有 4~8 个树脂道，边生。雄球花生于新枝基部，雌球花 2 个，生于新枝顶端。

2. 取雄球花（小孢子叶球）置解剖镜或放大镜下观察，外形呈穗状，由多数螺旋状排列的雄蕊（小孢子叶）组成。用镊子取一个雄蕊于载玻片上，置解剖镜下观察，可见 2 个并列的长形花粉囊（小孢子囊），药隔扩大成鳞片状。用解剖针刺破花粉囊使花粉粒（小孢子）散出，将其余残片除去，做成水装片置显微镜下观察，注意花粉粒的形状，有无气囊。

3. 取雌球花（大孢子叶球）置解剖镜下观察外形，由多数螺旋状排列的珠鳞（心皮、大孢子叶）组成。用镊子取下一片完整的珠鳞，置解剖镜下观察，可见腹面基部着生 2 枚胚珠，背面基部托生一小片苞鳞，与珠鳞分离。

4. 取成熟的马尾松球果观察，珠鳞（种鳞）木质化，近长方形，其顶端加厚成菱形，称鳞盾，横脊微隆起，鳞盾中央为鳞脐，微凹陷，无刺尖，腹面基部具 2 枚种子，种子一侧是否具翅？苞鳞常不易见。

5. 湿地松的枝条观察，与马尾松不同点为：叶 3 针一束或 2、3 针一束并存，坚硬，长 17~30cm，两面有明显气孔线，树脂道 2~11 个，多内生。种鳞的鳞盾近矩形，有锐横脊，鳞脐瘤状突起，有刺状尖头。种子有黑色斑纹。

（三）柏科

1. 取侧柏的枝条观察，小枝扁平，排成一平面，鳞叶对生，叶背中脉有槽，花单性同株。

2. 取雄球花观察，卵圆形，黄色。用镊子摘取雄蕊置于载玻片上，于解剖镜下观察，可见腹面基部有花药2~6枚，用解剖针刺破花粉囊使花粉粒（小孢子）散出，将其余残片除去，做成水装片置显微镜下观察，注意花粉粒形态，有无气囊。

3. 取雌球花观察，近球形，蓝绿色，有4对交互对生的珠鳞，用镊子取位于中间的珠鳞1枚置解剖镜下观察，可见腹面基部有1~2枚胚珠。

4. 取成熟球果观察，卵圆形，开裂，种鳞4对，种鳞的背部近顶端有一反曲的尖头，用镊子挑开种鳞，取出种子观察有无翅。

（四）麻黄科

1. 取草麻黄枝条观察，小枝节间具细纵沟槽，叶退化成膜质鳞片状，下部合生，上部2裂。花单性异株。

2. 取雄球花序观察，每雄球花序有苞片2~5对，每1苞片中有雄花1朵，每雄蕊基部周围有2裂的膜质假花被，雄蕊8个，花丝大部分合生。

3. 取雌球花序观察，有苞片4~5对，最上1对苞片内各有1雌花，每雌花外有革质的假花被包围，胚珠具1层膜质珠被，珠被上端延长成珠孔管。种子成熟时，假花被发育成红色肉质的假种皮，珠被管发育成膜质的种皮。纵切观察假花被和种子。

（五）识别下列常见药用裸子植物标本

苏铁、云南苏铁、银杏、马尾松、湿地松、油松、金钱松、杉木、侧柏、垂柏、竹柏、红豆杉、三尖杉、草麻黄、木贼麻黄、小叶买麻藤、买麻藤等。

五、作业与思考

1. 绘马尾松大、小孢子叶形态图，并注明各部分名称。
2. 裸子植物的主要特征有哪些？
3. 苏铁科、松科、柏科、麻黄科主要特征是什么？

实训十八　被子植物

一、目的要求

1. 掌握各科与部分属的主要特征。
2. 熟悉植物的形态观察描述方法与科属检索表的查阅。
3. 识别各科的主要药用植物。

二、材料与用品

以下各种药用植物的新鲜植株或腊叶标本。蓼科：荭草、何首乌、水蓼、虎杖等；桑科：桑、大麻、葎草、无花果等；毛茛科：川乌、毛茛、白头翁、芍药或牡丹、威灵仙等；木兰科：玉兰、厚朴、五味子等；罂粟科：罂粟、丽春花、延胡索、白屈菜、博落回等；十字花科：菘蓝、荠菜、白芥、油菜等；蔷薇科：木瓜、龙牙草、山楂、地榆等；豆科：合欢、决明、苦参、膜荚黄芪、甘草等；芸香科：橘、黄檗、吴茱萸等；大戟科：巴豆、大戟、蓖麻、地锦等；锦葵科：棉花、苘麻、木槿、锦葵等；五加科：五加、人参、三七、刺楸等；伞形科：白芷、柴胡、防风、茴香、白花前胡、野胡萝卜等；木犀科：连翘、女贞、迎春花等；夹竹桃科：夹竹桃、长春花、罗布麻等；马鞭草科：海州常山、马鞭草、蔓荆等；唇形科：益母草、藿香、丹参、黄芩、薄荷、活血丹等；茄科：白花曼陀罗、枸杞、宁夏枸杞等；玄参科：玄参、地黄、洋地黄等；茜草科：茜草、栀子、白花蛇舌草等；桔梗科：桔梗、党参、杏叶沙参、小铜锤、半边莲等；菊科：菊花、红花、白术、木香、蒲公英等；天南星科：天南星、半夏、水菖蒲、石菖蒲等；百合科：百合、知母、玉竹、天冬、麦冬等；姜科：姜、姜黄、砂仁、莪术等；兰科：天麻、石斛、白及等。

三、内容与步骤

1. 根观察　直根系、须根系、贮藏根（圆柱根、圆锥根、圆球根、块根）等。

2. 茎观察　茎的形态特征、茎的类型（木质茎、草质茎、肉质茎）、茎的生长习性、地上茎变态、地下茎变态（根状茎、块茎、球茎、鳞茎）等。

3. 叶观察　叶的形态、叶的全形、叶脉、单叶与复叶、叶序、叶的变态（苞片、总苞片、小苞片）等。

4. 花观察　花的形态、花萼、花冠、雄蕊群、雌蕊群（类型、子房着生的位置、子房室数、胎座类型、胚珠类型）、花序的类型（无限花序、有限花序）等。

5. 果实种子观察　果实的外部形态和类型（单果、聚合果、聚花果）、种子的类型及特点等。

6. 注意观察和联系被子植物各科特征的关系。

四、作业与思考

1. 在认识实训各科药用植物的同时写出各科主要特征。

2. 使用分科检索表检索各种植物所属的科，并记录检索路线。

附录　被子植物门分科检索表

1. 子叶 2 个，极稀可为 1 个或较多；茎具中央髓部；在多年生的木本植物有年轮；叶片常具网状脉；花常为 5 出或 4 出数。（次 1 项见 333 页）……………………………………………… **双子叶植物纲** Dicotyledoneae
2. 花无真正的花冠（花被片逐渐变化，呈覆瓦状排列成 2 至数层的，也可在此检查）；有或无花萼，有时可类似花冠。（次 2 项见 309 页）
3. 花单性，雌雄同株或异株，其中雄花，或雌花和雄花均可成菜荑花序或类似菜荑状的花序。（次 3 项见 299 页）
4. 无花萼，或在雄花中存在。
5. 雌花以花梗着生于椭圆形膜质苞片的中脉上；心皮 1 ……………………… **漆树科** Anacardiaceae
（**九子不离母属** *Dobinea*）
5. 雌花情形非如上所述；心皮 2 或更多数。
6. 多为木质藤本；全缘单叶，具掌状脉；果为浆果 ………………………… **胡椒科** Piperaceae
6. 乔木或灌木；叶可呈各种型式，但常为羽状脉；果不为浆果。
7. 旱生性植物，有具节的分枝，和极退化的叶片，后者在每节上且连合成为具齿的鞘状物 ……………………………………………………………… **木麻黄科** Casuarinaceae
（**木麻黄属** *Casuarina*）
7. 植物体为其他情形者。
8. 果实为具多数种子的蒴果；种子有丝状毛茸 ……………………… **杨柳科** Salicaceae
8. 果实为仅具 1 种子的小坚果、核果或核果状的坚果。
9. 叶为羽状复叶；雄花有花被 …………………………………… **胡桃科** Juglandaceae
9. 叶为单叶（有时在杨梅科中可为羽状分裂）。
10. 果实为肉质核果；雄花无花被 ……………………… **杨梅科** Myricaceae
10. 果实为小坚果；雄花有花被 ……………………… **桦木科** Betulaceae
4. 有花萼，或在雄花中不存在。
11. 子房下位。（次 11 项见 299 页）
12. 叶对生，叶柄基部互相连合 ……………………………… **金粟兰科** Chloranthaceae
12. 叶互生。
13. 叶为羽状复叶 ………………………………………… **胡桃科** Juglandaceae
13. 叶为单叶。
14. 果为蒴果 ……………………………………………… **金缕梅科** Hamamelidaceae

14. 果为坚果。

　　15. 坚果封藏于一变大呈叶状的总苞中 ……………………………… **桦木科** Betulaceae

　　15. 坚果有一壳斗下托，或封藏在一多刺的果壳中 ……… **山毛榉科（壳斗科）**Fagaceae

11. 子房上位。

　16. 植物体中具白色乳汁。

　　17. 子房 1 室；桑椹果 ………………………………………………… **桑科** Moraceae

　　17. 子房 2～3 室；蒴果 ……………………………………………… **大戟科** Euphorbiaceae

　16. 植物体中无乳汁，或在大戟科的重阳木属 *Bischofia* 中具红色汁液。

　　18. 子房为单心皮所组成；雄蕊的花丝在花蕾中向内屈曲 …………… **荨麻科** Urticaceae

　　18. 子房为 2 枚以上的连合心皮所组成；雄蕊的花丝在花蕾中常直立（在大戟科的重阳木属 *Bischofia* 及巴豆属 *Croton* 中则向前屈曲）。

　　　19. 果实为 3 个（稀可 2～4 个）离果瓣所成的蒴果；雄蕊 10 至多数，有时少于 10

　　　　………………………………………………………………… **大戟科** Euphorbiaceae

　　　19. 果实为其他情形；雄蕊少数至数个（大戟科的黄桐树属 *Endospermum* 为 6～10），或和花萼裂片同数且对生。

　　　　20. 雌雄同株的乔木或灌木。

　　　　　21. 子房 2 室；蒴果 ……………………………………… **金缕梅科** Hamamelidaceae

　　　　　21. 子房 1 室；坚果或核果 ……………………………………… **榆科** Ulmaceae

　　　　20. 雌雄异株的植物。

　　　　　22. 草本或草质藤本；叶为掌状分裂或为掌状复叶 ………………… **桑科** Moraceae

　　　　　22. 乔木或灌木；叶全缘，或在重阳木属为 3 小叶所成的复叶

　　　　　　………………………………………………………………… **大戟科** Euphorbiaceae

3. 花两性或单性，但并不成为柔荑花序。

　23. 子房或子房室内有数个至多数胚珠。（次 23 项见 301 页）

　　24. 寄生性草本，无绿色叶片 …………………………………… **大花草科** Rafflesiaceae

　　24. 非寄生性植物，有正常绿叶，或叶退化而以绿色茎代行叶的功用。

　　　25. 子房下位或部分下位。（次 25 项见 300 页）

　　　　26. 雌雄同株或异株，如为两性花时，则成肉质穗状花序。（次 26 项见 300 页）

　　　　　27. 草本。

　　　　　　28. 植物体含多量液汁；单叶常不对称 …………… **秋海棠科** Begoniaceae

　　　　　　　　　　　　　　　　　　　　　　　　　　　（秋海棠属 *Begonia*）

　　　　　　28. 植物体不含多量液汁；羽状复叶 ………………… **四数木科** Datiscaceae

　　　　　　　　　　　　　　　　　　　　　　　　　　　（野麻属 *Datisca*）

　　　　　27. 木本。

　　　　　　29. 花两性，成肉质穗状花序；叶全缘 ……………… **金缕梅科** Hamamelidaceae

　　　　　　　　　　　　　　　　　　　　　　　　　　　（假马蹄荷属 *Chunia*）

　　　　　　29. 花单性，成穗状、总状或头状花序；叶缘有锯齿或具裂片。

　　　　　　　30. 花成穗状或总状花序；子房 1 室 ……………… **四数木科** Datiscaceae

　　　　　　　　　　　　　　　　　　　　　　　　　　　（四数木属 *Tetrameles*）

　　　　　　　30. 花呈头状花序；子房 2 室 ……………………… **金缕梅科** Hamamelidaceae

　　　　　　　　　　　　　　　　　　　　　　　　　　　（枫香树亚科 Liquidambaroideae）

26. 花两性，但不成肉质穗状花序。

   31. 子房 1 室。

     32. 无花被；雄蕊着生在子房上 ·························· **三白草科** Saururaceae

     32. 有花被；雄蕊着生在花被上。

       33. 茎肥厚，绿色，常具棘针；叶常退化；花被片和雄蕊都多数；浆果

             ·························· **仙人掌科** Cactaceae

       33. 茎不成上述形状；叶正常；花被片和雄蕊皆为五出或四出数，或雄蕊数为前

          者的 2 倍；蒴果 ·························· **虎耳草科** Saxifragaceae

   31. 子房 4 室或更多室。

     34. 乔木；雄蕊为不定数 ·························· **海桑科** Sonneratiaceae

     34. 草本或灌木。

       35. 雄蕊 4 ·························· **柳叶菜科** Onagraceae

                    （**丁香蓼属** *Liudwigia*）

       35. 雄蕊 6 或 12 ·························· **马兜铃科** Aristolochiaceae

25. 子房上位。

   36. 雌蕊或子房 2 个，或更多数。

     37. 草本。

       38. 复叶或多少有些分裂，稀可为单叶（仅驴蹄草属 *Caltha*）全缘或具齿裂；心

          皮多数至少数 ·························· **毛茛科** Ranunculaceaa

       38. 单叶，叶缘有锯齿；心皮和花萼裂片同数 ············· **虎耳草科** Saxifragaceae

                    （**扯根菜属** *Penthorum*）

     37. 木本。

       39. 花的各部为整齐的三出数 ·························· **木通科** Lardizabalaceae

       39. 花为其他情形。

         40. 雄蕊数个至多数，连合成单体 ·············· **梧桐科** Sterculiaceae

                    （**苹婆族** *Sterculieae*）

         40. 雄蕊多数，离生。

           41. 花两性；无花被 ·············· **昆栏树科** Trochodendraceae

                    （**昆栏树属** *Trochodendron*）

           41. 花雌雄异株，具 4 个小形萼片 ············· **连香树科** Cercidiphyllaceae

                    （**连香树属** *Cercidiphyllum*）

   36. 雌蕊或子房单独 1 个。

     42. 雄蕊周位，即着生于萼筒或杯状花托上。（次 42 项见 301 页）

       43. 有不育雄蕊，且和 8～12 能育雄蕊互生 ············· **大风子科** Flacourtiaceae

                    （**山羊角树属** *Casearia*）

       43. 无不育雄蕊。

         44. 多汁草本植物；花萼裂片呈覆瓦状排列，成花瓣状，宿存；蒴果盖裂

              ·························· **番杏科** Aizoaceae

                    （**海马齿属** *Sesuvium*）

         44. 植物体为其他情形；花萼裂片不成花瓣状。

           45. 叶为双数羽状复叶，互生；花萼裂片呈覆瓦状排列；果实为荚果；常绿

乔木 ……………………………………………………… **豆科** Leguminosae

（**云实亚科** Caesalpinoideae）

45. 叶为单叶对生或轮生；花萼裂片呈镊合状排列；非荚果。

46. 雄蕊为不定数；子房 10 室或更多室；果实浆果状

……………………………………………… **海桑科** Sonneratiaceae

46. 雄蕊 4 ~ 12（不超过花萼裂片的 2 倍）；子房 1 室至数室；果实蒴果状。

47. 花杂性或雌雄异株，微小，成穗状花序，再成总状或圆锥状排列…

……………………………………………… **隐翼科** Crypteroniaceae

（**隐翼属** *Crypteronia*）

47. 花两性，中型，单生至排列成圆锥花序 ……… **千屈菜科** Lythraceae

42. 雄蕊下位，即着生于扁平或凸起的花托上。

48. 木本；叶为单叶。

49. 乔木或灌木；雄蕊常多数，离生；胚珠生于侧膜胎座或隔膜上

……………………………………………… **大风子科** Flacourtiaceae

49. 木质藤本；雄蕊 4 或 5，基部连合成杯状或环状；胚珠基生（即位于子房室的基底） ……………………………… **苋科** Amaranthaceae

48. 草本或亚灌木。

50. 植物体沉没水中，常为一具背腹面呈原叶体状的构造，像苔藓

……………………………………………… **河苔草科** Podostemaceae

50. 植物体非如上述情形。

51. 子房 3 ~ 5 室。

52. 食虫植物；叶互生；雌雄异株 ……………… **猪笼草科** Nepenthaceae

（**猪笼草属** *Nepenthes*）

52. 非食虫植物；叶对生或轮生；花两性 ……………… **番杏科** Aizoaceae

（**粟米草属** *Mollugo*）

51. 子房 1 ~ 2 室。

53. 叶为复叶或多少有些分裂 …………………… **毛茛科** Ranunculaceae

53. 叶为单叶。

54. 侧膜胎座。

55. 花无花被 ……………………………… **三白草科** Saururaceae

55. 花具 4 离生萼片 ……………………… **十字花科** Cruciferae

54. 特立中央胎座。

56. 花序呈穗状、头状或圆锥状；萼片多少为干膜质

……………………………………………… **苋科** Amaranthaceae

56. 花序呈聚伞状；萼片草质 ……………… **石竹科** Caryophyllaceae

23. 子房或其子房室内仅有 1 至数个胚珠。

57. 叶片中常有透明微点。（次 57 项见 302 页）

58. 叶为羽状复叶 ……………………………………… **芸香科** Rutaceae

58. 叶为单叶，全缘或有锯齿。

59. 草本植物或有时在金粟兰科为木本植物；花无花被，常成简单或复合的穗状花序，但在胡椒科齐头绒属 *Zippelia* 则成疏松总状花序。（次 59 项见 302 页）

60. 子房下位，仅 1 室有 1 胚珠；叶对生，叶柄在基部连合 ⋯ **金粟兰科** Chloranthaceae

60. 子房上位；叶为对生时，叶柄不在基部连合。

   61. 雌蕊由 3 ~ 6 近于离生心皮组成，每心皮各有 2 ~ 4 胚珠 ⋯ **三白草科** Saururaceae

                                        （**三白草属** *Saururus*）

   61. 雌蕊由 1 ~ 4 合生心皮组成，仅 1 室，有 1 胚珠 ⋯⋯⋯⋯⋯⋯ **胡椒科** Piperaceae

                      （**齐头绒属** *Zippelia*，**豆瓣绿属** *Peperomia*）

59. 乔木或灌木；花具一层花被；花序有各种类型，但不为穗状。

  62. 花萼裂片常 3 片，呈镊合状排列；子房为 1 心皮所成，成熟时肉质，常以 2 瓣
      裂开；雌雄异株 ⋯⋯⋯⋯⋯⋯⋯⋯⋯⋯⋯⋯⋯⋯ **肉豆蔻科** Myristicaceae

  62. 花萼裂片 4 ~ 6 片，呈覆瓦状排列；子房为 2 ~ 4 合生心皮所组成。

    63. 花两性；果实仅 1 室，蒴果状，2 ~ 3 瓣裂开⋯⋯⋯⋯⋯ **大风子科** Flacourtiaceae

                          （**山羊角树属** *Casearia*）

    63. 花单性，雌雄异株；果实 2 ~ 4 室，肉质或革质，很晚才裂开

         ⋯⋯⋯⋯⋯⋯⋯⋯⋯⋯⋯⋯⋯⋯⋯⋯⋯⋯⋯⋯ **大戟科** Euphorbiaceae

                          （**白树属** *Gelonium*）

57. 叶片中无透明微点。

  64. 雄蕊连为单体，至少在雄花中有这现象，花丝互相连合成筒状或成一中柱。

  65. 肉质寄生草本植物，具退化呈鳞片状的叶片，无叶绿素⋯⋯ **蛇菰科** Balanophoraceae

  65. 植物体非为寄生性，有绿叶。

    66. 雌雄同株，雄花成球形头状花序，雌花以 2 个同生于 1 个有 2 室而具钩状
      芒刺的果壳中 ⋯⋯⋯⋯⋯⋯⋯⋯⋯⋯⋯⋯⋯⋯⋯⋯⋯⋯ **菊科** Compositae

                          （**苍耳属** *Xanthium*）

    66. 花两性，如为单性时，雄花及雌花也无上述情形。

     67. 草本植物；花两性。

      68. 叶互生 ⋯⋯⋯⋯⋯⋯⋯⋯⋯⋯⋯⋯⋯⋯⋯⋯ **藜科** Chenopodiaceae

      68. 叶对生。

        69. 花显著，有连合成花萼状的总苞 ⋯⋯⋯⋯⋯⋯⋯ **紫茉莉科** Nyctaginaceae

        69. 花微小，无上述情形的总苞 ⋯⋯⋯⋯⋯⋯⋯ **苋科** Amaranthaceae

     67. 乔木或灌木，稀可为草本；花单性或杂性；叶互生。

      70. 萼片呈覆瓦状排列，至少在雄花中如此⋯⋯⋯⋯⋯⋯ **大戟科** Euphorbiaceae

      70. 萼片呈镊合状排列。

        71. 雌雄异株；花萼常具 3 裂片；雌蕊为 1 心皮所成，成熟时肉质，且常以 2
           瓣裂开 ⋯⋯⋯⋯⋯⋯⋯⋯⋯⋯⋯⋯⋯⋯⋯⋯ **肉豆蔻科** Myristicaceae

        71. 花单性或雄花和两性花同株；花萼具 4 ~ 5 裂片或裂齿；雌蕊为 3 ~ 6
           近于离生的心皮所成，各心皮于成熟时为革质或木质，呈蓇葖果状
           而不裂开 ⋯⋯⋯⋯⋯⋯⋯⋯⋯⋯⋯⋯⋯⋯⋯⋯ **梧桐科** Sterculiaceae

                        （**苹婆族** *Sterculieae*）

  64. 雄蕊各自分离，有时仅为 1 个，或花丝成为分枝的簇丛（如大戟科的蓖麻属 *Ricinus*）。

  72. 每花有雌蕊 2 个至多数，近于或完全离生；或花的界限不明显时，则雌蕊多数，
    成 1 球形头状花序。（次 72 项见 303 页）

73. 花托下陷，呈杯状或坛状。

  74. 灌木；叶对生；花被片在坛状花托的外侧排列成数层 ………… **蜡梅科** Calycanthaceae

  74. 草本或灌木；叶互生；花被片在杯或坛状花托的边缘排列成一轮 ……… **蔷薇科** Rosaceae

73. 花托扁平或隆起，有时可延长。

  75. 乔木、灌木或木质藤本。

    76. 花有花被 ……………………………………………… **木兰科** Magnoliaceae

    76. 花无花被。

      77. 落叶灌木或小乔木；叶卵形，具羽状脉和锯齿缘；无托叶；花两性或杂性，在叶腋中丛生；翅果无毛，有柄 ……………………… **昆栏树科** Trochodendraceae

      （**领春木属** *Euptelea*）

      77. 落叶乔木；叶广阔，掌状分裂，叶缘有缺刻或大锯齿；有托叶围茎成鞘，易脱落；花单性，雌雄同株，分别聚成球形头状花序；小坚果，围以长柔毛而无柄

      ……………………………………… **悬铃木科** Platanaceae

      （**悬铃木属** *Platanus*）

  75. 草本或稀为亚灌木，有时为攀援性。

    78. 胚珠倒生或直生。

      79. 叶片多少有些分裂或为复叶；无托叶或极微小；有花被（花萼）；胚珠倒生；花单生或成各种类型的花序 ………… **毛茛科** Ranunculaceae

      79. 叶为全缘单叶；有托叶；无花被；胚珠直生；花成穗形总状花序

      …………………………………… **三白草科** Saururaceae

    78. 胚珠常弯生；叶为全缘单叶。

      80. 直立草本；叶互生，非肉质 ……………… **商陆科** Phytolaccaceae

      80. 平卧草本；叶对生或近轮生，肉质 ……………………… **番杏科** Aizoaceae

      （**针晶粟草属** *Gisekia*）

72. 每花仅有 1 个复合或单雌蕊，心皮有时于成熟后各自分离。

 81. 子房下位或半下位。（次 81 项见 304 页）

  82. 草本。（次 82 项见 304 页）

    83. 水生或小型沼泽植物。

      84. 花柱 2 个或更多；叶片（尤其沉没水中的）常成羽状细裂或为复叶

      …………………………………… **小二仙草科** Haloragidaceae

      84. 花柱 1 个；叶为线形全缘单叶 ……………………… **杉叶藻科** Hippuridaceae

    83. 陆生草本。

      85. 寄生性肉质草本，无绿叶。

        86. 花单性，雌花常无花被；无珠被及种皮 ………………… **蛇菰科** Balanophoraceae

        86. 花杂性，有一层花被，两性花有 1 雄蕊；有珠被及种皮 ……… **锁阳科** Cynomoriaceae

        （**锁阳属** *Cynomorium*）

      85. 非寄生性植物，或在百蕊草属 *Thesium* 为半寄生性，但均有绿叶。

        87. 叶对生，其形宽广而有锯齿缘 ……… **金粟兰科** Chloranthaceae

        87. 叶互生。

88. 平铺草本（限于我国植物），叶片宽，三角形，多少有些肉质 …………………………………………………… **番杏科** Aizoaceae

（番杏属 *Tetragonia*）

88. 直立草本，叶片窄而细长 ………………… **檀香科** Santalaceae

（百蕊草属 *Thesium*）

82. 灌木或乔木。

89. 子房 3 ~ 10 室。

90. 坚果 1 ~ 2 个，同生在一个木质且可裂为 4 瓣的壳斗里 … **山毛榉科（壳斗科）** Fagaceae

（水青冈属 *Fagus*）

90. 核果，并不生在壳斗里。

91. 雌雄异株，成顶生的圆锥花序，后者并不为叶状苞片所托 ……… **山茱萸科** Cornaceae

（鞘柄木属 *Torricellia*）

91. 花杂性，形成球形的头状花序，后者为 2 ~ 3 白色叶状苞片所托

………………………………………………………………………… **珙桐科** Nyssaceae

（珙桐属 *Davidia*）

89. 子房 1 或 2 室，或在铁青树科的青皮木属 *Schoepfia* 中，子房的基部可为 3 室。

92. 花柱 2 个。

93. 蒴果，2 瓣裂开 ………………………………… **金缕梅科** Hamamelidaceae

93. 果呈核果状，或为蒴果状的瘦果，不裂开 ………………… **鼠李科** Rhamnaceae

92. 花柱 1 个或无花柱。

94. 叶片下面多少有些具皮屑状或鳞片状的附属物 ………… **胡颓子科** Elaeagnaceae

94. 叶片下面无皮屑状或鳞片状的附属物。

95. 呈叶缘锯齿或圆锯齿，稀可在荨麻科的紫麻属 *Oreocnide* 中有全缘者。

96. 叶对生，具有羽状脉；雄花裸露，有雄蕊 1 ~ 3 个 ……… **金粟兰科** Chloranthaceae

96. 叶互生，大都叶基有三出脉；雄花有花被及雄蕊 4 个（稀可 3 或 5 个）

……………………………………………………………………… **荨麻科** Urticaceae

95. 叶全缘，互生或对生。

97. 植物体寄生在乔木的树干或枝条上；果呈浆果状 ……… **桑寄生科** Loranthaceae

97. 植物体大都陆生，或有时可为寄生性；果呈坚果状或核果状；胚珠 1 ~ 5 个。

98. 花多为单性；胚珠垂悬于基底胎座上 ………………… **檀香科** Santalaceae

98. 花两性或单性；胚珠垂悬于子房室的顶端或中央胎座的顶端。

99. 雄蕊 10 个，为花萼裂片的 2 倍数 ………………… **使君子科** Combretaceae

（诃子属 *Terminalia*）

99. 雄蕊 4 或 5 个，和花萼裂片同数且对生 ……………… **铁青树科** Olacaceae

81. 子房上位，如有花萼时，和它相分离，或在紫茉莉科及胡颓子科中，当果实成熟时，子房为宿存萼筒所包围。

100. 托叶鞘围抱茎的各节；草本，稀可为灌木 ………………………… **蓼科** Polygonaceae

100. 无托叶鞘，在悬铃木科有托叶鞘但易脱落。

101. 草本，或有时在藜科及紫茉莉科中为亚灌木。（次 101 项见 306 页）

102. 无花被。（次 102 项见 305 页）

103. 花两性或单性；子房 1 室，内仅有 1 个基生胚珠。（次 103 项见 305 页）

104. 叶基生，由 3 小叶而成；穗状花序在一个细长基生无叶的花梗上

………………………………………………………… 小檗科 Berberidaceae

（裸花草属 *Achlys*）

104. 叶茎生，单叶；穗状花序顶生或腋生，但常和叶相对生 ………… 胡椒科 PiPeraceae

（胡椒属 *Piper*）

103. 花单性；子房 3 或 2 室。

105. 水生或微小的沼泽植物，无乳汁；子房 2 室，每室内含 2 个胚珠

………………………………………………………… 水马齿科 Callitrichaceae

（水马齿属 *Callitriche*）

105. 陆生植物；有乳汁；子房 3 室，每室内仅含 1 个胚珠 ………… 大戟科 Euphorbiaceae

102. 有花被，当花为单性时，特别是雄花是如此。

106. 花萼呈花瓣状，且呈管状。

107. 花有总苞，有时这总苞类似花萼 ………………………… 紫茉莉科 Nyctaginaceae

107. 花无总苞。

108. 胚珠 1 个，在子房的近顶端处 ………………………… 瑞香科 Thymelaeaceae

108. 胚珠多数，生在特立中央胎座上 ………………………… 报春花科 Primulaceae

（海乳草属 *Glaux*）

106. 花萼非如上述情形。

109. 雄蕊周位，即位于花被上。

110. 叶互生，羽状复叶而有草质的托叶；花无膜质苞片；瘦果 ……… 蔷薇科 Rosaceae

（地榆族 *Sanguisorbieae*）

110. 叶对生，或在蓼科的冰岛蓼属 *Koenigia* 为互生，单叶无草质托叶；花有膜质苞片。

111. 花被片和雄蕊各为 5 或 4 个，对生；囊果；托叶膜质 …… 石竹科 Caryophyllaceae

111. 花被片和雄蕊各为 3 个，互生；坚果；无托叶 ……………… 蓼科 Polygonaceae

（冰岛蓼属 *Koenigia*）

109. 雄蕊下位，即位于子房下。

112. 花柱或其分枝为 2 或数个，内侧常为柱头面。

113. 子房常为数个至多数心皮连合而成 ………………… 商陆科 Phytolaccaceae

113. 子房常为 2 或 3（或 5）心皮连合而成。

114. 子房 3 室，稀可 2 或 4 室 ……………………… 大戟科 Euphorbiaceae

114. 子房 1 或 2 室。

115. 叶为掌状复叶或具掌状脉而有宿存托叶 ………………… 桑科 Moraceae

（大麻亚科 Cannaboideae）

115. 叶具羽状脉，或稀可为掌状脉而无托叶，也可在藜科中叶退化成鳞片或为肉质而形如圆筒。

116. 花有草质而带绿色或灰绿色的花被及苞片 ………… 藜科 Chenopodiaceae

116. 花有干膜质而常有色泽的花被及苞片 ……………… 苋科 Amaranthaceae

112. 花柱 1 个，常顶端有柱头，也可无花柱。

117. 花两性。（次 117 项见 306 页）

118. 雌蕊为单心皮；花萼由 2 膜质且宿存的萼片组成；雄蕊 2 个

··· 毛茛科 Ranunculaceae

（星叶草属 *Circaeaster*）

    118. 雌蕊由 2 合生心皮而成。

        119. 萼片 2 片；雄蕊多数 ················· 罂粟科 Papaveraceae

（博落回属 *Macleaya*）

        119. 萼片 4 片；雄蕊 2 或 4 ··············· 十字花科 Cruciferae

（独行菜属 *Lepidium*）

    117. 花单性。

        120. 沉没于淡水中的水生植物；叶细裂成丝状 ·········· 金鱼藻科 Ceratophyllaceae

（金鱼藻属 *Ceratophyllum*）

        120. 陆生植物；叶为其他情形。

            121. 叶含多量水分；托叶连接叶柄的基部；雄花的花被 2 片；雄蕊多数

··· 假牛繁缕科 Theligonaceae

（假牛繁缕属 *Theligonum*）

            121. 叶不含多量水分；如有托叶时，也不连接叶柄的基部；雄花的花被片和雄蕊

均各为 4 或 5 个，二者相对生 ······················· 荨麻科 Urticaceae

101. 木本植物或亚灌木。

  122. 耐寒旱性的灌木，或在藜科的琐琐属 *Haloxylon* 为乔木；叶微小，细长或呈鳞片状，也可有

    时（如藜科）为肉质而成圆筒形或半圆筒形。

    123. 雌雄异株或花杂性；花萼为三出数，萼片微呈花瓣状，和雄蕊同数且互生；花柱 1，极

      短，常有 6～9 放射状且有齿裂的柱头；核果；胚体劲直；常绿而基部偃卧的灌木；叶互

      生，无托叶 ·· 岩高兰科 Empetraceae

（岩高兰属 *Empetrum*）

    123. 花两性或单性，花萼为五出数，稀可三出或四出数，萼片或花萼裂片草质或革质，和雄蕊

      同数且对生，或在藜科中雄蕊由于退化而数较少，甚或 1 个；花柱或花柱分枝 2 或 3 个，

      内侧常为柱头面；胞果或坚果；胚体弯曲如环或弯曲成螺旋形。

      124. 花无膜质苞片；雄蕊下位；叶互生或对生；无托叶；枝条常具关节

··· 藜科 Chenopodiaceae

      124. 花有膜质苞片；雄蕊周位；叶对生，基部常互相连合；有膜质托叶；枝条不具关节······

··· 石竹科 Caryophyllaceae

  122. 不是上述的植物；叶片矩圆形或披针形，或宽广至圆形。

    125. 果实及子房均为 2 至数室，或在大风子科中为不完全的 2 至数室。（次 125 项见 306 页）

      126. 花常为两性。（次 126 项见 307 页）

        127. 萼片 4 或 5 片，稀可 3 片，呈覆瓦状排列。

          128. 雄蕊 4 个；4 室的蒴果 ················· 木兰科 Magnoliaceae

（水青树属 *Tetracentron*）

          128. 雄蕊多数；浆果状的核果 ········· 大风子科 Flacouriticeae

        127. 萼片多 5 片，呈镊合状排列。

          129. 雄蕊为不定数；具刺的蒴果 ········· 杜英科 Elaeocarpaceae

（猴欢喜属 *Sloanea*）

          129. 雄蕊和萼片同数；核果或坚果。

130. 雄蕊和萼片对生，各为 3 ~ 6 ……………………………………… **铁青树科** Olacaceae

130. 雄蕊和萼片互生，各为 4 或 5 ……………………………………… **鼠李科** Rhamnaceae

126. 花单性（雌雄同株或异株）或杂性。

　131. 果实各种；种子无胚乳或有少量胚乳。

　　132. 雄蕊常 8 个；果实坚果状或为有翅的蒴果；羽状复叶或单叶
　　……………………………………………………………………… **无患子科** Sapindaceae

　　132. 雄蕊 5 或 4 个，且和萼片互生；核果有 2 ~ 4 个小核；单叶…… **鼠李科** Rhamnaceae

　　　　　　　　　　　　　　　　　　　　　　　　　　　　　　　（鼠李属 *Rhamnus*）

　131. 果实多呈蒴果状，无翅；种子常有胚乳。

　　133. 果实为具 2 室的蒴果，有木质或革质的外种皮及角质的内果皮
　　……………………………………………………………………… **金缕梅科** Hamamelidaceae

　　133. 果实为蒴果时，也不像上述情形。

　　　134. 胚珠具腹脊；果实有各种类型，但多为室间裂开的蒴果 … **大戟科** Euphorbiaceae

　　　134. 胚珠具背脊；果实为室背裂开的蒴果，或有时呈核果状 ……… **黄杨科** Buxaceae

125. 果实及子房均为 1 或 2 室，稀可在无患子科的荔枝属 *Litchi* 及韶子属 *Nephelium* 中为 3 室，
　　或在卫矛科的十齿花属 *Dipentodon* 及铁青树科的铁青树属 *Olax* 中，子房的下部为 3 室，
　　而上部为 1 室。

　135. 花萼具显著的萼筒，且常呈花瓣状。

　　136. 叶无毛或下面有柔毛；萼筒整个脱落 ……………………………… **瑞香科** Thymelaeaceae

　　136. 叶下面具银白色或棕色的鳞片；萼筒或其下部永久宿存，当果实成熟时，变为肉质而
　　　　紧密包着子房 ………………………………………… **胡颓子科** Elaeagnaceae

　135. 花萼不像上述情形，或无花被。

　　137. 花药以 2 或 4 舌瓣裂开 ……………………………………………… **樟科** Lauraceae

　　137. 花药不以舌瓣裂开。

　　　138. 叶对生。

　　　　139. 果实为有双翅或呈圆形的翅果 ……………………………… **槭树科** Aceraceae

　　　　139. 果实为有单翅而呈细长形兼矩圆形的翅果 ………………… **木犀科** Oleaceae

　　　138. 叶互生。

　　　　140. 叶为羽状复叶。

　　　　　141. 叶为二回羽状复叶，或退化仅具叶状柄（特称为叶状叶柄 phyllodia）
　　　　　……………………………………………………………… **豆科** Leguminosae

　　　　　　　　　　　　　　　　　　　　　　　　　　　　　（金合欢属 *Acacia*）

　　　　　141. 叶为一回羽状复叶。

　　　　　　l42. 小叶边缘有锯齿；果实有翅 ………………… **马尾树科** Rhoipteleaceae

　　　　　　　　　　　　　　　　　　　　　　　　　（马尾树属 *Rhoiptelea*）

　　　　　　142. 小叶全缘；果实无翅。

　　　　　　　143. 花两性或杂性 …………………………… **无患子科** Sapindaceae

　　　　　　　143. 雌雄异株 ……………………………………… **漆树科** Anacardiaceae

　　　　　　　　　　　　　　　　　　　　　　　　　（黄连木属 *Pistacia*）

　　　　140. 叶为单叶。

　　　　　144. 花均无花被。（次 144 项见 308 页）

145. 多为木质藤本；叶全缘；花两性或杂性，成紧密的穗状花序
·· **胡椒科 Piperaceae**

（**胡椒属** *Piper*）

145. 乔木；叶缘有锯齿或缺刻；花单性。

　146. 叶宽广，具掌状脉或掌状分裂，叶缘具缺刻或大锯齿；有托叶，围茎成鞘，但易脱落；雌雄同株，雌花和雄花分别成球形的头状花序；雌蕊为单心皮而成；小坚果为倒圆锥形而有棱角，无翅也无梗，但围以长柔毛
·· **悬铃木科 Platanaceae**

（**悬铃木属** *Platanus*）

　146. 叶椭圆形至卵形，具羽状脉及锯齿缘；无托叶；雌雄异株，雄花聚成疏松有苞片的簇丛，雌花单生于苞片的腋内；雌蕊为 2 心皮组成；小坚果扁平，具翅且有柄，但无毛 ································ **杜仲科 Eucommiaceae**

（**杜仲属** *Eucommia*）

144. 常有花萼，尤其在雄花。

147. 植物体内有乳汁 ·· **桑科 Moraceae**

147. 植物体内无乳汁。

　148. 花柱或其分枝 2 或数个，但在大戟科的核果木属 *Drypetes* 中则柱头几无柄，呈盾状或肾脏形。

　　149. 雌雄异株或有时为同株；叶全缘或具波状齿。

　　　150. 矮小灌木或亚灌木；果实干燥，包藏于具有长柔毛而互相连合成双角状的 2 苞片中；胚体弯曲如环 ······················ **藜科 Chenopodiaceae**

（**优若藜属** *Eurotia*）

　　　150. 乔木或灌木；果实呈核果状，常为 l 室含 1 种子，不包藏于苞片内；胚体劲直 ·············· **大戟科 Euphorbiaceae**

　　149. 花两性或单性；叶缘多有锯齿或具齿裂，稀可全缘。

　　　151. 雄蕊多数 ································ **大风子科 Flacourtiaceae**

　　　151. 雄蕊 10 个或较少。

　　　　152. 子房 2 室，每室有 1 个至数个胚珠；果实为木质蒴果
·· **金缕梅科 Hamamelidaceae**

　　　　152. 子房 1 室，仅含 l 胚珠；果实不是木质蒴果 ········ **榆科 Ulmaceae**

　148. 花柱 1 个，也可有时（如荨麻属）不存，而柱头呈画笔状。

　　153. 叶缘有锯齿；子房为 1 心皮而成。

　　　154. 花两性 ································ **山龙眼科 Proteaceae**

　　　154. 雌雄异株或同株。

　　　　155. 花生于当年新枝上；雄蕊多数 ·················· **蔷薇科 Rosaceae**

（**假稠李属** *Maddenia*）

　　　　155. 花生于老枝上；雄蕊和萼片同数 ·················· **荨麻科 Urticaceae**

　　153. 叶全缘或边缘有锯齿；子房为 2 个以上连合心皮所成。

　　　156. 果实呈核果状或坚果状，内有 1 种子；无托叶。（次 156 项见 309 页）

　　　　157. 子房具 2 或 2 个胚珠；果实于成熟后由萼筒包围
·· **铁青树科 Olacaceae**

157. 子房仅具 1 个胚珠；果实和花萼相分离，或仅果实基部由花萼衬托之 ·················· **山柚仔科** Opiliaceae

156. 果实呈蒴果状或浆果状，内含 1 个至数个种子。

158. 花下位，雌雄异株，稀可杂性；雄蕊多数；果实呈浆果状；无托叶

·································· **大风子科** Flacourtiaceae

（**柞木属** *Xylosma*）

158. 花周位，两性；雄蕊 5~12 个；果实呈蒴果状；有托叶，但易脱落。

159. 花为腋生的簇丛或头状花序；萼片 4~6 片

·································· **大风子科** Flacourtiaceae

（**山羊角树属** *Casearia*）

159. 花为腋生的伞形花序；萼片 10~14 片 ····· **卫矛科** Celastraceae

（**十齿花属** *Dipentodon*）

2. 花具花萼也具花冠，或有两层以上的花被片，有时花冠可为蜜腺叶所代替。

160. 花冠常为离生的花瓣所组成。（次 160 项见 326 页）

161. 成熟雄蕊（或单体雄蕊的花药）多在 10 个以上，通常多数，或其数超过花瓣的 2 倍。（次 161 项见 314 页）

162. 花萼和 1 个或更多的雌蕊多少有些互相愈合，即子房下位或半下位。（次 162 项见 310 页）

163. 水生草本植物；子房多室 ································· **睡莲科** Nymphaeaceae

163. 陆生植物；子房 1 至数室，也可心皮为 1 至数个，或在海桑科中为多室。

164. 植物体具肥厚的肉质茎，多有刺，常无真正叶片 ············· **仙人掌科** Cactaceae

164. 植物体为普通形态，不呈仙人掌状，有真正的叶片。

165. 草本植物或稀可为亚灌木。

166. 花单性。

167. 雌雄同株；花鲜艳，多成腋生聚伞花序；子房 2~4 室 ··· **秋海棠科** Begoniaceae

（**秋海棠属** *Begonia*）

167. 雌雄异株；花小而不显著，呈腋生穗状或总状花序 ····· **四数木科** Datiscaceae

166. 花常两性。

168. 叶基生或茎生，呈心形，或在阿柏麻属 *Apama* 为长形，不为肉质；花为三出数 ·································· **马兜铃科** Aristolochiaceae

（**细辛族** *Asareae*）

168. 叶茎生，不呈心形，多少有些肉质，或为圆柱形；花不是三出数。

169. 花萼裂片常为 5，叶状；蒴果 5 室或更多室，在顶端呈放射状裂开

·································· **番杏科** Aizoaceae

169. 花萼裂片 2；蒴果 1 室，盖裂 ················· **马齿苋科** Portulacaceae

（**马齿苋属** *Portulaca*）

165. 乔木或灌木（但在虎耳草科的银梅草属 *Deinanthe* 及草绣球属 *Cardiandra* 为亚灌木，黄山梅属 *Kirengeshoma* 为多年生高大草本），有时以气生小根而攀援。

170. 叶通常对生（虎耳草科的草绣球属 *Cardiandra* 为例外），或在石榴科的石榴属 *Punica* 中有时可互生。（次 170 项见 310 页）

171. 叶缘常有锯齿或全缘；花序（除山梅花属 *Philadelpheae* 外）常有不孕的边缘花

·································· **虎耳草科** Saxifragaceae

171. 叶全缘；花序无不孕花。

  172. 叶为脱落性；花萼呈朱红色 ·························· 石榴科 Punicaceae

           （石榴属 *Punica*）

  172. 叶为常绿性；花萼不呈朱红色。

    173. 叶片中有腺体微点；胚珠常多数 ·················· 桃金娘科 Myrtaceae

    173. 叶片中无微点。

      174. 胚珠在每子房室中为多数 ················· 海桑科 Sonneratiaceae

      174. 胚珠在每子房室中仅 2 个，稀可较多 ·········· 红树科 Rhizophoraceae

170. 叶互生。

  175. 花瓣细长形兼长方形，最后向外翻转 ·············· 八角枫科 Alangiaceae

           （八角枫属 *Alangium*）

  175. 花瓣不成细长形，且纵为细长形时，也不向外翻转。

    176. 叶无托叶。

      177. 叶全缘；果实肉质或木质 ·················· 玉蕊科 Lecythidaceae

           （玉蕊属 *Barringtonia*）

      177. 叶缘多少有些锯齿或齿裂；果实呈核果状，其形歪斜

        ·· 山矾科 Symplocaceae

           （山矾属 *Symplocos*）

    176. 叶有托叶。

      178. 花瓣呈旋转状排列；花药隔向上延伸；花萼裂片中 2 个或更多个在果实上

          变大而呈翅状 ························· 龙脑香科 Dipterocarpaceae

      178. 花瓣呈覆瓦状或旋转状排列（如蔷薇科的火棘属 *Pyracantha*）；花药隔并

          不向上延伸；花萼裂片也无上述变大情形。

        179. 子房 1 室，内具 2~6 侧膜胎座，各有 1 个至多数胚珠；果实为革质蒴

          果，自顶端以 2~6 片裂开 ····················· 大风子科 Flacourtiaceae

             （天料木属 *Homalium*）

        179. 子房 2~5 室，内具中轴胎座，或其心皮在腹面互相分离而具边缘胎座。

          180. 花成伞房、圆锥、伞形或总状等花序，稀可单生；子房 2~5 室，或

             心皮 2~5 个，下位，每室或每心皮有胚珠 1~2 个，稀可有时为 3~

             10 个或为多数；果实为肉质或木质假果；种子无翅

             ·································· 蔷薇科 Rosaceae

               （梨亚科 Pomoideae）

          180. 花成头状或肉穗花序；子房 2 室，半下位，每室有胚珠 2~6 个；果

             为木质蒴果；种子有或无 ·············· 金缕梅科 Hamamelidaceae

             （马蹄荷亚科 Bucklandioideae）

162. 花萼和 1 个或更多的雌蕊互相分离，即子房上位。

 181. 花为周位花。（次 181 项见 311 页）

  182. 萼片和花瓣相似，覆瓦状排列成数层，着生于坛状花托的外侧 ······ 蜡梅科 Calycanthaceae

           （洋蜡梅属 *Calycanthus*）

  182. 萼片和花瓣有分化，在萼筒或花托的边缘排列成 2 层。

    183. 叶对生或轮生，有时上部者可互生，但均为全缘单叶；花瓣常于蕾中呈皱折状。（次

      183 项见 311 页）

184. 花瓣无爪，形小，或细长；浆果　……………………………… 海桑科 Sonneratiaceae

184. 花瓣有细爪，边缘具腐蚀状的波纹或具流苏；蒴果　………… 千屈菜科 Lythraceae

183. 叶互生，单叶或复叶；花瓣不呈皱折状。

185. 花瓣宿存；雄蕊的下部连成一管　……………………………… 亚麻科 Linaceae

（黏木属 *Ixonanthes*）

185. 花瓣脱落性；雄蕊互相分离。

186. 草本植物，具二出数的花朵；萼片 2 片，早落性；花瓣 4 个　… 罂粟科 Papaveraceae

（花菱草属 *Eschscholzia*）

186. 木本或草本植物，具五出或四出数的花朵。

187. 花瓣镊合状排列；果实为荚果；叶多为二回羽状复叶，有时叶片退化，而叶柄发育为叶状柄；心皮 1 个　……………………………… 豆科 Leguminosae

（含羞草亚科 *Mimosoideae*）

187. 花瓣覆瓦状排列；果实为核果、蓇葖果或瘦果；叶为单叶或复叶；心皮 1 个至多数　………………………………………………… 蔷薇科 Rosaceae

181. 花为下位花，或至少在果实时花托扁平或隆起。

188. 雌蕊少数至多数，互相分离或微有连合。（次 188 项见 312 页）

189. 水生植物。

190. 叶片呈盾状，全缘　……………………………………………… 睡莲科 Nymphaeaceae

190. 叶片不呈盾状，多少有些分裂或为复叶　……………………… 毛茛科 Ranunculaceae

189. 陆生植物。

191. 茎为攀援性。

192. 草质藤本。

193. 花显著，为两性花　………………………………………… 毛茛科 Ranunculaceae

193. 花小型，为单性，雌雄异株　……………………………… 防己科 Menispermaceae

192. 木质藤本或为蔓生灌木。

194. 叶对生，复叶由 3 小叶所成，或顶端小叶形成卷须　……… 毛茛科 Ranunculaceae

（锡兰莲属 *Naravelia*）

194. 叶互生，单叶。

195. 花单性。

196. 心皮多数，结果时聚生成一球状的肉质体或散布于极延长的花托上
　…………………………………………………………… 木兰科 Magnoliaceae

（五味子亚科 *Schisandroideae*）

196. 心皮 3～6，果为核果或核果状　………………………… 防己科 Menispermaceae

195. 花两性或杂性；心皮数个，果为蓇葖果。　………………… 五桠果科 Dilleniaceae

（锡叶藤属 *Tetracera*）

191. 茎直立，不为攀援性。

197. 雄蕊的花丝连成单体　………………………………………… 锦葵科 Malvaceae

197. 雄蕊的花丝互相分离。

198. 草本植物，稀可为亚灌木；叶片多少有些分裂或为复叶。（次 198 项见 312 页）

199. 叶无托叶；种子有胚乳　………………………………… 毛茛科 Ranunculaceae

199. 叶多有托叶；种子无胚乳　……………………………… 蔷薇科 Rosaceae

198. 木本植物；叶片全缘或边缘有锯齿，也稀有分裂者。

  200. 萼片及花瓣均为镊合状排列；胚乳具嚼痕 ················ **番荔枝科 Annonaceae**

  200. 萼片及花瓣均为覆瓦状排列；胚乳无嚼痕。

    201. 萼片及花瓣相同，三出数，排列成 3 层或多层，均可脱落

    ·· **木兰科 Magnoliaceae**

    201. 萼片及花瓣甚有分化，多为五出数，排列成 2 层，萼片宿存。

      202. 心皮 3 个至多数；花柱互相分离；胚珠为不定数 ··· **五桠果科 Dilleniaceae**

      202. 心皮 3 ~ 10 个；花柱完全合生；胚珠单生 ·········· **金莲木科 Ochnaceae**

      （**金莲木属 *Ochna***）

188. 雌蕊 1 个，但花柱或柱头为 1 至多数。

 203. 叶片中具透明微点。

  204. 叶互生，羽状复叶或退化为仅有 1 顶生小叶 ·················· **芸香科 Rutaceae**

  204. 叶对生，单叶 ·· **藤黄科 Guttiferae**

 203. 叶片中无透明微点。

  205. 子房单纯，具 1 子房室。

   206. 乔木或灌木；花瓣呈镊合状排列；果实为荚果 ··············· **豆科 Leguminosae**

    （**含羞草亚科 Mimosoideae**）

   206. 草本植物；花瓣呈覆瓦状排列；果实不是荚果。

    207. 花为五出数；蓇葖果 ··································· **毛茛科 Ranunculaceae**

    207. 花为三出数；浆果 ······································ **小檗科 Berberidaceae**

  205. 子房为复合性。

   208. 子房 1 室，或在马齿苋科的土人参属 *Talinum* 中子房基部为 3 室。（次 208 项见 312 页）

    209. 特立中央胎座。

     210. 草本；叶互生或对生；子房的基部 3 室，有多数胚珠

     ·· **马齿苋科 Portulacaceae**

     （**土人参属 *Talinum***）

     210. 灌木；叶对生；子房 1 室，内有成为 3 对的 6 个胚 ·········· **红树科 Rhizophoraceae**

     （**秋茄树属 *Kandelia***）

    209. 侧膜胎座。

     211. 灌木或小乔木（在半日花科中常为亚灌木或草本植物），子房柄不存在或极短；果实为蒴果或浆果。

      212. 叶对生；萼片不相等，外面 2 片较小，或有时退化，内面 3 片呈旋转状排列

      ·· **半日花科 Cistaceae**

      （**半日花属 *Helianthemum***）

      212. 叶常互生，萼片相等，呈覆瓦状或镊合状排列。

       213. 植物体内含有色泽的汁液；叶具掌状脉，全缘；萼片 5 片，互相分离，基部有腺体；种皮肉质，红色 ······ **红木科 Bixaceae**

       （**红木属 *Bixa***）

       213. 植物体内不含有色泽的汁液；叶具羽状脉或掌状脉；叶缘有锯齿或全缘；萼片 3 ~ 8 片，离生或合生；种皮坚硬，干燥 ············· **大风子科 Flacourtiaceae**

     211. 草本植物，如为木本植物时，则具有显著的子房柄；果实为浆果或核果。

214. 植物体内含乳汁；萼片 2 ~ 3 ·················· **罂粟科** Papaveraceae

214. 植物体内不含乳汁；萼片 4 ~ 8。

  215. 叶为单叶或掌状复叶；花瓣完整；长角果 ············· **白花菜科** Capparidaceae

  215. 叶为单叶，或为羽状复叶或分裂；花瓣具缺刻或细裂；蒴果仅于顶端裂开

    ·················· **木犀草科** Resedaceae

208. 子房 2 室至多室，或为不完全的 2 至多室。

  216. 草本植物，具多少有些呈花瓣状的萼片。

    217. 水生植物；花瓣为多数雄蕊或鳞片状的蜜腺叶所代替 ········ **睡莲科** Nymphaeaceae

      （萍蓬草属 *Nuphar*）

    217. 陆生植物；花瓣不为蜜腺叶所代替。

      218. 一年生草本植物；叶呈羽状细裂；花两性 ·············· **毛茛科** Ranunculaceae

        （黑种草属 *Nigella*）

      218. 多年生草本植物；叶全缘而呈掌状分裂；雌雄同株 ········ **大戟科** Euphorbiaceae

        （麻风树属 *Jatropha*）

  216. 木本植物，或陆生草本植物，常不具呈花瓣状的萼片。

    219. 萼片于蕾内呈镊合状排列。

      220. 雄蕊互相分离或连成数束。

        221. 花药 1 室或数室；叶为掌状复叶或单叶，全缘，具羽状脉

          ·················· **木棉科** Bombacaceae

        221. 花药 2 室；叶为单叶，叶缘有锯齿或全缘。

          222. 花药以顶端 2 孔裂开 ··············· **杜英科** Elaeocarpaceae

          222. 花药纵长裂开 ···················· **椴树科** Tiliaceae

      220. 雄蕊连为单体，至少内层者如此，并且多少有些连成管状。

        223. 花单性；萼片 2 或 3 片 ·················· **大戟科** Euphorbiaceae

          （油桐属 *Aleurites*）

        223. 花常两性；萼片多 5 片，稀可较少。

          224. 花药 2 室或更多室。

            225. 无副萼；多有不育雄蕊；花药 2 室；叶为单叶或掌状分裂

              ·················· **梧桐科** Sterculiaceae

            225. 有副萼；无不育雄蕊；花药数室；叶为单叶，全缘且具羽状脉

              ·················· **木棉科** Bombacaceae

              （榴莲属 *Durio*）

          224. 花药 1 室。

            226. 花粉粒表面平滑；叶为掌状复叶 ·············· **木棉科** Bombacaceae

              （木棉属 *Gossampinus*）

            226. 花粉粒表面有刺；叶有各种情形 ············· **锦葵科** Malvaceae

    219. 萼片于蕾内呈覆瓦状或旋转状排列，或有时（如大戟科的巴豆属 *Croton*）近于呈镊合状排列。

      227. 雌雄同株或稀可异株；果实为蒴果，由 2 ~ 4 个各自裂为 2 片的离果所成

        ·················· **大戟科** Euphorbiaceae

      227. 花常两性，或在猕猴桃科的猕猴桃属 *Actinidia* 为杂性或雌雄异株；果为其他情形。

228. 萼片在果实时增大且成翅状；雄蕊具伸长的花药隔
　　………………………………………………………… 龙脑香科 Dipterocarpaceae
228. 萼片及雄蕊二者不为上述情形。
　229. 雄蕊排列成二层，外层 10 个和花瓣对生，内层 5 个和萼片对生
　　………………………………………………………… 蒺藜科 Zygophyllaceae
　　　　　　　　　　　　　　　　　　　　　　　　　　（骆驼蓬属 *Peganum*）
　229. 雄蕊的排列为其他情形。
　　230. 食虫的草本植物；叶基生，呈管状，其上再具有小叶片
　　　………………………………………………………… 瓶子草科 Sarraceniaceae
　　230. 不是食虫植物；叶茎生或基生，但不呈管状。
　　　231. 植物体呈耐寒旱状；叶为全缘单叶。
　　　　232. 叶对生或上部者互生；萼片 5 片，互不相等，外面 2 片较小或有时退
　　　　　化，内面 3 片较大，成旋转状排列，宿存；花瓣早落
　　　　　………………………………………………………… 半日花科 Cistaceae
　　　　232. 叶互生；萼片 5 片，大小相等；花瓣宿存；在内侧基部各有 2 舌状物
　　　　………………………………………………………… 柽柳科 Tamaricaceae
　　　　　　　　　　　　　　　　　　　　　　　　　　（琵琶柴属 *Reaumuria*）
　　　231. 植物体不是耐寒旱状；叶常互生；萼片 2 ~ 5 片，彼此相等；呈覆瓦状
　　　　或稀可呈镊合状排列。
　　　　233. 草本或木本植物；花为四出数，或其萼片多为 2 片且早落。
　　　　　234. 植物体内含乳汁；无或有极短子房柄；种子有丰富胚乳
　　　　　………………………………………………………… 罂粟科 Papaveraceae
　　　　　234. 植物体内不含乳汁；有细长的子房柄；种子无或有少量胚乳
　　　　　………………………………………………………… 白花菜科 Capparidaceae
　　　　233. 木本植物；花常为五出数，萼片宿存或脱落。
　　　　　235. 果实为具 5 个棱角的蒴果，分成 5 个骨质各含 1 或 2 个种子的心皮
　　　　　　后，再各沿其缝线而 2 瓣裂开 ……………………… 蔷薇科 Rosaceae
　　　　　　　　　　　　　　　　　　　　　　　　　　（白鹃梅属 *Exochorda*）
　　　　　235. 果实不为蒴果，如为蒴果时则为室背裂开。
　　　　　　236. 蔓生或攀援的灌木；雄蕊互相分离；子房 5 室或更多室；浆果，
　　　　　　　常可食 ………………………… 猕猴桃科 Actinidiaceae
　　　　　　236. 直立乔木或灌木；雄蕊至少在外层者连为单体，或连成 3 ~ 5 束
　　　　　　　而着生于花瓣的基部；子房 5 ~ 3 室。
　　　　　　　237. 花药能转动，以顶端孔裂开；浆果；胚乳颇丰富
　　　　　　　………………………………………………………… 猕猴桃科 Actinidiaceae
　　　　　　　　　　　　　　　　　　　　　　　　　　（水冬哥属 *Saurauia*）
　　　　　　　237. 花药能或不能转动，常纵长裂开；果实有各种情形；胚乳通常
　　　　　　　　量微小 ……………………………………… 山茶科 Theaceae
161. 成熟雄蕊 10 个或较少，如多于 10 个时，其数并不超过花瓣的 2 倍。
　238. 成熟雄蕊和花瓣同数，且和它对生。（次 238 项见 316 页）
　239. 雄蕊 3 个至多数，离生。（次 239 项见 315 页）

240. 直立草本或亚灌木；花两性，五出数 ·· 蔷薇科 Rosaceae

（地蔷薇属 *Chamaerhodos*）

240. 木质或草质藤本，花单性，常为三出数。

241. 叶常为单叶；花小型；核果；心皮 3～6 个，呈星状排列，各含 1 胚珠

··· 防己科 Menispermaceae

241. 叶为掌状复叶或由 3 小叶组成；花中型；浆果；心皮 3 个至多数，轮状或螺旋状排

列，各含 1 个或多数胚珠 ······················· 木通科 Lardizabalaceae

239. 雌蕊 1 个。

242. 子房 2 至数室。

243. 花萼裂齿不明显或微小；以卷须缠绕他物的灌木或草本植物·········· 葡萄科 Vitaceae

243. 花萼具 4～5 裂片；乔木、灌木或草本植物，有时虽也可为缠绕性，但无卷须。

244. 雄蕊连成单体。

245. 叶为单叶；每子房室内含胚珠 2～6 个（或在可可树亚族 *Theobromineae* 中为多

数）··· 梧桐科 Sterculiaceae

245. 叶为掌状复叶；每子房室内含胚珠多数··················· 木棉科 Bombacaceae

（吉贝属 *Ceiba*）

244. 雄蕊互相分离，或稀可在其下部连成一管。

246. 叶无托叶；萼片各不相等，呈覆瓦状排列；花瓣不相等，在内层的 2 片常很小

··· 清风藤科 Sabiaceae

246. 叶常有托叶；萼片同大，呈镊合状排列；花瓣均大小同形。

247. 叶为单叶 ······································· 鼠李科 Rhamnaceae

247. 叶为 1～3 回羽状复叶 ································· 葡萄科 Vitaceae

（火筒树属 *Leea*）

242. 子房 1 室（在马齿苋科的土人参属 *Talinum* 及铁青树科的铁青树属 *Olax* 中则子房的下

部多少有些成为 3 室）。

248. 子房下位或半下位。

249. 叶互生，边缘常有锯齿；蒴果 ························· 大风子科 Flacourtiaceae

（天料木属 *Homalium*）

249. 叶多对生或轮生，全缘；浆果或核果 ··················· 桑寄生科 Loranthaceae

248. 子房上位。

250. 花药以舌瓣裂开 ·································· 小檗科 Berberidaceae

250. 花药不以舌瓣裂开。

251. 缠绕草本；胚珠 1 个；叶肥厚，肉质 ··············· 落葵科 Basellaceae

（落葵属 *Basella*）

251. 直立草本，或有时为木本；胚珠 1 个至多数。

252. 雄蕊连成单体；胚珠 2 个 ···················· 梧桐科 Sterculiaceae

（蛇婆子属 *Walthenia*）

252. 雄蕊互相分离；胚珠 1 个至多数。

253. 花瓣 6～9 片；雌蕊单纯 ···················· 小檗科 Berberidaceae

253. 花瓣 4～8 片；雌蕊复合。

254. 常为草本；花萼有 2 个分离萼片。（次 254 项见 316 页）

255. 花瓣 4 片；侧膜胎座 ······················ 罂粟科 Papaveraceae

（角茴香属 *Hypecoum*）

255. 花瓣常 5 片；基底胎座 ······················ 马齿苋科 Portulacaceae

254. 乔木或灌木，常蔓生；花萼呈倒圆锥形或杯状。

256. 通常雌雄同株；花萼裂片 4～5；花瓣呈覆瓦状排列；无不育雄蕊；胚珠有 2 层珠被 ···················· 紫金牛科 Myrsinaceae

（信筒子属 *Embelia*）

256. 花两性；花萼于开花时微小，而具不明显的齿裂；花瓣多为镊合状排列；有不育雄蕊（有时代以蜜腺）；胚珠无珠被。

257. 花萼于果时增大；子房的下部为 3 室，上部为 1 室，内含 3 个胚珠 ···················· 铁青树科 Olacaceae

（铁青树属 *Olax*）

257. 花萼于果时不增大；子房 1 室，内仅含 1 个胚珠 ···················· 山柚子科 Opiliaceae

238. 成熟雄蕊和花瓣不同数，如同数时则雄蕊和它互生。

258. 雌雄异株；雄蕊 8 个，不相同，其中 5 个较长，有伸出花外的花丝，且和花瓣相互生，另 3 个则较短而藏于花内；灌木或灌木状草本；互生或对生单叶；心皮单生；雌花无花被，无梗，贴生于宽圆形的叶状苞片上 ···················· 漆树科 Anacardiaceae

（九子不离母属 *Dobinea*）

258. 花两性或单性，若为雌雄异株时，其雄花中也无上述情形的雄蕊。

259. 花萼或其筒部和子房多少有些相连合。（次 259 项见 318 页）

260. 每子房室内含胚珠或种子 2 个至多数。（次 260 项见 317 页）

261. 花药以顶端孔裂开；草本或木本植物；叶对生或轮生，大都于叶片基部具 3～9 脉 ···················· 野牡丹科 Melastomaceae

261. 花药纵长裂开。

262. 草本或亚灌木；有时为攀援性。

263. 具卷须的攀援草本；花单性 ···················· 葫芦科 Cucurbitaceae

263. 无卷须的植物；花常两性。

264. 萼片或花萼裂片 2 片；植物体多少肉质而多水分 ········ 马齿苋科 Portulacaceae

（马齿苋属 *Portulaca*）

264. 萼片或花萼裂片 4～5 片；植物体常不为肉质。

265. 花萼裂片呈覆瓦状或镊合状排列；花柱 2 个或更多；种子具胚乳 ···················· 虎耳草科 Saxifragaceae

265. 花萼裂片呈镊合状排列；花柱 1 个，具 2～4 裂，或为 1 呈头状的柱头；种子无胚乳 ···················· 柳叶菜科 Onagraceae

262. 乔木或灌木，有时为攀援性。

266. 叶互生。（次 266 项见 317 页）

267. 花数朵至多数成头状花序；常绿乔木；叶革质，全缘或具浅裂 ···················· 金缕梅科 Hamamelidaceae

267. 花成总状或圆锥花序。

268. 灌木；叶为掌状分裂，基部具 3~5 脉；子房 1 室，有多数胚珠；浆果
··· **虎耳草科** Saxifragaceae

（**茶藨子属** *Ribes*）

268. 乔木或灌木；叶缘有锯齿或细锯齿，有时全缘，具羽状脉；子房 3~5 室，
每室内含 2 至数个胚珠，或在山茉莉属 *Huodendron* 为多数；干燥或木质核
果，或蒴果，有时具棱角或有翅 ···················· **野茉莉科** Styracaceae

266. 叶常对生（使君子科的榄李树属 *Lumnitzera* 例外，同科的风车子属 *Combretum* 也可
有时为互生，或互生和对生共存于一枝上）。

269. 胚珠多数，除冠盖藤属 *Pileostegia* 自子房室顶端垂悬外，均位于侧膜或中轴胎座
上；浆果或蒴果；叶缘有锯齿或为全缘，但均无托叶；种子含胚乳
··· **虎耳草科** Saxifragaceae

269. 胚珠 2 个至数个，近于自房室顶端垂悬；叶全缘或有圆锯齿；果实多不裂开，内
有种子 1 至数个。

270. 乔木或灌木，常为蔓生，无托叶，不为形成海岸林的组成分子（榄李树属
Lumnitzera 例外）；种子无胚乳，落地后始萌芽 ········· **使君子科** Combretaceae

270. 常绿灌木或小乔木，具托叶；多为形成海岸林的主要组成分子；种子常有胚
乳，在落地前即萌芽（胎生）···················· **红树科** Rhizophoraceae

260. 每子房室内仅含胚珠或种子 1 个。

271. 果实裂开为 2 个干燥的离果，并共同悬于一果梗上；花序常为伞形花序（在变豆菜属 *Sani-
cula* 及鸭儿芹属 *Cryptotaenia* 中为不规则的花序，在刺芹属 *Eryngium* 中，则为头状花序）
··· **伞形科** Umbelliferae

271. 果实不裂开或裂开而不是上述情形的；花序可为各种类型。

272. 草本植物。

273. 花柱或柱头 2~4 个；种子具胚乳；果实为小坚果或核果，具棱角或有翅
··· **小二仙草科** Haloragidaceae

273. 花柱 1 个，具有 2 头状或呈 2 裂的柱头；种子无胚乳。

274. 陆生草本植物，具对生叶；花为二出数；果实为一具钩状刺毛的坚果
··· **柳叶菜科** Onagraceae

（**露珠草属** *Circaea*）

274. 水生草本植物，有聚生而漂浮水面的叶片；花为四出数；果实为具 2~4 刺的坚果
（栽培种果实可无显著的刺）···················· **菱科** Trapaceae

（**菱属** *Trapa*）

272. 木本植物。

275. 果实干燥或为蒴果状。

276. 子房 2 室；花柱 2 个 ······················ **金缕梅科** Hamamelidaceae

276. 子房 1 室；花柱 1 个。

277. 花序伞房状或圆锥状 ···················· **莲叶桐科** Hernandiaceae

277. 花序头状 ································· **珙桐科** Nyssaceae

（**旱莲木属** *Camptotheca*）

275. 果实核果状或浆果状。

278. 叶互生或对生；花瓣呈镊合状排列；花序有各种型式，但稀为伞形或头状，有时且可

生于叶片上。

279. 花瓣 3~5 片，卵形至披针形；花药短 ·············· 山茱萸科 Cornaceae

279. 花瓣 4~10 片，狭窄形并向外翻转；花药细长 ·············· 八角枫科 Alangiaceae

（八角枫属 *Alangium*）

278. 叶互生；花瓣呈覆瓦状或镊合状排列；花序常为伞形或呈头状。

280. 子房 1 室；花柱 1 个；花杂性兼雌雄异株，雌花单生或以少数朵至数朵聚生，雌花多数，腋生为有花梗的簇丛 ·············· 珙桐科 Nyssaceae

（蓝果树属 *Nyssa*）

280. 子房 2 室或更多室；花柱 2~5 个；如子房为 1 室而具 1 花柱时（例如马蹄参属 *Diplopanax*），则花两性，形成顶生类似穗状的花序 ·············· 五加科 Araliaceae

259. 花萼和子房相分离。

281. 叶片中有透明微点。

282. 花整齐，稀可两侧对称；果实不为荚果 ·············· 芸香科 Rutaceae

282. 花整齐或不整齐；果实为荚果 ·············· 豆科 Leguminosae

281. 叶片中无透明微点。

283. 雌蕊 2 个或更多，互相分离或仅有局部的连合；也可子房分离而花柱连合成 1 个。（次 283 项见 319 页）

284. 多水分的草本，具肉质的茎及叶 ·············· 景天科 Crassulaceae

284. 植物体为其他情形。

285. 花为周位花。

286. 花的各部分呈螺旋状排列，萼片逐渐变为花瓣；雄蕊 5 或 6 个；雌蕊多数
·············· 蜡梅科 Calycanthaceae

（蜡梅属 *Chimonanthus*）

286. 花的各部分呈轮状排列，萼片和花瓣甚有分化。

287. 雌蕊 2~4 个，各有多数胚珠；种子有胚乳；无托叶 ····· 虎耳草科 Saxifragaceae

287. 雌蕊 2 个至多数，各有 1 至数个胚珠；种子无胚乳；有或无托叶
·············· 蔷薇科 Rosaceae

285. 花为下位花，或在悬铃木科中微呈周位。

288. 草本或亚灌木。

289. 各子房的花柱互相分离。

290. 叶常互生或基生，多少有些分裂；花瓣脱落性，较萼片为大，或于天葵属 *Semiaquilegia* 稍小于成花瓣状的萼片 ·············· 毛茛科 Ranunculaceae

290. 叶对生或轮生，为全缘单叶；花瓣宿存性，较萼片小 ····· 马桑科 Coriariaceae

（马桑属 *Coriaria*）

289. 各子房合具 1 共同的花柱或柱头；叶为羽状复叶；花为五出数；花萼宿存；花中有和花瓣互生的腺体；雄蕊 10 个 ·············· 牻牛儿苗科 Geraniaceae

（熏倒牛属 *Biebersteinia*）

288. 乔木、灌木或木本的攀援植物。

291. 叶为单叶。（次 291 项见 319 页）

292. 叶对生或轮生 ……………………………………………… 马桑科 Coriariaceae

（马桑属 *Coriaria*）

292. 叶互生。

293. 叶为脱落性，具掌状脉；叶柄基部扩张成帽状以覆盖腋芽

…………………………………………………… 悬铃木科 Platanaceae

（悬铃木属 *Platanus*）

293. 叶为常绿性或脱落性，具羽状脉。

294. 雌蕊 7 个至多数（稀可少至 5 个）；直立或缠绕性灌木；花两性或单性…

……………………………………………………… 木兰科 Magnoliaceae

294. 雌蕊 4 ~ 6 个；乔木或灌木；花两性。

295. 子房 5 或 6 个，以一共同的花柱而连合，各子房均可成熟为核果

…………………………………………………… 金莲木科 Ochnaceae

（赛金莲木属 *Ouratia*）

295. 子房 4 ~ 6 个，各具 1 花柱，仅有 1 子房可成熟为核果

…………………………………………… 漆树科 Anacardiaceae

（山𣜶仔属 *Buchanania*）

291. 叶为复叶。

296. 叶对生 ……………………………………………… 省沽油科 Staphyleaceae
296. 叶互生。

297. 木质藤本；叶为掌状复叶或三出复叶 ………………… 木通科 Lardizabalaceae
297. 乔木或灌木（有时在牛栓藤科中有缠绕性者）；叶为羽状复叶。

298. 果实为肉质蓇葖浆果，内含数种子状似猫屎 ……… 木通科 Lardizabalaceae

（猫儿屎属 *Decaisnea*）

298. 果实为其他情形。

299. 果实为蓇葖果 ………………………………… 牛栓藤科 Connaraceae
299. 果实为离果，或在臭椿属 *Ailanthus* 中为翅果 …… 苦木科 Simaroubaceae

283. 雌蕊 1 个，或至少其子房为 1 个。

300. 雌蕊或子房确是单纯的，仅 1 室。（次 300 项见 320 页）

301. 果实为核果或浆果。

302. 花为三出数，稀可二出数；花药以舌瓣裂开 ………………… 樟科 Lauraceae

302. 花为五出或四出数；花药纵长裂开。

303. 落叶具刺灌木；雄蕊 10 个，周位，均可发育 ………………… 蔷薇科 Rosaceae

（扁核木属 *Prinsepia*）

303. 常绿乔木；雄蕊 1 ~ 5 个，下位，常仅其中 1 或 2 个可发育 ….. 漆树科 Anacardiaceae

（芒果属 *Mangifera*）

301. 果实为蓇葖果或荚果。

304. 果实为蓇葖果。（次 304 项见 320 页）

305. 落叶灌木；叶为单叶；蓇葖果内含 2 至数个种子 ……………… 蔷薇科 Rosaceae

（绣线菊亚科 *Spiraeoideae*）

305. 常为木质藤本；叶多为单数复叶或具 3 小叶，有时因退化而只有 1 小叶；蓇葖果内仅
含 1 个种子 ………………………………………………… 牛栓藤科 Connaraceae

304. 果实为荚果 ·· 豆科 Leguminosae

300. 雌蕊或子房并非单纯者，有 1 个以上的子房室或花柱、柱头、胎座等部分。

306. 子房 1 室或因有 1 假隔膜的发育而成 2 室，有时下部 2~5 室，上部 1 室。（次 306 项见 321 页）

307. 花下位，花瓣 4 片，稀可更多。

308. 萼片 2 片 ·· 罂粟科 Papaveraceae

308. 萼片 4~片。

309. 子房柄常细长，呈线状 ································ 白花菜科 Capparidaceae

309. 子房柄极短或不存在。

310. 子房为 2 个心皮连合组成，常具 2 子房室及 1 假隔膜 ·········· 十字花科 Cruciferae

310. 子房 3~6 个心皮连合组成，仅 1 子房室。

311. 叶对生，微小，为耐寒旱性；花为辐射对称；花瓣完整，具瓣爪，其内侧有舌状的鳞片附属物 ······················ 瓣鳞花科 Frankeniaceae

（瓣鳞花属 *Frankenia*）

311. 叶互生，显著，非为耐寒旱性；花为两侧对称；花瓣常分裂，但其内侧并无鳞片状的附属物 ···················· 木犀草科 Resedaceae

307. 花周位或下位，花瓣 3~5 片，稀可 2 片或更多。

312. 每子房室内仅有胚珠 1 个。

313. 乔木，或稀为灌木；叶常为羽状复叶。

314. 叶常为羽状复叶，具托叶及小托叶 ······················ 省沽油科 Staphyleaceae

（银鹊树属 *Tapiscia*）

314. 叶为羽状复叶或单叶，无托叶及小托叶 ···················· 漆树科 Anacardiaceae

313. 木本或草本；叶为单叶。

315. 通常均为木本，稀可在樟科的无根藤属 *Cassytha* 则为缠绕性寄生草本；叶常互生，无膜质托叶。

316. 乔木或灌木；无托叶；花为三出或二出数；萼片和花瓣同形，稀可花瓣较大；花药以瓣裂开；浆果或核果 ···················· 樟科 Lauraceae

316. 蔓生性的灌木，茎为合轴型，具钩状的分枝；托叶小而早落；花为五出数，萼片和花瓣不同形，前者且于结实时增大成翅状；花药纵长裂开；坚果
·························· 钩枝藤科 Ancistrocladaceae

（钩枝藤属 *Ancistrocladus*）

315. 草本或亚灌木；叶互生或对生，具膜质托叶鞘 ···················· 蓼科 Polygonaceae

312. 每子房室内有胚珠 2 个至多数

317. 乔木、灌木或木质藤本。（次 317 项见 321 页）

318. 花瓣及雄蕊均着生于花萼上 ························ 千屈菜科 Lythraceae

318. 花瓣及雄蕊均着生于花托上（或于西番莲科中雄蕊着生于子房柄上）。

319. 核果或翅果，仅有 1 种子。（次 319 项见 321 页）

320. 花萼具显著的 4 或 5 裂片或裂齿，微小而不能长大 ····· 茶茱萸科 Icacinaceae

320. 花萼呈截平头或具不明显的萼齿，微小，但能在果实上增大
·························· 铁青树科 Olacaceae

（铁青树属 *Olax*）

319. 蒴果或浆果，内有 2 个至多数种子。

  321. 花两侧对称。

    322. 叶为二至三回羽状复叶；雄蕊 5 个 ················· 辣木科 Moringaceae

          （辣木属 *Moringa*）

    322. 叶为全缘的单叶；雄蕊 8 个 ···························· 远志科 Polygalaceae

  321. 花辐射对称；叶为单叶或掌状分裂。

    323. 花瓣具有直立而常彼此衔接的瓣爪 ············· 海桐花科 Pittosporaceae

          （海桐花属 *Pittosporum*）

    323. 花瓣不具细长的瓣爪。

      324. 植物体为耐寒旱性，有鳞片状或细长形的叶片；花无小苞片

        ·· 柽柳科 Tamariceae

      324. 植物体非为耐寒旱性，具有较宽大的叶片。

        325. 花两性。

          326. 花萼和花瓣不甚分化，且前者较大 ·········· 大风子科 Flacourtiaceae

             （红子木属 *Erythrospermum*）

          326. 花萼和花瓣很有分化，前者很小 ····················· 董菜科 Violaceae

             （雷诺木属 *Rinorea*）

      325. 雌雄异株或花杂性。

        327. 乔木；花的每一花瓣基部各具位于内方的一鳞片；无子房柄

          ···································· 大风子科 Flacourtiaceae

             （大风子属 *Hydnocarpus*）

        327. 多为具卷须而攀援的灌木；花常具一为 5 鳞片所成的副冠，各鳞片和萼片相对生；有子房柄 ·············· 西番莲科 Passifloraceae

             （蒴莲属 *Adenia*）

317. 草本或亚灌木。

  328. 胎座位于子房室的中央或基底。

    329. 花瓣着生于花萼的喉部 ······························ 千屈菜科 Lythraceae

    329. 花瓣着生于花托上。

      330. 萼片 2 片；叶互生，稀可对生 ····················· 马齿苋科 Portulacaceae

      330. 萼片 5 或 4 片；叶对生 ··················· 石竹科 Caryophyllaceae

  328. 胎座为侧膜胎座。

    331. 食虫植物，具生有腺体刚毛的叶片 ············· 茅膏菜科 Droseraceae

    331. 非为食虫植物，也无生有腺体毛茸的叶片。

      332. 花两侧对称。

        333. 花有一位于前方的距状物；蒴果 3 瓣裂开 ············· 董菜科 Violaceae

        333. 花有一位于后方的大型花盘；蒴果仅于顶端裂开 ····· 木犀草科 Resedaceae

      332. 花整齐或近于整齐。

        334. 植物体为耐寒旱性；花瓣内侧各有 1 舌状的鳞片 ··· 瓣鳞花科 Frankeniaceae

             （瓣鳞花属 *Frankenia*）

        334. 植物体非为耐寒旱性；花瓣内侧无鳞片的舌状附属物。

335. 花中有副冠及子房柄 ·················· 西番莲科 Passifloraceae

（西番莲属 *Passiflora*）

335. 花中无副冠及子房柄 ·················· 虎耳草科 Saxifragaceae

306. 子房 2 室或更多室。

336. 花瓣形状彼此极不相等。

337. 每子房室内有数个至多数胚珠。

338. 子房 2 室 ····························· 虎耳草科 Saxifragaceae

338. 子房 5 室 ····························· 凤仙花科 Balsaminaceae

337. 每子房室内仅有 1 个胚珠。

339. 子房 3 室；雄蕊离生；叶盾状，叶缘具棱角或波纹 ············· 旱金莲科 Tropaeolaceae

（旱金莲属 *Tropaeolum*）

339. 子房 2 室（稀可 1 或 3 室）；雄蕊连合为一单体；叶不呈盾状，全缘

····························· 远志科 Polygalaceae

336. 花瓣形状彼此相等或微有不等，且有时花也可为两侧对称。

340. 雄蕊数和花瓣数既不相等，也不是它的倍数。

341. 叶对生。

342. 雄蕊 4 ~ 10 个，常 8 个。

343. 蒴果 ····························· 七叶树科 Hippocastanaceae

343. 翅果 ····························· 槭树科 Aceraceae

342. 雄蕊 2 或 3 个，也稀可 4 或 5 个。

344. 萼片及花瓣均为五出数；雄蕊多为 3 个 ·········· 翅子藤科 Hippocrateaceae

344. 萼片及花瓣常均为四出数；雄蕊 2 个，稀可 3 个 ·········· 木犀科 Oleaceae

341. 叶互生。

345. 叶为单叶，多全缘，或在油桐属 *Aleurites* 中可具 3 ~ 7 裂片；花单性

····························· 大戟科 Euphorbiaceae

345. 叶为单叶或复叶；花两性或杂性。

346. 萼片为镊合状排列；雄蕊连成单体 ·················· 梧桐科 Sterculiaceae

346. 萼片为覆瓦状排列；雄蕊离生。

347. 子房 4 或 5 室，每子房室内有 8 ~ 12 胚珠；种子具翅 ·········· 楝科 Meliaceae

（香椿属 *Toona*）

347. 子房常 3 室，每子房室内有 1 至数个胚珠；种子无翅。

348. 花小型或中型，下位，萼片互相分离或微有连合 ·········· 无患子科 Sapindaceae

348. 花大型，美丽，周位，萼片互相连合成一钟形的花萼

····························· 钟萼木科 Bretschneideraceae

（钟萼木属 *Bretschneidera*）

340. 雄蕊数和花瓣数相等，或是它的倍数。

349. 每子房室内有胚珠或种子 3 个至多数。（次 349 项见 324 页）

350. 叶为复叶。（次 350 项见 323 页）

351. 雄蕊连合成为单体 ····························· 酢浆草科 Oxalidaceae

351. 雄蕊彼此相互分离。

352. 叶互生。（次 352 项见 323 页）

353. 叶为二至三回的三出叶，或为掌状叶 ························· 虎耳草科 Saxifragaceae

(落新妇亚族 *Astilbinae*)

353. 叶为一回羽状复叶 ·· 楝科 Meliaceae

(香椿属 *Toona*)

352. 叶对生。

354. 叶为双数羽状复叶 ·· 蒺藜科 Zygophyllaceae

354. 叶为单数羽状复叶 ·· 省沽油科 Staphyleaceae

350. 叶为单叶。

355. 草本或亚灌木。

356. 花周位；花托多少有些中空。

357. 雄蕊着生于杯状花托的边缘 ································ 虎耳草科 Saxifragaceae

357. 雄蕊着生于杯状或管状花萼（或即花托）的内侧 ·········· 千屈菜科 Lythraceae

356. 花下位；花托常扁平。

358. 叶对生或轮生，常全缘。

359. 水生或沼泽草本，有时（例如田繁缕属 *Bergia*）为亚灌木；有托叶

··· 沟繁缕科 Elatinaceae

359. 陆生草本；无托叶 ·· 石竹科 Caryophyllaceae

358. 叶互生或基生；稀可对生，边缘有锯齿，或叶退化为无绿色组织的鳞片。

360. 草本或亚灌木；有托叶；萼片呈镊合状排列，脱落性 ········ 椴树科 Tiliaceae

(黄麻属 *Corchorus*，田麻属 *Corchoropsis*)

360. 多年生常绿草本，或为死物寄生植物而无绿色组织；无托叶；萼片呈覆瓦状排

列，宿存性 ·· 鹿蹄草科 Pyrolaceae

355. 木本植物。

361. 花瓣常有彼此衔接或其边缘互相依附的柄状瓣爪 ·········· 海桐花科 Pittosporaceae

(海桐花属 *Pittosporum*)

361. 花瓣无瓣爪，或仅具互相分离的细长柄状瓣爪。

362. 花托空凹；萼片呈镊合状或覆瓦状排列。

363. 叶互生，边缘有锯齿，常绿性 ························· 虎耳草科 Saxifragaceae

(鼠刺属 *Itea*)

363. 叶对生或互生，全缘，脱落性。

364. 子房 2~6 室，仅具 1 花柱；胚珠多数，着生于中轴胎座上

··· 千屈菜科 Lythraceae

364. 子房 2 室，具 2 花柱；胚珠数个，垂悬于中轴胎座上

··· 金缕梅科 Hamamelidaceae

(双花木属 *Disanthus*)

362. 花托扁平或微凸起；萼片呈覆瓦状或于杜英科中呈镊合状排列。

365. 花为四出数；果实呈浆果状或核果状；花药纵长裂开或顶端舌瓣裂开。（次

365 项见 324 页）

366. 穗状花序腋生于当年新枝上；花瓣先端具齿裂 ········ 杜英科 Elaeocarpaceae

(杜英属 *Elaeocarpus*)

366. 穗状花序腋生于昔年老枝上；花瓣完整 ·············· 旌节花科 Stachyuraceae

(旌节花属 *Stachyurus*)

365. 花为五出数；果实呈蒴果状；花药顶端孔裂。

  367. 花粉粒单纯；子房3室 ·················· 山柳科 Clethraceae

                                  （山柳属 *Clethra*）

  367. 花粉粒复合，成为四合体；子房5室 ·········· 杜鹃花科 Ericaceae

349. 每子房室内有胚珠或种子1或2个。

368. 草本植物，有时基部呈灌木状。

369. 花单性、杂性，或雌雄异株。

  370. 具卷须的藤本；叶为二回三出复叶 ············ 无患子科 Sapindaceae

                           （倒地铃属 *Cardiospermum*）

  370. 直立草本或亚灌木；叶为单叶 ············ 大戟科 Euphorbiaceae

369. 花两性。

  371. 萼片呈镊合状排列；果实有刺 ··········· 椴树科 Tiliaceae

                         （刺蒴麻属 *Triumfetta*）

  371. 萼片呈覆瓦状排列；果实无刺。

    372. 雄蕊彼此分离；花柱互相连合 ··········· 牻牛儿苗科 Geraniaceae

    372. 雄蕊互相连合；花柱彼此分离 ········· 亚麻科 Linaceae

368. 木本植物。

  373. 叶肉质，通常仅为1对小叶所组成的复叶 ········· 蒺藜科 Zygophyllaceae

373. 叶为其他情形。

  374. 叶对生；果实为1、2或3个翅果所组成。

    375. 花瓣细裂或具齿裂；每果实有3个翅果 ····· 金虎尾科 Malpighiaceae

    375. 花瓣全缘；每果实具2个或连合为1个的翅果 ········· 槭树科 Aceraceae

  374. 叶互生，如为对生时，则果实不为翅果。

    376. 叶为复叶，或稀可为单叶而有具翅的果实。

      377. 雄蕊连为单体。

        378. 萼片及花瓣均为三出数；花药6个，花丝生于雄蕊管的口部

           ··········· 橄榄科 Burseraceae

        378. 萼片及花瓣均为四出至六出数；花药8~12个，无花丝，直接着生于雄蕊管的喉部或裂齿之间 ··········· 楝科 Meliaceae

      377. 雄蕊各自分离。

        379. 叶为单叶；果实为一具3翅而其内仅有1个种子的小坚果 ··· 卫矛科 Celastraceae

                     （雷公藤属 *Tripterygium*）

        379. 叶为复叶；果实无翅。

          380. 花柱3~5个；叶常互生，脱落性 ·········· 漆树科 Anacardiaceae

          380. 花柱1个；叶互生或对生。

            381. 叶为羽状复叶，互生，常绿性或脱落性；果实有各种类型

              ··········· 无患子科 Sapindaceae

            381. 叶为掌状复叶，对生，脱落性；果实为蒴果 ····· 七叶树科 Hippocastanaceae

    376. 叶为单叶；果实无翅。

      382. 雄蕊连成单体，或如为2轮时，至少其内轮者如此，有时有花药无花丝（例如大戟科的三宝木属 *Trigonastemon*）。（次382项见325页）

383. 花单性；萼片或花萼裂片 2~6 片，呈镊合状或覆瓦状排列
　　　　　……………………………………………… 大戟科 Euphorbiaceae

383. 花两性；萼片 5 片，呈覆瓦状排列。

384. 果实呈蒴果状；子房 3~5 室，各室均可成熟 ……………… 亚麻科 Linaceae

384. 果实呈核果状；子房 3 室，大都其中的 2 室为不孕性，仅另 1 室可成熟，而有
　　　1 或 2 个胚珠 ……………………………………… 古柯科 Erythroxylaceae
　　　　　　　　　　　　　　　　　　　　　　　　　　　（古柯属 Erythroxylum）

382. 雄蕊各自分离，有时在毒鼠子科中可和花瓣相连合而形成 1 管状物。

385. 果呈蒴果状。

386. 叶互生或稀可对生；花下位。

387. 叶脱落性或常绿性；花单性或两性；子房 3 室，稀可 2 或 4 室，有时可多至
　　　15 室（例如算盘子属 Glochidion）……………… 大戟科 Euphorbiaceae

387. 叶常绿性；花两性；子房 5 室 ……………… 五列木科 Pentaphylacaceae
　　　　　　　　　　　　　　　　　　　　　　　　　　（五列木属 Pentaphylax）

386. 叶对生或互生；花周位 ……………………………… 卫矛科 Celastraceae

385. 果呈核果状，有时木质化，或呈浆果状。

388. 种子无胚乳，胚体肥大而多肉质。

389. 雄蕊 10 个 ………………………………………… 蒺藜科 Zygophyllaceae

389. 雄蕊 4 或 5 个。

390. 叶互生；花瓣 5 片，各 2 裂或成 2 部分 ……… 毒鼠子科 Dichapetalaceae
　　　　　　　　　　　　　　　　　　　　　　　　　（毒鼠子属 Dichapetalum）

390. 叶对生；花瓣 4 片，均完整 ………………………… 刺茉莉科 Salvadoraceae
　　　　　　　　　　　　　　　　　　　　　　　　　　（刺茉莉属 Azima）

388. 种子有胚乳，胚体有时很小。

391. 植物体为耐寒旱性；花单性，三出或二出数 ………… 岩高兰科 Empetraceae
　　　　　　　　　　　　　　　　　　　　　　　　　　（岩高兰属 Empetrum）

391. 植物体为普通形状；花两性或单性，五出或四出数。

392. 花瓣呈镊合状排列。

393. 雄蕊和花瓣同数 ………………………………… 茶茱萸科 Icacinaceae

393. 雄蕊为花瓣的倍数。

394. 枝条无刺，而有对生的叶片 ……………… 红树科 Rhizophoraceae
　　　　　　　　　　　　　　　　　　　　　　　（红树族 Gynotrocheae）

394. 枝条有刺，而有互生的叶片 ……………………… 铁青树科 Olacaceae
　　　　　　　　　　　　　　　　　　　　　　　（海檀木属 Ximenia）

392. 花瓣呈覆瓦状排列，或在大戟科的小盘木属 Microdesmis 中为扭转兼覆瓦
　　　状排列。

395. 花单性，雌雄异株；花瓣较小于萼片 …………… 大戟科 Euphorbiaceae
　　　　　　　　　　　　　　　　　　　　　　　　　（小盘木属 Microdesmis）

395. 花两性或单性；花瓣常较大于萼片。

396. 落叶攀援灌木；雄蕊 10 个；子房 5 室，每室内有胚珠 2 个

··· 猕猴桃科 Actinidiaceae

（藤山柳属 *Clematoclethra*）

396. 多为常绿乔木或灌木；雄蕊 4 或 5 个。

397. 花下位，雌雄异株或杂性；无花盘 ············· 冬青科 Aquifoliaceae

（冬青属 *Ilex*）

397. 花周位，两性或杂性；有花盘 ····················· 卫矛科 Celastraceae

（异卫矛亚科 Cassinioideae）

160. 花冠为多少有些连合的花瓣所组成。

398. 成熟雄蕊或单体雄蕊的花药数多于花冠裂片。（次 398 项见 327 页）

399. 心皮 1 个至数个，互相分离或大致分离。

400. 叶为单叶或有时可为羽状分裂，对生，肉质 ············· 景天科 Crassulaceae

400. 叶为二回羽状复叶，互生，不呈肉质 ············· 豆科 Leguminosae

（含羞草亚科 Mimosoideae）

399. 心皮 2 个或更多，连合成一复合性子房。

401. 雌雄同株或异株，有时为杂性。

402. 子房 1 室；无分枝而呈棕榈状的小乔木 ·············· 番木瓜科 Caricaceae

（番木瓜属 *Carica*）

402. 子房 2 室至多室；具分枝的乔木或灌木。

403. 雄蕊连成单体，或至少内层者如此；蒴果 ···················· 大戟科 Euphorbiaceae

（麻风树属 *Jatropha*）

403. 雄蕊各自分离；浆果 ······································· 柿树科 Ebenaceae

401. 花两性。

404. 花瓣连成一盖状物，或花萼裂片及花瓣均可合成为 1 或 2 层的盖状物。

405. 叶为单叶，具有透明微点 ····························· 桃金娘科 Myrtaceae

405. 叶为掌状复叶，无透明微点 ························· 五加科 Araliaceae

（多蕊木属 *Tupidanthus*）

404. 花瓣及花萼裂片均不连成盖状物。

406. 每子房室中有 3 个至多数胚珠。（次 406 项见 327 页）

407. 雄蕊 5 ~ 10 个或其数不超过花冠裂片的 2 倍，稀可在野茉莉科的银钟花属 *Halesia* 其数可达 16 个，而为花冠裂片的 4 倍。

408. 雄蕊连成单体或其花丝于基部互相连合；花药纵裂；花粉粒单生。

409. 叶为复叶；子房上位；花柱 5 个 ·············· 酢浆草科 Oxalidaceae

409. 叶为单叶；子房下位或半下位；花柱 1 个；乔木或灌木，常有星状毛

·· 野茉莉科 Styracaceae

408. 雄蕊各自分离；花药顶端孔裂；花粉粒为四合型 ··········· 杜鹃花科 Ericaceae

407. 雄蕊为不定数。

410. 萼片和花瓣常各为多数，而无显著的区分；子房下位；植物体肉质，绿色，常具棘针，而其叶退化 ·············· 仙人掌科 Cactaceae

410. 萼片和花瓣常各为 5 片，而有显著的区分；子房上位。

411. 萼片呈镊合状排列；雄蕊连成单体 ························ 锦葵科 Malvaceae

411. 萼片呈显著的覆瓦状排列。

412. 雄蕊连成 5 束，且每束着生于一花瓣的基部；花药顶端孔裂开；浆果
　　　……………………………………………… 猕猴桃科 Actinidiaceae
　　　（水冬哥属 Saurauia）

412. 雄蕊的基部连成单体；花药纵长裂开；蒴果 ………… 山茶科 Theaceae
　　　（紫茎木属 Stewartia）

406. 每子房室中常仅有 1 或 2 个胚珠。

413. 花萼中的 2 片或更多片于结实时能长大成翅状 ……… 龙脑香科 Dipterocarpaceae

413. 花萼裂片无上述变大的情形。

　　414. 植物体常有星状毛茸 ……………………… 野茉莉科 Styracaceae

　　414. 植物体无星状毛茸。

　　　415. 子房下位或半下位；果实歪斜 …………… 山矾科 Symplocaceae
　　　　（山矾属 Symplocos）

　　　415. 子房上位。

　　　　416. 雄蕊相互连合为单体；果实成熟时分裂为离果 ………… 锦葵科 Malvaceae

　　　　416. 雄蕊各自分离；果实不是离果。

　　　　　417. 子房 1 或 2 室；蒴果 ……………… 瑞香科 Thymelaeaceae
　　　　　　（沉香属 Aquilaria）

　　　　　417. 子房 6~8 室；浆果 ……………………… 山榄科 Sapotaceae
　　　　　　（紫荆木属 Madhuca）

398. 成熟雄蕊并不多于花冠裂片或有时因花丝的分裂则可过之。

418. 雄蕊和花冠裂片为同数且对生。（次 418 项见 328 页）

419. 植物体内有乳汁 ……………………………………………… 山榄科 Sapotaceae

419. 植物体内不含乳汁。

　420. 果实内有数个至多数种子。

　　421. 乔木或灌木；果实呈浆果状或核果状 ……………………… 紫金牛科 Myrsinaceae

　　421. 草本；果实呈蒴果状 …………………………………… 报春花科 Primulaceaa

　420. 果实内仅有 1 个种子。

　　422. 子房下位或半下位。

　　　423. 乔木或攀援性灌木；叶互生 …………………………… 铁青树科 Olacaceae

　　　423. 常为半寄生性灌木；叶对生 ………………………… 桑寄生科 Loranthaceae

　　422. 子房上位。

　　　424. 花两性。

　　　　425. 攀援性草本；萼片 2；果为肉质宿存花萼所包围 ……………… 落葵科 Basellaceae
　　　　　（落葵属 Basella）

　　　　425. 直立草本或亚灌木，有时为攀援性；萼片或萼裂片 5；果为蒴果或瘦果，
　　　　　不为花萼所包围 …………………………………………… 蓝雪科 Plumbaginaceae

　　　424. 花单性，雌雄异株；攀援性灌木。

　　　　426. 雄蕊连合成单体；雌蕊单纯性 ……………………… 防己科 Menispermaceae
　　　　　（锡生藤亚族 Cissampelinae）

　　　　426. 雄蕊各自分离；雌蕊复合性 ………………………… 茶茱萸科 Icacinaceae
　　　　　（微花藤属 Iodes）

418. 雄蕊和花冠裂片为同数且互生，或雄蕊数较花冠裂片为少。

　427. 子房下位。（次 427 项见 329 页）

　　428. 植物体常以卷须而攀援或蔓生；胚珠及种子皆为水平生长于侧膜胎座上
　　　　　………………………………………………………………… **葫芦科** Cucurbitaceae

　　428. 植物体直立，如为攀援时也无卷须；胚珠及种子并不为水平生长。

　　　429. 雄蕊互相连合。

　　　　430. 花整齐或两侧对称，成头状花序，或在苍耳属 *Xanthium* 中，雌花序为一仅含 2 花
　　　　　　的果壳，其外生有钩状刺毛；子房 1 室，内仅有 1 个胚珠………… **菊科** Compositae

　　　　430. 花多两侧对称，单生或成总状或伞房花序；子房 2 或 3 室，内有多数胚珠。

　　　　　431. 花冠裂片呈镊合状排列；雄蕊 5 个，具分离的花丝及连合的花药
　　　　　　　………………………………………………………………… **桔梗科** Campanulaceae
　　　　　　　　　　　　　　　　　　　　　　　　　　　（半边莲亚科 Lobelioideae）

　　　　　431. 花冠裂片呈覆瓦状排列；雄蕊 2 个，具连合的花丝及分离的花药
　　　　　　　………………………………………………………………… **花柱草科** Stylidiaceae
　　　　　　　　　　　　　　　　　　　　　　　　　　　　（花柱草属 *Stylidium*）

　　　429. 雄蕊各自分离。

　　　　432. 雄蕊和花冠相分离或近于分离。

　　　　　433. 花药顶端孔裂开；花粉粒连合成四合体；灌木或亚灌木 …… **杜鹃花科** Ericaceae
　　　　　　　　　　　　　　　　　　　　　　　　　　　（乌饭树亚科 Vaccinioideae）

　　　　　433. 花药纵长裂开，花粉粒单纯；多为草本。

　　　　　　434. 花冠整齐；子房 2～5 室，内有多数胚珠 ……………… **桔梗科** Campanulaceae

　　　　　　434. 花冠不整齐；子房 1～2 室，每子房室内仅有 1 或 2 个胚珠
　　　　　　　　………………………………………………………………… **草海桐科** Goodeniaceae

　　　　432. 雄蕊着生于花冠上。

　　　　　435. 雄蕊 4 或 5 个，和花冠裂片同数。

　　　　　　436. 叶互生；每子房室内有多数胚珠 ………………………… **桔梗科** Campanulaceae

　　　　　　436. 叶对生或轮生；每子房室内有 1 个至多数胚珠。

　　　　　　　437. 叶轮生，如为对生时，则有托叶存在 ………………… **茜草科** Rubiaceae

　　　　　　　437. 叶对生，无托叶或稀可有明显的托叶。

　　　　　　　　438. 花序多为聚伞花序 ………………………………… **忍冬科** Caprifoliaceae

　　　　　　　　438. 花序为头状花序 ………………………………… **川续断科** Dipsacaceae

　　　　　435. 雄蕊 1～4 个，其数较花冠裂片为少。

　　　　　　439. 子房 1 室。

　　　　　　　440. 胚珠多数，生于侧膜胎座上 ……………………… **苦苣苔科** Gesneriaceae

　　　　　　　440. 胚珠 1 个，垂悬于子房的顶端 ……………………… **川续断科** Dipsacaceae

　　　　　　439. 子房 2 室或更多室，具中轴胎座。

　　　　　　　441. 子房 2～4 室，所有的子房室均可成熟；水生草本 ……… **胡麻科** Pedaliaceae
　　　　　　　　　　　　　　　　　　　　　　　　　　　　（茶菱属 *Trapella*）

　　　　　　　441. 子房 3 或 4 室，仅其中 1 或 2 室可成熟。

　　　　　　　　442. 落叶或常绿的灌木；叶片常全缘或边缘有锯齿 …… **忍冬科** Caprifoliaceae

　　　　　　　　442. 陆生草本；叶片常有很多的分裂 ……………… **败酱科** Valerianaceae

427. 子房上位。

  443. 子房深裂为 2~4 部分；花柱或数花柱均自子房裂片之间伸出。

    444. 花冠两侧对称或稀可整齐；叶对生 ·························· **唇形科** Labiatae

    444. 花冠整齐；叶互生。

      445. 花柱 2 个；多年生匍匐性小草本；叶片呈圆肾形 ··········· **旋花科** Convolvulaceae

        （马蹄金属 *Dichondra*）

      445. 花柱 1 个 ··· **紫草科** Boraginaceae

  443. 子房完整或微有分割，或为 2 个分离的心皮所组成；花柱自子房的顶端伸出。

    446. 雄蕊的花丝分裂。

      447. 雄蕊 2 个，各分为 3 裂 ·································· **罂粟科** Papaveraceae

        （紫堇亚科 Fumarioideae）

      447. 雄蕊 5 个，各分为 2 裂 ·································· **五福花科** Adoxaceae

        （五福花属 *Adoxa*）

    446. 雄蕊的花丝单纯。

    448. 花冠不整齐，常多少有些呈二唇状（次 448 项见 396 页）。

      449. 成熟雄蕊 5 个。

        450. 雄蕊和花冠离生 ····································· **杜鹃花科** Ericaceae

        450. 雄蕊着生于花冠上 ································· **紫草科** Boraginaceae

      449. 成熟雄蕊 2 或 4 个，退化雄蕊有时也可存在。

        451. 每子房室内仅含 1 或 2 个胚珠（如为后一情形时，也可在次 451 项检索之）。

          452. 叶对生或轮生；雄蕊 4 个，稀可 2 个；胚珠直立，稀可垂悬。

            453. 子房 2~4 室，共有 2 个或更多的胚珠 ·········· **马鞭草科** Verbenaceao

            453. 子房 1 室，仅含 1 个胚珠 ····················· **透骨草科** Phrymaceae

              （透骨草属 *Phryma*）

          452. 叶互生或基生；雄蕊 2 或 4 个，胚珠垂悬；子房 2 室，每子房室内仅有 1 个胚珠

            ·· **玄参科** Scrophulariaceae

        451. 每子房室内有 2 个至多数胚珠。

          454. 子房 1 室具侧膜胎座或中央胎座（有时可因侧膜胎座的深入而为 2 室）。

            455. 草本或木本植物，不为寄生性，也非食虫性。

              456. 多为乔木或木质藤本；叶为单叶或复叶，对生或轮生，稀可互生，种子

                有翅，但无胚乳 ··························· **紫葳科** Bignoniaceae

              456. 多为草本；叶为单叶，基生或对生；种子无翅，有或无胚乳

                ··································· **苦苣苔科** Gesneriaceae

            455. 草本植物，为寄生性或食虫性。

              457. 植物体寄生于其他植物的根部，而无绿叶存在；雄蕊 4 个；侧膜胎座

                ·································· **列当科** Orobanchaceae

              457. 植物体为食虫性，有绿叶存在；雄蕊 2 个；特立中央胎座；多为水生或

                沼泽植物，且有具距的花冠 ··············· **狸藻科** Lentibulariaceae

          454. 子房 2~4 室，具中轴胎座，或于角胡麻科中为子房 1 室而具侧膜胎座。

            458. 植物体常具分泌黏液的腺体毛茸;种子无胚乳或具一薄层胚乳。(次 458 项见 330 页)

              459. 子房最后成为 4 室；蒴果的果皮质薄而不延伸为长喙；油料植物

·· 胡麻科 Pedaliaceae

（胡麻属 *Sesamum*）

459. 子房 1 室；蒴果的内皮坚硬而呈木质，延伸为钩状长喙；栽培花卉

·· 角胡麻科 Martyniaceae

（角胡麻属 *Pooboscidea*）

458. 植物体不具上述的毛茸；子房 2 室。

460. 叶对生；种子无胚乳，位于胎座的钩状突起上 ············· 爵床科 Acanthaceae

460. 叶互生或对生；种子有胚乳，位于中轴胎座上。

461. 花冠裂片具深缺刻；成熟雄蕊 2 个 ·· 茄科 Solanaceae

（蝴蝶花属 *Schizanthus*）

461. 花冠裂片全缘或仅其先端具一凹陷；成熟雄蕊 2 或 4 个

·· 玄参科 Scrophulariaceae

448. 花冠整齐；或近于整齐。

462. 雄蕊数较花冠裂片为少。

463. 子房 2~4 室，每室内仅含 1 或 2 个胚珠。

464. 雄蕊 2 个 ·· 木犀科 Oleaceae

464. 雄蕊 4 个。

465. 叶互生，有透明腺体微点存在 ······················· 苦槛蓝科 Myoporaceae

465. 叶对生，无透明微点 ·································· 马鞭草科 Verbenaceae

463. 子房 1 或 2 室，每室内有数个至多数胚珠。

466. 雄蕊 2 个；每子房室内有 4~10 个胚珠垂悬于室的顶端 ·············· 木犀科 Oleaceae

（连翘属 *Forsythia*）

466. 雄蕊 4 或 2 个；每子房室内有多数胚珠着生于中轴或侧膜胎座上。

467. 子房 1 室，内具分歧的侧膜胎座，或因胎座深入而使子房成 2 室

·· 苦苣苔科 Gesneriaceae

467. 子房为完全的 2 室，内具中轴胎座。

468. 花冠于蕾中常折迭；子房 2 心皮的位置偏斜 ······················· 茄科 Solanaceae

468. 花冠于蕾中不折迭，而呈覆瓦状排列；子房的 2 心皮位于前后方

·· 玄参科 Scrophulariaceae

462. 雄蕊和花冠裂片同数。

469. 子房 2 个，或为 1 个而成熟后呈双角状。

470. 雄蕊各自分离；花粉粒也彼此分离 ····························· 夹竹桃科 Apocynaceae

470. 雄蕊互相连合；花粉粒连成花粉块 ····························· 萝藦科 Asclepiadaceae

469. 子房 1 个，不呈双角状。

471. 子房 1 室或因 2 侧膜胎座的深入而成 2 室。（次 471 项见 331 页）

472. 子房为 1 心皮所成。（次 472 项见 331 页）

473. 花显著，呈漏斗形而簇生；果实为 1 瘦果，有棱或有翅

·· 紫茉莉科 Nyctaginaceae

（紫茉莉属 *Mirabilis*）

473. 花小型而形成球形的头状花序；果实为 1 荚果，成熟后则裂为仅含 1 种子的节荚

……………………………………………………………………… 菁荚豆科 Leguminosae

（含羞草属 *Mimosa*）

472. 子房为 2 个以上连合心皮所成。

474. 乔木或攀援性灌木，稀可为一攀援性草本，而体内具有乳汁（例如心翼果属 *Cardiopteris*）；果实呈核果状（但心翼果属则为干燥的翅果），内有 1 个种子

……………………………………………………………………… 茶茱萸科 Icacinaceae

474. 草本或亚灌木，或于旋花科的麻辣仔藤属 *Erycibe* 中为攀援灌木；果实呈蒴果状（或于麻辣仔藤属中呈浆果状），内有 2 个或更多的种子。

475. 花冠裂片呈覆瓦状排列。

476. 叶茎生，羽状分裂或为羽状复叶（限于我国植物如此）

……………………………………………………………………… 田基麻科 Hydrophyllaceae

（水叶族 *Hydrophylleae*）

476. 叶基生，单叶，边缘具齿裂 ………………………… 苦苣苔科 Gesneriaceae

（苦苣苔属 *Conandron*，黔苣苔属 *Tengia*）

475. 花冠裂片常呈旋转状或内折的镊合状排列。

477. 攀援性灌木；果实呈浆果状，内有少数种子 ………… 旋花科 Convolvulaceae

（麻辣仔藤属 *Erycibe*）

477. 直立陆生或漂浮水面的草本；果实呈蒴果状，内有少数至多数种子

……………………………………………………………………… 龙胆科 Gentianaceae

471. 子房 2～10 室。

478. 无绿叶而为缠绕性的寄生植物 ……………………… 旋花科 Convolvulaceae

（菟丝子亚科 *Cuscutoideae*）

478. 不是上述的无叶寄生植物。

479. 叶常对生，且多在两叶之间具有托叶所成的连接线或附属物 … 马钱科 Loganiaceae

479. 叶常互生，或有时基生，如为对生时，其两叶之间也无托叶所成的联系物，有时其叶也可轮生。

480. 雄蕊和花冠离生或近于离生。

481. 灌木或亚灌木；花药顶端孔裂；花粉粒为四合体；子房常 5 室

……………………………………………………………………… 杜鹃花科 Ericaceae

481. 一年或多年生草本，常为缠绕性；花药纵长裂开；花粉粒单纯；子房常 3～5 室 ……………………………………………………………… 桔梗科 Campanulaceae

480. 雄蕊着生于花冠的筒部。

482. 雄蕊 4 个，稀可在冬青科为 5 个或更多。（次 482 项见 332 页）

483. 无主茎的草本，具由少数至多数花朵所形成的穗状花序生于一基生花葶上

……………………………………………………………………… 车前科 Plantaginaceae

（车前属 *Plantago*）

483. 乔木、灌木，或具有主茎的草本。

484. 叶互生，多常绿 ………………………………………… 冬青科 Aquifoliaceae

（冬青属 *Ilex*）

484. 叶对生或轮生。

485. 子房 2 室，每室内有多数胚珠 ………………… 玄参科 Scrophulariaceae

485. 子房 2 室至多室，每室内有 1 或 2 个胚珠 ········ 马鞭草科 Verbenaceae

482. 雄蕊常 5 个，稀可更多。

486. 每子房室内仅有 1 或 2 个胚珠。

487. 子房 2 或 3 室；胚珠自子房室近顶端垂悬；木本植物；叶全缘。

488. 每花瓣 2 裂或 2 分；花柱 1 个；子房无柄，2 或 3 室，每室内各有 2 个胚珠；核果；有托叶 ······················ 毒鼠子科 Dichapetalaceae

（毒鼠子属 Dichapetalum）

488. 每花瓣均完整；花柱 2 个；子房具柄，2 室，每室内仅有 1 个胚珠；翅果；无托叶 ······················· 茶茱萸科 Icacinaceae

487. 子房 1~4 室；胚珠在子房室基底或中轴的基部直立或上举；无托叶；花柱 1 个，稀可 2 个，有时在紫草科的破布木属 Cordia 中其先端可成两次的 2 分。

489. 果实为核果；花冠有明显的裂片，并在蕾中呈覆瓦状或旋转状排列；叶全缘或有锯齿；通常均为直立木本或草本，多粗壮或具刺毛 ············
··· 紫草科 Boraginaceae

489. 果实为蒴果；花瓣整或具裂片；叶全缘或具裂片，但无锯齿缘。

490. 通常为缠绕性稀可为直立草本，或为半木质的攀援植物至大型木质藤本（例如盾苞藤属 Neuropeltis）；萼片多互相分离；花冠常完整而几无裂片，于蕾中呈旋转状排列，也可有时深裂而其裂片成内折的镊合状排列（例如盾苞藤属） ···················· 旋花科 Convolvulaceae

490. 通常均为直立草本；萼片连合成钟形或筒状；花冠有明显的裂片，唯于蕾中也成旋转状排列 ···················· 花葱科 Polemoniaceae

486. 每子房室内有多数胚珠，或在花葱科中有时为 1 至数个；多无托叶。

491. 高山区生长的耐寒旱性低矮多年生草本或丛生亚灌木；叶多小型，常绿，紧密排列成覆瓦状或莲座式；花无花盘；花单生至聚集成几为头状花序；花冠裂片成覆瓦状排列；子房 3 室；花柱 1 个；柱头 3 裂；蒴果室背开裂
··· 岩梅科 Diapensiaceae

491. 草本或木本，不为耐寒旱性；叶常为大型或中型，脱落性，疏松排列而各自展开；花多有位于子房下方的花盘。

492. 花冠不于蕾中折迭，其裂片呈旋转状排列，或在田基麻科中为覆瓦状排列。

493. 叶为单叶，或在花葱属 Polemonium 为羽状分裂或为羽状复叶；子房 3 室（稀可 2 室）；花柱 1 个；柱头 3 裂；蒴果多室背开裂··············
··· 花葱科 Polemoniaceae

493. 叶为单叶，且在田基麻属 Hydrolea 为全缘；子房 2 室；花柱 2 个；柱头呈头状；蒴果室间开裂 ···················· 田基麻科 Hydrophyllaceae

（田基麻族 Hydroleeae）

492. 花冠裂片呈镊合状或覆瓦状排列，或其花冠于蕾中折迭，且成旋转状排列；花萼常宿存；子房 2 室；或在茄科中为假 3 室至假 5 室；花柱 1 个；柱头完整或 2 裂。

494. 花冠多于蕾中折迭，其裂片呈覆瓦状排列；或在曼陀罗属 *Datura* 成旋转状排列，稀可在枸杞属 *Lycium* 和颠茄属 *Atropa* 等属中，并不于蕾中折迭，而呈覆瓦状排列，雄蕊的花丝无毛；浆果，或为纵裂或横裂的蒴果 ·················· **茄科** Solanaceae

494. 花冠不于蕾中折迭，其裂片呈覆瓦状排列；雄蕊的花丝具毛茸（尤以后方的 3 个如此）。

495. 室间开裂的蒴果 ·············· **玄参科** Scrophulariaceae

（**毛蕊花属** *Verbascum*）

495. 浆果，有刺灌木·············· **茄科** Solanaceae

（**枸杞属** *Lycium*）

1. 子叶 1 个；茎无中央髓部，也无呈年轮状的生长；叶多具平行叶脉；花为三出数，有时为四出数，但极少为五出数 ······················ **单子叶植物纲** Monocotyledoneae

496. 木本植物，或其叶于芽中呈折迭状。

497. 灌木或乔木；叶细长或呈剑状，在芽中不呈折迭状 ··············· **露兜树科** Pandanaceae

497. 木本或草本；叶甚宽，常为羽状或扇形的分裂，在芽中呈折迭状而有强韧的平行脉或射出脉。

498. 植物体多甚高大，呈棕榈状，具简单或分枝少的主干；花为圆锥或穗状花序，托以佛焰状苞片 ·············· **棕榈科** Palmae

498. 植物体常为无主茎的多年生草本，具常深裂为 2 片的叶片；花为紧密的穗状花序 ·············· **环花科** Cyclanthaceae

（**巴拿马草属** *Carludovica*）

496. 草本植物或稀可为木质茎，但其叶于芽中从不呈折迭状。

499. 无花被或在眼子菜科中很小（次 499 项见 335 页）。

500. 花包藏于或附托以呈覆瓦状排列的壳状鳞片（特称为颖）中，由多花至 1 花形成小穗（自形态学观点而言，此小穗实即简单的穗状花序）。

501. 秆多少有些呈三棱形，实心；茎生叶呈三行排列；叶鞘封闭；花药以基底附着花丝；果实为瘦果或囊果 ·············· **莎草科** Cyperaceae

501. 秆常呈圆筒形；中空；茎生叶呈二行排列；叶鞘常在一侧纵裂开；花药以其中部附着花丝；果实通常为颖果 ·············· **禾本科** Gramineae

500. 花虽有时排列为具总苞的头状花序，但并不包藏于呈壳状的鳞片中。

502. 植物体微小，无真正的叶片，仅具无茎而漂浮水面或沉没水中的叶状体 ·············· **浮萍科** Lemnaceae

502. 植物体常具茎，也具叶，其叶有时可呈鳞片状。

503. 水生植物，具沉没水中或漂浮水面的片叶。（次 503 项见 334 页）

504. 花单性，不排列成穗状花序。（次 504 项见 334 页）

505. 叶互生；花成球形的头状花序 ·············· **黑三棱科** Sparganiaceae

（**黑三棱属** *Sparganium*）

505. 叶多对生或轮生；花单生，或在叶腋间形成聚伞花序。

506. 多年生草本；雌蕊为 1 个或更多而互相分离的心皮所成；胚珠自子房室顶端垂悬 ·············· **眼子菜科** Potamogetonaceae

（**果藻族** *Zannichellieae*）

506. 一年生草本；雌蕊1个，具2~4柱头；胚珠直立于子房室的基底
……………………………………………………… 茨藻科 Najadaceae
（茨藻属 *Najas*）

504. 花两性或单性，排列成简单或分歧的穗状花序。

507. 花排列于1扁平穗轴的一侧。

508. 海水植物；穗状花序不分歧，但具雌雄同株或异株的单性花；雄蕊1个，具无花丝而为1室的花药；雌蕊1个，具2柱头；胚珠1个，垂悬于子房室的顶端
……………………………………………………… 眼子菜科 Potamogetonaceae
（大叶藻属 *Zostera*）

508. 淡水植物；穗状花序常分为二歧而具两性花；雄蕊6个或更多，具极细长的花丝和2室的花药；雌蕊为3~6个离生心皮所成；胚珠在每室内2个或更多，基生
……………………………………………………… 水蕹科 Aponogetonaceae
（水蕹属 *Aponogeton*）

507. 花排列于穗轴的周围，多为两性花；胚珠常仅1个 ……… 眼子菜科 Potamogetonaceae

503. 陆生或沼泽植物，常有位于空气中的叶片。

509. 叶有柄，全缘或有各种形状的分裂，具网状脉；花形成一肉穗花序，后者常有一大型而常具色彩的佛焰苞片 ……………………………………… 天南星科 Araceae

509. 叶无柄，细长形、剑形，或退化为鳞片状，其叶片常具平行脉。

510. 花形成紧密的穗状花序，或在帚灯草科为疏松的圆锥花序。

511. 陆生或沼泽植物；花序为由位于苞腋间的小穗所组成的疏散圆锥花序；雌雄异株；叶多呈鞘状 ……………………………………… 帚灯草科 Restionaceae
（薄果草属 *Leptocarpus*）

511. 水生或沼泽植物；花序为紧密的穗状花序。

512. 穗状花序位于一呈二棱形的基生花葶的一侧，而另一侧则延伸为叶状的佛焰苞片；花两性 ……………………………………… 天南星科 Araceae
（石菖蒲属 *Acorus*）

512. 穗状花序位于一圆柱形花梗的顶端，形如蜡烛而无佛焰苞；雌雄同株
……………………………………………………… 香蒲科 Typhaceae

510. 花序有各种型式。

513. 花单性，成头状花序。

514. 头状花序单生于基生无叶的花葶顶端；叶狭窄，呈禾草状，有时叶为膜质
……………………………………………………… 谷精草科 Eriocaulaceae
（谷精草属 *Eriocaulon*）

514. 头状花序散生于具叶的主茎或枝条的上部，雄性者在上，雌性者在下；叶细长，呈扁三棱形，直立或漂浮水面，基部呈鞘状 ………… 黑三棱科 Sparganiaceae
（黑三棱属 *Sparganium*）

513. 花常两性。

515. 花序呈穗状或头状，包藏于2个互生的叶状苞片中；无花被；叶小，细长形或呈丝状；雄蕊1或2个；子房上位，1~3室，每子房室内仅有1个垂悬胚珠
……………………………………………………… 刺鳞草科 Centrolepidaceae

515. 花序不包藏于叶状的苞片中；有花被。

516. 子房 3～6 个，至少在成熟时互相分离 ····················· 水麦冬科 Juncaginaceae

（水麦冬属 *Triglochin*）

516. 子房 1 个，由 3 心皮连合所组成 ····················· 灯心草科 Juncaceae

499. 有花被，常显著，且呈花瓣状。

517. 雌蕊 3 个至多数，互相分离。

518. 死物寄生性植物，具呈鳞片状而无绿色叶片。

519. 花两性，具 2 层花被片；心皮 3 个，各有多数胚珠 ····················· 百合科 Liliaceae

（无叶莲属 *Petrosavia*）

519. 花单性或稀可杂性，具一层花被片；心皮数个，各仅有 1 个胚珠 ··· 霉草科 Triuridaceae

（喜阴草属 *Sciaphila*）

518. 不是死物寄生性植物，常为水生或沼泽植物，具有发育正常的绿叶。

520. 花被裂片彼此相同；叶细长，基部具鞘 ····················· 水麦冬科 Juncaginaceae

（芝菜属 *Scheuchzeria*）

520. 花被裂片分化为萼片和花瓣 2 轮。

521. 叶（限于我国植物）呈细长形，直立；花单生或成伞形花序；蓇葖果

····················· 莜薢科 Butomaceae

（莜薢属 *Butomus*）

521. 叶呈细长兼披针形至卵圆形，常为箭镞状而具长柄；花常轮生，成总状或圆锥花序；
瘦果····················· 泽泻科 Alismataceae

517. 雌蕊 1 个，复合性或于百合科的岩菖蒲属 *Tofieldia* 中其心皮近于分离。

522. 子房上位，或花被和子房相分离。（次 522 项见 336 页）

523. 花两侧对称；雄蕊 1 个，位于前方，即着生于远轴的 1 个花被片的基部

····················· 田葱科 Philydraceae

（田葱属 *Philydrum*）

523. 花辐射对轴，稀可两侧对称；雄蕊 3 个或更多。

524. 花被分化为花萼和花冠 2 轮，后者于百合科的重楼族中，有时为细长形或线形的花瓣
所组成，稀可缺。

525. 花形成紧密而具鳞片的头状花序；雄蕊 3 个；子房 1 室 ······· 黄眼草科 Xyridaceae

（黄眼草属 *Xyris*）

525. 花不形成头状花序；雄蕊数在 3 个以上。

526. 叶互生，基部具鞘，平行脉；花为腋生或顶生的聚伞花序；雄蕊 6 个，或因退化
而数较少 ····················· 鸭跖草科 Commelinaceae

526. 叶以 3 个或更多个生于茎的顶端而成一轮，网状脉而于基部具 3～5 脉；花单独
顶生；雄蕊 6 个、8 个或 10 个 ····················· 百合科 Liliaceae

（重楼族 *Parideae*）

524. 花被裂片彼此相同或近于相同，或于百合科的白丝草属 *Chinographis* 中则极不相同，
又在同科的油点草属 *Tricyrtis* 中其外层 3 个花被裂片的基部呈囊状。

527. 花小型，花被裂片绿色或棕色。（次 527 项见 336 页）

528. 花位于一穗形总状花序上；蒴果自一宿存的中轴上裂为 3～6 瓣，每果瓣内仅有 1
个种子 ····················· 水麦冬科 Juncaginaceae

（水麦冬属 *Triglochin*）

528. 花位于各种型式的花序上；蒴果室背开裂为 3 瓣，内有多数至 3 个种子
··· 灯心草科 Juncaceae

527. 花大型或中型，或有时为小型，花被裂片多少有些具鲜明的色彩。

529. 叶（限于我国植物）的顶端变为卷须，并有闭合的叶鞘；胚珠在每室内仅为 1
个；花排列为顶生的圆锥花序 ································ 须叶藤科 Flagellariaceae

（须叶藤属 Flagellaria）

529. 叶的顶端不变为卷须；胚珠在每子房室内为多数，稀可仅为 1 个或 2 个。

530. 直立或漂浮的水生植物；雄蕊 6 个，彼此不相同，或有时有不育者
··· 雨久花科 Pontederiaceae

530. 陆生植物；雄蕊 6 个、4 个或 2 个，彼此相同。

531. 花为四出数，叶（限于我国植物）对生或轮生，具有显著纵脉及密生的横
脉 ·· 百部科 Stemonaceae

（百部属 Stemona）

531. 花为三出或四出数；叶常基生或互生 ················ 百合科 Liliaceae

522. 子房下位，或花被多少有些和子房相愈合。

532. 花两侧对称或为不对称形。

533. 花被片均成花瓣状；雄蕊和花柱多少有些互相连合············ 兰科 Orchidaceae

533. 花被片并不是均成花瓣状，其外层者形如萼片；雄蕊和花柱相分离。

534. 后方的 1 个雄蕊常为不育性，其余 5 个则均发育而具有花药。

535. 叶和苞片排列成螺旋状；花常因退化而为单性；浆果；花被呈管状，其一侧不久
即裂开 ··· 芭蕉科 Musaceae

（芭蕉属 Musa）

535. 叶和苞片排列成 2 行；花两性，蒴果。

536. 萼片互相分离或至多可和花冠相连合；居中的 1 花瓣并不成为唇瓣
··· 芭蕉科 Musaceae

（鹤望兰属 Strelitzia）

536. 萼片互相连合成管状；居中（位于远轴方向）的 1 花瓣为大形而成唇瓣
··· 芭蕉科 Musaceae

（兰花蕉属 Orchidantha）

534. 后方的 1 个雄蕊发育而具有花药。其余 5 个则退化，或变形为花瓣状。

537. 花药 2 室；萼片互相连合为一萼筒，有时呈佛焰苞状··········· 姜科 Zingiberaceao

537. 花药 1 室；萼片互相分离或至多彼此相衔接。

538. 子房 3 室，每子房室内有多数胚珠位于中轴胎座上；各不育雄蕊呈花瓣状，互
相于基部简短连合 ·· 美人蕉科 Cannaceae

（美人蕉属 Canna）

538. 子房 3 室或因退化而成 1 室，每子房室内仅含 1 个基生胚珠；各不育雄蕊也呈
花瓣状，唯多少有些互相连合 ································ 竹芋科 Marantaceae

532. 花常辐射对称，也即花整齐或近于整齐。

539. 水生草本，植物体部分或全部沉没水中 ·················· 水鳖科 Hydrocharitaceae

539. 陆生草本。

540. 植物体为攀援性;叶片宽广,具网状脉(还有数主脉)和叶柄 ······ 薯蓣科 Dioscoreaceae

540. 植物体不为攀援性；叶具平行脉。

　541. 雄蕊 3 个。

　　542. 叶 2 行排列，两侧扁平而无背腹面之分，由下向上重叠跨覆；雄蕊和花被的外层裂片相对生 ·· 鸢尾科 Iridaceae

　　542. 叶不为 2 行排列；茎生叶呈鳞片状；雄蕊和花被的内层裂片相对生
·· 水玉簪科 Burmanniaceae

　541. 雄蕊 6 个。

　　543. 果实为浆果或蒴果，而花被残留物多少和它相合生，或果实为一聚花果；花被的内层裂片各于其基部有 2 舌状物；叶呈带形，边缘有刺齿或全缘
·· 凤梨科 Bromieiaceae

　　543. 果实为蒴果或浆果，仅为 1 花所成；花被裂片无附属物。

　　　544. 子房 l 室，内有多数胚珠位于侧膜胎座上；花序为伞形，具长丝状的总苞片
·· 蒟蒻薯科 Taccaceae

　　　544. 子房 3 室，内有多数至少数胚珠位于中轴胎座上。

　　　　545. 子房部分下位 ·································· 百合科 Liliaceae
（肺筋草属 Aletris，沿阶草属 Ophiopogon，球子草属 Peliosanthes）

　　　　545. 子房完全下位 ·································· 石蒜科 Amaryllidaceae